Springer-Lehrbuch

Springer
*Berlin
Heidelberg
New York
Barcelona
Budapest
Hongkong
London
Mailand
Paris
Santa Clara
Singapur
Tokio*

Wilhelm Brenig

Statistische Theorie der Wärme

Gleichgewichtsphänomene

Vierte, neubearbeitete und erweiterte Auflage
mit 104 Abbildungen, 19 Tabellen, 91 Aufgaben
und zahlreichen Beispielen

Springer

Professor Dr. Wilhelm Brenig
Technische Universität München
Physik Department
James-Franck-Straße
D-85748 Garching
e-mail: brenig@physik.tu-muenchen.de

Die Deutsche Bibliothek – CIP-Einheitsaufnahme

Brenig, Wilhelm:
Statistische Theorie der Wärme / Wilhelm Brenig. – Berlin ; Heidelberg ; New York ; Barcelona ;
Budapest ; Hongkong ; London ; Mailand ; Paris ; Santa Clara ; Singapur ; Tokio : Springer.
Gleichgewichtsphänomene : mit 19 Tabellen. – 4. erw. Aufl. – 1996
(Springer-Lehrbuch)
ISBN-13:978-3-540-60345-0

ISBN-13:978-3-540-60345-0   e-ISBN-13:978-3-642-61038-7
DOI: 10.1007/978-3-642-61038-7

Datenkonvertierung durch Springer-Verlag
Herstellerin: P. Treiber
Einbandgestaltung: Design & Production, Heidelberg
SPIN: 10514920   56/3144 - 5 4 3 2 1 0 – Gedruckt auf säurefreiem Papier

Vorwort zur vierten Auflage

Gegenüber der dritten Auflage wurden etwa dreißig Prozent des Textes umgearbeitet oder neugeschrieben. Insbesondere die mehr abstrakten Kapitel des ersten Teiles über die Grundlagen der Statistischen Mechanik wurden mit Beispielen angereichert. Bei der Formulierung des zweiten Hauptsatzes der Thermodynamik wurden die Unterschiede zwischen „inneren" und „äußeren" Variablen noch deutlicher als bisher herausgearbeitet.

Aus aktuellem Anlaß wurden zwei neue Abschnitte über Bose-Einstein-Kondensation und Laserkühlung aufgenommen.

Meinem Kollegen und Freund Peter Vogel danke ich für viele Verbesserungsvorschläge, Herrn Dr. Berndt Gammel für die Anfertigung einer Reihe neuer Abbildungen und für seine Hilfe beim Korrekturlesen.

Dem Springer-Verlag danke ich für die angenehme und flexible Zusammenarbeit.

München, Januar 1996 *W. Brenig*

Inhaltsverzeichnis

(*),(**) Kapitel oder Abschnitte mit (*) betreffen pädagogische Erläuterungen anhand von einfachen Beispielen, solche mit (**) geben zusätzliche Hintergrundinformation, z. B. historische Bemerkungen oder Querverbindungen zu anderen Gebieten der Physik.

Teil I

Statistische Gesamtheiten und das thermische Gleichgewicht

Der erste Band unserer „Statistischen Theorie der Wärme" befaßt sich mit Gleichgewichtserscheinungen und besteht aus drei Teilen. Der erste Teil enthält eine Einführung in die Grundlagen der statistischen Mechanik, insbesondere der statistischen Gesamtheiten, die zur Beschreibung von Gleichgewichtssituationen verwendet werden. Es wird von vornherein die Quantentheorie zugrunde gelegt. In einigen Fällen wird jedoch, mehr aus pädagogischen Gründen, von der klassischen Physik ausgegangen. Außerdem werden die klassischen Grenzfälle der quantenmechanischen Resultate normalerweise diskutiert.

Ebenfalls aus pädagogischen Gründen wird eine Reihe allgemeiner Resultate anhand von einfachen Beispielen diskutiert. Die entsprechenden Abschnitte sind durch einen einfachen Stern (*) gekennzeichnet. Abschnitte mit einem Doppelstern (**) sollen zusätzliche Hintergrundinformation geben, z.B. historische Bemerkungen oder Querverbindungen zu anderen Gebieten der Physik.

Formeln werden konsekutiv innerhalb jedes Kapitels durchnumeriert. Hinweise auf mehrere Formeln des gleichen Abschnitts werden in der Form (7.8,9,11) gegeben anstatt von (7.8), (7.9) und (7.11). Literaturzitate befinden sich am Ende jedes Kapitels. Sie werden in Form von eckigen Klammern zitiert. Empfehlungen für zusätzliche ergänzende Literatur befinden sich ebenfalls am Ende des jeweiligen Kapitels.

1. Einleitung **

Wärme ist ungeordnete Bewegung der Atome.

Dieser Satz gehört seit Beginn unseres Jahrhunderts zu den gesicherten und allgemein anerkannten Erkenntnissen der Physik. Als Hypothese existiert er schon seit vielleicht 700 Jahren[1].

Erste experimentelle Befunde für seine Gültigkeit (wenn auch nicht als solche erkannt) gab es schon vor etwa 300 Jahren[2]. Die ersten quantitativen Grundlagen einer molekularkinetischen Theorie der Wärme sind etwa 250 Jahre alt[3]. Aber noch Ludwig Boltzmann, dem wir in seinem berühmten H-Theorem die kinetische Deutung des II. Hauptsatzes der Wärmelehre verdanken, schrieb im Vorwort seiner „Gastheorie" 1898 [1.1][4]:

„Es wäre daher meines Erachtens ein Schaden für die Wissenschaft, wenn die Gastheorie durch die augenblicklich herrschende, ihr feindselige Stimmung zeitweilig in Vergessenheit geriete, wie z.B. einst die Undulationstheorie durch die Autorität Newtons. Wie ohnmächtig der Einzelne gegen Zeitströmungen bleibt, ist mir bewußt. Um aber doch, was in meinen Kräften steht, dazu beizutragen, daß, wenn man wieder zur Gastheorie zurückgreift, nicht allzuviel noch einmal entdeckt werden muß, nahm ich in das vorliegende Buch nun auch die schwierigsten, dem Mißverständnis am meisten ausgesetzten Teile der Gastheorie auf."

Und selbst Albert Einstein drückt sich noch 1905 sehr vorsichtig aus, als er seine Theorie der Brownschen Bewegung veröffentlicht [1.2]:

---

[1]Roger Bacon (1214–1294) sieht die innere Bewegung der Körper als Ursache der Wärme an. Johannes Kepler (1605) betrachtet die Wärme als Bewegung der Teile eines Körpers, Francis Bacon (1561–1626) als vibrierende Bewegung der kleinsten Teile, Robert Boyle (1665) als Bewegungszustand der Moleküle.

[2]Leeuwenhoek (Phil. Trans. 1673) beobachtete in selbstgebauten Mikroskopen unregelmäßige, scheinbar willkürliche Bewegungen kleinster Partikel. Die Erscheinung wurde nicht richtig verstanden; man dachte teils an Lebewesen, teils an Temperaturströmungen oder Lichtwirkungen. Auch als der Botaniker Robert Brown (1828) an Pollenkörnern die gleiche Beobachtung machte (Brownsche Bewegung), konnte er keine Erklärung dafür geben.

[3]Daniel Bernoulli in seiner *Hydrodynamica* (1738).

[4]Er nahm sich 1906 in tiefer Verbitterung das Leben, zwei Jahre vor den Untersuchungen Perrins, welche eine glänzende Bestätigung der statistischen Mechanik erbrachten.

„Es ist möglich, daß die hier zu behandelnden Bewegungen mit der sogenannten ‚Brownschen Molekularbewegung' identisch sind; die mir erreichbaren Angaben über letztere sind jedoch so ungenau, daß ich mir hierüber kein Urteil bilden konnte. Wenn sich die hier zu behandelnde Bewegung samt den für sie zu erwartenden Gesetzmäßigkeiten wirklich beobachten läßt, so ist die klassische Thermodynamik schon für mikroskopisch unterscheidbare Räume nicht mehr als genau gültig anzusehen und es ist dann eine exakte Bestimmung der wahren Atomgröße möglich. Erwiese sich umgekehrt die Voraussage dieser Bewegung als unzutreffend, so wäre damit ein schwerwiegendes Argument gegen die molekularkinetische Auffassung der Wärme gegeben."

Heute besteht kein Zweifel mehr daran, daß das thermodynamische Verhalten makroskopischer Systeme im Prinzip aus der statistischen Mechanik im Verein mit der Quantentheorie abgeleitet werden kann. Die Situation wird vielleicht am besten beschrieben durch ein Zitat von Landau und Lifschitz (1958) [1.3]:

"We do not share the view, which one encounters sometimes, that statistical physics is the least well-founded branch of theoretical physics (as regards its basic principles). We believe that the difficulties are created artificially because the problems are often not stated sufficiently rationally."

Wir sehen deshalb keine logische Notwendigkeit, die Thermodynamik als unabhängige Disziplin der Physik vor der statistischen Mechanik einzuführen. Auch pädagogisch gibt es dafür heute kaum noch Gründe: Für einen Studenten, der aus Vorlesungen mit quantentheoretischen Begriffsbildungen vertraut ist, ist die Anwendung statistischer Betrachtungen und Begriffe wie „Mittelwert, Streuung, Termdichte etc." geläufiger als etwa typisch thermodynamische Betrachtungen und Begriffe wie „Wärmekraftmaschine, Carnotscher Wirkungsgrad, thermodynamische Entropie etc.". Auch historisch wurde die statistische Betrachtungsweise mehr oder weniger gleichzeitig mit, in einigen Fällen sogar vor der thermodynamischen entwickelt [1.4].

Das Ziel der statistischen Mechanik ist die atomistische Deutung der Grundbegriffe und Gesetzmäßigkeiten der Thermodynamik sowie die Berechnung thermodynamischer Größen und Funktionen. Inhalt der Thermodynamik ist die Beschreibung der makroskopischen Eigenschaften wie z.B. Druck, Dichte, Magnetisierung und insbesondere Temperatur und Entropie makroskopischer Systeme. Obwohl die rein thermodynamische Betrachtungsweise sich als außerordentlich fruchtbar und in vielen Fällen als ausreichend erwiesen hat, kann sie die statistische Mechanik nicht ersetzen. Einerseits gibt es Grenzen für die Anwendbarkeit thermodynamischer Begriffe (etwa bei sehr kleinen Systemen), andererseits kann man mit Hilfe der Thermodynamik nur Relationen zwischen verschiedenen makroskopischen Größen gewinnen. Mit Hilfe der statistischen Mechanik dagegen kann man viele makroskopische Eigenschaften direkt aus den zugrunde liegenden atomistischen Eigenschaften berechnen (etwa die spezifische Wärme, thermische Ausdehnung, Wärmeleitfähigkeit u.a. aus den Kräften zwischen den Atomen).

In den letzten Jahren (etwa seit 1956) sind in der statistischen Mechanik große Fortschritte erzielt worden durch Anwendung von Verfahren, die im Zusammenhang mit der Quantenfeldtheorie und dem quantenmechanischen Vielteilchenproblem entwickelt wurden. Eine Reihe von Erscheinungen konnte auf diese Weise „erklärt", d.h. atomistisch gedeutet werden. Es entstand z.B. die Theorie der Halbleiter, der Supraleiter, der Superfluidität, des flüssigen ^{3}He bei tiefen Temperaturen, der kontinuierlichen Phasenübergänge und einer Reihe weiterer Phänomene in festen Körpern.

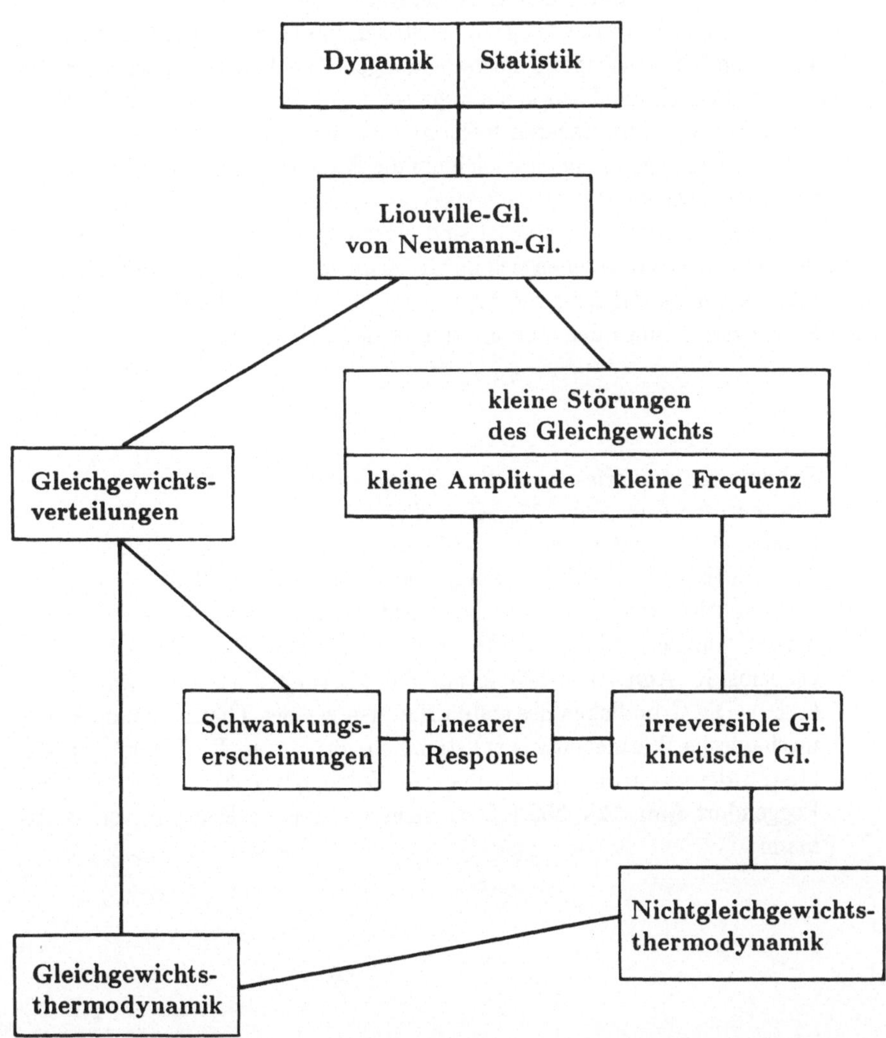

Es gibt jedoch heute noch viele Erscheinungen, die nicht oder nicht vollständig atomistisch erklärt worden sind. Die in diesem Zusammenhang auftretenden Probleme gehören größtenteils zur aktuellen Forschung, so z.B. einige Aspekte der Theorie der kontinuierlichen Phasenübergänge (dynamische kritische Phänomene, Phasenübergänge in ungeordneten Systemen), die mikroskopische Theorie von Flüssigkeiten und Gläsern, die Theorie ungeordneter und „chaotischer" Systeme, nichtlineare Phänomene, Prozesse weit weg vom Gleichgewicht u.a.

Im weiteren Sinne kann man dazu viele Probleme rechnen, die bei der atomistischen Deutung der Eigenschaften fester Körper, ihrer Grenzflächen, heißer Plasmen sowie anderer physikalisch, chemisch oder biologisch interessanter Substanzen auftreten.

Der Zusammenhang der verschiedenen Gebiete der statistischen Mechanik ist im folgenden Blockdiagramm aufgezeigt. Die Anordnung der Blöcke von oben nach unten entspricht abnehmender Allgemeinheit der Gebiete.

Auf der linken Seite des Diagramms stehen die Gleichgewichtserscheinungen, rechts die Nichtgleichgewichtserscheinungen. Die Brücke zwischen beiden Gebieten wird durch die Theorie der Schwankungen und des linearen *Response* geschlagen. Sowohl beim linearen Response als auch bei den irreversiblen und kinetischen Gleichungen handelt es sich um die Behandlung von kleinen Störungen des Gleichgewichts.

Die entsprechenden Gleichungen sind einerseits allgemeiner als die für das Gleichgewicht: Letztere ergeben sich im Grenzfall verschwindender Störung. Andererseits bilden die Gleichgewichtsverteilungen logisch (als nullte Näherung einer Störungsrechnung) den Ausgangspunkt der Behandlung.

Literatur

1.1   Boltzmann, L.: *Vorlesungen über Gastheorie*, (Leipzig 1898)
1.2   Einstein, A.: Ann. Phys. **17**, 549 (1905)
1.3   Landau, L. L. und Lifschitz, E. M.: Im Vorwort der englischen Ausgabe der „*Statistischen Physik*", (Pergamon Press, London 1959)
1.4   Die quantitativen Grundlagen der statistischen Mechanik wurden entwickelt von Bernoulli, D. (1738), Krönig, A.: Ann. Phys. **38**, 315 (1856), Clausius, R.: Ann. Phys. **105**, 239 (1858), Maxwell, J. C.: Phil. Mag. **19**, 19 (1860). Die Grundlagen des ersten Hauptsatzes der Thermodynamik (das mechanische Wärmeäquivalent) stammen von Mayer, R.: Liebig Ann. **42**, (1842), der zweite Hauptsatz und der Entropiebegriff von Clausius, R.: Poggendorf Ann. **125**, 353 (1865), seine statistische Deutung von Boltzmann

2. Statistische und thermodynamische Physik

In diesem Kapitel wollen wir zunächst den auf Boltzmann [2.1], Einstein [2.2] und insbesondere Gibbs [2.3] zurückgehenden Begriff der „statistischen Gesamtheit" einführen. Eine eingehende Diskussion der Grundbegriffe der Statistik und eine Herleitung der verschiedenen statistischen Gesamtheiten, die zur Beschreibung thermodynamischer Gleichgewichtszustände verwendet werden, bleibt den folgenden Kapiteln des ersten Teiles dieses Bandes vorbehalten. Um jedoch schon einen Vorgeschmack dieser Kapitel zu geben, bringen wir hier eine besonders einfache Herleitung der sog. *kanonischen Gesamtheit* und zeigen ihren Zusammenhang mit thermodynamischen Begriffsbildungen sowie den beiden Hauptsätzen der Thermodynamik.

2.1 Statistische Gesamtheiten

In der statistischen Mechanik hat man es normalerweise mit Systemen zu tun, die viele Freiheitsgrade haben, insbesondere mit makroskopischen Systemen, die aus vielen Atomen bestehen. Systeme mit wenigen Freiheitsgraden kann man mit Hilfe der Mechanik oder Quantenmechanik allein beschreiben. Mit zunehmender Zahl der Freiheitsgrade ist man jedoch zu einem Verzicht auf eine exakte Beschreibung aller Einzelheiten gezwungen. Die Grenze zwischen exakter und statistischer Beschreibung ist, grundsätzlich gesehen, nicht scharf festgelegt und zum Teil rein praktisch durch die Leistungsfähigkeit der zur Verfügung stehenden Computer gegeben.

Zur Zeit kann man die molekulare Dynamik klassischer Flüssigkeiten für etwa einige tausend Teilchen im Detail berechnen. Unter gewissen einschränkenden Annahmen über die molekulare Dynamik lassen sich erheblich gößere Systeme, wie z.B. Biomoleküle im Rahmen der klassischen Mechanik behandeln. Andererseits, falls die Quantenmechnik verwendet werden muß, sinken die Größen der behandelbaren Systeme erheblich. Immerhin kann man mit Hilfe der sog. Quanten-Monte-Carlo-Methode für spezielle Modelle einige hundert Atome in einer Ebene behandeln. Solche molekulardynamischen Rechnungen oder Computersimulationen haben wertvolle neue Erkenntnisse gebracht. In Zukunft werden mit Steigerung der Leistungsfähigkeit unserer Computer immer größere Systeme einer detaillierten Behandlung zugänglich gemacht werden.

Es wäre jedoch ein Irrtum, zu glauben, daß mit ständig steigender Leistungsfähigkeit unserer Computer schließlich die statistische Betrachtungsweise überflüssig werden könnte.

Zunächst spricht immer noch ein rein quantitatives Argument dagegen: Makroskopische Systeme besitzen eine so große Zahl (10^{23}) von Freiheitsgraden, daß auch für die Zukunft nicht zu erwarten ist, sie jemals im Detail numerisch behandeln zu können. Und selbst wenn man sich diesem Ziel, etwa durch Extrapolation von weniger Freiheitsgraden, weitgehend nähern könnte, so wäre doch in den meisten Fällen eine detaillierte Verfolgung aller Freiheitsgrade eines makroskopischen Systems gar nicht interessant. Normalerweise interessiert man sich bei makroskopischen Systemen nur für wenige Mittelwerte und Korrelationen, d.h. statistische Größen, die einer einfachen Interpretation und Messung zugänglich sind.

Die besondere Stärke der statistischen Mechanik besteht nun gerade darin, Verfahren anzugeben, mit deren Hilfe man solche Mittelwerte etc. direkt bestimmen kann, nach der Devise: Erst mitteln, dann rechnen – und nicht umgekehrt.

Man kann also zum Verzicht auf eine detaillierte Beschreibung bei makroskopischen Systemen sagen:

a) Sie ist ausgeschlossen wegen der praktischen Unmöglichkeit, in der klassischen Mechanik die Bewegungsgleichungen, in der Quantenmechanik die Schrödingergleichung für alle Atome eines makroskopischen Systems zu lösen.

b) Selbst wenn die Lösung der Gleichungen möglich wäre, würde dies nichts nutzen, denn es ist praktisch nicht einmal möglich, die zur Festlegung der Lösung nötigen Anfangsbedingungen experimentell zu bestimmen. Im Rahmen der Quantenmechanik ist es sogar unmöglich, im Falle eines Eigenzustandes des Hamiltonoperators, die Energie zu bestimmen: Wir werden sehen (s. Kap. 6), daß der mittlere Energieabstand zweier benachbarter Energieniveaus eines makroskopischen Systems von der Größenordnung $\exp(-10^{23})$ erg ist. Dies ist eine nicht nur gegenüber makroskopischen Energien (etwa der Meßungenauigkeit der Gesamtenergie), sondern sogar gegenüber mikroskopischen Energien (atomare Energieabstände, Energieaustausch einzelner Atome mit den Gefäßwänden etc.) extrem kleine Größe. Es ist deshalb völlig ausgeschlossen, bei einem makroskopischen System experimentell zu bestimmen, in welchem Quantenzustand es sich befindet.

c) Andererseits ist die Beschränkung auf statistische Aussagen in den meisten Fällen ausreichend, da unsere Eingriffsmöglichkeiten in makroskopische Systeme sehr beschränkt sind: Man kann von den vielen denkbaren Anfangsbedingungen nur sehr wenige mit unseren Apparaten realisieren und messend verfolgen.

Die typische Situation bei makroskopischen Systemen ist also, daß man ihren Zustand im einzelnen nicht kennt. Eine quantitative Behandlung solcher Situationen ist möglich durch Einführung von Wahrscheinlichkeitsverteilungen für die Größen, deren Werte einen Zustand festlegen. Obwohl man also nur am Verhalten eines einzelnen Systems interessiert ist, betrachtet man es implizit als Bestandteil einer Gesamtheit gleichartiger Systeme, charakterisiert durch Häufigkeitsverteilungen, die den genannten Wahrscheinlichkeitsverteilungen entsprechen. Solche Gesamtheiten nennt man statistische Gesamtheiten (Ensembles).

Eine Gesamtheit wird durch eine makroskopische Präparationsvorschrift (oder Meßvorschrift) festgelegt. Etwa: Alle Systeme einer Gesamtheit besitzen eine Energie, einen Druck und eine Teilchenzahl innerhalb einer gewissen Standardabweichung von bestimmten „Sollwerten" u.ä. Eine solche makroskopische Vorschrift legt, wie man sagt, den „Makrozustand" fest, während in der klassischen Mechanik die Angabe aller Orte und Impulse der Teilchen eines Systems, in der Quantenmechanik die Angabe des Zustandsvektors im Hilbertraum einen sog. „Mikrozustand" festlegt. Eine der Aufgaben der statistischen Mechanik ist die Herleitung der Eigenschaften der Makrozustände aus denen der Mikrozustände.

Die phänomenologischen Gleichungen, die sich zur Beschreibung makroskopischer Körper bewährt haben, etwa die der Thermodynamik oder der Mechanik und Elektrodynamik der Kontinua, lassen sich aus der statistischen Physik als Gleichungen für Mittelwerte (Erwartungswerte) physikalischer Größen herleiten. Darüber hinaus liefert die statistische Betrachtungsweise jedoch auch Aussagen über die Größe der Schwankungen physikalischer Größen um ihre Mittelwerte. Insbesondere läßt sich zeigen, daß die Schwankungen vieler Eigenschaften makroskopischer Körper im Vergleich zu den Mittelwerten vernachlässigbar gering sind.

Die Existenz vieler Freiheitsgrade, welche so einerseits gerade die statistische Betrachtungsweise erzwingt, bewirkt andererseits nach dem „Gesetz der großen Zahlen" eine Verkleinerung von relativen Schwankungen und damit praktisch wieder Gesetzmäßigkeiten vom deterministischen Typ.

Ein triviales Beispiel für dieses „Gesetz der großen Zahlen" ist allgemein bekannt und kann die Situation in der statistischen Mechanik erläutern: Man betrachte ein System von sehr vielen $1, \ldots, n, \ldots, N$ Münzen, zu viele, um bei jeder zu bestimmen, ob sie mit „Zahl" oder „Wappen" nach oben liegt. Die Wahrscheinlichkeiten für das Auftreten dieser beiden Ereignisse $\rho_n(+)$ (für „Zahl" bei der n-ten Münze) und $\rho_n(-)$ (für „Wappen" bei der n-ten Münze) haben den Wert $\rho_n(+) = \rho_n(-) = 1/2$. Je größer die Gesamtzahl der Münzen ist, um so sicherer kann man sein, daß bei einem statistischen Auswerfen der Münzen die Gesamtzahl derer etwa mit „Zahl" in der Nähe des statistischen Mittelwertes $N/2$ liegt.

Mathematisch völlig äquivalent zu diesem Beispiel ist ein System von Spins (etwa Elektronenspins) mit ihren beiden quantisierten Einstellungsmöglichkeiten (vgl. Aufg. 2.2).

Statt Mittelwerte für viele unabhängige gleichartige Münzen einer Gesamtheit zu betrachten, könnte man auch eine einzige Münze mehrmals werfen. Mit den entsprechenden nacheinander zu verschiedenen Zeiten gewonnenen Beobachtungsresultaten kann man dann gewissermaßen *Zeitmittelwerte* bilden und die gleiche Münze zu verschiedenen Zeiten auch als System einer statistischen Gesamtheit betrachten. Die Frage, in wieweit man ein einzelnes mechanisches

System zu verschiedenen Zeiten als Realisierung der verschiedenen Systeme einer statistischen Gesamtheit sowie die entsprechenden Zeitmittelwerte als Mittelwerte einer Gesamtheit betrachten kann, ist Inhalt der sog. *Ergodentheorie*. Wir werden unsere Resultate ohne direkten Bezug zu dieser Theorie herleiten.

2.2 Kanonische Gesamtheiten, Entropie und Temperatur

In diesem Abschnitt wollen wir einige für die statistische Mechanik typische Betrachtungen vorstellen, die sehr einfach und direkt zur sog. kanonischen Gesamtheit führen. Wie schon der Name andeutet, spielt diese Gesamtheit in der statistischen Mechanik eine besondere Rolle. Sie hat einen besonders direkten Zusammenhang mit den beiden zentralen Begriffen *Temperatur* und *Entropie* der Thermodynamik. Die Betrachtungen basieren auf einer Verallgemeinerung der Überlegungen von Maxwell, die er 1859 zur Begründung der sog. *Maxwell-Verteilung* vortrug [2.4].

Wir betrachten dazu *stationäre Gesamtheiten*, bei denen sich die Systeme der Gesamtheit in stationären Energieeigenzuständen mit den Energien E_n befinden. Solche Gesamtheiten sind offenbar als Kandidaten zur Beschreibung von zeitlich stationären Gleichgewichtszuständen besonders geeignet. Im vorigen Abschnitt dieses Kapitels haben wir darauf hingewiesen, daß es bei einem makroskopischen System unmöglich ist, zu bestimmen, in welchem Quantenzustand es sich befindet. Wir beschränken uns deshalb darauf, nach der Wahrscheinlichkeit $\rho(E_n)$ zu fragen, ein System der Gesamtheit mit der Energie E_n anzutreffen.

Dazu denken wir uns das System durch eine Trennfläche in zwei makroskopische Untersysteme aufgeteilt. Die Gesamtenergie ist dann in guter Näherung die Summe

$$E_{mn} = E_{1m} + E_{2n} \tag{2.1}$$

der Energien der beiden Untersysteme 1 und 2.

Voraussetzung dafür ist die Kurzreichweitigkeit der intermolekularen Wechselwirkungen. Bei kurzreichweitigen Wechselwirkungen ist ihr Beitrag zur rechten Seite von (2.1) vernachlässigbar klein: Die Trennfläche ist zweidimensional im Vergleich zu den dreidimensionalen makroskopischen Volumina der beiden Untersysteme.

Gravitationskräfte und (nicht abgeschirmte) Coulombkräfte sind langreichweitig. Falls sie eine Rolle spielen, gilt (2.1) nicht mehr.

Bei Gültigkeit von (2.1) kann man die zunächst gedachte Trennfläche durch eine wirkliche Trennfläche ersetzen und die beiden Untersysteme räumlich separieren, ohne daß sich an ihren inneren Eigenschaften etwas ändert. Damit werden die beiden Untersysteme statistisch unabhängig voneinander, ähnlich wie die Resultate der verschiedenen Würfe eines Würfels. Die Wahrscheinlichkeit des Gesamtsystems ist damit das Produkt der Wahrscheinlichkeiten der beiden Untersysteme. Nach Logarithmieren dieser Beziehung ergibt sich dann

$$\ln \rho(E_{mn}) = \ln \rho_1(E_{1m}) + \ln \rho_2(E_{2n}) \; . \tag{2.2}$$

Energie und Logarithmus der Verteilungsfunktion ρ sind, wie Landau sagt (s.u. ergänzende Literatur), beides *additive* Größen. Mathematisch bedeutet (2.1, 2), daß $\ln \rho$ eine *lineare Funktion der Energie* ist. Nach Exponenzieren und Einführung zweier Konstanten β und Z läßt sich dies Resultat in der Form

$$\rho(E_n) = \frac{e^{-\beta E_n}}{Z} \tag{2.3}$$

schreiben.

Wichtig ist hier, daß die Konstante β für beide Untersysteme 1 und 2 den gleichen Wert hat, sonst wäre die rechte Seite von (2.2) nicht additiv in den beiden Energien. Die Konstante Z, die sog. *Zustandssumme* (engl. *partition function*) ist dabei durch die Normierungsbedingung festgelegt: Die Summe aller Wahrscheinlichkeiten ist gleich Eins, d.h.

$$Z = \sum e^{-\beta E_n} = \int \Omega(\varepsilon) e^{-\beta \varepsilon} \, d\varepsilon \; . \tag{2.4}$$

Beim zweiten Gleichheitszeichen haben wir ausgenutzt, daß bei makroskopischen Systemen die im Prinzip quantisierten Energieniveaus so dicht liegen, daß man die entsprechenden Summen durch Integrale ersetzen kann. Wir haben dabei die Termdichte (auch Zustandsdichte) $\Omega(\varepsilon)$ eingeführt. $\Omega(\varepsilon) \, d\varepsilon$ ist also die Zahl der Zustände mit einer Energie im Intervall $d\varepsilon$.

Eine weitere Bedingung ergibt sich, wenn man noch den Mittelwert der Energie festlegt:

$$< E > \; = E = \sum E_n \rho(E_n) = -\frac{1}{Z}\frac{\partial Z}{\partial \beta} = -\frac{\partial \ln Z}{\partial \beta} \; . \tag{2.5}$$

Falls β bekannt ist, kann man aus dieser Gleichung E bestimmen, oder umgekehrt.

Wir erwähnen hier noch eine naheliegende Verallgemeinerung der kanonischen Gesamtheit: Die sog. großkanonische Gesamtheit. Sie wird später (s. Kap. 6) zusammen mit weiteren Verallgemeinerungen noch im Einzelnen diskutiert. Sie ergibt sich, wenn man in Analogie zur Energie auch noch Schwankungen der Teilchenzahl N von Teilsystemen berücksichtigt. Die oben eingeführte Trennfläche muß dann für Teilchen durchlässig sein. Sei dann N_n die Teilchenzahl des betrachteten Teilsystems im Quantenzustand n, so erhält man durch Wiederholung der Argumentation, die zu (2.1) geführt hat: $\rho(N_n, E_n) = \exp(-\alpha N_n - \beta E_n)/Y$ als Wahrscheinlichkeitsverteilung der großkanonischen Verteilung. Y ist hier die entsprechend verallgemeinerte Zustandssumme. Auch die Verallgemeinerung von (2.5) läßt sich analog gewinnen, indem man die Zustandssumme Z der kanonischen Verteilung durch deren Verallgemeinerung Y ersetzt und nach den *beiden* Variablen α und β differenziert.

Als nächstes wollen wir einen Zusammenhang von β mit der (absoluten) Temperatur T herstellen, so, wie sie experimentell mit Hilfe des idealen Gasthermometers definiert ist. Bei ihm verwendet man das ideale Gasgesetz, eine Zusammenfassung der Gesetze von Boyle (1662) – Mariotte (1676), Avogadro (1811) und Gay-Lussac (1816). Es lautet für ein Mol eines idealen Gases $PV = RT$. Dabei ist P der Druck, V das Volumen eines Mols des betrachteten Gases, R die sog. *allgemeine Gaskonstante* und T die *absolute Temperatur*. Will man statt eines Mols eine beliebige Menge Gas betrachten, so muß man nur die Gaskonstante R mit dem Verhältnis der Teilchenzahlen N/L (oder auch Molzahlen) multiplizieren (N die Zahl der Teilchen des Gases und $L = 6,0225 \cdot 10^{23}$ die *Loschmidtsche Zahl*). Man erhält dann das ideale Gasgesetz in der Form $PV = NkT$. Dabei ist $k = R/L$ die sog. *Boltzmann-Konstante*, die wir, falls nötig (z.B. zur Unterscheidung von Wellenzahlen k), auch mit k_B bezeichnen werden.

Wir wollen nun dieses Gasgesetz aus der statistischen Mechanik ableiten. Dazu benötigen wir zunächst einen Ausdruck für den mittleren Druck P. Er ergibt sich aus der Volumenabhängigkeit der Energien $E_n = E_n(V)$. Wir beschränken uns hier auf isotrope Systeme, speziell Gase und Flüssigkeiten, dann ist der Druck P_n im n-ten Quantenzustand gegeben durch

$$P_n = -\frac{\partial E_n}{\partial V}\ . \tag{2.6}$$

Bei anisotropen Festkörpern muß man etwas allgemeiner die Abhängigkeit der Energien von den Verzerrungen des Festkörpers betrachten. Für den mittleren Druck erhält man mit der Wahrscheinlichkeitsverteilung (2.3) nach (2.6)

$$\boxed{\ <P> = P = \sum P_n\, \rho(E_n) = \frac{1}{\beta Z}\frac{\partial Z}{\partial V} = \frac{1}{\beta}\frac{\partial \ln Z}{\partial V}\ .\ } \tag{2.7}$$

Wie man sieht, benötigt man sowohl zur Bestimmung der mittleren Energie (2.5) wie auch des mittleren Drucks (2.8) den *Logarithmus der Zustandssumme* Z, die wir nun für ein ideales Gas auswerten wollen.

Wir gehen dazu aus von der Gesamtenergie E_n des Gases, bestehend aus der Summe der kinetischen Energien $\boldsymbol{p}^2/2m$ der einzelnen Teilchen

$$E_n = \sum_{\boldsymbol{p}} \frac{\boldsymbol{p}^2}{2m}\ . \tag{2.8}$$

Die Abhängigkeit dieser Energien vom Volumen des Systems ergibt sich aus der Quantisierung der Impulse. Nehmen wir ein kubisches Periodizitätsvolumen mit der Kantenlänge L an, dann ist

$$\boldsymbol{p} = \frac{2\pi\hbar}{L}\,\boldsymbol{n} \tag{2.9}$$

und $\boldsymbol{n} = (n_1, n_2, n_3)$ ein Vektor mit ganzzahligen Komponenten n_i. Numeriert man die zu den insgesamt $3N$ kartesischen Komponenten der N Impulse gehörigen ganzen Zahlen n_i der Reihe nach von $i = 1$ bis $3N$ durch, so wird $E_n = E(n_1, ..., n_i, ..., n_{3N})$ eine Funktion aller dieser ganzen Zahlen. Die Zustandssumme lautet dann

$$Z = \sum_{...\,n_i\,...} \exp(-\beta\, E(n_1, ..., n_i, ..., n_{3N})) \; . \tag{2.10}$$

Bei makroskopischen Systemen liegen (bis auf ganz wenige Zustände mit Energien in der Nähe von Null) die Energien so dicht, daß man die Summen wieder durch Integrale ersetzen kann, gemäß

$$\sum_{n_i} \rightarrow \int dn_i = \frac{L}{2\pi\hbar} \int dp_i \; . \tag{2.11}$$

Durch diese einfache Überlegung ist bemerkenswerterweise die Abhängigkeit der Zustandssumme vom Volumen schon festgelegt, denn die Impulsintegrale sind offenbar unabhängig vom Volumen. Da es insgesamt $3N$ Integrationen über die p_i gibt, hat man also

$$Z \propto L^{3N} = V^N \; , \tag{2.12}$$

d.h.

$$\ln Z = N \ln V + \text{const} \tag{2.13}$$

mit einer von V unabhängigen Konstanten, und damit nach (2.7)

$$PV = \frac{N}{\beta} \; . \tag{2.14}$$

Der Vergleich mit dem idealen Gasgesetz liefert dann sofort den gesuchten Zusammenhang

$$\boxed{T = 1/(k\beta) \quad \text{mit} \quad k = k_B = 1,38 \cdot 10^{-16}\,\text{erg/K} \; ,} \tag{2.15}$$

β ist also im wesentlichen die reziproke Temperatur. Die Boltzmann-Konstante k tritt in (2.15) nur deshalb auf, weil historisch die Temperatureinheit nicht mit Hilfe des idealen Gasthermometers sondern mit Hilfe des Wasserthermometers festgelegt wurde [2.5].

Die Überlegung, die wir hier zur Aufstellung des Zusammenhanges (2.14) angestellt haben, betrachtet zwar zunächst nur ideale Gase. Trotzdem gilt der Zusammenhang (2.14) allgemein. Das ideale Gas wird hier nur als „Thermometersubstanz" benötigt. Man kann mit ihm jedoch die Temperaturen *beliebiger Substanzen* messen. Es ist dafür nur wichtig, daß im Gleichgewicht zweier Systeme im energetischen Kontakt der Parameter β in beiden Systemen den gleichen Wert besitzt. Dies ergibt sich aber gerade bei der Herleitung von (2.3) aus (2.2).

Ähnlich einfach gestaltet sich die Auswertung von (2.5) für die mittlere Energie. Hier führt man zweckmäßigerweise statt der Integrationsvariablen p_i die dimensionslosen Variablen $x_i = p_i \sqrt{\beta/(2m)}$ ein. Dann wird

$$\int \exp\left(-\frac{\beta\, p_i^2}{2m}\right) dp_i = \left(\frac{2m}{\beta}\right)^{1/2} \int \exp(-x_i^2)\, dx_i \, . \tag{2.16}$$

Durch diese zweite Variablensubstitution ist nunmehr auch die Abhängigkeit der Zustandssumme von β festgelegt. Man erhält, jetzt mit einer von β unabhängigen Konstanten,

$$\ln Z = -\frac{3N}{2} \ln \beta + \text{const} \tag{2.17}$$

und damit nach (2.5) und (2.15)

$$\boxed{\; E = \frac{3}{2}\, N\, kT \; .} \tag{2.18}$$

Dies ist das zweite Gesetz von Gay-Lussac (1820): Die Energie eines idealen Gases ist unabhängig vom Volumen und proportional zur absoluten Temperatur.

Neben der Temperatur ist die *Entropie* ein wichtiger Begriff der Thermodynamik. Zu seiner statistischen Herleitung beginnen wir mit einer Umformung der Gln. (2.5) und (2.7). Zunächst fassen wir beide Gleichungen in einer einzigen Differentialrelation zusammen. Wir betrachten das totale Differential der Funktion $\ln Z(\beta, V)$. Unter Verwendung der beiden partiellen Differentialquotienten (2.5) und (2.7) ergibt sich dafür offenbar

$$d \ln Z = \beta P dV - E d\beta \, . \tag{2.19}$$

Wir versuchen nun aus diesem Differential der etwas unanschaulichen Funktion $\ln Z$ ein totales Differential der mittleren Energie E zu gewinnen. Dies gelingt mit Hilfe der Beziehung $d(\beta E) = \beta dE + E d\beta$ in der Form:

$$dE = -P dV + kT \, d(\ln Z + \beta E) \, . \tag{2.20}$$

Der erste Term auf der rechten Seite dieser Gleichung ist unmittelbar verständlich. Er entspricht einer Energieänderung durch mechanische Arbeit vermittels einer Volumenänderung. Der zweite Term ist eine zusätzliche Energieänderung, die kein mechanisches Analogon hat. Sie ist der statistische Ausdruck für eine neue Energieform makroskopischer Systeme, die man seit Robert Mayer (1842) als *Wärmeenergie* bezeichnet. Zur Vereinfachung der Bezeichnung führen wir die *Entropie S* ein:

$$S = k(\ln Z + \beta E) \, . \tag{2.21}$$

Dann erhält man für das totale Differential der Energie (den *Energiesatz der Thermodynamik*, Robert Mayer (1842)):

$$\boxed{dE = TdS - PdV \, .} \tag{2.22}$$

Diese unscheinbar aussehende Gleichung ist tatsächlich die Zusammenfassung der wichtigsten Teile des I. und II. Hauptsatzes der Thermodynamik. Sie verknüpft die neu eingeführten Größen Temperatur T und Entropie S mit den aus der Mechanik wohlbekannten, einfachen Größen E, V und P. Tatsächlich kann man aus (2.21) Meßvorschriften für Temperatur und Entropie ableiten, die wesentlich weiter reichen als das ideale Gasthermometer. Wer neugierig ist, wie dies geschieht, der möge versuchen, die nächsten Kapitel zu überschlagen und gleich im Teil II dieses Buches, d.h. in der *Thermodynamik* zu lesen.

Es gibt also neben der mechanischen (und evtl. auch elektromagnetischen) Energieänderung bei makroskopischen Systemen eine weitere Möglichkeit der Energieänderung: Den durch Zufuhr von *Wärmeenergie* TdS. Am einfachsten geschieht dies durch energetischen (oder wie man auch sagt thermischen) Kontakt mit einem anderen System verschiedener Temperatur. Man kann aber auch elektromagnetische Energie in Wärmeenergie umwandeln (Joulesche Wärme) und dabei einem System zuführen, ebenso auch Strahlungsenergie oder mechanische Energie (Reibungswärme), etc..

Wir betrachten nun die statistischen Eigenschaften der Entropie (2.20) etwas genauer. Setzt man zur Vereinfachung nunmehr $\rho_n = \rho(E_n)$, dann kann man wegen (2.3), d.h. $\ln \rho_n = -(\ln Z + \beta E_n)$, schreiben

$$\boxed{S = -k < \ln \rho > = -k \sum \rho_n \ln \rho_n} \tag{2.23}$$

Einer Entropieänderung dS, wie sie in der Wärmeenergie auftritt, entspricht also eine Änderung der Wahrscheinlichkeitsverteilung ρ_n. Die rechte Seite von (2.23) ist ein einfaches Maß der *Unordnung* im System. Wir werden diese Tatsache im Kap. 11 mit weiteren Beispielen belegen. Hier betrachten wir zunächst einen besonders einfachen Fall: Wir nehmen an, das System befinde sich mit gleicher Wahrscheinlichkeit $\rho_n = 1/g$ in g verschiedenen Zuständen. Dann wird die rechte Seite von (2.23) offenbar gleich $S = k \ln g$. Die Entropie ist also proportional zum Logarithmus der Zahl der Zustände über die das System verteilt ist. Im Falle $g = 1$, d.h. dem quantenmechanisch sog. *reinen Fall* ist also $S = 0$. Dies ist der Fall größtmöglicher Ordnung. Mit wachsendem g nimmt die Unordnung entsprechend zu. Der Zuführung von Wärme entpricht also ein Zuwachs an Unordnung.

Tatsächlich läßt sich nun der einfache Zusammenhang zwischen Entropie und Logarithmus der Zustandszahl viel allgemeiner begründen, als man es nach der gerade beschriebenen primitiven Betrachtung erwarten würde. Geht man z.B. für die Auswertung der Zustandssumme Z von dem Integral auf der rechten Seite von (2.4) aus und setzt für die Zustandsdichte die Ableitung der Zahl $g(E)$ der Zustände mit einer Energie unterhalb von E ein, so ergibt sich

$$\Omega(E) = \frac{dg(E)}{dE} \tag{2.24}$$

und nach Einsetzen in (2.4) und partieller Integration:

$$Z = \int_0^\infty g(\varepsilon)\, e^{-\beta\varepsilon}\, d(\beta\varepsilon)\,. \tag{2.25}$$

Dabei haben wir angenommen, daß der Energienullpunkt mit der Grundzustandsenergie zusammenfällt, und daß $g(0) = 0$.

Der entscheidende Punkt bei der Auswertung dieses Integrals ist die Tatsache, daß die Funktion $g(\varepsilon)$ bei makroskopischen Systemen außerordentlich schnell mit ε ansteigt. Bei idealen Gasen z.B. wird weiter unten (s. (2.32)) gezeigt, daß $g(\varepsilon) \propto \varepsilon^{3N/2}$ ist. Der Integrand hat deshalb ein außerordentlich scharfes Maximum, das praktisch bei der mittleren Energie E liegen muß. Zieht man dann den Integranden an dieser Stelle vor das Integral, so ergibt sich ein Resultat von der Form

$$Z = g(E)\, e^{-\beta E} \int_0^\infty s(\varepsilon)\, d(\beta\varepsilon)\,. \tag{2.26}$$

Der verbleibende Integrand s hat nun ein Maximum der Höhe Eins bei der mittleren Energie E und eine Breite, die ein Maß für die Energieunschärfe der statistischen Gesamtheit ist. Das Integral ist ein dimensionsloses Maß für die entsprechenden Energieschwankungen. Für das ideale Gas läßt sich wiederum alles exakt auswerten. Allgemein werden wir Schwankungen in den Kapiteln 4 und 14 noch genauer betrachten. Es ergibt sich allgemein ein Ausdruck von der Größenordnung $\sqrt{N}$. Dies ist ein Spezialfall des sog. Gesetzes der großen Zahlen (s. dazu Kap. 4). Das Endresultat läßt sich also in der Form

$$Z = g(E)\, e^{-\beta E}\, O(\sqrt{N}) \tag{2.27}$$

schreiben. Die Wurzel aus N ist zwar bei makroskopischen Systemen mit $N \simeq 10^{23}$ eine große Zahl. Sie ist aber trotzdem bei der Bildung von $\ln Z$ neben $g(E)$ praktisch völlig vernachlässigbar. Man erhält also in sehr guter Näherung

$$\boxed{S(E) = k \ln g(E)\,.} \tag{2.28}$$

2.2.1 Zustandssumme und Entropie des idealen Gases *

Der Vollständigkeit halber geben wir nun noch für das ideale Gas die Zustandssumme, Termdichte und Termzahl einschließlich aller Faktoren an. Dazu benötigen wir nur noch das Integral

$$
\begin{aligned}
I_{3N} &= \int_{-\infty}^{\infty} \exp\{-(x_1^2 + \cdots + x_{3N}^2)\}\, d^{3N}x \\
&= \{\textstyle\int_{-\infty}^{\infty} \exp(-x^2)\, dx\}^{3N} = \pi^{3N/2}
\end{aligned}
\tag{2.29}
$$

und können dann unter Zusammenfassung aller Faktoren von (2.10), (2.15) und (2.18) schreiben

$$
Z = \frac{V^N}{N!} \left\{ \frac{\sqrt{2\pi m k T}}{2\pi \hbar} \right\}^{3N} .
\tag{2.30}
$$

Als einziger zusätzlicher Faktor tritt hier nur noch ein $1/N!$ auf. Er berücksichtigt die *Nichtunterscheidbarkeit* chemisch gleicher Teilchen. Zunächst wird man bei makroskopischen Systemen annehmen, daß die Permutation von zwei chemisch gleichen Teilchen keinen neuen Zustand liefert. Falls man bei der Summation im Impulsraum über alle Impulse unabhängig voneinander summieren will, muß man die dadurch auftretenden Mehrfachzählungen gerade durch den Faktor $1/N!$ wieder beseitigen. Tatsächlich sind in der Quantenmechanik sogar die Dichten (im Ortsraum wie auch im Impulsraum) der einzelnen *Quantenzustände* symmetrisch gegenüber Permutationen gleichwertiger Teilchen. Die zugehörigen *Wellenfunktionen* sind gegenüber der Permutation zweier Teilchen entweder symmetrisch (bei der sog. Bosestatistik) oder antisymmetrisch (bei der sog. Fermistatistik).

Die Unterschiede zwischen diesen beiden sog. Quantenstatistiken machen sich allerdings nur bei dichteren Systemen (z.B. bei Elektronen in Festkörpern) und bei tiefen Temperaturen (bei sog. Quantenflüssigkeiten) bemerkbar. Wir werden sie später (s. Kap. 30 und 37) genauer diskutieren. Bei den hier betrachteten idealen Gasen spielen sie jedoch keine Rolle.

Für das folgende ist es nützlich, das Integral (2.16) noch einmal anders, nämlich durch Einführung $3N$-dimensionaler Polarkoordinaten, auszuwerten. Dann ergibt sich

$$
I_{3N} = O_{3N} \int_0^{\infty} r^{3N-1} \exp(-r^2)\, dr .
\tag{2.31}
$$

Dabei ist O_{3N} die Oberfläche der $3N$-dimensionalen Einheitskugel. Das noch verbleibende Integral läßt sich durch Einführung von $s = r^2$ als neue Integrationsvariable in eine Darstellung der Gamma-Funktion transformieren:

$$
\int_0^{\infty} s^{3N/2-1} \exp(-s)\, ds = \frac{1}{2}\,(3N/2 - 1)! .
\tag{2.32}
$$

Dabei ist $(n-1)! = \Gamma(n)$ die Gammafunktion (bzw. die entsprechende Fakultät). Durch Vergleich mit (2.29) ergibt sich die Oberfläche der $3N$-dimensionalen Einheitskugel zu

$$O_{3N} = \frac{2\pi^{3N/2}}{(3N/2-1)!} \, . \tag{2.33}$$

Durch Integration von $O_{3N} r^{3N-1}$ über r ergibt sich damit auch das Volumen einer $3N$-dimensionalen Kugel vom Radius R und zwar als

$$V_{3N} = \frac{\pi^{3N/2}}{(3N/2)!} \, R^{3N} \, . \tag{2.34}$$

Man kann diese Formel nun verwenden, um die in (2.4) eingeführte Termdichte Ω für das ideale Gas zu bestimmen. Man geht dazu am besten aus von der Zahl der Punkte $g(E)$ im Impulsraum mit einer Energie kleiner als E. Durch diese Bedingung wird im Impulsraum gerade eine Kugel vom Radius $R = \sqrt{2mE}$ gegeben, innerhalb der die Punkte liegen müssen. Mit der Dichte $(L/2\pi\hbar)^{3N}$ der Punkte ergibt sich eine Anzahl

$$g(E) = \frac{1}{N!} \left(\frac{L}{2\pi\hbar}\right)^{3N} V_{3N} \, , \tag{2.35}$$

wobei nach (2.30)

$$V_{3N} = \frac{\pi^{3N/2}}{(3N/2)!} \, \sqrt{2mE}^{\,3N} \tag{2.36}$$

ist.

Die Termdichte ergibt sich dann nach (2.23) durch Ableitung nach der Energie.

Die folgenden Kapitel enthalten weitere Einzelheiten über statistische Gesamtheiten, Schwankungsgrößen, Temperatur und Entropie sowie weitere mögliche Parameter, von denen Gesamtheiten abhängen können.

Aufgaben

1. Es soll der Platz- und Zeitbedarf abgeschätzt werden, der zur Dokumentation der Bahn eines Teilchens in einem verdünnten Gas benötigt wird. Die Bahn möge als Gerade zwischen zwei Stößen idealisiert werden, so daß man nur die Orte und Zeiten der Stöße tabellieren muß. Man beschränke sich auf vierstellige Zahlenangaben. Zur Bestimmung der mittleren Stoßzeit benutze man die Zahlenwerte: Dichte $n = 10^{19}$ cm^{-3}, Wirkungsquerschnitt $\sigma = 10^{-16}$ cm^2, mittlere Geschwindigkeit $v = 10^5$ cm/s.

2. Wie lange dauert das Tabellieren einer Bahn von einer Sekunde Dauer auf Papier, wenn man zehn Zeilen pro Sekunde schreibt? Welche Zahlenwerte ergeben sich, wenn man statt eines Teilchens alle Teilchen in $V = 1$ cm^3 betrachtet?

3. Über welche reale Zeitspanne kann die Bahn auf einem 5 Gigabyte großen Plattenlaufwerk eines CRAY Computers dokumentiert werden, und wie lange dauert dieser Vorgang, wenn die Platte mit 9.6 Megabyte/s beschrieben wird?

4. Man bestimme die Wahrscheinlichkeit $\rho(N, m)$ dafür, bei einem System von N Spins (oder Münzen) gerade m mit der Einstellung „$+$“ (und dementsprechend $N - m$ mit der Einstellung „$-$“) anzutreffen. Man diskutiere speziell den Grenzfall großer N.

Man prüfe $\sum_{m=0}^{N} \rho(N, m) = 1$.

Literatur

2.1   Boltzmann, L.: Wien. Ber. **63**, 679 (1871)

2.2   Einstein, A.: Ann. Phys. **9**, 417 (1902); **11**, 170 (1903)

2.3   Gibbs, J. W.: *Elementary Principles in Statistical Mechanics* (Bd. 2 seiner gesammelten Werke, New Haven 1948)

2.4   Maxwell, J. C.: Phil. Mag. **19**, 19 (1860), vorgetragen vor der British Association in Aberdeen 1859

2.5   Der Wert der sog. Boltzmannkonstanten k wurde erstmals von Planck im Zusammenhang mit dem Planckschen Strahlungsgesetz bestimmt: Ann. Phys. **4**, 553 (1901)

Ergänzende Literatur

Landau, L. D., Lifschitz, E. M.: *Statistische Physik*, (Lehrbuch der Theoretischen Physik, Bd. V, Kap. I), (Akademieverlag, Berlin 1966)

3. Grundbegriffe der Statistik

In diesem Kapitel werden die wichtigsten Größen der statistischen Mechanik definiert und diskutiert. Wir beginnen aus pädagogischen Gründen mit der klassischen Physik und gehen dann im zweiten Abschnitt zur Quantenmechanik über.

3.1 Klassische Statistik

In der klassischen Mechanik ist der Zustand eines Systems von N Massenpunkten vollständig festgelegt durch Angabe der Impulse p_n und Orte x_n $(n = 1, \ldots, N)$ aller Teilchen. Wir kürzen diesen Satz von Zahlen durch (p, x) ab. Jedes System wird so durch einen Punkt im 6N-dimensionalen (p, x)-Raum, dem sog. Phasenraum oder Γ-Raum, [3.1] repräsentiert. Seien nun $(p^{(i)}, x^{(i)})$ die Werte des i-ten Systems in einer statistischen Gesamtheit, dann ist der Mittelwert einer Größe $A(p, x)$ offenbar gegeben durch

$$< A > = \frac{1}{I} \sum_{i=1}^{I} A\left(p^{(i)}, x^{(i)}\right) . \tag{3.1}$$

Dafür kann man unter Einführung der Häufigkeitsverteilung

$$\rho(p, x) = \frac{1}{I} \sum_{i=1}^{I} \delta\left(p - p^{(i)}\right) \delta\left(x - x^{(i)}\right) \tag{3.2}$$

auch schreiben

$$\boxed{< A > = \int A(p, x)\rho(p, x)\, d^{3N}p\, d^{3N}x .} \tag{3.3}$$

Zum allgemeinen Fall gelangt man durch Einführung einer Verteilungsdichte $\rho(p, x)$ an Stelle von (3.2), die nur noch den folgenden Bedingungen genügt:

$$
\begin{aligned}
&1) \quad \rho(p, x) \text{ ist reell}, \\
&2) \quad \rho(p, x) \geq 0, \\
&3) \quad \int \rho(p, x)\, d^{3N}p\, d^{3N}x = 1 .
\end{aligned} \tag{3.4}
$$

Man kommt in etwa zu diesem Fall, ausgehend von (3.2), durch Betrachtung des Grenzfalles $I \to \infty$. Wir wollen uns mit den mathematischen Problemen dieses Grenzübergangs nicht befassen. Dementsprechend betrachten wir kontinuierliche Wahrscheinlichkeitsverteilungen oft als Grenzwerte diskreter Häufigkeitsverteilungen und rechnen direkt mit (3.2).

Ähnlich kann man bei graphischen Darstellungen von Wahrscheinlichkeitsverteilungen vorgehen. Will man z. B. eine zweidimensionale Verteilung $\rho(p, x)$ der Impulse p und Koordinaten x von Teilchen, die sich in x-Richtung bewegen können, graphisch darstellen, so kann man dafür verschieden vorgehen. Zunächst einmal kann man die Funktion $\rho(p, x)$ in einem sog. 3-D-plot perspektivisch über der (p, x)-Ebene auftragen. Man kann aber auch nur die Linien $\rho(p, x) = $ const in der (p, x)-Ebene darstellen. Statt einer Numerierung der Höhenlinien kann man die Höhe auch durch Grauschattierungen oder Farben zwischen den Höhenlinien kennzeichnen. Oder aber – in Anlehnung an die obigen Überlegungen über diskrete Verteilungen – man kann die Grausschattierungen durch die Dichte diskreter Punkteverteilungen approximieren. In der Software heutiger Computer gibt es normalerweise Verfahren zur Herstellung von Zufallszahlen mit bestimmten Verteilungen. Diese kann man sich zunutze machen, um solche Punkteverteilungen numerisch und graphisch zu realisieren. Abbildung 3.1 zeigt einige solche graphische Darstellungen im Vergleich.

Neben dem Mittelwert (3.3) einer Größe A betrachtet man häufig das sog. Schwankungsquadrat

$$(\Delta A)^2 \equiv \; < (A - <A>)^2 > \; = \; <A^2> - <A>^2 \; . \tag{3.5}$$

Die sog. relative Schwankung oder Streuung $\Delta A / <A>$ ist ein Maß für die Abweichung der Größe A von ihrem statistischen Mittelwert: je kleiner sie ist, desto seltener befindet sich ein System der Gesamtheit in Zuständen, in denen die Größe A wesentlich von ihrem Mittelwert abweicht.

Man kann die Schwankungen von A noch mehr im einzelnen durch die vollständige Wahrscheinlichkeitsdichte $w(a)$ charakterisieren, welche aus $\rho(p, x)$ berechnet werden kann nach

$$w(a) = \; < \delta(a - A) > \; = \int \rho(p, x) \delta(a - A(p, x)) \, d^{3N}p \, d^{3N}x \; . \tag{3.6}$$

Zur Herleitung dieser Gleichung geht man aus von (s. Abb. 3.1)

$$w(a)\Delta a = \int_{a < A(p,x) < a + \Delta a} \rho(p, x) \, d^{3N}p \, d^{3N}x \; . \tag{3.7}$$

Gleichung (3.6) ergibt sich daraus für $\Delta a \to 0$.

Betrachtet man neben A noch eine weitere Größe B, so kann man neben den Schwankungen der Größen A und B noch eine weitere „gemischte Schwankungsgröße" definieren, die sog. Korrelation K_{AB} von A und B

$$K_{AB} = \; < (A - <A>)(B - <B>) > \; . \tag{3.8}$$

Anstelle von (3.8) benutzt man auch häufig die normierte Korrelation

$$\kappa_{AB} = \frac{K_{AB}}{\Delta A \Delta B} \; . \tag{3.9}$$

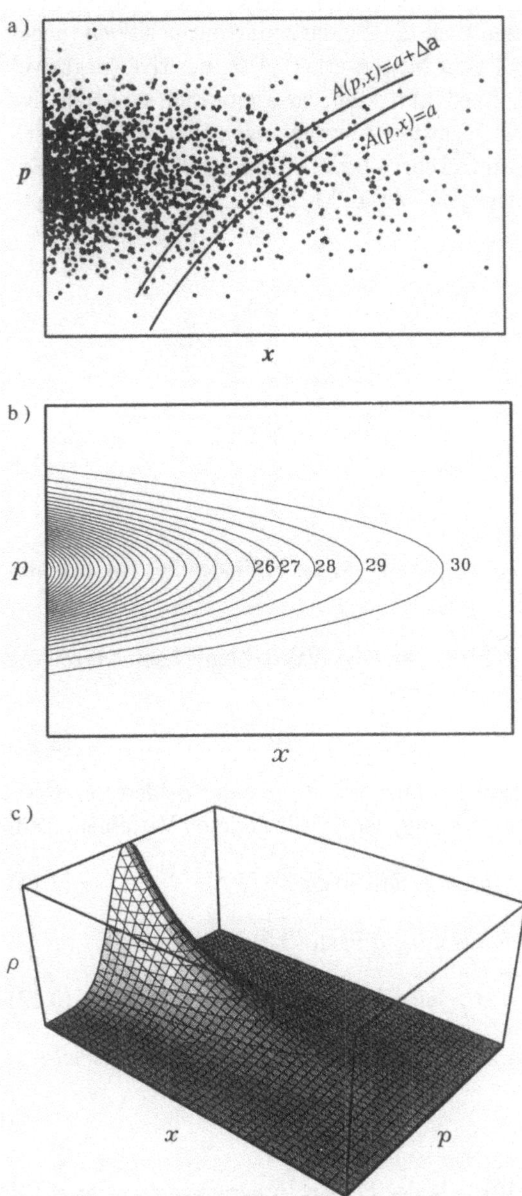

Abb. 3.1. Wahrscheinlichkeitsverteilung $\rho(p,x) \propto \exp[-(p^2/(2m) + mgx)/kT]$ der Orte x und Impulse p eines Teilchens der Masse m im Schwerefeld mg der Erde bei der Temperatur T, dargestellt: (**a**) durch die Häufigkeit von Punkten in der (p,x)-Ebene. Die Anzahl der Punkte zwischen den beiden Kurven $A(p,x) = a$ und $A(p,x) = a+\Delta a$ ist dann proportional zur Wahrscheinlichkeit $w(a)\Delta a$ einer Funktion $A(p,x)$, (**b**) als Höhenlinienplot, (**c**) Als 3-D-plot

Sie stellt ein Maß für die gegenseitige Abhängigkeit der Schwankungen von A und B dar: Besteht in einer Gesamtheit die Tendenz, daß mit positiven (negativen) Abweichungen der Größe A vom Mittelwert $<A>$, positive (negative) Abweichungen der Größe B gekoppelt auftreten, so ergibt sich eine positive Korrelation K_{AB}. Eine Kopplung negativer Abweichungen von A mit positiven Abweichungen von B (und umgekehrt) bewirkt ein negatives K_{AB}. Ein verschwindendes K_{AB} bedeutet dagegen, daß im Mittel keine derartigen Kopplungen bestehen (s. Abb. 3.2).

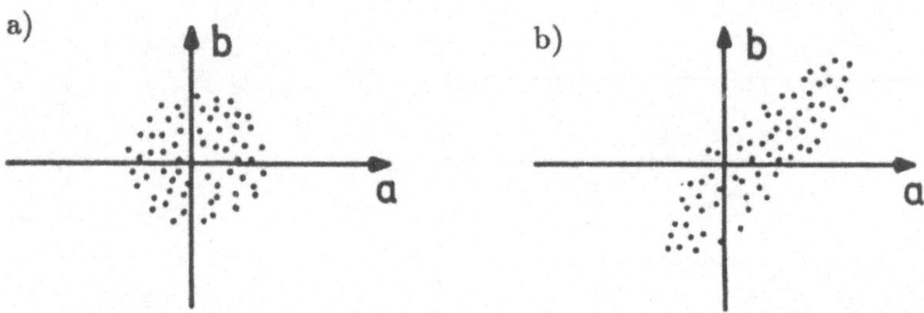

Abb. 3.2. Beispiele einer Verteilung $w(a,b)$ mit (a) verschwindender, (b) nichtverschwindender Korrelation K_{AB}

In Verallgemeinerung von (3.6) kann man eine Wahrscheinlichkeitsverteilung der *beiden* Größen A und B definieren durch

$$w(a,b) = \; < \delta(a-A)\delta(b-B) > \; . \tag{3.10}$$

Aus ihr erhält man nach Integration über jeweils eine der beiden Variablen nach (3.6) die Wahrscheinlichkeitsverteilung der jeweils anderen Variablen allein

$$w_A(a) = \int w(a,b)\,db \;; \qquad w_B(b) = \int w(a,b)\,da \; . \tag{3.11}$$

Auch die Korrelation läßt sich aus $w(a,b)$ nach (3.8) berechnen:

$$K_{AB} = \int (a - \,<A>)(b - \,<B>)w(a,b)\,da\,db \; . \tag{3.12}$$

Man bezeichnet die Größen A und B als *statistisch unabhängig*, falls $w(a,b)$ in ein Produkt

$$w(a,b) = w_A(a)\,w_B(b) \tag{3.13}$$

separiert. Man kann dann in (3.12) jede der beiden Integrationen getrennt für sich allein ausführen und erhält dann jeweils einen verschwindenden Beitrag. Statistisch unabhängige Größen besitzen also eine verschwindende Korrelation K_{AB}.

Der Begriff der statistischen Unabhängigkeit läßt sich auf mehrere Variable und auch auf Untersysteme verallgemeinern. Betrachten wir etwa zwei Untersysteme, gebildet aus den Teilchen $1, \ldots, N_1$ und $N_1 + 1, \ldots, N$, dann nennt man sie statistisch unabhängig, falls die Wahrscheinlichkeitsverteilung des aus beiden Systemen kombinierten Gesamtsystems ein Produkt der Verteilungen der beiden Untersysteme ist:

$$\rho = \rho_1 \times \rho_2 \, . \qquad (3.14)$$

Dieser Begriff läßt sich in naheliegender Weise auf mehrere Untersysteme verallgemeinern. Wir werden sehen, daß statistische Unabhängigkeit normalerweise dann vorliegt, falls man von energetischer Wechselwirkung zwischen den Untersystemen absehen kann.

3.2 Quantenstatistik

Nach der Quantentheorie ist der Zustand eines Systems vollständig festgelegt durch Angabe eines Vektors $| >$ im Hilbertraum, z.B. in der Ortsdarstellung durch eine Schrödingersche Wellenfunktion

$$\Psi(x_1, \ldots, x_{3N}) = \, < x_1, \ldots, x_{3N} \, | >$$

Der fundamentale Unterschied zwischen dieser Festlegung und der klassischen Beschreibung liegt darin, daß von vornherein nur eine statistische Beschreibung möglich ist, auch für Systeme mit wenigen Freiheitsgraden. Die klassischen Orts- und Impulsvariablen eines Systems sind von vornherein in dem Rahmen unbestimmt, der durch die Heisenbergsche Unschärferelation gegeben ist. Zusätzlich zu dieser Unbestimmtheit gibt es jedoch i. allg. noch eine weitere, die man in Parallele zur klassischen Statistik setzen kann: Diese liegt dann vor, wenn der Zustandsvektor $| >$ nicht mit Sicherheit bekannt ist. In diesem Fall betrachtet man das System wieder als Bestandteil einer statistischen Gesamtheit von Systemen $1, \ldots, i, \ldots, I$, die sich in den Zuständen $| \, i >$ befinden mögen. Wir wollen voraussetzen, daß die Vektoren $| \, i >$ normiert sind. Der quantenmechanische Erwartungswert eines Operators A im i-ten System ist dann gleich $< i \, | \, A \, | \, i >$. Der Mittelwert, gemittelt über alle Systeme der Gesamtheit, ist dann also

$$< A > \, = \frac{1}{I} \sum_{i=1}^{I} \, < i \, | \, A \, | \, i > \, . \qquad (3.15)$$

Die Zustände $| \, i >$ sind dabei i. allg. keineswegs linear unabhängig oder stehen gar orthogonal aufeinander. Sie brauchen nicht einmal alle verschieden zu sein. Zerlegt man sie nach einem vollständigen Orthonormalsystem $| \, \nu >$, $\nu = 1, \ldots, \infty$, in der Form $| > \, = \sum | \, \nu > < \nu \, | >$, so kann man (3.15) schreiben als

$$< A > \, = \frac{1}{I} \sum_{\mu, \nu = 1}^{\infty} \sum_{i=1}^{I} \, < \mu \, | \, A \, | \, \nu > < \nu \, | \, i > < i \, | \, \mu > \, . \qquad (3.16)$$

Diese Gleichung läßt sich nach von Neumann [3.2] durch Einführung des sog. *statistischen Operators* ρ sehr viel übersichtlicher schreiben in der Form

$$\boxed{< A > \, = \sum_{\mu=1}^{\infty} \, < \mu \, | \, A\rho \, | \, \mu > \, = Sp(A\rho) \text{ mit } \rho = \frac{1}{I} \sum_{i=1}^{I} | \, i > < i \, | \, .} \qquad (3.17)$$

Man sieht sofort

1) $\quad <\mu\,|\,\rho\,|\,\nu> \;=\; <\nu\,|\,\rho\,|\,\mu>^{*}\,,$

2) $\quad <\,|\,\rho\,|\,> \;=\; \frac{1}{I}\sum |<\,i\,|\,>|^{2} \geq 0\,,$ für beliebiges $|\,>\,,$

3) $\quad \sum_{\mu=1}^{\infty} <\mu\,|\,\rho\,|\,\mu> \;=\; \frac{1}{I}\sum |<\,i\,|\,i\,>|^{2} = 1\,.$

Zusammengefaßt in einer Form unabhängig von der speziellen Wahl des Orthogonalsystems:

1) $\quad \rho$ ist hermitesch ,

2) $\quad \rho$ ist positiv , $\hfill$ (3.18)

3) $\quad Sp(\rho) = 1\,.$

Die Eigenwerte p_n von ρ, definiert durch

$$\rho\,|\,n> \;=\; p_n\,|\,n>\,, \hfill (3.19)$$

sind also positiv reell und erfüllen

$$\sum_n p_n = 1\,. \hfill (3.20)$$

Man kann p_n als Wahrscheinlichkeit bezeichnen, den Zustand $|\,n>$ in der statistischen Gesamtheit zu finden, die durch den Operator ρ gekennzeichnet ist.

Es gilt dann auch

$$<A> \;=\; \sum_n p_n <n\,|\,A\,|\,n>\,. \hfill (3.21)$$

Zum allgemeinen Fall gelangt man durch Einführung eines sonst beliebigen Operators ρ anstelle von (3.17), der nur noch die Bedingungen (3.18) erfüllt.

Im Gegensatz zu (3.15) ist die Charakterisierung eines statistischen Operators (3.19) durch seine Eigenwerte p_n und Eigenzustände $|\,n>$ eindeutig. Das heißt zu jedem ρ gehört genau ein Satz von Eigenwerten p_n und (bis auf Entartungsfälle) ein Satz von Eigenzuständen $|\,n>$. Die Zustände $|\,i>$ in (3.17) sind dagegen nicht eindeutig durch ρ gegeben, verschiedene Kombinationen der $|\,i>$ können das gleiche ρ ergeben.

Einfache Beispiele für diesen Tatbestand gewinnt man im Zusammenhang mit Aufg. 3.2: Der statistische Operator eines unpolarisierten Neutronenstrahls ergibt sich z.B. sowohl, wenn die eine Hälfte der Spins in positiver z-Richtung, die andere in negativer z-Richtung polarisiert ist, als auch, wenn man die z-Richtung mit irgend einer anderen (z.B. der x-Richtung) vertauscht.

Ein Spezialfall liegt vor, wenn in (3.19) alle $p_n = 0$ sind bis auf eines, etwa p_1. Dieses muß dann wegen (3.2) gleich Eins sein. In diesem Fall stimmt der quantenstatistische Mittelwert offenbar mit dem rein quantenmechanischen Mittelwert $< 1\,|\,A\,|\,1 >$ überein. Man spricht dann im Sinne der Quantenstatistik von einem „*reinen Fall*" (im Gegensatz zum allgemeinen Fall des „*Gemisches*"). Der reine Fall ist gekennzeichnet durch

$$\rho = \mid 1 >< 1 \mid, \text{ also } \rho^2 = \rho \; . \tag{3.22}$$

Im Zusammenhang mit (3.18) sei angemerkt, daß die statistischen Operatoren eine sog. „konvexe Menge" bilden (s. Abb. 3.3). Das heißt mit zwei beliebigen Operatoren ρ_1 und ρ_2 gehört auch

$$\rho = \frac{a_1\rho_1 + a_2\rho_2}{a_1 + a_2} \tag{3.23}$$

zur Menge der Operatoren, für die (3.18) gilt. Für gemischte Zustände ρ gibt es auch immer mindestens zwei nichtverschwindende Zahlen a_1 und a_2 sowie zwei Operatoren ρ_1 und ρ_2, so daß (3.23) gilt. Bei reinen Fällen dagegen verschwindet eine der beiden a_i. Die reinen Fälle liegen gewissermaßen auf dem Rande der konvexen Menge der gemischten Fälle.

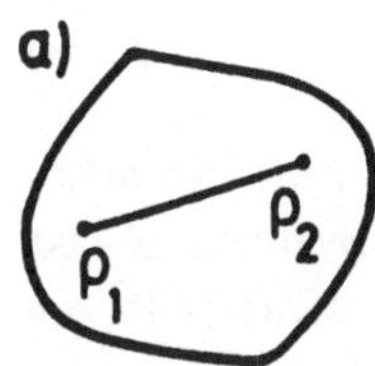

Abb. 3.3. Beispiele einer (**a**) konvexen Menge und einer (**b**) nichtkonvexen Menge. Bei (**a**) gehört jeder Punkt der Verbindungslinie zwischen ρ_1 und ρ_2 gemäß (3.23) zur Menge, bei (**b**) nicht

Bei der Verallgemeinerung des Begriffs (3.8) der Korrelation in der Quantenstatistik ergeben sich Komplikationen, wenn A und B nichtkommutierende Operatoren sind. Man kann sich dann z.B. bei der Definition von K_{AB} auf das symmetrisierte Produkt $(AB + BA)/2$ beschränken, oder man erhält Größen, die von der Reihenfolge von A und B abhängen. Gleichung (3.10) läßt sich sinnvollerweise nur für kommutierende Größen definieren. Das gleiche gilt für den Begriff der statistischen Unabhängigkeit.

Wir besprechen nun noch für spätere Anwendungen eine Situation, welche typisch für die Quantentheorie ist und die dann auftritt, wenn man aus einem statistischen Operator die Wahrscheinlichkeitsverteilung eines Untersystems „herausreduziert". Mathematisch geschieht dies durch Spurbildung über ein vollständiges System von Zuständen, welche sich nur auf das komplementäre Untersystem beziehen.

Man betrachte etwa zwei Untersysteme 1 und 2 eines kombinierten Systems. $\mid \nu_1 >$ sei ein vollständiges Orthonormalsystem von Zuständen in 1, $\mid \nu_2 >$ ein entsprechendes für 2. Durch Produktbildung erhält man daraus eines $\mid \nu > = \mid \nu_1\nu_2 >$ für das kombinierte System, z.B. in der Ortsdarstellung:

$$< x_1x_2 \mid \nu_1\nu_2 > \; = \; < x_1 \mid \nu_1 >< x_2 \mid \nu_2 > \; . \tag{3.24}$$

Sei nun A_1 ein Operator, der nur im Untersystem 1 wirkt (z.B. der Schwerpunkt, der Impuls oder die Energie des Systems 1), d.h.

$$< x_1x_2 \mid A_1 \mid \nu_1\nu_2 > \; = \; < x_1 \mid A_1 \mid \nu_1 >< x_2 \mid \nu_2 > \; , \tag{3.25}$$

dann wird

$$Sp(A_1\rho) = \sum < \nu_1\nu_2 \mid A_1\rho \mid \nu_1\nu_2 >$$
$$= \sum_{\nu_1,\mu_1} < \nu_1 \mid A_1 \mid \mu_1 > \sum_{\nu_2} < \mu_1\nu_2 \mid \rho \mid \nu_1\nu_2 > . \qquad (3.26)$$

Man kann also durch Spurbildung über die Zustände von 2 einen „verkürzten" Operator ρ_1 einführen mit den Matrixelementen

$$< \mu_1 \mid \rho_1 \mid \nu_1 > = \sum_{\nu_2} < \mu_1\nu_2 \mid \rho \mid \nu_1\nu_2 > . \qquad (3.27)$$

Dieser Operator wirkt dann analog wie auch A_1 nur noch auf Zustände in 1. Mit ihm gilt nach (3.26)

$$Sp(A_1\rho) = Sp_1(A_1\rho_1) . \qquad (3.28)$$

Zur Veranschaulichung der beschriebenen allgemeinen Resultate betrachte man etwa den Spezialfall von zwei Teilchen an Stelle der zwei Systeme. A_1 ist dann ein Operator, der nur auf die Variablen des Teilchens 1 wirkt (z.B. die kinetische Energie $p_1^2/2m_1$ dieses Teilchens).

Wichtig ist nun die Tatsache, daß i. allg. beim „Verkürzen" (3.27) ein reiner Fall (3.22) in ein Gemisch übergeht (d.h. $\rho_1^2 \neq \rho_1$), falls die Untersysteme nicht unabhängig sind. Nur bei Unabhängigkeit der Untersysteme, d.h. $\rho = \rho_1 \cdot \rho_2$, bleibt ein reiner Fall erhalten. Aus diesem Grunde führt z.B. die energetische Wechselwirkung zwischen Meßapparat und Meßobjekt den Zustand des Meßobjektes in ein Gemisch über. Nimmt man z.B. an, daß vor der Messung Meßobjekt (System 1) und auch Meßapparat (System 2) als reine Fälle vorliegen, so ist tatsächlich $\rho = \rho_1 \cdot \rho_2$, und die Verkürzung von ρ auf ρ_1 liefert das Meßobjekt immer noch in einem reinen Quantenzustand. Nach der Messung jedoch hat eine energetische Wechselwirkung der beiden Systeme stattgefunden. Das kombinierte System befindet sich dann zwar nach der Schrödingergleichung immer noch in einem bestimmten Quantenzustand, aber dieser Zustand ist i. allg. nicht mehr ein Produkt von zwei Zuständen der beiden Systeme, sondern eine Linearkombination solcher Produkte. Die Verkürzung von ρ auf ρ_1 gemäß (3.27) liefert deshalb das Meßobjekt nicht mehr in einem reinen Fall, sondern in einem Gemisch.

Aufgaben

1. Man zeige, daß die Spur eines Operators $Sp(A) = \sum < \nu \mid A \mid \nu >$ unabhängig von der Wahl des vollständigen Orthonormalsystems $\mid \nu >$ ist, und daß $Sp(AB) = Sp(BA)$ ist.

2. Die Spins der einen Hälfte eines Neutronenstrahls seien alle in Richtung der positiven x-Achse, die anderen alle in Richtung der positiven y-Achse polarisiert.

a) Man bestimme den Mittelwert $< s >$ des Spinvektors (s die Pauli-Spin-matrix).

b) Man bestimme die Eigenvektoren und Eigenwerte P_+ und P_- der Dichte-matrix. Wie groß ist der Polarisationsgrad

$$\pi = \frac{(P_+ - P_-)}{(P_+ + P_-)} = | < s > |$$

des Strahls?

c) Man beweise für Spindichtematrizen allgemein

$$\rho = \frac{1}{2}(1 + < s > \cdot s) \, .$$

Literatur

3.1   Ehrenfest, P. und T.: *Enzyklopädie der math. Wiss.*, Bd. IV, Teil 32, (Leip-zig 1911)

3.2   von Neumann, J.: *Math. Grundlagen der Quantenmechanik*, (Berlin 1932); Dirac, P. A. M.: *The Principles of Quantum Mechanics*, (Oxford 1935)

4. Die Schwankungen makroskopischer additiver Größen

Nach den Ausführungen des vorigen Kapitels sind Mittelwerte und Schwankungen wichtige Bestimmungsgrößen einer statistischen Gesamtheit. In der statistischen Mechanik handelt es sich nun um Gesamtheiten, die Systeme mit vielen Freiheitsgraden beschreiben. In diesem Fall kann man mit Hilfe des schon im Kap. 2 erwähnten „Gesetzes der großen Zahlen" wichtige allgemeine Aussagen über die Schwankungen sog. „additiver Größen" machen. Wir wollen in diesem Kapitel eine möglichst allgemeine Begründung dieses Gesetzes geben. Es wurde 1713 von Jakob Bernoulli in seiner *Ars conjectandi* formuliert und von Tschebischev 1867 verallgemeinert [4.1]. Es besagt, daß das Schwankungsquadrat einer Summe von N statistisch unabhängigen Größen selbst proportional zu N anwächst. Die Schwankung selbst wächst also nur proportional zu $\sqrt{N}$. Da die Mittelwerte selbst auch proportional zu N anwachsen, nehmen die *relativen* Schwankungen (Schwankung/Mittelwert) mit $1/\sqrt{N}$ ab.

Besonders einfach ist die Anwendung dieses Gesetzes bei Systemen aus N wechselwirkungsfreien Teilchen. In diesem Fall sind die physikalisch wichtigen Größen (Energie, Impuls, magnetisches Moment etc.) direkt die Summen der Beiträge der einzelnen Teilchen. Eines der Grundpostulate der statistischen Physik ist weiterhin die statistische Unabhängigkeit von nicht wechselwirkenden Untersystemen eines Gesamtsystems. Das Gesetz der großen Zahlen besagt also in diesem Fall, daß die relativen Schwankungen der Gesamtenergie, des Gesamtimpulses etc. eines Systems nichtwechselwirkender Teilchen mit zunehmender Teilchenzahl N proportional $1/\sqrt{N}$ abnehmen. Bei makroskopischen Systemen ist N von der Größenordnung 10^{23}. Die relativen Schwankungen der additiven physikalischen Größen makroskopischer Systeme aus wechselwirkungsfreien Teilchen sind also vernachlässigbar gering.

Nun sind allerdings bei vielen Systemen die Wechselwirkungen zwischen den Teilchen nicht vernachlässigbar. Sie sind jedoch in den meisten Fällen von kurzer Reichweite. Wir werden uns deshalb im folgenden immer auf Systeme mit hinreichend kurzreichweitiger Wechselwirkung beschränken. Dann kann man eine Verallgemeinerung des Gesetzes der großen Zahlen ableiten, bei der die Voraussetzung der statistischen Unabhängigkeit etwas abgeschwächt ist. Wir betrachten dazu makroskopische additive Größen, die sich auf ein Gesamtsystem beziehen und Volumenintegrale von räumlichen Dichten sind. Im allgemeinen kann man für eine solche Größe A schreiben:

$$A = \int a(\boldsymbol{r})d^3r \ . \tag{4.1}$$

Viele physikalisch interessierende Größen sind tatsächlich von dieser Form, z.B. Energie E, Teilchenzahl N, magnetisches Moment M, elektrisches Moment P etc. $a(\boldsymbol{r})$ ist in diesen Fällen die zu der jeweiligen Größe gehörige Dichte.

Aus (4.1) ergibt sich mit (3.5) für die Schwankung von A ein Doppelintegral

$$(\varDelta A)^2 = \int [< a(\boldsymbol{r})a(\boldsymbol{r}') > - < a(\boldsymbol{r}) >< a(\boldsymbol{r}') >]d^3r d^3r' . \tag{4.2}$$

Der entscheidende Punkt bei der Auswertung dieses Doppelintegrals besteht nun darin, daß für praktisch alle physikalisch sinnvollen Verteilungen die Korrelationen zwischen $a(\boldsymbol{r})$ und $a(\boldsymbol{r}')$ eine endliche, vom Gesamtvolumen V des Systems unabhängige, „Reichweite" ℓ haben. Dies ist eine Folge der Tatsache, daß auch die interatomaren Wechselwirkungen eine endliche Reichweite haben. ℓ ist normalerweise von der Größenordnung dieser Reichweite. Eine Ausnahme bilden Systeme in der Nähe eines sog. „kritischen Punktes". In diesem Falle geht die Korrelationslänge mit Annäherung der Temperatur T an die kritische Temperatur T_c gegen unendlich. Allerdings ist der Temperaturbereich, in dem die Korrelationslänge von der Größenordnung der Ausdehnung des Systems wird, außerordentlich klein, zumindest in dreidimensionsalen Systemen (s. Aufg. 4.2).

Grob gesprochen kann man also sagen, daß für $|\boldsymbol{r} - \boldsymbol{r}'| \gg \ell \ a(\boldsymbol{r})$ und $a(\boldsymbol{r}')$ statistisch unabhängig sind, und damit der Integrand von (4.2) verschwindend klein wird (s. Abb. 4.1).

Größenordnungsmäßig kann man deshalb setzen

$$(\varDelta A)^2 \propto \ell^3 V . \tag{4.3}$$

Während also für hinreichend große V sowohl $< A^2 >$ als auch $< A >^2$ proportional V^2 sind, ist die Differenz dieser beiden Größen nur proportional V selbst. Damit ergibt sich für die relative Schwankung

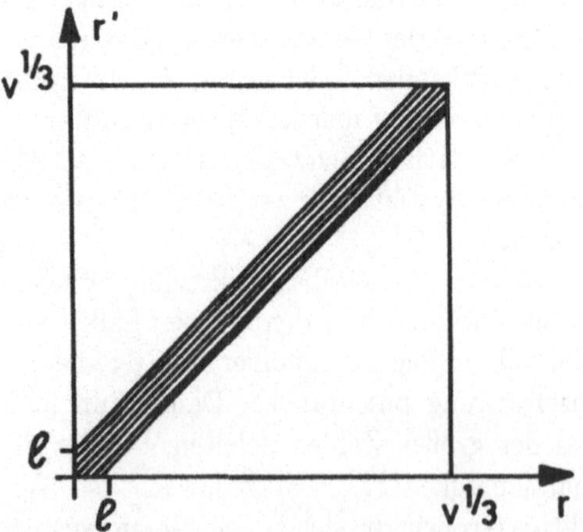

Abb. 4.1. Nur innerhalb der Korrelationslänge ℓ, d.h. für $|\boldsymbol{r} - \boldsymbol{r}'| < \ell$, ist der Integrand von (4.2) wesentlich von Null verschieden. Der Beitrag dieses Bereiches zum Integral ist von der Ordnung $\ell^3 V$

$$\frac{\Delta A}{<A>} \propto \sqrt{\frac{\ell^3}{V}} \propto \frac{1}{\sqrt{N}} \ . \tag{4.4}$$

Dies ist im wesentlichen die Form des „Gesetzes der großen Zahlen", wie es in der statistischen Mechanik verwendet wird: Im sog. „thermodynamischen Grenzfall", d.h. im Grenzfall Volumen V (und eventuell Teilchenzahl N) gegen unendlich (bei festgehaltener mittlerer Teilchendichte, Energiedichte etc.), verschwinden die relativen Schwankungen additiver Größen mit kurzreichweitigen Korrelationen proportional zu $1/\sqrt{V}$.

Aufgaben

1. Die Verteilungsfunktion $\rho(\epsilon_1, \ldots, \epsilon_n)$ sei das Produkt der Verteilungsfunktionen der einzelnen ϵ_i

$$\rho = \prod_{i=1}^{n} \rho(\epsilon_i) \ .$$

Die Schwankung jedes der ϵ_i sei $< \Delta\epsilon_i^2 >^{1/2} = \Delta$.

Man bestimme die Schwankung von $E = \sum \epsilon_i$ (Anwendung des „Gesetz der großen Zahlen" auf die Energieschwankungen eines idealen Gases).

2. Die Fourier-Transformierte $\kappa(\boldsymbol{k})$ der „Korrelationsfunktion" der Teilchendichte $\kappa(\boldsymbol{r}) = \ <(n(\boldsymbol{r}) - <n>)(n(0) - <n>)>$ der von $\boldsymbol{r}$ unabhängige Mittelwert der Teilchendichte) eines Gases bei der Temperatur T in der Nähe der kritischen Temperatur T_c hat nach der Theorie von Ornstein und Zernike die Form $\kappa(k) \propto 1/(|T/T_c - 1| + (ka)^2)$ (a von der Größenordnung eines Atomdurchmessers). Wie groß ist die im Zusammenhang mit (4.3) eingeführte Korrelationslänge? Wie groß ist die relative Temperaturabweichung $\Delta T/T_c$ von der kritischen Temperatur, bei der die relativen Teilchenzahlschwankungen eines makroskopischen Teilvolumens von z.B. 1 cm^3 von der Größenordnung eins sind?

Literatur

4.1   Rumshiskii, L. Z.: *Elements of Probability Theory*, Übers. aus dem Russischen von Wishart, D. M. G., (Pergamon Press, Oxford 1965)

5. Das thermische Gleichgewicht

Überläßt man ein abgeschlossenes System sich selbst, so streben die Erwartungswerte physikalischer Größen im Laufe der Zeit erfahrungsgemäß gegen konstante „Gleichgewichtswerte". Den Zustand, in dem vom makroskopischen Standpunkt aus keine meßbaren Änderungen mehr festzustellen sind, nennt man auch einen Zustand im thermischen (oder thermodynamischen oder statistischen) Gleichgewicht. Er ist im makroskopisch thermodynamischen Sinne durch wenige unabhängige Variable festgelegt. Es erhebt sich die Frage, wie der statistische Operator eines solchen Gleichgewichtszustandes aussieht.

Da im Gleichgewicht keine Veränderungen mehr auftreten, wird man $d\rho/dt = 0$ verlangen, d.h. aufgrund der quantenmechanischen Bewegungsgleichungen

$$[H, \rho] = 0 \ . \tag{5.1}$$

ρ kommutiert also mit dem Hamiltonoperator. Wieweit der statistische Operator durch diese Gleichung festgelegt wird, hängt vom Entartungsgrad der Eigenzustände von H ab. In der Energiedarstellung lautet (5.1) nämlich

$$< m \mid H\rho - \rho H \mid n > \ = (E_m - E_n)\rho_{mn} \ . \tag{5.2}$$

Das heißt entweder ist $E_m = E_n$ oder $\rho_{mn} = 0$. Gäbe es also zu jedem Eigenwert von H nur einen Eigenzustand, so wäre die Lösung von (5.2) $\rho_{mn} = \rho_n \delta_{mn}$. Da dann zu jedem n genau eine Energie E_n gehört, ist in diesem Falle ρ_n eine Funktion von E_n. Man kann damit schreiben:

$$\rho = \sum_n \mid n > \rho(E_n) < n \mid \ = \rho(H) \ , \tag{5.3}$$

wobei $\mid n >$ die Eigenzustände von H sind. $\rho(E_n)$ ist dann die Wahrscheinlichkeit, in dem Gleichgewichtszustand die Energie E_n anzutreffen. Bei nichtentarteten Hamiltonoperatoren H ergibt sich also eine enorme Vereinfachung gegenüber allgemeinen Zuständen: Der allgemeine statistische Operator ρ kann mathematisch fixiert werden durch seine Matrixelemente, im Ortsraum etwa durch die Matrixelemente

$$< x_1, \ldots, x_N \mid \rho \mid x'_1, \ldots, x'_N > \ ,$$

d.h. bei makroskopischen Systemen eine Funktion von ca. 10^{23} Variablen; dagegen wird der Gleichgewichtszustand eines Systems mit nichtentartetem Hamiltonoperator durch eine Funktion $\rho(H)$ der *einen* Variablen H schon festgelegt.

Analog benötigt man in der klassischen Näherung statt einer Funktion $\rho(p, x)$ der ca. 10^{23} Phasenraumvariablen (p, x) nur eine Funktion $\rho[H(p, x)]$ der einen Variablen H.

Was läßt sich nun zu möglichen Entartungen von H sagen? Sie treten zwangsläufig im Zusammenhang mit Invarianzen und Symmetrien auf. Als solche hat man Invarianz gegenüber Zeittranslationen, räumlichen Translationen, räumlichen Drehungen, Eichtransformationen und Permutationen gleicher Teilchen. Dementsprechend kann der statistische Operator von den zugehörigen 8 Erhaltungsgrößen Energie, Impuls, Drehimpuls und Teilchenzahl abhängen.

Entartungen im Zusammenhang mit der Permutationsgruppe treten nicht auf, da durch die Forderungen der Fermi- bzw. Bose-Statistik aus den möglicherweise entarteten Zuständen nur der gegenüber Teilchenvertauschungen total antisymmetrische bzw. symmetrische Zustand in der Natur vorkommt.

Translations- und Drehinvarianz sind normalerweise dadurch zerstört, daß sich die Teilchen in (nicht exakt drehsymmetrischen) Gefäßen befinden. Damit bleiben als einzige der 8 Erhaltungsgrößen die Energie und Teilchenzahl, von denen der statistische Operator des Gleichgewichts abhängen kann: $\rho = \rho(H, N_{op})$.

Bei Strömungen in Rohren oder rotierenden Flüssigkeiten in zylindrischen Gefäßen hat man jedoch angenähert Translations- bzw. Rotationssymmetrie. In solchen Fällen kann ρ außer von der Energie und Teilchenzahl noch vom Impuls und Drehimpuls abhängen.

Zusätzliche Entartungen können auftreten bei speziellen „Ordnungszuständen", d.h. Zuständen mit einer geringeren Symmetrie als sie der Hamiltonoperator des Systems besitzt. Tatsächlich gibt es sehr viele geordnete Zustände. Man kennt z.B. kristalline, ferromagnetische, anti-ferromagnetische, ferroelektrische, supraleitende, superfluide und andere Ordnungen. In solchen Fällen muß man zur vollständigen Charakterisierung von Gleichgewichtszuständen außer der Energie noch den jeweiligen „Ordnungsparameter" angeben, z.B. die Lage des Kristallgitters, des Magnetisierungsvektors der dielektrischen Polarisation im Raum u. dgl. Wir werden auf diesen Tatbestand im Zusammenhang mit der Theorie der Phasenübergänge noch genauer eingehen (Kap. 43).

Außer den zwangsläufigen Entartungen sind natürlich immer auch sog. „zufällige" Entartungen möglich, die nichts mit Symmetrien zu tun haben und von den Einzelheiten des Hamiltonoperators (Stärke und Form des Wechselwirkungspotentials zwischen den Teilchen) abhängen. Wenn man erwartet, daß durch (5.2) der Gleichgewichtszustand im wesentlichen eindeutig festgelegt ist, muß man annehmen, daß solche zufälligen Entartungen nicht oder nur so selten auftreten, daß man sie außer acht lassen kann. Man findet diese Annahme bei den größten bisher untersuchten Systemen bestätigt, soweit man ihr Energiespektrum im einzelnen berechnen konnte, etwa bei großen Atomkernen, Atomen und Molekülen. Solche Systeme sind natürlich noch nicht „makroskopisch" im Sinne der Thermodynamik. Man wird daher annehmen müssen, daß bei weiterer Vergrößerung dieser Systeme zwar ihre Energieniveaus immer dichter zusammenrücken, daß jedoch das exakte Zusammenfallen zweier Niveaus trotzdem ein relativ seltenes Ereignis bleibt.

Von diesen prinzipiellen Überlegungen zu unterscheiden ist die Tatsache, daß man in der statistischen Mechanik durchaus Modellsysteme betrachtet, bei denen hochgradige Entartungen auftreten, z.B. das in den Kap. 2, 6 und 36 diskutierte Spinsystem. Bei solchen Systemen würde sich, prinzipiell gesehen, kein eindeutiger Gleichgewichtszustand einstellen. Dies geschähe erst nach Berücksichtigung der in diesen Systemen vernachlässigten Wechselwirkung, welche dann auch die Entartungen der Eigenzustände der Modellsysteme aufhebt. Trotzdem kann es eine sinnvolle Idealisierung sein, bei der Behandlung von Gleichgewichtseigenschaften mit entarteten Zuständen zu rechnen, wenn die Aufspaltungen der Energiewerte für manche Fragen vernachlässigbar klein sind.

Abschließend diskutieren wir in diesem Kapitel die Abhängigkeit des statistischen Operators von *Parametern*. Zunächst erinnern wir uns daran, daß nach den Resultaten des vorigen Kapitels Energie und Teilchenzahl makroskopische additive Größen sind. Die Schwankungen um ihre Mittelwerte

$$< H > = E \quad \text{und} \quad < N_{op} > = N \tag{5.4}$$

sind deshalb, relativ gesehen, vernachlässigbar. Die beiden entscheidenden Parameter, von denen der Operator ρ außer vom Hamiltonoperator und dem Teilchenzahloperator abhängen wird, sind die Mittelwerte E und N dieser beiden Operatoren. Dies kann entweder *explizit* geschehen in der Form

$$\rho = \rho(H, N_{op}; E, N) \tag{5.5}$$

oder, wie wir schon in Kap. 2 bei der Herleitung der kanonischen Gesamtheit gesehen hatten, *implizit*. In diesem Falle hing ρ explizit von einem Parameter β ab, der dann aus der Bedingung $< H > = E$ als Funktion von E bestimmt werden konnte. Etwas Analoges kann man, wie wir sehen werden, auch mit der Teilchenzahl N unternehmen. Generell kann man sagen, daß für jeden Operator, von dem ρ abhängt, jeweils ein weiterer Parameter zur Festlegung des entsprechenden Mittelwertes benötigt wird.

Weitere Parameter ergeben sich, wie auch schon in Kap. 2 diskutiert, wenn der Hamiltonoperator von solchen abhängt. Als typischen Fall hatten wir die Abhängigkeit vom Volumen des Systems betrachtet. Andere Möglichkeiten ergeben sich im Zusammenhang mit äußeren Kräften und Feldern, unter deren Einfluß sich das System befindet. Wir werden in den nächsten Kapiteln typische Beispiele dafür diskutieren.

Das mathematische Problem der Bestimmung von Gesamtheiten, die einen thermischen Gleichgewichtszustand beschreiben, besteht somit in der Bestimmung der Funktion $\rho = \rho(H; E, \ldots)$. Diesem Problem wollen wir uns nunmehr zuwenden.

Ergänzende Literatur

Landau, L. D., Lifschitz, E. M.: *Statistische Physik*, (Lehrbuch der Theoretischen Physik, Bd. V, Kap. I), (Akademieverlag, Berlin 1966)

6. Statistische Gesamtheiten des Gleichgewichts

Nach den Überlegungen des vorigen Kapitels ist der statistische Operator im Gleichgewicht eine Funktion von wenigen Operatoren, wie etwa dem Hamiltonoperator H, der Teilchenzahl N_{op} etc. und entsprechend vielen Parametern, z.B. E, N etc., welche die Mittelwerte dieser Operatoren festlegen. Wir beschränken uns zunächst auf das Variablenpaar H, E. Dann ist also das Problem des thermischen Gleichgewichts in der statistischen Mechanik reduziert auf das der Bestimmung der Funktion

$$\rho(E_n) = \text{Wahrscheinlichkeit, die Energie } E_n \text{ im Ensemble anzutreffen.} \quad (6.1)$$

E_n sind dabei die Eigenwerte von H mit den Eigenzuständen $\mid n >$. Der Mittelwert der Energie soll dabei den Wert $< H > \; = E$ haben. Außerdem kann man nach den Überlegungen des Kap. 4 sagen, daß die Schwankung ΔE der Energie um den Mittelwert vernachlässigbar klein gegenüber der Energie E sein muß:

$$\Delta E \ll E . \tag{6.2}$$

Die Wahrscheinlichkeitsdichte (vgl. (3.6))

$$w(\epsilon) = \; < \delta(\epsilon - H) > \; = \rho(\epsilon)\Omega(\epsilon) \tag{6.3}$$

mit der sog. Zustandsdichte oder Termdichte (Niveaudichte) $\Omega(\epsilon)$ muß also ein scharfes Maximum der Breite $\Delta E \ll E$ in der Nähe des Mittelwertes $E = \int \epsilon w(\epsilon)d\epsilon$ haben. Sie ist also durch Angabe der einen Zahl E schon im wesentlichen festgelegt.

Neben der Zustandsdichte spielt auch die Zahl der Zustände

$$g(E) = \int_{E_0}^{E} \Omega(\epsilon)d\epsilon \tag{6.4}$$

mit einer Energie E_n unterhalb E eine Rolle. E_0 ist hierbei die Energie des Grundzustandes.

Aufgrund der Quantisierung der Energiewerte ist die Zustandsdichte $\Omega(\epsilon)$ nur an den diskreten Werten E_n von Null verschieden. Die Funktion $g(E)$ hat entsprechend unstetige Stufen an diesen Stellen:

$$g(E) = \sum \Theta(E - E_n) , \tag{6.5}$$

$$\Omega(\epsilon) = \frac{dg(E)}{dE} = \sum_n \delta(\epsilon - E_n) \,. \tag{6.6}$$

Bei makroskopischen Systemen liegen jedoch die E_n außerordentlich dicht und es ist zweckmäßig, die Funktionen (6.4), (6.6) so zu „glätten", daß sie stetig werden. Dies geschieht praktisch in den Rechnungen dadurch, daß Summen über Quantenzahlen n durch entsprechende Integrale ersetzt werden, wie wir dies in Abschn. 2.2 schon getan haben. Anzahl und Dichte der Zustände hängen dann nach (6.6) zusammen gemäß $\Omega(E) = dg(E)/dE$; z.B. ist bei idealen Gasen $g(E) \propto E^{3N/2}$ und $\Omega(E) \propto E^{3N/2-1}$.

Im folgenden wollen wir nun vier verschiedene Beispiele von Gleichgewichtsverteilungen diskutieren: Zunächst die sog. „mikrokanonische, kanonische und großkanonische Verteilung" (Bezeichnungen nach Gibbs). Sie unterscheiden sich durch die Parameter, von denen sie explizit abhängen.

Die mikrokanonische Verteilung beschreibt ein isoliertes System mit vorgegebener Energie E (und eventuell Teilchenzahl N). Die Verteilung hängt dementsprechend von den Parametern E und N ab. Die kanonische Verteilung beschreibt ein System, das im thermischen Kontakt mit einem Wärmebad einer bestimmten Temperatur T steht. Die Parameter, von denen die Verteilung explizit abhängt, sind T (bzw. der in Kap. 2 eingeführte Parameter β) und die Teilchenzahl N. Die großkanonische Verteilung beschreibt Systeme, welche nicht nur mit einem Wärmebad Energie, sondern auch mit einem Teilchenreservoir Teilchen austauschen können. Die Parameter, von denen die Verteilung explizit abhängt, sind die Temperatur T und ein Verteilungsparameter μ, das sog. chemische Potential, welches den Mittelwert der Teilchenzahl N festlegt.

Schließlich werden wir noch eine „verallgemeinerte großkanonische Verteilung" einführen. Sie beschreibt Situationen, bei denen das System mit der Umgebung nicht nur Wärme und Teilchen austauschen kann, sondern auch noch andere makroskopische Energien durch Arbeitsleistungen äußerer Kräfte und Felder. Die Parameter, von denen diese Gesamtheiten abhängen, sind dann direkt diese äußeren Kräfte bzw. Felder.

6.1 Die mikrokanonische Gesamtheit

Ein besonders einfacher Ansatz für $\rho(E_n)$, welcher (6.2) erfüllt und ein isoliertes System mit einer Energie E beschreibt, ergibt sich aus der Annahme *gleicher „a priori Wahrscheinlichkeiten"* in einem Energieintervall Δ:

$$\rho(E_n, E) = \begin{cases} 1/g(E, \Delta) & \text{falls } E - \Delta < E_n < E \\ 0 & \text{sonst} \,. \end{cases} \tag{6.7}$$

Die hier eingeführte Funktion $g(E, \Delta)$ ist die Zahl der Zustände mit einer Energie im Intervall Δ unterhalb E. Sie hängt mit der in (6.4) eingeführten Funktion offenbar zusammen durch

$$g(E, \Delta) = g(E) - g(E - \Delta) \, .$$ (6.8)

Das Energieintervall Δ, in dem ρ von Null verschieden ist, darf dabei nicht mit der Energieunschärfe ΔE der statistischen Gesamtheit verwechselt werden. Insbesondere wird sich zeigen, daß normalerweise, aufgrund der sehr starken Zunahme der Niveaudichte mit zunehmender Energie E_n, praktisch immer $\Delta E \ll E$ ist. Δ kann also in weiten Grenzen variiert werden, ohne daß (6.2) verletzt wird. Selbst wenn man den maximal möglichen Wert $\Delta = E - E_0$ wählt (E_0 wieder die Energie des Grundzustandes), ist, mit Ausnahme von Spinsystemen, s.u., (6.2) normalerweise erfüllt.

Es sei betont, daß der Ansatz gleicher Wahrscheinlichkeiten im Intervall Δ zunächst lediglich durch seine besondere Einfachheit nahegelegt ist. Er ist weder beweisbar, noch „a priori" vor anderen Ansätzen, die wir bald betrachten werden, besonders ausgezeichnet. Vielmehr kann man sogar „a priori" sicher sein, daß die in Wirklichkeit vorliegenden Systeme nicht exakt durch (6.7) beschrieben werden. Ihre Wahrscheinlichkeitsverteilungen werden, je nach Herstellung und Vorbehandlung der Systeme, nach Art der Gefäße, in denen sie aufbewahrt sind, und sonstigen Details, Abweichungen von (6.7) aufweisen. Insbesondere ist auch die Annahme einer scharfen Kante der Verteilung an den Enden des Intervalls Δ eine Fiktion, die fast ähnlich unrealistisch ist wie die Annahme einer definierten scharfen Energie.

Die genaue Form der Funktion $\rho(E_n)$ spielt jedoch für die Thermodynamik keine Rolle. Entscheidend ist nur die hinreichend große Schärfe (6.2) der Energieverteilung.

Für das Weitere entscheidend ist nun die Abhängigkeit der immer wieder auftretenden Normierungskonstanten, des sog. statistischen oder auch thermodynamischen Gewichts

$$\boxed{g(E) = \int_{E_0}^{E} \Omega(\epsilon)d\epsilon = \text{ statistisches Gewicht}}$$ (6.9)

von der Energie E.

Wir verweisen dazu zunächst auf das einfache Beispiel des idealen Gases, welches wir in Abschn. 2.2.1 schon diskutiert hatten. Dort ergab sich, daß die Funktion $g(E)$ proportional zu $E^{3N/2}$ ist, d.h. bei makroskopischen Systemen mit einer extrem hohen Potenz der Energie anwächst. Diese, allgemein gesagt, sehr starke Abhängigkeit des statistischen Gewichts und damit auch der Termdichte $\Omega(E) = dg(E)/dE$ von der Energie ist nun keine Spezialität des idealen Gases, sondern allgemein eine Konsequenz der hohen Dimensionszahl des Phasenraumes makroskopischer Systeme. Sie gilt in analoger Weise auch z.B. für den Strahlungshohlraum, für feste Körper und auch für andere wechselwirkende Systeme. Für Systeme mit kurzreichweitiger Wechselwirkung läßt sich ein allgemeiner Beweis geben. Man benötigt dazu Eigenschaften der Termdichte die einfacher im Zusammenhang mit der kanonischen Verteilung hergeleitet werden können. Wir verschieben diesen Beweis deshalb auf den folgenden Unterabschnitt.

Wir werden keine Systeme mit langreichweitigen Wechselwirkungen betrachten. Es besteht aber kein Grund zu der Annahme, daß sie sich (bezüglich der Energieabhängigkeit der Termdichte) drastisch verschieden verhalten.

Bei der starken Zunahme des statistischen Gewichts mit der Energie gilt $g(E - \Delta) \ll g(E)$ falls $\Delta \gg E/N$. Man kann also wegen (6.8) schreiben

$$g(E, \Delta) = g(E) - g(E - \Delta) \simeq g(E) \,, \tag{6.10}$$

in sehr guter Näherung für Werte von Δ, die hinreichend groß sind gegenüber der Schwankungsbreite der mikrokanonischen Verteilung ($\simeq E/N$). Häufig wird in der Literatur der umgekehrte Grenzfall $\Delta \to 0$ betrachtet. Dieser Grenzfall ist physikalisch nicht sinnvoll. Zumindestens vertauscht er nicht mit dem sog. thermodynamischen limes $N, V \to \infty$. Er führt bei nichtentarteten Zuständen zur Besetzung eines einzigen Quantenzustandes mit dem statistischen Gewicht $g = 1$. Dies ist eine Situation, welche bei makroskopischen Systemen nicht realisierbar ist.

In Abschn. 2.2 hatten wir mit Hilfe des statistischen Operators der kanonischen Verteilung eine Beziehung zwischen den Mittelwerten von Energie, Druck und Entropie hergeleitet (s. (2.22)), die man als Energiesatz der statistischen Mechanik betrachten kann, und die insbesondere zur Einführung der sog. Wärmeenergie geführt hat. Im Prinzip reicht diese Herleitung zur Aufstellung des I. Hauptsatzes der Thermodynamik, wie wir später zeigen werden.

Es ist jedoch in manchen Fällen von Interesse, die entsprechenden Gleichungen direkt aus der mikrokanonischen Verteilung zu gewinnen. Nach unseren Überlegungen in Abschn. 2.2 hängt das statistische Gewicht eng mit der Entropie $S = k \ln g$ zusammen. Wir beginnen unsere Überlegungen mit den Differentialeigenschaften dieser Entropie. Wie die Zustandssumme hängt die Entropie außer von der Energie noch von weiteren Variablen ab, z.B. noch vom Volumen V und im allgemeinen auch von der Teilchenzahl N der Systeme. Wir betrachten zunächst das Volumen als zweite Variable und diskutieren das totale Differential

$$dS = k \left(\frac{\partial \ln g}{\partial E} \, dE + \frac{\partial \ln g}{\partial V} \, dV \right) \,. \tag{6.11}$$

Wir lösen diese Relation nach dE auf und schreiben dementsprechend:

$$dE = \frac{1}{k \, (\partial \ln g \, / \partial E)} \, dS - \frac{\partial g \, / \partial V}{\partial g \, / \partial E} \, dV \,. \tag{6.12}$$

Der zweite Term auf der rechten Seite läßt sich unter Beachtung von (6.6) als der Mittelwert des Drucks in der mikrokanonischen Verteilung identifizieren

$$P = - \frac{\sum (\partial E_n / \partial V) \delta(E - E_n)}{\sum \delta(E - E_n)} \,. \tag{6.13}$$

Man muß dazu nur beachten: Bei makroskopischen Systemen, wo man die Summen wieder durch Integrale ersetzen kann, spielt es keine Rolle, ob die

Deltafunktionen in (6.13) über ein kleines Energieintervall gemittelt, d.h. entsprechend „verbreitert" werden. Man erhält dies auch von vorneherein, wenn man die Fiktion einer scharfen oberen Kante der mikrokanonischen Verteilung aufgibt. Dann steht aber auf der rechten Seite von (6.13) genau der Mittelwert des Drucks für eine mikrokanonische Verteilung, q.e.d.

Der Vergleich mit dem Energiesatz der Thermodynamik (2.22) läßt uns für den ersten Term auf der rechten Seite von (6.12) erwarten:

$$\frac{\partial S(E,V)}{\partial E} = \frac{1}{T} \, , \tag{6.14}$$

bzw. unter Verwendung von (2.15)

$$\frac{\partial \ln g(E,V)}{\partial E} = \beta \, . \tag{6.15}$$

Wir werden tatsächlich im folgenden Abschnitt direkt einen Zusammenhang der logarithmischen Ableitung des statistischen Gewichts mit dem Verteilungsparameter β der kanonischen Verteilung (2.3) herleiten.

Das Fazit ist also:

Man kann den Energiesatz (2.22) auch direkt aus der mikrokanonischen Verteilung herleiten. Kanonische und mikrokanonische Verteilung sind hinsichtlich des mittleren Drucks und der mittleren Energie äquivalent.

Der Hauptunterschied der beiden Verteilungen liegt in den Energieschwankungen.

Wegen des außerordentlich starken Anstiegs der Termdichte Ω besitzt die Wahrscheinlichkeitsdichte (6.3) eine außerordentlich scharfe Spitze am oberen Ende des Energieintervalls Δ, wo die Wahrscheinlichkeitsfunktion $\rho(\varepsilon)$ unstetig auf Null abfällt. Der Mittelwert der Energie fällt somit praktisch mit dem oberen Ende E dieses Intervalls zusammen. Man erkennt ziemlich einfach (s. Aufg. 6.5), daß deshalb das Schwankungsquadrat $< (\Delta E)^2 >$ der Energie nicht nur, wie nach dem Gesetz der großen Zahlen von der Ordnung N ist, sondern sogar nur von der Ordnung Eins. Die Breite der mikrokanonischen Energieverteilung ist also nicht von der Ordnung $\sqrt{N}$ und damit relativ klein gegenüber dem Mittelwert E, der ja von der Ordnung N ist, sondern ist tatsächlich eine von N praktisch unabhängige mikroskopische Energiegröße. Man kann also mit gutem Recht sagen, daß die Energie der mikrokanonischen Verteilung einen scharfen Wert hat, wie man das von einem geeignet hergestellten und thermisch isolierten System erwarten würde.

Mikrokanonische Gesamtheiten sind deshalb besonders geeignet für Systeme, bei denen tatsächlich entsprechend kleine Energieschwankungen vorliegen. Solche Situationen können sich z.B. bei Atomkernen ergeben, die man durch Beschuß mit Projektilen hinreichend scharf definierter Energie E in hoch angeregte Zustände bringt. Andere Beispiele ergeben sich bei numerischen Simulationsrechnungen. Hier sind die Schwankungen der Gesamtenergie gegeben durch die Rechengenauigkeit, die normalerweise kleiner ist als die Schwankungen in einer kanonischen Verteilung.

Eine gewisse Sonderstellung bilden Spinsysteme, bei denen die Termdichte nicht monoton von der Energie abhängt, sondern zunächst (bei makroskopischen Systemen sehr stark) mit der Energie anwächst, dann jedoch wieder ebenso stark abfällt.

Als zweites Beispiel unserer Überlegungen zur Energieabhängigkeit der Termdichte betrachten wir deshalb nun die schon in Kap. 2, insbesondere in Aufg. 2.2 diskutierten Spinsysteme.

Damit die Spins eine von Null verschiedene Energie besitzen, denken wir uns das System in ein äußeres Magnetfeld B gestellt und berücksichtigen die Wechselwirkungsenergie $\pm\mu B$ der mit den Spins verknüpften magnetischen Momente μ mit B. Sei nun N_+ die Zahl der Momente in Richtung des Feldes B, d.h. mit der Energie $-\mu B$ und N_- die Zahl der Momente in entgegengesetzter Richtung, mit der Energie μB, dann ist die Gesamtenergie $E(N_+, N_-)$ der $N = N_+ + N_-$ Spins offenbar gegeben durch $E(N_+, N_-) = -\mu B(N_+ - N_-)$.

Die Zahl der Zustände mit dieser Energie ist gleich der Zahl der Möglichkeiten, aus N Spins gerade N_+ in $(+)$-Richtung und N_- in $(-)$-Richtung herauszugreifen, und ergibt sich aus kombinatorischen Überlegungen zu (vgl. Aufg. 2.2) $g(N_+, N_-) = N!/N_+!N_-!$. Da wir speziell am thermodynamischen Grenzfall N, (N_+ und N_- sehr groß gegen Eins) interessiert sind, können wir die Fakultäten in g durch die niedrigste Näherung (vgl. Aufg. 6.4) der Stirling-Formel $n! \approx (n/e)^n$ ersetzen:

$$g = \frac{N^N}{N_+^{N_+} N_-^{N_-}} = \left[\left(\frac{N}{N_+}\right)^{N_+/N} \left(\frac{N}{N_-}\right)^{N_-/N}\right]^N . \tag{6.16}$$

Die hier auftretenden Größen $N_\pm/N$ lassen sich nun durch $E = E(N_+, N_-)$ und $N = N_+ + N_-$ ausdrücken als $N_\pm/N = [1 \mp E/(\mu BN)]/2$. Damit erhält man für $g(E, \Delta, N)$ wieder einen Ausdruck der Form g_1^N mit

$$g_1 = g_1(x) = [(1+x)/2]^{-(1+x)/2}[(1-x)/2]^{-(1-x)/2} , \tag{6.17}$$

wobei $x = E/(\mu BN)$. Das Energieintervall Δ entspricht bei dieser Zählung gerade dem Energieabstand zweier benachbarter Niveaus bei festem N, also gerade $\Delta = 2\mu B$ (s. Abb. 6.1).

Der nichtmonotone Verlauf der Funktion $g(E, \Delta)$ bei Spinsystemen ist natürlich mit der „auf-ab-Symmetrie" dieser Systeme verknüpft und mit der Existenz nicht nur einer unteren, sondern auch einer oberen Grenze des Energiespektrums. Bei Systemen von Teilchen mit kinetischer Energie ist das Energiespektrum dagegen nach oben hin immer unbegrenzt. Der Vorzeichenwechsel der Ableitung $dg(E)/dE$ bei der Energie Null hat wichtige Konsequenzen: er führt zu der merkwürdigen Erscheinung *negativer absoluter Temperaturen* bei Spinsystemen. Wir kommen darauf später im dritten Teil dieses Bandes noch einmal zurück.

Für praktische Rechnungen ist die mikrokanonische Verteilung (6.6) in den meisten Fällen nicht besonders geeignet, schon wegen der Unstetigkeit von $\rho(\varepsilon)$ an den beiden Grenzen des Energieintervalls Δ. In mathematischer Hinsicht günstiger ist die kanonische Gesamtheit, der wir uns jetzt zuwenden wollen.

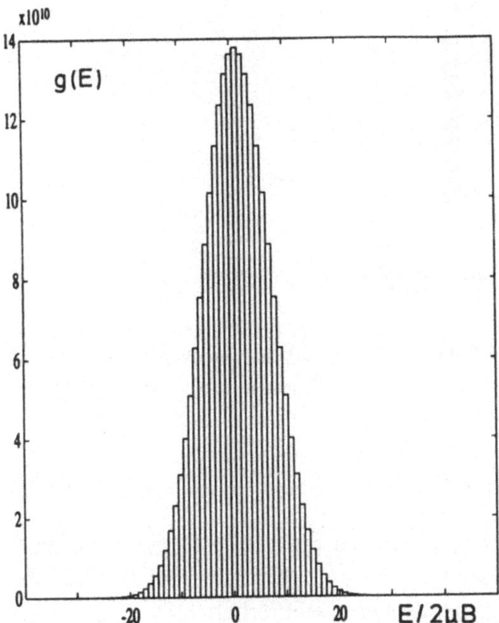

Abb. 6.1. Statistisches Gewicht $g(E, 40)$ eines Systems von 40 Spins. Das Intervall Δ wurde in diesem Falle gleich $2\mu B$ gewählt

6.2 Die kanonische Gesamtheit

In Kap. 2 hatten wir schon eine direkte, besonders einfache Herleitung der kanonischen Gesamtheit gegeben. Wir wollen nun eine andere betrachten, die den Zusammenhang mit der mikrokanonischen Gesamtheit herstellt und eine neue Beziehung für den zunächst formal eingeführten Verteilungsparameter β. Es läßt sich nämlich zeigen, daß zwei schwach gekoppelte Teilsysteme einer mikrokanonischen Gesamtheit jede für sich eine kanonische Verteilung haben.

Dazu betrachten wir wieder zwei Systeme in sog. thermischen Kontakt (s. Abb. 6.2); d.h. Systeme, welche durch mechanische Berührung oder durch elektromagnetische Strahlung Energie austauschen können, so daß sich das kombinierte System in einem gemeinsamen Gleichgewichtszustand einstellt. Obwohl die energetische Wechselwirkung für die Einstellung des Gleichgewichts entscheidend ist, wollen wir annehmen, daß sie so schwach ist, daß sie in der Energiebilanz vernachlässigt werden kann. Dann setzt sich die Energie des kombinierten Systems additiv aus den Energien der Teilsysteme zusammen: $E_{12,mn} = E_{1,m} + E_{2,n}$.

Anders als bei unserer früheren Ableitung in Kap. 2 beschreiben wir nun das kombinierte System durch eine mikrokanonische Gesamtheit

$$\rho_{12}(E_{12,mn}, E) = \begin{cases} 1/g(E, \Delta) \text{ falls } E - \Delta < E_{12,mn} < E \\ 0 \qquad\qquad \text{sonst} \end{cases} \tag{6.18}$$

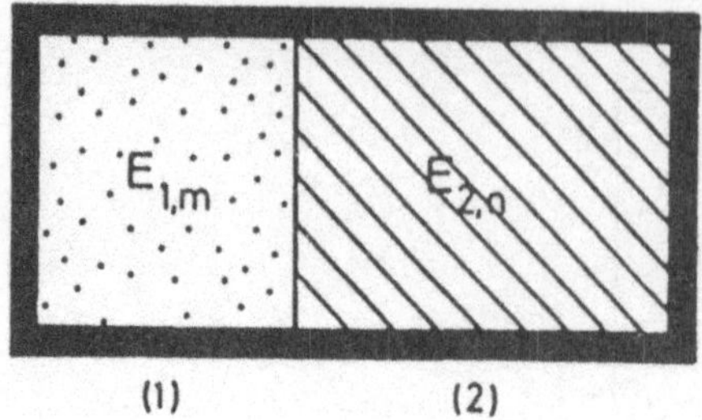

Abb. 6.2. Zwei Untersysteme eines isolierten Systems in thermischem Kontakt

und fragen nach der Wahrscheinlichkeit $\rho_1(E_{1,m})$ dafür, das erste System im Zustand m mit der Energie $E_{1,m}$ anzutreffen. Die Energie des zweiten Systems kann dabei offenbar noch in den Grenzen

$$E - E_{1,m} - \Delta < E_{2,n} < E - E_{1,m} \tag{6.19}$$

variieren. Der Einfachheit halber verschieben wir die untere Grenze des Energiebereiches wieder zur Grundzustandsenergie und verzichten auf die Angabe des Parameters E in den Verteilungsfunktionen. Dann erhält man

$$\rho_1(E_{1,m}) = \sum_n \rho_{12,mn}(E_{12,mn}) = \frac{g_2(E - E_{1,m})}{g(E)} \ . \tag{6.20}$$

Die n-Summe ist dabei über alle Zustände zu erstrecken, welche die Bedingung (6.19) erfüllen. $g_2(E_2)$ ist dabei das statistische Gewicht des Systems 2 gemäß (6.9).

Physikalisch gesehen führt die energetische Kopplung der beiden Untersysteme dazu, daß ihre Energien (bei fester Energie des Gesamtsytems) Schwankungen um ihre Mittelwerte E_1 und E_2 mit $E_1 + E_2 = E$ ausführen. Wir betrachten nun als nächstes Situationen, bei denen das System 2 makroskopisch ist. Dann sind die relativen Abweichungen der Energien $E - E_{1,m}$ von ihrem thermischen Mittelwert E_2 gering. Setzt man dementsprechend $E - E_{1,m} = E_2 + E_1 - E_{1,m}$, so kann man g_2 in (6.20) nach $E_1 - E_{1,m}$ entwickeln.

Eine direkte Potenzreihenentwicklung von g_2 würde allerdings wegen der starken Änderung von g_2 mit der Energie (s. die Diskussion im vorigen Abschnitt) schlecht konvergieren. Gute Konvergenz hat man jedoch im thermodynamischen Grenzfall $N \gg 1$ für die Funktion $\ln g_2$:

$$\ln[g_2(E_2 + E_1 - E_{1,m})] = \ln[g_2(E_2)] + \beta \cdot (E_1 - E_{1,m}) + \cdots \tag{6.21}$$

mit

$$\boxed{\beta = \frac{\partial \ln[g_2(E_2)]}{\partial E_2}} \ . \tag{6.22}$$

Dabei erwarten wir wegen der Proportionalität von $\ln(g_2)$ und E_2 mit N_2, daß β von der Ordnung $(N_2)^0 = 1$ und die weggelassenen Terme von der Ordnung $1/N_2$ sind. Letztere können also im thermodynamischen Limes $N_2 \gg 1$ vernachlässigt werden. Exponenziert man Gleichung (6.21) und setzt sie in (6.20) ein, so erhält man die Wahrscheinlichkeitsverteilung für die sog. kanonische Gesamtheit

$$\rho_1(E_{1,m}) = \frac{g_2(E_2)}{g(E)} \, e^{\beta E_1} \, e^{-\beta E_{1,m}} \; . \tag{6.23}$$

Es ergibt sich also in dieser Näherung die typische, exponentielle Abhängigkeit von den Energien $E_{1,m}$, wie man sie von der kanonischen Verteilung schon aus Abschn. 2.2 kennt.

Wir betrachten nun die Normierungsbedingung etwas genauer. Zunächst ergibt sich aus (6.20) und der Normierungsbedingung für ρ_1 allgemein

$$g(E) = \sum g_2(E - E_{1,m}) = \int g_2(E - \varepsilon)\Omega_1(\varepsilon)d\varepsilon \tag{6.24}$$

(Ω_1 die Termdichte des Systems 1). Durch Differentiation nach E erhält man hieraus eine *Zusammensetzungsregel* für die Termdichte eines Gesamtsystems aus den Termdichten zweier schwach gekoppelter Untersysteme:

$$\Omega(E) = \int \Omega_2(E - \varepsilon) \, \Omega_1(\varepsilon) \, d\varepsilon \; . \tag{6.25}$$

Die kombinierte Termdichte ist also die *Faltung* der beiden Unterdichten. Falls *eines* der beiden Untersysteme, etwa das System 2, makroskopisch ist, ergibt sich bei Verwendung der Näherung (6.23)

$$g(E) = g_2(E_2) \, e^{\beta E_1} \, Z_1(\beta) \; , \tag{6.26}$$

wobei $Z_1(\beta)$ die Zustandssumme des Untersystems 1 ist.

Damit kann man also für das System 1 schreiben:

$$\boxed{\rho(E_n) = \frac{1}{Z} e^{-\beta E_n} \; .} \tag{6.27}$$

Wir haben hier den Index „1" weggelassen, um eine Formel in Übereinstimmung mit Abschn. 2.2 zu erhalten. Der Normierungsfaktor Z ist wieder die sog. Zustandssumme der kanonischen Verteilung (2.4), und ist gegeben durch

$$\boxed{Z(\beta) = \sum_n e^{-\beta E_n} = Sp(e^{-\beta H}) \; .} \tag{6.28}$$

Die Größe β, von der die kanonische Verteilung abhängt, ist im Rahmen der jetzigen Herleitung durch die logarithmische Ableitung des statistischen

Gewichts g_2 des anderen Untersystems ausgedrückt. Dieses wirkt gewissermaßen als Wärmebad für das System, für das wir uns speziell interessieren.

Die Größe des Systems 1 ist dabei gleichgültig. Entscheidend ist nur die schwache Kopplung an ein makroskopisches System. Falls das System 1 selbst makroskopisch ist, besteht die Kopplung nur längs der Berührungsfläche und ist damit automatisch relativ klein. Es gibt aber auch durchaus mikroskopische, schwach gekoppelte Untersysteme: Etwa einzelne Atome oder Moleküle eines verdünnten Gases oder einzelne magnetische Momente in verdünnten Legierungen von magnetischen Substanzen in festen Körpern (s. Abb. 6.3).

Bei solchen mikroskopischen Systemen sind dann allerdings die relativen Energieschwankungen des Systems 1 nicht mehr klein. Bei makroskopischen Systemen dagegen sind auch bei der Verteilung (6.28) die relativen Energieschwankungen klein. Wir kommen auf diesen Punkt später (s. Kap. 14) noch einmal zurück.

Wenn das System 1 makroskopisch ist, kann man (2.27) verwenden, d.h. $Z_1 = g_1(E_1) \exp(-\beta E_1)$ und damit

$$g(E_1 + E_2) = g_1(E_1)g_2(E_2) \,. \tag{6.29}$$

Das heißt aus der *Faltungsregel* für die Zusammensetzung der Termdichten von schwach gekoppelten Untersystemen wird bei makroskopischen Systemen eine einfache *Produktregel*.

Diese Regel kann man nun verwenden, um die Abhängigkeit des statistischen Gewichts von makroskopischen Systemen, $g(E)$, von E nicht nur für ideale Gase, sondern allgemein für Systeme von Teilchen mit kurzreichweitigen Wechselwirkungen herzuleiten. Wir greifen deshalb hier den entsprechenden Faden vom letzten Unterabschnitt wieder auf. Wir haben bislang die Teilchenzahl N nicht explizit in Betracht gezogen. Dies müssen wir jedoch nunmehr tun, um die Größe makroskopischer Systeme ins Spiel zu bringen.

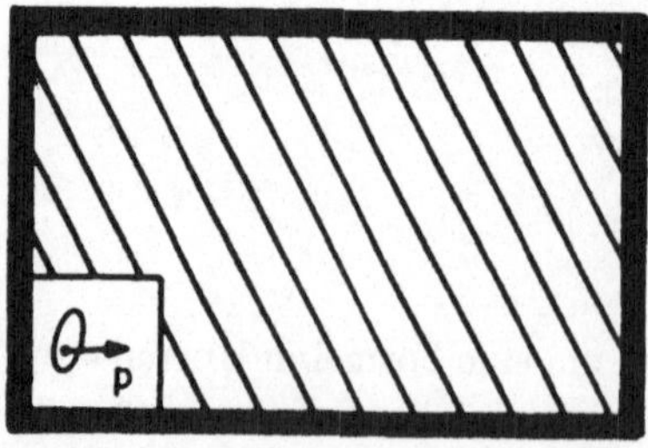

Abb. 6.3. Ein einzelnes Atom im Kontakt mit einem Wärmebad. Durch Stöße mit den thermisch bewegten Molekülen des Wärmebades wird seine Energie $E_1 = p_1^2/2m + \epsilon_i$ (bestehend aus kinetischer Translationsenergie und innerer Anregungsenergie ϵ_i) ständig geändert. Energiemessungen zu verschiedenen Zeiten werden ständig wechselnde Werte liefern. Die relativen Häufigkeiten der Energiewerte sind nach einer Maxwell-Boltzmann-Verteilung, d.h. gemäß (6.27): $\rho(\boldsymbol{p}, \epsilon_i) = \exp[-\beta(p^2/(2m) + \epsilon_i)]/Z$ verteilt

Wir wenden dazu die Produktregel (6.29) an auf zwei Hälften eines homogenen makroskopischen Systems mit den mittleren Energien $E/2$ und Teilchenzahlen $N/2$ und dem statistischen Gewicht $g(E/2, N/2)$. Dann liefert die Produktregel für das statistische Gewicht $g(E, N)$ des kombinierten Systems die Rekursionsformel $g(E, N) = [g(E/2, N/2)]^2$.

Nach (N/n)-maliger Wiederholung der gleichen Prozedur ergibt sich dann

$$g(E, N) = [g(nE/N, n)]^{N/n} = [g_1(E/N)]^N \; . \tag{6.30}$$

Da die Produktregel nur für große Systeme anwendbar ist (selbst für wechselwirkungsfreie Teilchen), gilt (6.30) nicht bis ganz herunter zu $n = 1$. Die in (6.30) eingeführte Funktion $g_1(E)$ ist also nicht exakt, sondern nur größenordnungsmäßig das statistische Gewicht für ein einzelnes Teilchen in einem Volumen $v = V/N$. Im allgemeinen kann man aber zumindest erwarten, daß die Energieabhängigkeit von $g_1(E)$ nicht qualitativ verschieden von dieser Größe ist. Insbesondere wird man keine extreme Energieabhängigkeit von $g_1(E)$ erwarten: kleine Energieänderungen bewirken auch nur kleine Änderungen von g_1. Ganz anders bei der Funktion $g(E, N)$ für makroskopische N: eine Änderung von E um, sagen wir, $\delta E = 10^{-6} E$ bewirkt eine Änderung von $g_1(E/N)$ von ähnlicher Größenordnung. Diese wird jedoch gemäß (6.30) bei der Funktion g mit N potenziert. Dies bedeutet für makroskopische Systeme mit $N = 10^{23}$ eine immense Verstärkung jeder Änderung von $g_1(E/N)$.

Der Vollständigkeit halber erwähnen wir, daß im Fall der Photonen im Strahlungshohlraum und der Phononen im Festkörper die Teilchenzahl N keine unabhängige Variable neben der Energie E und dem Volumen V ist. Wir werden später im dritten Teil dieses Bandes sehen, daß in diesem Falle die (mittlere) Zahl der angeregten Quanten eine Funktion der Temperatur wird. Dies ändert jedoch nichts wesentliches an den obigen Überlegungen.

Die etwas abstrakte Herleitung von (6.30) soll nun wieder durch das Beispiel des idealen Gases illustriert werden.

Wir gehen aus von (2.35), d.h.

$$g(E, N) = \frac{V^N}{(2\pi\hbar)^{3N} \, N!} \frac{(2\pi \, m \, E)^{3N/2}}{(3N/2)!} \; . \tag{6.31}$$

Wie man sieht, ist (6.30) zwar nicht exakt erfüllt, aber doch näherungsweise für große N wenn man die Stirling-Formel in der einfachen Form $N! = (N/e)^N$ verwenden kann. Dann wird nämlich

$$g(E, N) = \left(\frac{Ve}{(2\pi\hbar)^3 \, N} \right)^N \left(\frac{4\pi \, m \, E \, e}{3N} \right)^{3N/2} \; . \tag{6.32}$$

Man erhält also einen Ausdruck der Form (6.30) mit

$$g_1(E) = \frac{V}{(2\pi\hbar)^3} \, e^{5/2} \left(\frac{4\pi \, m \, E}{3} \right)^{3/2} \; . \tag{6.33}$$

Zum Vergleich geben wir das statistische Gewicht $g(E, 1)$ für *ein Teilchen* an, nämlich

$$g(E, 1) = \frac{V}{(2\pi\hbar)^3} \frac{4\pi}{3} (2mE)^{3/2} . \tag{6.34}$$

Wie man sieht, ist die entscheidende Abhängigkeit von E und V die gleiche wie bei der Funktion $g_1(E)$, aber letztere ist um den Faktor $e^{5/2}\sqrt{(\pi/6)} = 8.8$ größer als $g(E, 1)$.

Wir weisen in diesem Zusammenhang darauf hin, daß die Zusammensetzungsregel für die Zustandssummen wesentlich einfacher ist als bei den Termdichten (s. hierzu auch die ergänzende Literatur: A.J. Chintschin). Die Zustandssumme ist ja, mathematisch gesprochen, die Laplace-Transformierte der Termdichte. Und für diese Transformation gilt (wie auch bei der Fouriertransformation), daß die Transformierte einer Faltung das Produkt der Einzeltransformierten ist. Genauer gesagt gilt für die Zustandssumme von N ungekoppelten Teilchen exakt:

$$Z(\beta, N) = \frac{1}{N!} Z(\beta, 1)^N . \tag{6.35}$$

Die Zustandssumme eines N-Teilchensystems ist also sehr einfach aus der eines einzelnen Teilchens zu bestimmen. Dies ist einer der Vorteile der kanonischen gegenüber der mikrokanonischen Gesamtheit. Für den Vorfaktor gilt die Produktregel wieder nur approximativ bei großen Systemen. Das liegt daran, daß bei der kanonischen Verteilung die Teilchenzahl exakt festgelegt ist. Dies ist oft eine ähnliche Fiktion wie die Vernachlässigung der Energieschwankungen bei der mikrokanonischen Verteilung. Falls man auch Schwankungen der Teilchenzahl zuläßt, erhält man die sog. großkanonische Gesamtheit, der wir uns jetzt zuwenden wollen.

6.3   Die großkanonische Gesamtheit

Die sog. großkanonische Verteilung ergibt sich, wenn man zwei Systeme betrachtet, welche durch eine feste, aber für Teilchen und Wärme durchlässige Wand verbunden sind (s. Abb. 6.4). Das System 2, welches bei der kanonischen Verteilung als Wärmebad wirkte, kann nun auch noch als Teilchenreservoir betrachtet werden. Die bei der mikrokanonischen und kanonischen Verteilung feste Teilchenzahl wird damit auch Schwankungen um ihren Mittelwert N ausführen. Entsprechend sucht man jetzt eine Wahrscheinlichkeitsverteilung der Energien E_n und Teilchenzahlen N_n. Die Behandlung geschieht in völliger Analogie zur kanonischen Verteilung, nur muß man neben dem Austausch von Energie auch den von Teilchen berücksichtigen. In Analogie zu (6.27) ergibt sich dann

$$\rho(E_n, N_n) = \frac{1}{Y} e^{-\alpha N_n - \beta E_n} \tag{6.36}$$

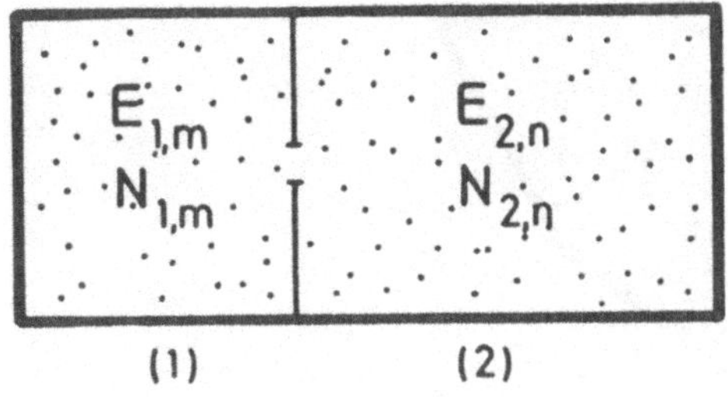

Abb. 6.4. Zwei Untersysteme eines isolierten Systems, welche Teilchen und Energie austauschen können

mit

$$\alpha = \frac{\partial \ln[g_2(E_2, N_2)]}{\partial N_2} \tag{6.37}$$

und β wie in (6.22) für die Wahrscheinlichkeit, einen Zustand n mit der Energie E_n und der Teilchenzahl N_n anzutreffen. Gleichung (6.36) beschreibt die Schwankungen der Energien E_n und Teilchenzahlen N_n des Systems 1 um ihre Mittelwerte E und N. Bei makroskopischen Systemen sind die relativen Schwankungen $\Delta E/E$ und $\Delta N/N$ wieder vernachlässigbar klein.

Der Normierungsfaktor Y, die sog. Zustandssumme der großkanonischen Gesamtheit ist gegeben durch

$$Y = \sum_n e^{-\alpha N_n - \beta E_n} = Sp\left(e^{-\alpha N_{op} - \beta H}\right) . \tag{6.38}$$

Die Summe (bzw. Spur) läuft hier natürlich nur noch über die Zustände des ersten Systems.

6.4 Systeme mit äußeren Kräften und die verallgemeinerte großkanonische Gesamtheit

Wir betrachten zum Abschluß allgemeine offene Systeme, denen nicht nur durch thermischen Kontakt und Teilchenaustausch, sondern auch durch äußere, makroskopische Arbeitsleistung Energie zugeführt werden kann (s. Abb. 6.5). Solche Arbeitsleistung geschieht i. allg. dadurch, daß an bestimmten Größen q_i äußere Kräfte f_i angreifen. Die Berücksichtigung solcher Effekte geschieht einfach durch Hinzufügen der entsprechenden potentiellen Energien $-\sum f_i q_i$ zur Hamiltonfunktion H. Eine solche Erweiterung kann sowohl in der mikrokanonischen, der kanonischen und der großkanonischen Gesamtheit vorgenommen werden. Bei der solcher Art erweiterten großkanonischen Gesamtheit spricht man auch von der *verallgemeinerten großkanonischen Gesamtheit*. Es ist in diesem Falle zweckmäßig und üblich, das sog. chemische Potential μ einzuführen durch

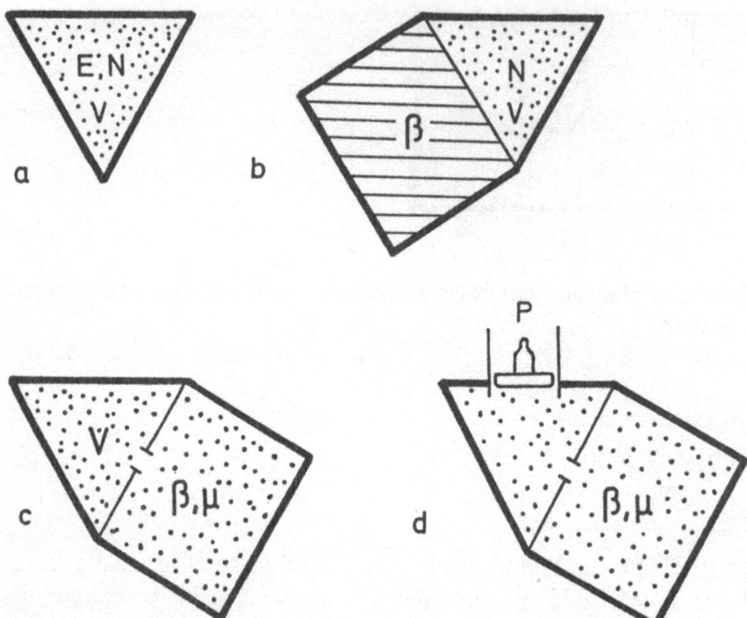

Abb. 6.5a–d. Thermodynamisches System (Dreieck) mit verschieden vorgegebenen Verteilungsparametern. (**a**) Mikrokanonische Verteilung. (**b**) Kanonische Verteilung. (**c**) Großkanonische Verteilung. (**d**) Verallgemeinerte großkanonische Verteilung mit vorgegebenem Druck P

$\alpha = -\beta\mu$. Setzt man dann zur Vereinheitlichung der Bezeichnung bei der groß-kanonischen Gesamtheit $\mu = f_0$, $N_{op} = q_0$, so kann man für den statistischen Operator eines allgemeinen offenen Systems ansetzen:

$$\rho = \frac{1}{Y} \exp\left[-\beta\left(H - \sum f_i q_i\right)\right] . \tag{6.39}$$

Die Zustandssumme Y ist dann wieder aus Normierungsgründen gegeben durch

$$Y = Sp(e^{-\beta(H-\sum f_i q_i)}) . \tag{6.40}$$

Ein einfaches Beispiel einer äußeren Kraft f ergibt sich, wenn man den Druck P durch ein Gewicht $f = mg$ im Schwerefeld realisiert, das an einem Stempel der Fläche F in der Höhe x angreift. Es ist dann $f\,dx = P\,dV$. Die Koordinate x und damit das Volumen V haben dann keinen fest vorgegebenen Wert mehr, sondern führen Schwankungen um ihre Mittelwerte aus.

Zum Abschluß dieses Abschnitts noch eine mathematische Bemerkung: Bei der Angabe der statistischen Verteilung haben wir im Gegensatz zu den anderen Abschnitten dieses Kapitels den statistischen Operator unabhängig von einer speziellen Darstellung angegeben. Will man wieder die Eigenwerte von ρ verwenden, so muß man beachten, daß i. allg. die Größen q_i nicht mit dem Hamiltonoperator H vertauschen (der Teilchenzahloperator $N_{op} = q_0$ ist in dieser Hinsicht ein Ausnahmefall). Trotzdem ist der Operator $I = H - \sum f_i q_i$ hermitesch und hat dementsprechend reelle Eigenwerte I_n. Für die Wahrscheinlichkeit, den Eigenzustand n in der verallgemeinerten großkanonischen Gesamtheit anzutreffen, ergibt sich damit $\rho_n = \exp(-\beta I_n)/Y$.

Aufgaben

1. Man bestimme die Zahl $g(E, 1) = M$ der Zustände mit einer Energie $E_n < E$ eines freien Teilchens der Masse m in einem Würfel der Kantenlänge L bei periodischen Randbedingungen:

$$\psi(0, y, z) = \psi(L, y, z); \ \psi(x, 0, z) = \psi(x, L, z) \text{ etc.}$$

2. Man bestimme die Zahl $g(E, N)$ der Zustände mit $E_n < E$ von N unabhängigen Teilchen unter den gleichen Bedingungen wie in Aufg. 1. Unter Verwendung der Stirling-Formel bringe man das Resultat in die Form (6.30) und bestimme die Funktion $g_1(E/N)$. Anmerkung: Das Volumen der n-dimensionalen Einheitskugel ist $v_n = \pi^{n/2}/(n/2)!$.

3. Unter Benutzung von Aufg. 2 bestimme man $\beta(E) = d \ln g(E)/dE$.

4. Ausgehend von $n! = \int_0^\infty x^n e^{-x} dx$ begründe man durch Potenzreihenentwicklung des Logarithmus des Integranden am Maximum $n \ln(x) - x = n \ln(n/e) - (n - x)^2/2 + \cdots$ die Stirlingsche Formel

$$n! = \sqrt{2\pi n} \, n^n \exp[-n + 1/(12n) + \cdots]$$

Man überzeuge sich, daß für $n \gg 1$ in guter Näherung $\ln(n!) = n \ln(n/e)$, d.h. gleich dem Wert des Integranden am Maximum, gesetzt werden kann, s. auch Abb. 6.6.

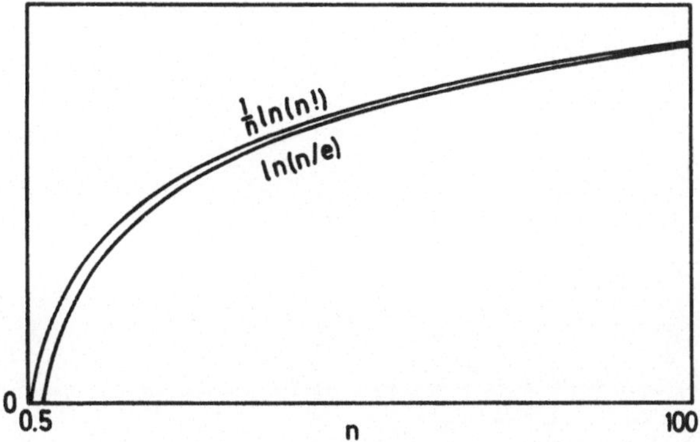

Abb. 6.6. Vergleich von $\ln(n!)$ mit der niedrigsten Näherung $n \ln(n/e)$ der Stirling-Formel. Bei $n = 100$ beträgt der Fehler nur noch etwa 1%

5. Unter der Annahme eines einfachen Potenzgesetzes $\Omega(\varepsilon) \propto \varepsilon^{aN}$ (a von der Größenordnung Eins) bestimme man die Mittelwerte $E = \ <\varepsilon> $ und $(\Delta E)^2 = \ <\varepsilon^2> - E^2$ für große N bei der mikrokanonischen Verteilung.

Ergänzende Literatur

Becker, R.: *Theorie der Wärme*, Kap. II C, D, E. (Springer, Berlin, Heidelberg 1955)
Chintchin, A. J.: *Mathematische Grundlagen der Statistischen Mechanik*, Paragraph 15, 16; (B.I., Mannheim 1964)

7. Die Maxwell-Boltzmann-Verteilung *

In diesem Kapitel beschreiben wir einige Überlegungen der elementaren klassischen kinetischen Gastheorie, von denen ausgehend man ziemlich direkt zur kanonischen Gesamtheit (6.27) geführt wird.

7.1 Barometrische Höhenformel

Wir betrachten zunächst die barometrische Höhenformel [7.1]. Sie beschreibt die Abnahme des Luftdruckes P bzw. der Teilchendichte n mit der Höhe x. Im thermischen und mechanischen Gleichgewicht herrscht überall die gleiche Temperatur T, und der Druckgradient ist gleich der Schwerkraft pro Volumeneinheit (s. Abb. 7.1)

$$\frac{dP(x)}{dx} = -mn(x)g \; . \tag{7.1}$$

Dabei ist m die Masse der Gasmoleküle (mn also die Massendichte) und g die Erdbeschleunigung. Beschränkt man sich auf ideale Gase, so ist

$$P = nkT \; . \tag{7.2}$$

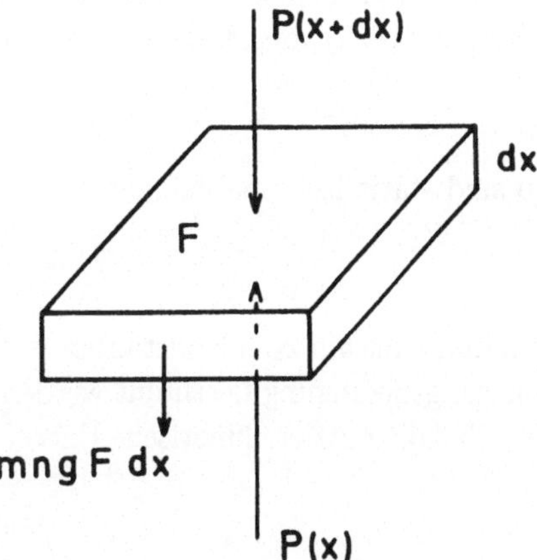

Abb. 7.1. Kräftegleichgewicht an einer Luftsäule vom Querschnitt F mit der (infinitesimalen) Dicke dx im Schwerefeld g

Hierbei ist k die Boltzmannsche Konstante $k = R/L$ (R die allgemeine Gaskonstante, L die Loschmidtsche Zahl)

$$k = 1{,}38 \cdot 10^{-16} \text{ erg/grad} ,$$

die deshalb in allen Gleichungen der statistischen Mechanik auftritt, weil die Temperatureinheit nicht mit Hilfe des idealen Gasthermometers, sondern mit Hilfe des Wasserthermometers festgelegt wurde. Nach Einsetzen von (7.2) in (7.1) und Integration erhält man

$$n(x) = n_0 e^{-\frac{mgx}{kT}} . \tag{7.3}$$

Diese zunächst rein makroskopische Gleichung kann man im Sinne der statistischen Mechanik auch lesen:
Die Wahrscheinlichkeit $\rho(x)dx$, im Intervall zwischen x und $x + dx$ ein Teilchen zu finden, ist gegeben durch

$$\rho(x) = \rho_0 e^{-\frac{W(x)}{kT}} , \tag{7.4}$$

wobei $W(x)$ die potentielle Energie des Teilchens ist. (Die Konstante ρ_0 ist durch die Normierungsbedingung $\int \rho(x)dx = 1$ festgelegt, wenn wir der Einfachheit halber die y, z-Abhängigkeit außer acht lassen). Diese Überlegungen lassen sich leicht verallgemeinern auf den Fall, daß man anstelle des Schwerefeldes ein beliebiges dreidimensionales Potentialfeld $W(\boldsymbol{r})$ hat. Man bekommt dann für die Wahrscheinlichkeit $\rho(\boldsymbol{r})d^3r$, im Volumenelement d^3r ein Teilchen anzutreffen,

$$\rho(\boldsymbol{r}) = \rho_0 e^{-\frac{W(\boldsymbol{r})}{kT}} . \tag{7.5}$$

7.2 Maxwell-Verteilung

Zur Bestimmung der Wahrscheinlichkeit $\rho(\boldsymbol{p})d^3p$, ein Teilchen eines idealen Gases im Volumen d^3p des „Impulsraumes" anzutreffen, folgen wir zunächst der Argumentation, wie sie ursprünglich von Maxwell (1859) vorgetragen wurde. Er ging aus von den Postulaten [7.2]:

1) $\rho(p_x, p_y, p_z) = \rho(p_x)\rho(p_y)\rho(p_z) ,$
    d.h. die drei Komponenten von $\boldsymbol{p}$ sind statistisch unabhängig,

2) $\rho(p_x, p_y, p_z) = f(p^2) ,$
    d.h. die Verteilung ist isotrop.

Diese beiden Forderungen legen die Funktion ρ bis auf zwei Konstanten fest. Eine dieser Konstanten kann aus der Normierungsbedingung bestimmt werden. Die zweite ergibt sich z.B. aus der Forderung, daß die mittlere kinetische Energie gegeben ist durch

$$\frac{<\boldsymbol{p}^2>}{2m} = \int \frac{p^2}{2m}\rho(\boldsymbol{p})d^3p = \frac{3}{2}kT . \tag{7.6}$$

Auf den ersten Blick erscheint die Forderung 2 bei Anwesenheit eines anisotropen Kraftfeldes, etwa des Schwerefeldes, vielleicht unplausibel. Man muß jedoch beachten, daß die Kraft aufgrund der mechanischen Bewegungsgleichungen nur die zeitliche Ableitung von p und nicht p selbst festlegt. Man kann sich nun zunächst überzeugen, daß die Forderungen 1 und 2 die Verteilung bis auf zwei Konstanten festlegen. Wir führen dazu unter Ausnutzung der Isotropie noch $g(p_x{}^2) = \rho(p_x)$ ein und schreiben demgemäß

$$f(p_x{}^2 + p_y{}^2 + p_z{}^2) = g(p_x{}^2)g(p_y{}^2)g(p_z{}^2) \ . \tag{7.7}$$

Setzt man hier zunächst $p_y = p_z = 0$, so sieht man, daß bis auf einen konstanten Faktor $g(0)^2$ f und g die gleichen Funktionen sind. Logarithmiert man nun die Gleichung (7.7), so sieht man, daß $\ln f$ eine lineare Funktion von $p_x{}^2$ etc. ist. Exponiert man diese Beziehung wiederum, so ergibt sich $\rho(\boldsymbol{p}) = c \cdot \exp(ap^2)$. Die beiden freigebliebenen Konstanten a und c können nun unter Ausnutzung der Normierungsbedingungen und der Forderung (7.6) festgelegt werden:

$$< p^2 > \ = \int p^2 \rho(\boldsymbol{p})d^3 p = \frac{d}{da} \ln \int \exp(ap^2)d^3 p \ . \tag{7.8}$$

Ohne das Integral direkt auszuführen, sieht man durch die Variablensubstitution $ap^2 = q^2$, daß es proportional $a^{-3/2}$ ist. Seine logarithmische Ableitung nach a ist also $< p^2 > \ = -3/(2a)$. Nach Forderung (7.6) kann man also schließlich schreiben

$$\rho(\boldsymbol{p}) = Ce^{-\frac{p^2}{2mkT}} \ . \tag{7.9}$$

Dies ist die berühmte *Maxwell-Verteilung*.

Die Wahrscheinlichkeit $\rho(\boldsymbol{p}, \boldsymbol{r})d^3 p d^3 r$, ein Teilchen im Volumenelement $d^3 p$ des Impulsraumes und $d^3 r$ des Ortsraumes anzutreffen (oder wie man auch kürzer sagt, im Volumenelement $d^6(pr)$ des „μ-Raumes" [7.3]), bekommt man dann unter Voraussetzung der statistischen Unabhängigkeit von Orten und Impulsen durch Kombination von (7.5) und (7.9)

$$\rho(\boldsymbol{p}, \boldsymbol{r}) = Ce^{-\frac{p^2/2m+W(r)}{kT}} \ . \tag{7.10}$$

C ist dabei wieder durch die Normierungsvorschriften festgelegt.

7.3 Druck und mittlere kinetische Energie

Die Forderung (7.6) kann man direkt aus einer kinetischen Betrachtung zum Gasdruck begründen, die auf Daniel Bernoulli zurückgeht. Die mikroskopische Deutung des Druckes besteht darin, daß die Gasteilchen bei ihrer Reflexion an den Gefäßwänden Impuls übertragen. Also wird pro Zeiteinheit der Impuls $2np_x^2 F/m$ übertragen (s. Abb. 7.2). Den im Mittel pro Zeiteinheit übertragenen Impuls bekommt man durch Multiplikation mit der Verteilungsfunktion der

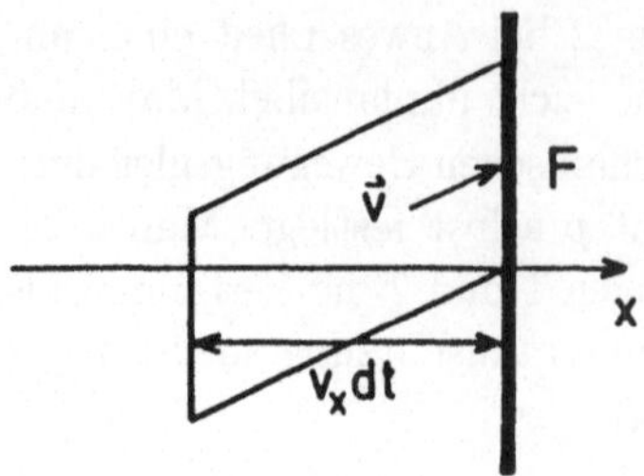

Abb. 7.2. Von den Teilchen mit der Geschwindigkeit v treffen in der Zeit dt auf ein Stück F der Oberfläche $nv_x F dt$ auf. (Wir legen die x-Achse senkrecht zur Oberfläche). Jedes Teilchen überträgt den Impuls $2p_x = 2mv_x$

Impulse und Integration über alle Impulse mit positiver x-Komponente. Die damit gewonnene zeitliche Änderung des Impulses der Gasatome muß gleich sein der Kraft PF auf der Fläche F, d.h.

$$\frac{2n}{m} \int_0^\infty dp_x \int_{-\infty}^\infty dp_y \int_{-\infty}^\infty dp_z p_x^2 \rho = \frac{n<p^2>}{3m} = P \,. \tag{7.11}$$

Vergleicht man dies mit dem idealen Gasgesetz $P = nkT$, so ergibt sich direkt (7.6).

Aufgaben

1. Man bestimme die Konstante C in (7.9).

2. Man übertrage die kinetischen Betrachtungen zum Gasdruck aus Abschn. 7.3 auf das Lichtquantengas. Wie sieht der Zusammenhang zwischen Druck und Energiedichte beim Lichtquantengas aus (man beachte $\epsilon = |p|c$)?

   Man vergleiche mit dem entsprechenden Resultat beim normalen Gas mit $\epsilon = p^2/2m$.

3. Aus einem Ofen entweicht durch eine punktförmige Öffnung ein Gasstrahl ins Vakuum, der durch eine ebenfalls punktförmige Blende horizontal ausgeblendet wird (s. Abb. 7.3). Der Strahl wird auf einem Schirm im Abstand a aufgefangen. Man berechne die Intensitätsverteilung $I(z)$ auf dem Schirm unter Berücksichtigung der Schwerkraft (zwischen Ofen und Blende sei die Schwerkraft zu vernachlässigen).

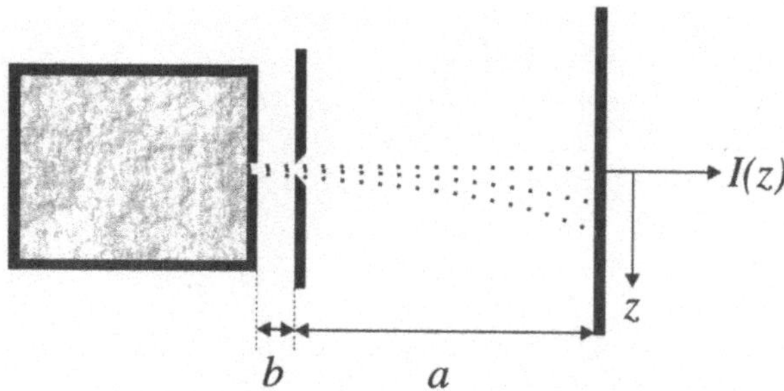

Abb. 7.3. Ausströmen eines Gasstrahles aus einem Ofen ins Vakuum im Schwerefeld zur experimentellen Bestimmung der Geschwindigkeitsverteilung. Solche „Molekularstrahlen" spielen eine wichtige Rolle bei vielen grundlegenden Experimenten der Physik [7.4] und auch bei vielen Anwendungen, z.B. in der Oberflächenphysik und bei der Herstellung von „Schichtstrukturen"

Literatur

7.1   Boltzmann, L.: Wien. Ber. **78**, 7 (1879)
7.2   Maxwell, J. C.: Phil. Mag. **19**, 19 (1860) und **35**, 129, 185 (1868)
7.3   Ehrenfest, P. und T.: *Enzyklopädie der math. Wiss.*, Bd. IV, Teil 32, (Leipzig, Berlin 1911)
7.4   Frisch, R. O.: Sci. American **212**, 58 (1965)

Ergänzende Literatur

Reif, F.: *Statistische Physik und Theorie der Wärme*, (W. de Gruyter, 1985)

8. Die kanonische Verteilung *

Die in Kap. 7 aus Plausibilitätsbetrachtungen gewonnene Verteilungsfunktion im μ-Raum hat schon große Ähnlichkeit mit der kanonischen Verteilung (6.27). Sie muß nur noch in zweierlei Hinsicht verallgemeinert werden:

a) Bei (6.27) handelt es sich nicht um die Verteilungsfunktion *eines* Teilchens, sondern *aller* Teilchen eines Systems, oder wie man sagt, um eine Verteilungsfunktion im „Γ-Raum" (oder Gesamtphasenraum).

b) Die Forderungen der Quantentheorie müssen berücksichtigt werden.

8.1 Klassische Statistik

Zur Verallgemeinerung betrachten wir zunächst ein ideales Gas. Bei ihm können die Teilchen als statistisch unabhängig betrachtet werden. Die Wahrscheinlichkeit, die Teilchen $1,\ldots,N$ im Volumenelement $d^3p_1\cdots d^3p_N d^3r_1\cdots d^3r_N = d^{6N}(p,x)$ des $6N$-dimensionalen Phasenraums anzutreffen, ist also das Produkt der Wahrscheinlichkeitsverteilungen der einzelnen Teilchen. Unter Benutzung von (7.10) kann man für dieses Produkt schreiben

$$\rho(p,x) = \frac{1}{N!C}e^{-\frac{H(p,x)}{kT}} . \tag{8.1}$$

Dabei ist

$$H(p,x) = \sum_i \left[\frac{p_i^2}{2m} + W(\boldsymbol{r}_i)\right] \tag{8.2}$$

die Hamiltonfunktion des Systems und C, das sog. „Zustandsintegral", ist wieder durch die Normierung von ρ festgelegt:

$$C = \int e^{-H(p,x)/kT} d^{6N}(p,x)/N! . \tag{8.3}$$

Der Faktor $1/N!$ ist hier zunächst willkürlich und nur deshalb schon eingeführt worden, um gleich in Einklang mit der quantenmechanischen Ununterscheidbarkeit der Teilchen zu sein; vgl. dazu die Kap. 23, 27 und 28.

Es liegt nahe (8.1, 2, 3) auf den Fall wechselwirkender Teilchen zu verallgemeinern, indem man zu $H(p,x)$ das Wechselwirkungspotential der Teilchen addiert.

Von der Verteilung im Γ-Raum kommt man zur Verteilung im μ-Raum zurück, indem man über alle Koordinaten und Impulse integriert, außer denen eines einzigen Teilchens:

$$\rho(\boldsymbol{p},\boldsymbol{r}) = \int \rho(\boldsymbol{p},\boldsymbol{p}_2,\ldots,\boldsymbol{p}_N,\boldsymbol{r},\boldsymbol{r}_2,\ldots,\boldsymbol{r}_N)d^{6(N-1)}(p_2\cdots r_N) . \tag{8.4}$$

Ausgehend von (8.1) kommt man dabei trivialerweise zur Maxwell-Boltzmann-Verteilung (7.10) zurück. Nicht so trivial ist dies bei der mikrokanonischen Verteilung, bei der anstelle von $\exp(-H/kT)$ die Funktion $\rho(p,x)$ proportional zu $\delta[H(p,x)-E]$ ist (genauer gesagt einem Energieintegral dieser Funktion über das Interval Δ in (6.7)). Tatsächlich führt jedoch auch bei dieser Verteilung der Prozeß (8.4) praktisch zur gleichen Verteilung im μ-Raum und zwar in um so besserer Näherung, je größer die Teilchenzahl N ist (s. Aufg. 8.1).

8.2 Quantenstatistik

In der Quantenmechanik kann die Energie nicht beliebige Werte annehmen. Die möglichen Energiewerte sind durch die Eigenwertgleichung

$$H \mid n > \; = E_n \mid n > \tag{8.5}$$

gegeben, wobei jetzt H der Hamiltonoperator des Systems ist. Wir fragen nun nach der Wahrscheinlichkeit $\rho(E_n)$, ein System mit der Temperatur T im Zustand $\mid n >$ zu finden.

Im Rahmen einer halbklassischen Betrachtung stellt man sich dazu vor, daß der Phasenraum in diskrete „Zellen" aufgeteilt ist (vgl. Abb. 8.1), die den Energiewerten E_n zugeordnet sind, z.B. kann man E_n dem Teil des Phasenraumes zuordnen, der zwischen den Flächen $H(p,x) = E_n$ und $H(p,x) = E_{n+1}$ (oder auch E_{n-1}) liegt. Sei V_n das Volumen dieser Zelle, dann liegt es nach (8.1) nahe, für $\rho(E_n)$ anzusetzen:

$$\rho(E_n) = \frac{V_n}{N!C}e^{-E_n/kT} . \tag{8.6}$$

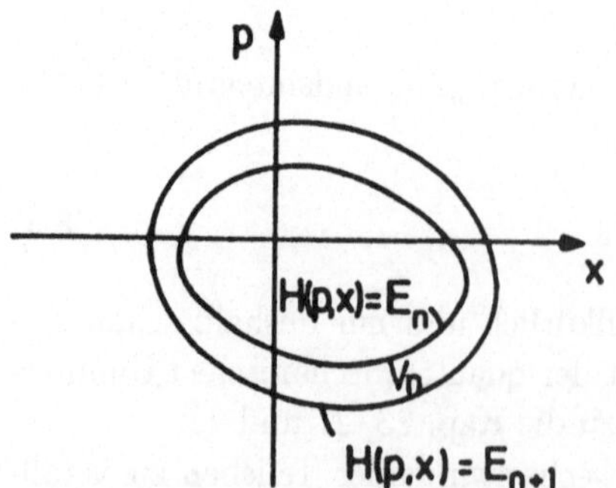

Abb. 8.1. Kurven konstanter Energie im Phasenraum

Wie groß ist nun das Volumen V_n anzusetzen? Betrachten wir der Einfachheit halber zunächst wieder die Verhältnisse in einer Dimension. Aufgrund der Heisenbergschen Unschärferelation erwartet man eine Mindestzellengröße von der Größenordnung $\Delta p \Delta x \approx \hbar$. Etwas genauere Auskunft gibt die Bohr-Sommerfeldsche Quantenbedingung. Nach dieser ist die Fläche, die von der Kurve $H(p, x) = E_n$ umschlossen wird, näherungsweise gegeben durch

$$J_n = \oint p\,dx = 2\pi n\hbar = nh \ . \tag{8.7}$$

Danach ist $V_n = J_{n+1} - J_n = h$. Also ist V_n unabhängig von n. Bei $f = 3N$ Freiheitsgraden hat man entsprechend f Quantenbedingungen und $V_n = h^f$, ebenfalls unabhängig von n. Es liegt danach nahe für $\rho(E_n)$ allgemein anzusetzen

$$\boxed{\rho(E_n) = \frac{1}{Z} e^{-E_n/kT}} \tag{8.8}$$

mit

$$\boxed{Z = \sum_n e^{-E_n/kT} \simeq \frac{1}{N! h^{3N}} \int e^{-H(p,x)/kT} d^{6N}(p, x) \ .} \tag{8.9}$$

Wir haben damit nicht nur eine heuristische Herleitung der kanonischen Verteilung (6.27) gewonnen, sondern auch einen Zusammenhang des Verteilungsparameters β mit der Temperatur T, nämlich $\beta = 1/kT$. Wegen (6.22) hängt damit auch die logarithmische Ableitung des statistischen Gewichts g nach der Energie E direkt mit der Temperatur zusammen:

$$\boxed{\frac{\partial \ln g(E)}{\partial E} = \beta = \frac{1}{kT} \ .} \tag{8.10}$$

Aufgaben

1. Man zeige, daß (8.4) bei der mikrokanonischen Verteilung mit infinitesimalem Intervall Δ, d.h. $\rho \propto \delta(\sum p_i^2/2m - E)$, eines idealen Gases für $N \gg 1$ zur Maxwell-Verteilung führt. (Hinweis: Man drücke das Phasenraumintegral (8.4) durch die Oberfläche einer $3(N-1)$-dimensionalen Kugel aus und beachte $(1 + x/N)^N \to e^x$).

2. Man bestimme die Kurven $H(p, x) = E_n$ in der (p, x)-Ebene beim linearen Oszillator. Wie groß ist V_n?

9. Thermodynamische Mittelwerte

In diesem Kapitel wollen wir Ausdrücke für die Mittelwerte

$$< H > = E \; ; \qquad < N_{op} > = N \; ; \qquad < q_i > = Q_i \tag{9.1}$$

ableiten. Wir hatten schon bei der ersten Einführung der kanonischen Gesamtheit in Kap. 2 gesehen, daß es dazu nützlich ist, die Abhängigkeit der Gesamtheit, speziell der Zustandssumme, von den Parametern wie z.B. β und V zu betrachten. Dies gilt tatsächlich ganz allgemein: Durch Differentiation der Normierungsfaktoren g, Z, Y der Gesamtheiten nach den jeweiligen Parametern E, β, V, f_i etc. erhält man jeweils Relationen für entsprechende Mittelwerte. Statt alle Gesamtheiten durchzugehen, beschränken wir uns hier auf die verallgemeinerte großkanonische Gesamtheit (6.39). Wegen der exponentiellen Abhängigkeit der Verteilung von den Parametern f_i werden die Rechnungen bei ihr besonders einfach. Wir beginnen mit den Q_i.

Zunächst ist allgemein

$$Q_i = Sp(q_i \rho) \; . \tag{9.2}$$

Nun ergibt sich aber bei partieller Ableitung der Zustandssumme Y (6.40) nach f_i unter Beachtung von (6.39)

$$Q_i = \frac{1}{\beta Y} \frac{\partial Y}{\partial f_i} = \frac{\partial}{\partial f_i} \left(\frac{1}{\beta} \ln Y \right) \; . \tag{9.3}$$

Führt man nun eine neue Funktion, die sog. verallgemeinerte freie Enthalpie $K(\beta, f_i)$, ein durch

$$Y = Sp \left(e^{-\beta(H - \sum f_i q_i)} \right) = e^{-\beta K} \; , \tag{9.4}$$

so kann man auch schreiben

$$\frac{\partial K}{\partial f_i} = -Q_i \; . \tag{9.5}$$

Insbesondere gilt für $i = 0$ gemäß unserer Verabredung von Kap. 6 über q_0 und f_0:

$$\frac{\partial K}{\partial \mu} = -N \; . \tag{9.6}$$

Bildet man nun noch die Ableitung nach β, so ergibt sich

$$\frac{\partial K}{\partial \beta} = \frac{1}{\beta}\left(E - \sum f_i Q_i - K\right) = -\frac{1}{\beta^2} < \ln \rho > . \tag{9.7}$$

Faßt man schließlich alles zusammen, so ergibt sich das totale Differential von K

$$dK = \; < \ln \rho > d\left(\frac{1}{\beta}\right) - Q_i df_i . \tag{9.8}$$

Zur Vereinheitlichung der Bezeichnung liegt es nahe, zwei Größen $\tau = 1/\beta$ und $\sigma = - < \ln \rho >$ zu definieren. Dann lautet der erste Term auf der rechten Seite $-\sigma d\tau$. Um an die historisch üblichen Einheiten anzuschließen, führen wir wieder die Boltzmann-Konstante k ein (vgl. Kap. 2) und setzen $\tau = kT$ sowie $S = k\sigma = -k < \ln \rho >$. Dann nimmt (9.8) die symmetrische Form an

$$\boxed{dK = -SdT - \sum Q_i df_i .} \tag{9.9}$$

Die Berechnung von E geschieht am einfachsten unter Verwendung von (9.7), d.h.

$$E = K + TS + \sum f_i Q_i . \tag{9.10}$$

Für das totale Differential von E ergibt sich dann unter Beachtung von (9.9)

$$\boxed{dE = TdS + \sum f_i dQ_i .} \tag{9.11}$$

Der Übergang von (9.9) zu (9.11) entspricht einer sog. Legendre-Transformation, d.h. einem Wechsel von abhängigen und unabhängigen Variablen in einer Differentialrelation. Zur Anwendung von (9.11) kann man z.B. die Entropie S als Funktion von E betrachten und die Differentialrelation $(\partial S/\partial E) = 1/T$ gewinnen, in Übereinstimmung mit (8.10). Wegen der thermodynamischen Äquivalenz der verschiedenen statistischen Gesamtheiten muß man also nicht unbedingt bei einem Wechsel der unabhängigen Variablen die jeweiligen Gesamtheiten wechseln, sondern kann mit irgendeiner Gesamtheit rechnen und dann *nachträglich* die Variablenänderung vornehmen.

Abschließend sei noch ein mathematischer Hinweis gegeben. Die Operatoren q_i vertauschen i. allg. nicht mit dem Hamiltonoperator und untereinander. Dies spielt jedoch bei der Bildung der *ersten* Ableitungen gemäß (9.3) keine Rolle. Es gilt nämlich im Rahmen der Quantenmechanik für eine beliebige differenzierbare Operatorfunktion $f(A)$:

$$< n \mid f(A + \delta A) \mid n > \; = f(a_n) + f'(a_n) < n \mid \delta A \mid n > + O[(\delta A)^2] . \tag{9.12}$$

Dabei sind $\mid n >$ die Eigenzustände von A mit den Eigenwerten a_n. Setzt man speziell $f(A) = \exp(-\beta A)$, $A = H - \sum f_i q_i$ und $\delta A = - \sum f_i dq_i$, so ergibt sich direkt (9.3).

In den folgenden Kapiteln wollen wir einige Beispiele von thermodynamischen Mittelwerten im einzelnen betrachten. Wir beginnen mit der für die Entwicklung der Thermodynamik wesentlichen neuen Größe *Entropie*.

Zum Abschluß dieses Kapitels bringen wir in Form von Tabellen einen Überblick über einige in Natur und Technik vorkommende Zahlenwerte thermodynamischer Zustandsgrößen.

Tabelle 9.1. Typische Teilchendichten

Teilchendichte	$\frac{N/V}{\mathrm{cm}^{-3}}$
Interstellares Gas	10^0
Techn. Höchstvakuum	10^3
Radioröhre	10^{10}
Luft	$0{,}3 \cdot 10^{20}$
Wasser	$0{,}3 \cdot 10^{23}$
Gold	$0{,}6 \cdot 10^{23}$
Sonnenzentrum	10^{26}
Weiße Zwerge	10^{30}
Atomkern, Neutronenstern	10^{38}

Tabelle 9.2. Typische Temperaturen

Temperatur T		$\frac{T}{\mathrm{K}}$
Laserkühlung		10^{-7}
Kernspinentmagnetisierung		10^{-5}
Hüllenspinentmagnetisierung		10^{-3}
Sprungpunkte von		
Supraleitern	Al	$1{,}2$
	Pb	$7{,}2$
	Hoch-T_c	100
Siedepunkte	He^4	4
	H$_2$	20
Schmelzpunkte	H$_2$	14
	N$_2$	63
	CO$_2$	217
	H$_2$O	273
	Diamant	$3 \cdot 10^3$
Sonnenoberfläche		10^4
Bogenentladung		10^5
Hochtemperaturplasma		10^6
Sonnenzentrum		10^7
Heiße Sterne		10^8

Tabelle 9.3. Typische Drucke

Druck P	$\dfrac{P}{10^5\,\mathrm{Pa}}$
Höchstvakuum	10^{-16}
Radioröhre	10^{-9}
Luft	10^{0}
10 km Meerestiefe	10^{4}
Techn. Hochdruck	10^{6}
Sonnenzentrum	10^{11}
Weiße Zwerge	10^{17}

Tabelle 9.4. Typische chemische Potentiale

Chemisches Potential μ	$\dfrac{\mu}{\mathrm{eV}}$
Gase bei Zimmertemperatur und Normaldruck	$-0{,}1$
Feste Körper	-1
Metallelektronen	-5
Nukleonen im Atomkern	-10^{7}

Tabelle 9.5. Typische Magnetfelder

Magnetfeld B		$\dfrac{B}{\mathrm{G}}$
Erdmagnetisches Feld		$0{,}2$
Kritische Felder von		
Supraleitern	Al	99
	Pb	803
Supraleitende Spule		10^{5}
Technisches Höchstfeld (Dauerbetrieb)		$3\cdot10^{5}$
Hüllenfeld am Kern (von seltenen Erden)		$6\cdot10^{6}$
Pulsare		10^{11}

Tabelle 9.6. Typische Entropiewerte

Entropie s pro Teilchen in Einheiten k (Ein k/Teilchen $\simeq$ 2 cal/Mol)	
Feste Körper bei 1 K	10^{-4}
Metallelektronen bei 1 K	10^{-4}
Gase bei Zimmertemperatur und Normaldruck	10

Aufgaben

1. Man gehe aus von $\rho_n = \exp(-\beta E_n)/Z$ und drücke

$$S = -k < \ln \rho > = -k \sum \rho_n \ln \rho_n$$

durch die Zustandssumme Z und die mittlere Energie $E = \sum \rho_n E_n$ aus. Man zeige $E = -\partial \ln Z/\partial \beta$ und $S = \partial(kT \ln Z)/\partial T$.

2. Man versuche, (9.11) direkt aus der Abhängigkeit des statistischen Gewichts $g(E, V)$ von E und V abzuleiten. Man beschränke sich also in der Summe über i auf den einen Term mit $i = 1$, $Q_1 = V$.

10. Entropie und Wahrscheinlichkeit

Ludwig Boltzmanns Ehrengrab auf dem Zentralfriedhof in Wien trägt als Inschrift die Formel S = k log W. Diese Beziehung zwischen Entropie S und „Wahrscheinlichkeit" W ist der Schlüssel zur Verbindung zwischen Statistik und Thermodynamik. Boltzmann selbst spricht nur von einer Proportionalität zwischen S und log W. Die Tatsache, daß der Proportionalitätsfaktor k eine universelle Naturkonstante ist, wurde von Planck erkannt. Er bestimmte auch erstmals einen numerischen Wert der sog. Boltzmann-Konstanten $k = R/L$ (s. Kap. 7) direkt aus seinem Strahlungsgesetz.

Wir hatten bisher die Entropie für Gleichgewichtssituationen bestimmt (vgl. (2.23, 2.28)). Viele Prozesse laufen jedoch so schnell ab, daß bei ihnen nicht jederzeit Gleichgewicht besteht. Es ist deshalb nötig, auch Nichtgleichgewichtszustände in Betracht zu ziehen.

In Verallgemeinerung von (2.23) liegt es nahe, für zunächst beliebige statistische Operatoren ρ' mit den Eigenwerten ρ'_ν (man beachte, daß dann auch $< \nu \mid \rho' \ln \rho' \mid \nu > = \rho'_\nu \ln \rho'_\nu$ ist) eine sog. Informationsentropie zu definieren durch:

$$S' = -k < \ln \rho' > = -k\, Sp(\rho' \ln \rho') = -k \sum_\nu \rho'_\nu \ln \rho'_\nu \, . \qquad (10.1)$$

Zum Zusammenhang zwischen Entropie und Information vgl. das folgende Kapitel.

Die Bestimmung von ρ' für Nichtgleichgewichtssituationen geschieht im Rahmen der Nichtgleichgewichtsstatistik, in der auch die zeitliche Entwicklung der entsprechenden statistischen Operatoren untersucht wird. Wir verweisen hierzu auf den zweiten Band unserer Statistischen Theorie der Wärme [10.1]. Man kann jedoch eine Reihe interessanter Resultate gewinnen, ohne die Zeitabhängigkeit explizit in Betracht zu ziehen.

Wir fassen (10.1) zunächst als Definition von S' auf, aus der wir im folgenden einige Eigenschaften von S' herleiten wollen. Diese lassen sich dann bei Bestimmung von ρ' für eine Reihe besonders einfacher Nichtgleichgewichtszustände nutzbringend verwenden. Diesem Problem werden wir uns im nächsten Abschnitt zuwenden.

Setzt man in (10.1) für ρ' den Ausdruck ρ für die mikrokanonische Gesamtheit (6.6) ein, so ergibt sich unter Verwendung von (6.9), d.h. $\rho_n = 1/g(E)$ und $\sum \rho_n = 1$ die besonders einfache Beziehung

$$\boxed{-k < \ln \rho > \ = S = k \ln g(E) \ .}$$ \hfill (10.2)

Die Größe W in der Boltzmannschen Formel entspricht also in dieser Gleichung dem statistischen (oder thermodynamischen) Gewicht des betreffenden Gleichgewichtszustandes mit dem statistischen Operator ρ, d.h. gerade der *reziproken* Wahrscheinlichkeit, einen bestimmten Zustand in der Gesamtheit anzutreffen: Je größer die Anzahl der Zustände, desto kleiner die Wahrscheinlichkeit, und desto größer die Entropie. (Dies drückt sich auch schon in dem „$-$" Zeichen in (10.2) aus).

Es gibt jedoch auch Fälle, wo mit wachsender Wahrscheinlichkeit die Entropie wächst, nämlich immer dann, wenn man sich für die thermischen Fluktuationen von Teilsystemen abgeschlossener Systeme interessiert. Ein typisches Beispiel dieser Art hatten wir bei der Ableitung der kanonischen Verteilung aus der mikrokanonischen kennengelernt. In diesem Fall (vgl. (6.20)) ist die Wahrscheinlichkeit $\rho(E_{1,m})$ *direkt* proportional zum statistischen Gewicht $g_2(E - E_{1,m})$; sie ist zwar auch *umgekehrt* proportional zum Gewicht $g(E)$, aber das ist in diesem Fall eine von $E_{1,m}$ unabhängige Konstante, s. auch Aufg. 10.1.

Nun einige wichtige Eigenschaften von S', welche direkt aus der Definition (10.1) folgen:

10.1 Additivität, Extensivität

Betrachtet man zwei unabhängige Systeme mit den statistischen Operatoren ρ_1 und ρ_2 als ein neues, kombiniertes System, so ist dessen statistischer Operator offenbar gegeben durch

$$\rho_{12} = \rho_1 \cdot \rho_2 \ .$$ \hfill (10.3)

Daraus folgt für die Entropie

$$S_{12} = S_1 + S_2 \ ,$$ \hfill (10.4)

d.h. die Entropie des kombinierten Systems ist gleich der Summe der Einzelentropien.

In Umkehrung dieser Schlußweise wird man direkt auf die Proportionalität zwischen Entropie und Logarithmus des statistischen Gewichts geführt. Die Entropie war ja vor der statistischen Mechanik schon als rein thermodynamische additive Größe definiert worden. Sei nun etwa $S = S(g)$ der noch unbekannte Zusammenhang dieser thermodynamischen Größe mit der statistischen Größe g, so muß in Analogie zu (10.3) und (10.4) gelten

$$S(g_1 g_2) = S(g_1) + S(g_2) \ .$$ \hfill (10.5)

Die Auflösung dieser Funktionalgleichung liefert genau die Boltzmannsche Beziehung (s. Aufg. 10.2).

Aus der Additivität der Entropie lassen sich auch allgemeine Schlüsse über die Abhängigkeit der Entropie makroskopischer Systeme vom Volumen V und von der Teilchenzahl N ziehen. Am einfachsten geht man dazu zurück zu der Beziehung (6.30) für das statistische Gewicht, welche ja eine direkte Folge von (10.3) ist. Daraus schließt man, daß nach (10.2) und (6.30) die Entropie homogener makroskopischer Systeme eine Abhängigkeit von Energie, Volumen und Teilchenzahl von der Form

$$S(E, V, N) = Ns(E/N, V/N) = V\sigma(E/V, N/V) \tag{10.6}$$

haben muß. Größen wie Energie, Volumen und nach (10.6) auch die Entropie, die proportional zur Teilchenzahl sind, nennt man auch *extensive Größen*, zur Unterscheidung von sog. *intensiven Größen* wie Energiedichte, Teilchendichte, Entropiedichte, aber auch Druck, Temperatur u.ä., die unabhängig von der Teilchenzahl sind.

In diesem Zusammenhang sei auch noch auf eine weitere Sonderrolle der acht Erhaltungsgrößen hingewiesen, von denen der statistische Operator eines Gleichgewichtszustandes aus Invarianzgründen abhängen kann (s. Kap. 5): Die Operatoren, welche die Observablen Energie, Impuls, Drehimpuls und Teilchenzahl repräsentieren, sind allesamt im gleichen Sinne additiv wie $\ln\rho$. Bei der kanonischen Verteilung mit

$$\ln\rho = -\beta H - \ln Z \tag{10.7}$$

wird somit die wechselseitige Bedingung der Additivität von Entropie und Energie besonders augenfällig.

10.2 Entropie und partielle Gleichgewichte

Sehr oft hat man es mit speziellen Nichtgleichgewichtszuständen zu tun, die relativ einfach charakterisiert werden können. Wir wollen sie *partielle* Gleichgewichte nennen. Wie der Name andeutet, weichen sie nur wenig vom sog. *totalen* Gleichgewicht ab, mit dem wir uns bisher beschäftigt haben. Man definiert diese Zustände dadurch, daß man bei ihnen nur einige wenige Variable des betrachteten Systems an der Einstellung des totalen Gleichgewichts hindert, alle anderen Variablen jedoch ins Gleichgewicht gehen läßt. Eine andere, sehr treffende Bezeichnung für solche Zustände ist deshalb auch: *gehemmte* Gleichgewichte.

a) Wir betrachten als erstes Beispiel zwei Untersysteme eines abgeschlossenen Systems, die jedes für sich im Gleichgewicht sind, jedoch (noch) nicht untereinander. e_i $(i = 1, 2)$ seien die Energien, $S_i(e_i)$ die Entropien der beiden Systeme. Bringt man nun die Systeme in *thermischen Kontakt* und betrachtet das dadurch entstandene kombinierte System als neues abgeschlossenes System, so wird dies i. allg. noch nicht im totalen Gleichgewicht sein. Der thermische Kontakt hebt sozusagen die Nebenbedingungen (vorgegebene Energien der Untersysteme) auf. Der totale Gleichgewichtszustand stellt sich dann aus dem partiellen Gleichgewicht durch Energieaustausch ein. Falls nun die Aufhebung der Nebenbedingungen nur durch einen hinreichend schwachen Kontakt geschieht (realisierbar durch eine nur wenig wärmedurchlässige Zwischenwand), besteht während der Einstellung des totalen Gleichgewichts ständig partielles Gleichgewicht (Gleichgewicht in jedem der Teilsysteme für sich).

Dann setzen sich Entropie und Energie des kombinierten Systems additiv aus denen der Teilsysteme zusammen:

$$E = e_1 + e_2 \, , \tag{10.8}$$

$$S' = S_1(e_1) + S_2(e_2) \, . \tag{10.9}$$

Nennt man E_i die Werte der e_i im totalen Gleichgewicht, und setzt $e_1 = E_1 + \Delta E$, $e_2 = E_2 - \Delta E$, so wird S' eine Funktion der Energieabweichung ΔE:

$$S'(\Delta E) = S_1(E_1 + \Delta E) + S_2(E_2 - \Delta E) \, . \tag{10.10}$$

Die Variable ΔE ist diejenige, die bei dem hier betrachteten partiellen Geichgewicht *gehemmt* wird, ins Gleichgewicht zu gehen. Beim Übergang ins *totale* Gleichgewicht wird diese Hemmung bzw. Nebenbedingung aufgehoben. Man nennt derartige Variable in *abgeschlossenen* Systemen naheliegenderweise *innere* Variable im Unterschied zu sog. *äußeren* Variablen, wie etwa der Gesamtenergie E oder der Gesamtteilchenzahl etc. von *offenen* Systemen.

Im totalen Gleichgewicht sind nach unseren bisherigen Überlegungen die Temperaturen der beiden Untersysteme gleich, d.h.:

$$\frac{\partial S_1(E_1)}{\partial E_1} = \frac{\partial S_2(E_2)}{\partial E_2} \, . \tag{10.11}$$

Unter Beachtung von (10.10) kann man dafür offenbar auch schreiben

$$\left(\frac{\partial S'(\Delta E)}{\partial \Delta E} \right)_{\Delta E = 0} = 0 \, . \tag{10.12}$$

Bei Systemen im thermischen Kontakt ist der totale Gleichgewichtszustand dadurch charakterisiert, daß die Gesamtentropie stationär ist gegenüber Variationen der Energieabweichung vom Gleichgewicht.

b) Als nächstes betrachten wir Untersysteme, die auch Teilchen austauschen können. Die Argumentation läuft genau analog zur Energie. Zusätzlich zu (10.8) verlangen wir jetzt noch eine Bedingung

$$N = n_1 + n_2 \tag{10.13}$$

für die Teilchenzahlen n_i der beiden Teilsysteme im gehemmten Gleichgewicht. Die Teilchenzahlen im totalen Gleichgewicht seien nun N_i. Dann folgt aus der Stationarität der Entropie unter der Nebenbedingung $\delta N = 0$:

$$\frac{\partial S_1}{\partial N_1} = \frac{\partial S_2}{\partial N_2} \; . \tag{10.14}$$

Bei Teilchenaustausch kann natürlich auch immer Energie ausgetauscht werden. Das heißt, neben (10.14) gilt auch immer (10.11). Unter Berücksichtigung von $(\partial S/\partial N) = \mu/T$ und (10.11) kann man auch schreiben:

$$\mu_1 = \mu_2 \; . \tag{10.15}$$

Bei Systemen, welche Teilchen (und Energie) austauschen können, ist der totale Gleichgewichtszustand stationärer Entropie dadurch charakterisiert, daß ihre chemischen Potentiale (und Temperaturen) übereinstimmen.

c) Wir wollen uns nun davon überzeugen, daß durch die Stationarität der Entropie der statistische Operator eines Zustandes eindeutig festgelegt werden kann, und betrachten jetzt gleich den allgemeinen Fall: Gesucht ist diejenige Verteilung (d.h. derjenige hermitesche Operator ρ mit $Sp(\rho) = 1$), welcher die Entropie extremal macht unter den Nebenbedingungen

$$Sp(\rho H) = E \quad \text{und} \quad Sp(\rho q_i) = Q_i \; . \tag{10.16}$$

Die Operatoren q_i sind dabei zunächst solche verallgemeinerte Koordinaten, wie sie bei der Betrachtung von Systemen mit äußeren Kräften eingeführt wurden (s. Abschn. 6.4). Im Zusammenhang mit den hier betrachteten partiellen Gleichgewichten sollen aber auch innere Koordinaten zugelassen sein, die die Abweichung der entsprechenden Größen vom totalen Gleichgewicht beschreiben (wie z. B. der Energieunterschied ΔE zwischen Teilsystemen in (10.10)).

Wir behaupten, dieser Operator ist identisch mit der verallgemeinerten großkanonischen Verteilung, erfüllt also (vgl. (6.39))

$$\boxed{\ln \rho + \beta \left(H - \sum f_i q_i - K \right) = 0 \; .} \tag{10.17}$$

K ist die verallgemeinerte freie Enthalpie, die mit der Zustandssumme Y (s.(6.40)) zusammenhängt gemäß $K = -kT \ln Y$.

Zum Beweis dieser Behauptung schreiben wir für die Vergleichsverteilungen ρ' in der Nähe der Extremallösung ρ: $\rho' = \rho + \delta\rho$ und verlangen die Stationarität der Entropie, d.h.

$$Sp[(\rho + \delta\rho) \ln(\rho + \delta\rho) - \rho \ln \rho] = 0 \tag{10.18}$$

in erster Ordnung in $\delta\rho$ unter den Nebenbedingungen:

$$Sp(\delta\rho H) = 0 \; ; \qquad Sp(\delta\rho q_i) = 0 \tag{10.19}$$

und $Sp(\rho + \delta\rho) = Sp(\rho) = 1$, d.h.

$$Sp(\delta\rho) = 0 \; . \tag{10.20}$$

Zur Auswertung von (10.18) geht man zweckmäßigerweise ins Diagonalsystem $\mid n >$ von ρ und nutzt die allgemeine Beziehung (9.12), d.h.

$$< n \mid f(\rho + \delta\rho) \mid n > \; = f(\rho_n) + f'(\rho_n) < n \mid \delta\rho \mid n > + \cdots \qquad (10.21)$$

aus.

Damit wird aus (10.18)

$$\sum [\ln(\rho_n) + 1] < n \mid \delta\rho \mid n > \; = 0 \qquad (10.22)$$

oder in einer Form unabhängig von einer speziellen Darstellung und Ausnutzung von (10.20)

$$Sp(\delta\rho \ln \rho) = 0 \, . \qquad (10.23)$$

Statt nun die möglichen Variationen $\delta\rho$ durch die Nebenbedingungen (10.19) und (10.20) explizit einzuschränken, kann man, wie aus der Variationsrechnung bekannt, beliebige Variationen zulassen, wenn man statt (10.23) verlangt

$$Sp\left[\left(\ln\rho + \beta\left(H - \sum f_i q_i - K\right)\right)\delta\rho\right] = 0 \, . \qquad (10.24)$$

Dabei sind β, βf_i und βK gerade die Lagrange-Multiplikatoren, welche den Nebenbedingungen (10.19) und (10.20) Rechnung tragen. Die Bedingung, daß $\delta\rho$ hermitesch sein muß, liefert keine neuen Einschränkungen, da ρ, H und die q_i sowieso hermitesch sind. Gleichung (10.24) muß also gelten für beliebige Operatoren $\delta\rho$ und diese Forderung liefert offenbar genau (10.17).

Das Resultat sieht genauso aus wie bei der verallgemeinerten großkanonischen Gesamtheit (6.39), ist jedoch im Zusammenhang mit den hier betrachteten gehemmten Gleichgewichten nochmals allgemeiner: Die Bedingungen (10.19) beziehen sich nämlich nicht nur auf Operatoren q_i des Gesamtsystems, sondern auch auf solche von Teilsystemen (Energie, Volumen, magnetische Momente etc. von Untersystemen). Entsprechend kann man bei den Lagrange-Parametern f_i zwischen „äußeren" und „inneren" Kräften unterscheiden. Die Änderung von äußeren Kräften ist nur bei offenen Systemen möglich und führt normalerweise zur Energieänderung des Systems. Die Änderung innerer Kräfte ist auch bei abgeschlossenen Systemen möglich. Sie geschieht spontan bei Einstellung des totalen Gleichgewichts aus einem partiellen Gleichgewicht. Beim totalen Gleichgewicht hat man keine Nebenbedingungen für Teilsysteme mehr, d.h. im totalen Gleichgewicht verschwinden die entsprechenden „inneren" Lagrange-Parameter.

10.3 Extremaleigenschaften

Wir wenden uns nun der weitergehenden Frage zu, ob die Entropie im Gleichgewicht ein Maximum oder Minimum annimmt, oder ob man keine allgemeinen Aussagen über die Art des Extremums machen kann. Wir werden tatsächlich sehen, daß die Entropie im Gleichgewicht ein *Maximum* besitzt.

Zur Einführung in die folgenden allgemeinen Überlegungen betrachten wir zunächst als einfaches Beispiel wieder den Energieaustausch zwischen zwei Teilsystemen eines abgeschlossenen Systems. Wir gehen also aus von (10.10), spezialisieren aber die Situation weiter, indem wir ein ideales Gas voraussetzen. Dann sind alle vorkommenden Funktionen explizit bekannt, z.B. ist die Termzahl $g(E)$ proportional $E^{3N/2}$. Wir setzen nun $E_1 = E_2 = E$ und $N_1 = N_2 = N$. Dann hat $S'(\Delta E)$ die Form

$$S'(\Delta E) \,=\, \frac{3N}{2}\left(\ln\frac{E+\Delta E}{E_0} + \ln\frac{E-\Delta E}{E_0}\right) = \frac{3N}{2}\ln\left(\frac{E^2-\Delta E^2}{E_0^2}\right).\quad(10.25)$$

Die hier auftretende Energie E_0 hängt nur vom Volumen und der Teilchenzahl ab. Sie kann im Prinzip aus (6.32) bestimmt werden, spielt aber hier keine Rolle (vgl. Aufg.10.4).

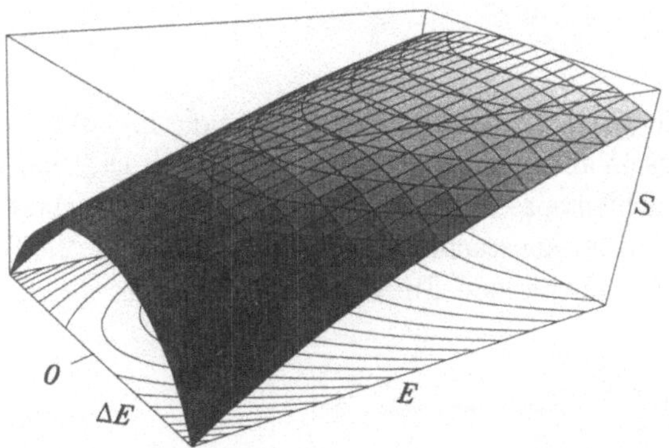

Abb. 10.1. Entropie eines Systems, bestehend aus zwei Untersystemen in einem gehemmten Gleichgewicht bezüglich Energieaustausch nach (10.10) und (10.25). Gleichgewicht besteht für $\Delta E = 0$

Wie man sieht, besitzt die Entropie im Gleichgewicht ein *Maximum*. Erfahrungsgemäß stellt sich dieses Gleichgewicht in abgeschlossenen Systemen spontan ein. Ein spontaner Rückgang aus dem Gleichgewicht in einen Nichtgleichgewichtszustand kommt dagegen nicht vor: Prozesse in abgeschlossenen Systemen sind in diesem Sinne immer *irreversibel*! Die Entropie *nimmt deshalb in abgeschlossenen Systemen immer zu.*

Die Änderung der Entropie kann zwar als Funktion der Zeit sehr gering sein, wenn die für die Einstellung des Gleichgewichts wirksamen Effekte schwach sind. Bei partiellen Gleichgewichten ist jedoch der Entropieunterschied zwischen Anfangs- und Endzustand unabhängig von der Einstellungsgeschwindigkeit des totalen Gleichgewichts: (10.25) gilt, *wie langsam auch immer sich das totale Gleichgewicht einstellt.*

Falls das totale Gleichgewicht eingetreten ist, kommen im abgeschlossenen System alle Prozesse zur Ruhe, und die Entropie ändert sich nicht mehr.

In offenen Systemen kann sich natürlich auch im Gleichgewicht die Entropie noch ändern. Es gilt ja (s.(2.22)) $TdS = dE + PdV =$ zugeführte Wärme δQ. Über das Vorzeichen der Entropieänderung kann man keine Aussage mehr machen, denn man kann bei offenen Systemen sowohl Wärme zuführen wie abführen. Je nachdem ist dann die Wärmemenge δQ positiv oder negativ.

Bei offenen Systemen läßt sich jedoch (in Verallgemeinerung der Verhältnisse bei abgeschlossenen Systemen) eine Aussage über das Vorzeichen von $dS - \delta Q/T$ machen. Betrachten wir dazu wieder das Beispiel der Wärmezufuhr zu einem idealen Gas. Zunächst nehmen wir an, daß das System während des Wärmeübertrags für sich im totalen Gleichgewicht jeweils bei der Temperatur T ist. Damit aus dem Wärmebad überhaupt Energie übertritt, muß die Temperatur des Bades verschieden davon sein. Wir wollen jedoch zunächst annehmen, daß dieser Temperaturunterschied nur infinitesimal ist (bei Wärmezufuhr infinitesimal positiv, bei Abfuhr infinitesimal negativ). Dann ist das System auch im Gleichgewicht mit dem Wärmebad, und es gilt

$$dS = \frac{\delta Q}{T} \,. \tag{10.26}$$

Wir betrachten nun eine insgesamt endliche Temperaturänderung von T_k nach T_h. Der Prozeß soll so langsam ablaufen, daß ständig (10.26) gilt. Die Temperatur des Wärmebades muß dementsprechend nachgeregelt werden. Beachtet man nun, daß bei idealen Gasen bei konstantem Volumen $\delta Q = (3Nk/2)dT$ gilt, so kann man die insgesamt auftretende Entropieänderung nach (10.26) aufintegrieren und erhält

$$\Delta S = \frac{3N\,k}{2} \int_{T_k}^{T_h} \frac{dT}{T} = \frac{3N\,k}{2} \ln\left(\frac{T_h}{T_k}\right) \,. \tag{10.27}$$

Zum Vergleich betrachten wir nun eine Situation mit einem endlichen Temperaturunterschied zwischen Wärmebad und System: wir nehmen zunächst eine Aufheizung und dementsprechend ein Bad der Temperatur T_h in Kontakt mit einem System der Anfangstemperatur T_k und machen auch keine Annahmen über die Schnelligkeit des Wärmeüberganges. Dann wird im allgemeinen während des Prozesses kein totales Gleichgewicht im System mehr vorliegen. Nur am Ende des Prozesses stellt sich Gleichgewicht bei der Temperatur T_h ein. Der Entropieunterschied zwischen Anfangs- und Endzustand ist dann durch (10.27) gegeben. Außerdem ist die insgesamt zugeführte Wärme nach dem Energiesatz gleich $\Delta Q = (3N\,k/2)(T_h - T_k) = (3N\,k/2)\Delta T$.

Wir vergleichen nun die Größe ΔS mit $\Delta Q/T_h$. Offenbar ist

$$\ln\left(\frac{T_h}{T_k}\right) = -\ln\left(1 - \frac{\Delta T}{T_h}\right) \geq \frac{\Delta T}{T_h} \,. \tag{10.28}$$

Eine völlig analoge Ungleichung gilt auch für den Prozess der Abkühlung. Sie ergibt sich aus den obigen Gleichungen durch Vertauschung von T_h und T_k (und entsprechend eine Vorzeichenänderung von ΔT).

Beide Ungleichungen kann man folgendermaßen interpretieren: Bei einem offenen System kann sich die Entropie in zweierlei Weise ändern. Einmal durch Wärmezufuhr. Der entsprechende Beitrag ist bei differentiellen Änderungen gegeben durch $\delta Q/T^{(e)}$ ($T^{(e)}$ die Temperatur des Wärmebades). Das Vorzeichen dieses Beitrages ist beliebig. Man kann ihn als *äußere Entropiezufuhr* bezeichnen. Zum anderen kann sich die Entropie auch im offenen System durch irreversible innere Prozesse des Systems ändern. Diese Änderung hat das gleiche (stets positive) Vorzeichen wie im abgeschlossenen System. Insgesamt gilt dann die Ungleichung

$$dS \geq \frac{\delta Q}{T^{(e)}} \cdot \tag{10.29}$$

Das Gleichheitszeichen gilt dabei nur für solche Prozesse, bei denen das System stets im Gleichgewicht ist (und deshalb $T^{(e)} = T$). Man erreicht dies dadurch, daß man die Prozesse hinreichend langsam führt, und die äußeren Bedingungen entsprechend ständig nachregelt. Solche Prozesse können jederzeit umgekehrt werden und laufen dann innerhalb des Systems vorwärts wie rückwärts in gleicher Weise ab. Man nennt solche Prozesse deshalb *reversibel.* Normalerweise treten jedoch auch in offenen Systemen irreversible Prozesse auf. Die Entropie ändert sich dann gleichzeitig durch äußere Entropiezufuhr (Vorzeichen beliebig) und durch innere, irreversible Entropiezunahme (Vorzeichen positiv definit). In der obigen Ungleichung gilt dann das Größer-Zeichen.

Die anhand unserer einfachen Beipiele gewonnenen Resultate lassen sich nun erheblich verallgemeinern. Es ist sinnvoll, dies gleich im Rahmen der Quantenmechanik zu tun. Entropiewerte unter Berücksichtigung der Quantenmechanik sind – insbesondere bei tiefen Temperaturen – deutlich verschieden von den zugehörigen klassischen Näherungen (und zwar normalerweise kleiner). Man kann sich jedoch davon überzeugen, daß diese Verkleinerung der Entropie nicht dazu verwendet werden kann, den zweiten Hauptsatz der Thermodynamik mit Hilfe der Quantenmechanik zu „überlisten". Es gibt im Rahmen der Quantenmechanik weiterhin Beiträge der Nullpunktsenergien von Elektronen, Atomen und Lichtquanten zum Druck, es gibt den Tunneleffekt und Interferenzeffekte. Der zweite Hauptsatz der Thermodynamik überlebt auch diese Erscheinungen, wie wir uns überzeugen werden.

Ausgangspunkt dafür ist die sehr allgemeine, auch quantenmechanisch gültige Ungleichung

$$Sp[\rho'(\ln \rho - \ln \rho')] \leq 0 \,, \tag{10.30}$$

gültig für irgend zwei beliebige, positive, hermitesche Operatoren ρ und ρ' mit $Sp(\rho) = Sp(\rho') = 1$.

Zum Beweis von (10.30) werten wir die linke Seite unter Einführung der Eigenzustände $\mid n >$ und $\mid \nu >$ von ρ und ρ' aus:

$$\rho \mid n > \; = \rho_n \mid n >; \qquad \rho' \mid \nu > \; = \rho'_\nu \mid \nu > \; . \tag{10.31}$$

Damit wird

$$Sp[\rho'(\ln \rho - \ln \rho')] = \sum_{n,\nu} \mid < \nu \mid n > \mid^2 \rho'_\nu \ln(\rho_n/\rho'_\nu) \; . \tag{10.32}$$

Beachtet man nun die Ungleichung (s. Abb. 10.2)

$$\ln(x) \le x - 1 \; , \tag{10.33}$$

so kann man schreiben $\ln(\rho_n/\rho'_\nu) \le \rho_n/\rho'_\nu - 1$, d.h.

$$Sp[\rho'(\ln \rho - \ln \rho')] \le \sum \mid < \nu \mid n > \mid^2 (\rho_n - \rho'_\nu) = Sp(\rho - \rho') = 0 \; . \tag{10.34}$$

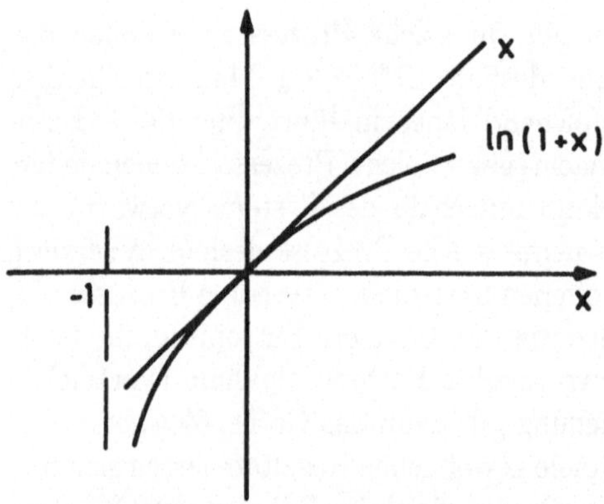

Abb. 10.2. Zur Ungleichung (10.33)

Damit ist die Ungleichung (10.30) bewiesen.

Wir wollen sie nun anwenden auf die mikrokanonische, kanonische und (verallgemeinerte) großkanonische Verteilung, und zwar in folgendem Sinne: Wir setzen bei der mikrokanonischen Verteilung:

$\rho_n = 1/g$, wie bei der mikrokanonischen Verteilung (6.7),

ρ'_ν beliebig in dem durch die Zustände $\mid n >$ im Energieintervall $E - \Delta \le E_n \le E$ aufgespannten Hilbertraum, aber Null sonst. $\tag{10.35}$

Setzt man weiterhin

$$S = k \ln g; \qquad S' = -k Sp(\rho' \ln \rho') \; , \tag{10.36}$$

so nimmt die Ungleichung (10.30) die einfache Form

$$\boxed{S \ge S'} \tag{10.37}$$

an. In Worten ausgedrückt:

Von allen Zuständen mit einer Energie im Intervall Δ unterhalb E besitzt die mikrokanonische Gesamtheit die größte Informationsentropie: Die Informationsentropie eines abgeschlossenen Systems mit vorgegebener Energie E besitzt im Gleichgewicht ihren größtmöglichen Wert.

Bei der kanonischen Verteilung setzen wir entsprechend

$$\rho_n = \exp(-\beta E_n)/Z,$$

ρ'_ν beliebig in dem durch die Zustände $\mid n >$ aufgespannten Hilbertraum. $\hfill (10.38)$

Setzt man weiterhin

$$S = k(\ln Z + \beta E); \qquad S' = -kSp(\rho' \ln \rho') , \tag{10.39}$$

$$E = Sp(\rho H); \qquad E' = Sp(\rho' H) , \tag{10.40}$$

so nimmt die Ungleichung (10.30) die Form

$$\boxed{S \geq S' + \frac{1}{T}(E - E')} \tag{10.41}$$

an. In Worten ausgedrückt:

Von allen Zuständen mit der mittleren Energie $< H > = E = E'$ besitzt die kanonische Gesamtheit die größte Informationsentropie.

Statt der mittleren Energie kann man auch die Temperatur T als vorgegeben betrachten. Führt man dann die sog. freie Energie F im Gleichgewicht bzw. F' im Nichtgleichgewicht ein durch

$$F = E - TS = -kT \ln Z ; \qquad F' = E' - TS' , \tag{10.42}$$

so nimmt die Ungleichung (10.41) die einfache Form

$$\boxed{F \leq F'} \tag{10.43}$$

an. In Worten ausgedrückt:

Gibt man gemäß (10.42) die Temperatur T vor, so nimmt die freie Energie im Gleichgewicht ein Minimum an.

Zur Bezeichnung „freie" Energie: Bei vorgegebener Temperatur stellt sich offenbar ein Kompromiß ein zwischen dem *mechanischen* Prinzip minimaler Energie und dem *thermodynamischen* Prinzip maximaler Entropie, eben das Prinzip minimaler freier Energie.

Eine Ausdehnung dieser Resultate auf die verallgemeinerte großkanonische Gesamtheit (6.39) ist ohne weiteres möglich. Die Verallgemeinerung von (10.41) lautet dann:

$$S \geq S' + \frac{1}{T}\left[E - E' - \sum f_i(Q_i - Q_i')\right] . \tag{10.44}$$

Das heißt *von allen Gesamtheiten, welche die gleiche mittlere Energie E und die gleichen mittleren Koordinaten Q_i besitzen, gemäß*

$$< H > = E = E' ; \qquad < q_i > = Q_i = Q_i' , \tag{10.45}$$

hat die verallgemeinerte großkanonische Gesamtheit (6.39) die größte Informationsentropie.

Die Verallgemeinerung von (10.43) ergibt sich dann unter Verwendung von K anstelle von F, d.h. mit

$$K = E - TS - \sum f_i Q_i = -kT \ln Y; \qquad K' = E' - TS' - \sum f_i Q_i' \tag{10.46}$$

nimmt (10.44) die Form an

$$K \leq K' . \tag{10.47}$$

Die Extremaleigenschaft (10.30) der Entropie ist, wie wir noch im einzelnen sehen werden, die Wurzel der thermodynamischen Gleichgewichtsbedingungen, der sog. thermodynamischen Ungleichungen und der Zunahme der Entropie bei irreversiblen Prozessen.

Zusammenfassend kann man sagen: In den Gleichgewichtsgesamtheiten, welche in Kap. 6 aufgestellt wurden, nimmt die Informationsentropie den größtmöglichen Wert an, der mit der Festlegung bestimmter Parameter verträglich ist. Den Maximalwert der Informationsentropie nennt man dann auch thermodynamische Entropie oder einfach Entropie S, d.h.

$$S = \mathrm{Max}(S') \text{ unter geeigneten Nebenbedingungen} . \tag{10.48}$$

Die zunächst etwas pedantisch erscheinende Unterscheidung zwischen S und S' ist deswegen notwendig, weil kleine Unterschiede zwischen statistischen Operatoren ρ und ρ', welche praktisch keinen Einfluß auf die Berechnung vieler Mittelwerte Q_i haben, große Unterschiede von $< \ln \rho >$ und $< \ln \rho' >$ zur Folge haben können. Insbesondere gilt der Satz von der Zunahme der Entropie bei irreversiblen Prozessen nur für die thermodynamische Entropie, während die Informationsentropie zeitlich konstant bleibt. Diese Tatsachen werden wir jedoch erst bei der Behandlung von Nichtgleichgewichtszuständen genauer untersuchen (vgl. [10.1]).

Aufgaben

1. Man diskutiere unter Verwendung von (6.3) und (6.20) die Wahrscheinlichkeitsdichte $w(\epsilon)$ der Energieschwankungen zweier makroskopischer Teilsysteme eines abgeschlossenen Systems in thermischem Kontakt um die Mittelwerte E_i dieser Systeme. Man zeige: Sei $S(\epsilon) = S_1(E_1 + \epsilon) + S_2(E_2 - \epsilon)$, dann ist $k \ln w(\epsilon) = S(\epsilon) + \text{const}$. (Die Konstante ist natürlich wieder durch die Normierungsbedingung bestimmt). Hinweis: Beachte, daß bei makroskopischen Systemen in guter Näherung $S = k \ln g$ ist.

2. Man zeige, daß die Funktionalgleichung $S(g_1 g_2) = S(g_1) + S(g_2)$ die Lösung $S(g) = C \ln g$ besitzt.

3. Man zeige, daß die Funktion $S(\rho_1, \ldots, \rho_n, \ldots) = -k \sum \rho_n \ln \rho_n$ unter den Nebenbedingungen $\sum \rho_n = 1$ und $\sum \rho_n E_n = E$ ein Extremum besitzt bei $\rho_n = \exp(-\beta E_n)/Z$.

4. Unter Verwendung von (6.32) bestimme man die Energie E_0 in (10.25). Eine prägnante Schreibweise ergibt sich, wenn man einen effektiven mittleren Teilchenabstand ℓ einführt durch $Ve = L^3 e = N\ell^3$.

Ergänzende Literatur

10.1 Brenig, W.: *Statistical Theory of Heat, Vol. II*, (Springer, Berlin, Heidelberg, New York 1989)

11. Entropie und Information **

In diesem Kapitel besprechen wir eine quantitative Fassung des Begriffes „Information" der Umgangssprache, welche ursprünglich im Zusammenhang mit der Nachrichtentechnik entwickelt wurde [11.1]. Sie hat sich auch in anderen Wissenschaftszweigen als nützlich erwiesen, z.B. in der Biologie oder der vergleichenden Sprachwissenschaft.

Wir betrachten eine Reihe von Ereignissen E_n $(n = 1, 2, \ldots, N)$, die mit bestimmten Wahrscheinlichkeiten ρ_n mit

$$\sum_{n=1}^{N} \rho_n = 1 \tag{11.1}$$

stattfinden können. Die Feststellung, daß ein bestimmtes Ereignis E_n eingetreten ist, besitze einen Informationswert I_n. Bei häufiger Wiederholung solcher Feststellungen an der gleichen Ereignisreihe erhält man dann einen mittleren Informationsgehalt

$$I = \sum_{n=1}^{N} \rho_n I_n \; . \tag{11.2}$$

Er wird in der Informationstheorie festgelegt als

$$I = -\sum \rho_n \mathrm{ld}(\rho_n) \; . \tag{11.3}$$

Dabei ist $\mathrm{ld}(x)$ der dyadische Logarithmus von x (d.h. $2^{\mathrm{ld}(x)} = x$). Entsprechend setzt man $I_n = -\mathrm{ld}(\rho_n)$. Der Zusammenhang der so definierten mittleren Information mit der Entropie ist offensichtlich.

Die Festlegung (11.3) ist so getroffen, daß sie gerade die mittlere Anzahl von sog. „binären Alternativen", d.h. einfachen Alternativfragen angibt („Ja oder Nein"), die zur vollständigen Charakterisierung eines Ereignisses der Reihe nach gestellt und beantwortet werden müssen. Wir wollen uns von dieser Tatsache an Hand von einigen Beispielen überzeugen.

1. Beispiel: $N = 1$. Es gibt nur ein Ereignis E_1, von dem man weiß, daß es mit Sicherheit $\rho_1 = 1$ eintritt. In diesem Fall ist

$$I = -\mathrm{ld}(1) = 0 \; . \tag{11.4}$$

Man muß in diesem Fall überhaupt keine Frage stellen, da es von vornherein feststeht, daß E_1 und sonst nichts eintritt. Die Feststellung „E_1 ist eingetreten" besitzt deshalb den Informationswert Null.

2. Beispiel: $N = 2$, $\rho_1 = \rho_2 = 1/2$. Etwa: Ein Teilchen hält sich mit gleicher Wahrscheinlichkeit in der linken oder rechten Hälfte eines Kastens auf, E_1: Das Teilchen ist links, E_2: Das Teilchen ist rechts. Oder: Eine Münze fällt mit gleicher Wahrscheinlichkeit auf „Zahl" oder „Wappen", E_1: „Zahl", E_2: „Wappen" etc. In diesen Fällen ist

$$I = \mathrm{ld}(2) = 1 \ . \tag{11.5}$$

Man benötigt genau *eine* „Ja-Nein-Frage", um festzustellen, ob E_1 oder E_2 vorliegt. Der Informationsgehalt der Feststellung „E_i liegt vor" ist gleich 1. Die Einheit der Information wird auch „bit" genannt (von "binary digit").

3. Beispiel: $N = 64$, $\rho_n = 1/64$. Etwa: Ein Teilchen hält sich mit gleicher Wahrscheinlichkeit auf einem der Felder eines Schachbretts auf. In diesem Falle ist

$$I = \mathrm{ld}(64) = 6 \ \text{bit} \ . \tag{11.6}$$

Man überzeugt sich leicht, daß man durch genau 6 „Ja-Nein-Fragen" ein Feld auf einem Schachbrett lokalisieren kann (s. Abb. 11.1) genau wie in (11.6) behauptet. Der Informationsgehalt der Feststellung „Dieses bestimmte Feld ist besetzt" ist demgemäß gleich 6 bit.

4. Beispiel: $N = 6$, $\rho_n = 1/6$. Etwa: E_n=Würfeln einer Seite eines symmetrischen Würfels. In diesem Fall wird

$$I = \mathrm{ld}(6) = 2{,}58 \ \text{bit} \ . \tag{11.7}$$

Der in dieser Gleichung angegebene Informationsgehalt ist also eine nicht ganze Zahl. Tatsächlich benötigt man für die Identifikation einer Würfelfläche bei einmaligem Würfeln nach einem Schema ähnlich wie in Abb. 11.1 manchmal zwei, manchmal drei einfache Alternativfragen.

Wiederholt man jedoch das Würfeln mehrmals (etwa m-mal), so ergeben sich insgesamt $6^m = 2^{m\,\mathrm{ld}\,6} = 2^{mI}$ verschiedene Würfelfolgen. Man kann also

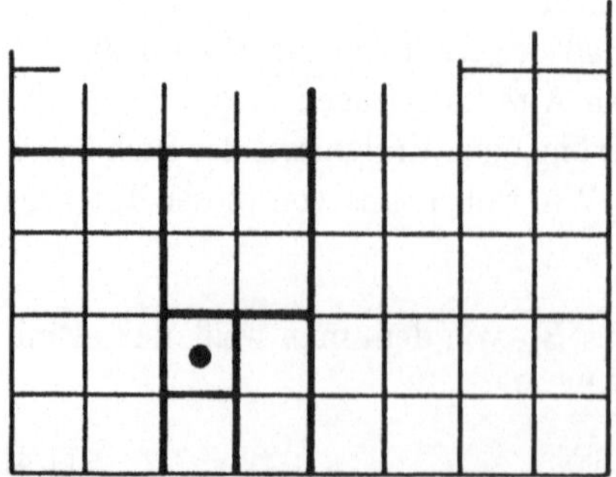

Abb. 11.1. Festlegung eines Feldes auf einem Schachbrett durch die sechs Ja-Nein-Fragen: 1. *Links*-rechts? 2. Oben-*unten*? 3. Links-*rechts*? 4. Oben-*unten*? 5. *Links*-rechts? 6. *Oben*-unten? (Jeweils zu bejahender Teil unterstrichen)

die Würfelfolgen durchnumerieren mit Hilfe von Dualzahlen mit gerade mI Dualstellen.

Solche Dualzahlen lassen sich offenbar gerade durch Abfragen ihrer mI Stellen, d.h. durch mI Ja-Nein-Fragen identifizieren. Bei m Würfeln entfallen damit im Mittel auf einen Würfel gerade I Ja-Nein-Fragen, wie im Zusammenhang mit (11.3) behauptet. Speziell in unserem Beispiel mit $I = 2{,}58$ benötigt man etwa bei 100 Würfen gerade eine 258-stellige Dualzahl, um alle Wurffolgen zu identifizieren.

5. Beispiel: $N = 2$, $\rho_1 = p$, $\rho_2 = q$. Etwa: Eine verbogene Münze fällt mit der Wahrscheinlichkeit p auf „Zahl" und mit der Wahrscheinlichkeit q auf „Wappen". In diesem Fall ist

$$I = [-p\,\mathrm{ld}(p) - q\,\mathrm{ld}(q)]\ \mathrm{bit}\ . \tag{11.8}$$

Im allgemeinen wird dies wiederum eine nicht ganze Dezimalzahl sein. Nun werden bei m-maliger Wiederholung Ereignisfolgen auftreten, bei denen, sagen wir, r-mal E_1 und $(m-r)$-mal E_2 vorkommt. Insgesamt gibt es gerade $N(m,r)$ verschiedene solcher Folgen, wobei

$$N(m,r) = \frac{m!}{r!(m-r)!} \tag{11.9}$$

ist. Je größer nun m wird, um so sicherer kann man sein, daß r und $(m-r)$ mit relativ geringen Schwankungen in der Nähe ihrer Mittelwerte $<r> \, = mp$ und $<m-r> \, = mq$ liegen. Dann gibt es also gerade $N(m,mp)$ verschiedene Folgen. Nach der Stirlingschen Näherungsformel ist jedoch für große m

$$\frac{m!}{(mp)!(mq)!} \simeq \left(\frac{m}{e}\right)^m \left(\frac{e}{mp}\right)^{mp} \left(\frac{e}{mq}\right)^{mq} = 2^{mI}\ . \tag{11.10}$$

Man benötigt also wiederum eine mI-stellige Dualzahl zur Kennzeichnung einer Ereignisfolge in Übereinstimmung mit der Behauptung nach (11.3). Die Verallgemeinerung auf den Fall beliebiger N geht analog (11.10).

Gleichung (11.8) liefert einen Wert kleiner als 1 in Übereinstimmung mit der Extremaleigenschaft der Entropie. Das Maximum der Information wird erreicht bei gleichen Wahrscheinlichkeiten (s. Beispiel 2). Steigt dagegen eine der Wahrscheinlichkeiten (etwa p) stark an oder kommt gar in die Nähe von 1, so sinkt der Informationsgehalt ab, und zwar für $p \to 1$ wird $I \to 0$. Man kann dann sicher sein, daß E_1 eintritt und kommt zum trivialen Beispiel 1 zurück. Die Additivität der Information I erlaubt (wie in der statistischen Mechanik die Additivität der Entropie) einen direkten Anschluß des Informationsbegriffs an energetische Größen, etwa in der Datenverarbeitung an die Kosten der Informationsspeicherung oder in der Biologie an den Energieverbrauch zur Synthetisierung von Chromosomen mit genetischer Information etc.

Literatur

11.1 Shannon, E. C.: *The Mathematical Theory of Communication*, (Urbana 1949)

12. Mechanische Zustandsgrößen in der Thermodynamik

Von den in (9.8) auftretenden Mittelwerten haben wir bisher den ersten Term der rechten Seite (die Entropie) und den zweiten Term $Q_0 df_0 = N d\mu$ näher betrachtet. In diesem Kapitel wollen wir weitere Beispiele für Terme der Art $Q_i df_i$ diskutieren, welche aus der Mechanik stammen.

Wir beginnen mit dem Druck. Man kann ihn in Analogie zur Behandlung des thermischen Kontaktes und des Teilchenaustausches in Kap. 10 durch zwei Systeme realisieren, welche durch einen beweglichen Stempel miteinander gekoppelt sind. Den dadurch ermöglichten Volumenaustausch der beiden Volumina v_i der Teilsysteme unter der Nebenbedingung $v_1 + v_2 = V = \text{const.}$ kann man dann in völliger Analogie zum Austausch von Wärme und Teilchen behandeln (s. Aufg. 12.1). Man kann jedoch auch einfach eine an dem Stempel hinreichend stark vorgespannte Feder oder ein Gewicht im Schwerefeld angreifen lassen, wodurch jeweils eine konstante äußere Kraft f vorgegeben wird.

Den statistischen Operator des Gleichgewichts erhält man dann durch Hinzufügen der potentiellen Energie $-fx$ zum Hamiltonoperator H des Systems. Im Sinne der allgemeinen Charakterisierung des Gleichgewichts durch ein Maximum der Entropie unter gewissen Nebenbedingungen kann man f als Lagrange-Parameter auffassen, welcher der Nebenbedingung $<x> = X$ für die Lagekoordinate des Stempels sorgt. Kräftegleichgewicht am Stempel besagt dann (s. Abb. 12.1)

$$f = -mg = -PF \,. \tag{12.1}$$

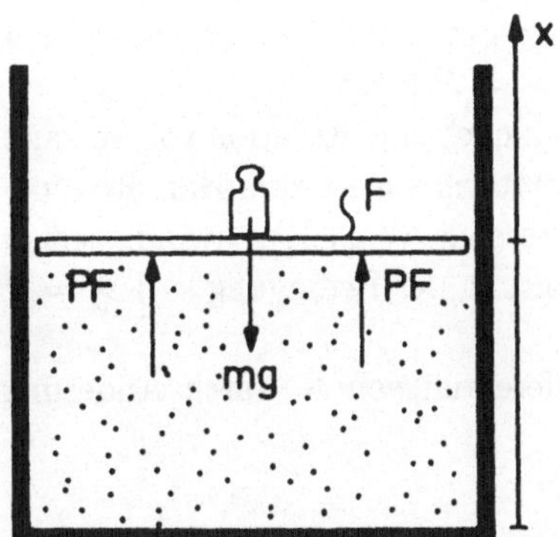

Abb. 12.1. Kräftegleichgewicht am Stempel im Schwerefeld

Dabei ist P der Druck und F die Fläche des Stempels. Führt man also anstelle von f und X die Größen $P = f/V$ und $V = FX$ ein, so erhält man für den Beitrag $dK = -Xdf$ zum totalen Differential (9.8) von K den Ausdruck

$$dK = -X df = V dP \ . \tag{12.2}$$

Bei den festen Körpern können nicht nur Druckspannungen, sondern auch Schubspannungen existieren. Ohne auf die damit im Zusammenhang auftretenden Fragen der Elastizitätstheorie näher einzugehen, sei doch der Vollständigkeit halber die Verallgemeinerung von (12.2) für solche Fälle angegeben. Sie lautet

$$dK = -V_0 \sum \varepsilon_{ij} d\sigma_{ij} \ . \tag{12.3}$$

Dabei ist V_0 das Volumen im spannungsfreien Zustand, ε_{ij} sind die Komponenten des Verzerrungstensors ($i, j = 1, 2, 3$) und σ_{ij} die Komponenten des Spannungstensors (vgl. Aufg. 12.2).

Weitere mechanische Zustandsgrößen treten auf bei makroskopischer Bewegung thermodynamischer Systeme. Betrachtet man zunächst eine Translationsbewegung mit der Geschwindigkeit $\boldsymbol{v}$, dann ergibt sich der statistische Operator für das bewegte System dadurch, daß man in der Hamiltonfunktion von den Impulsen $\boldsymbol{p}_i$ der Teilchen den Anteil $m_i \boldsymbol{v}$ der mittleren makroskopischen Bewegung abzieht. Falls die Impulsabhängigkeit der Hamiltonfunktion die übliche (nichtrelativistische) Form $H = \sum p_i^2/(2m_i) + W$ hat, ergibt sich damit im Gleichgewicht ein statistischer Operator

$$\rho = \rho(H - \boldsymbol{v} \cdot \boldsymbol{p}) \ . \tag{12.4}$$

Dabei ist

$$\boldsymbol{p} = \sum \boldsymbol{p}_i \tag{12.5}$$

der Gesamtimpuls des Systems. In (12.4) ist dabei ein konstanter (von den Impulsen und Koordinaten unabhängiger) und deshalb uninteressanter Zusatzterm $\sum m_i v^2/2$ weggelassen worden. Im Sinne der allgemeinen Gleichgewichtsbetrachtungen kann man wieder $\boldsymbol{v}$ als Lagrange-Parameter betrachten, welcher für die Einhaltung der Nebenbedingung $< \boldsymbol{p} > = \boldsymbol{P}$ sorgt.

Liegt außer der Translationsbewegung auch noch eine Rotation vor, so kann man diese in analoger Weise durch einen Zusatzterm $-\boldsymbol{\omega} \cdot \boldsymbol{j}$ zum Hamiltonoperator in (12.4) berücksichtigen. Die hier auftretende Winkelgeschwindigkeit $\boldsymbol{\omega}$ kann dann als Lagrange-Parameter zur Einhaltung der Bedingung $< \boldsymbol{j} > = \boldsymbol{J}$ für den Drehimpuls betrachtet werden.

Insgesamt ergibt sich damit für das Differential von K durch Änderung mechanischer Zustandsgrößen ein Ausdruck

$$\boxed{\delta_{\mathrm{mech}} K = V dP - \boldsymbol{P} \cdot d\boldsymbol{v} - \boldsymbol{J} \cdot d\boldsymbol{\omega} \ .} \tag{12.6}$$

Aufgaben

1. Man behandle den Volumenausgleich zwischen zwei durch einen beweglichen Stempel gekoppelten Systemen in Analogie zum Energieaustausch und zeige insbesondere, daß die Gleichgewichtsbedingung $\delta S = 0$ unter der Nebenbedingung $V = v_1 + v_2 = \text{const.}$ bedeutet, daß die Drucke P_1 und P_2 in beiden Systemen gleich groß sind.

2. Gleichung (12.3) stellt, genau genommen, nicht eine direkte Verallgemeinerung von (12.2) dar. Man sieht dies am einfachsten, wenn man auf den Fall rein isotroper (hydrostatischer) Spannung $\sigma_{ij} = -P\delta_{ij}$ spezialisiert. Man drücke in diesem Fall die Volumendifferenz $V - V_0$ durch ε_{ij}, aus, setze in (12.3) ein und vergleiche mit (12.2).

Ergänzende Literatur

Landau, L. D., Lifschitz, E. M.: *Statistische Physik*, Kap. II, 10, Lehrbuch der Theoretischen Physik, Bd. V, (Akademieverlag 1966); und: *Theorie der Elastizität*, Kap. I, 3, Lehrbuch der Theoretischen Physik, Bd. VII, (Akademieverlag 1966)

13. Elektromagnetische Zustandsgrößen in der Thermodynamik

Neben den thermischen, chemischen und mechanischen äußeren Kräften gibt es die elektromagnetischen. Wir interessieren uns speziell für die Thermodynamik der Wechselwirkungen elektrischer und magnetischer Momente mit äußeren elektrischen und magnetischen Feldern $\boldsymbol{E}^{(e)}$ und $\boldsymbol{B}^{(e)}$. Bei Berücksichtigung der Wechselwirkungsbeiträge mit dem skalaren elektrischen Potential $\phi^{(e)} = -\boldsymbol{E}^{(e)} \cdot \boldsymbol{r}$ und dem Vektorpotential $\boldsymbol{A}^{(e)} = \boldsymbol{B}^{(e)} \times \boldsymbol{r}/2$ im Hamiltonoperator ergeben sich die feldabhängigen Zusatzterme zur Gesamtenergie

$$H_{\mathrm{elmg}} = -\boldsymbol{m}_e \cdot \boldsymbol{E}^{(e)} - \boldsymbol{m}_m \cdot \boldsymbol{B}^{(e)} - \chi_d B^{(e)2} \ . \tag{13.1}$$

Dabei ist $\boldsymbol{m}_e(\boldsymbol{m}_m)$ das elektrische (paramagnetische) Moment der Probe, χ_d die diamagnetische Suszeptibilität. Der diamagnetische Term $\chi_d B^{(e)2}$ ist praktisch unabhängig von der Temperatur und kann bei thermodynamischen Betrachtungen außer acht gelassen werden. Wir behalten deshalb im folgenden nur den elektrischen und paramagnetischen Term bei. Bei einer differentiellen Änderung der äußeren Felder ergibt sich dann als entsprechende Änderung des thermodynamischen Potentials K

$$\delta_{\mathrm{elmg}} K = -\boldsymbol{M}_e \cdot d\boldsymbol{E}^{(e)} - \boldsymbol{M}_m \cdot d\boldsymbol{B}^{(e)} \ . \tag{13.2}$$

Dabei ist $\boldsymbol{M}_e = \ <\boldsymbol{m}_e> \ $ der Mittelwert des elektrischen, $\boldsymbol{M}_m = \ <\boldsymbol{m}_m> \ $ der des paramagnetischen Moments.

Die einfachste Art, solche Änderungen der äußeren Felder herzustellen, besteht darin, daß man die Probe im *inhomogenen* Streufeld permanent (d.h. zeitlich konstant) polarisierter Körper verschiebt (s. Abb. 13.1). Dabei wirkt auf einen Probekörper mit dem elektrischen Dipolmoment $\boldsymbol{M}_e$ im *jetzt inhomogenen* elektrischen Feld $\boldsymbol{E}^{(e)}$ eine Kraft $\boldsymbol{f}$ mit den Komponenten

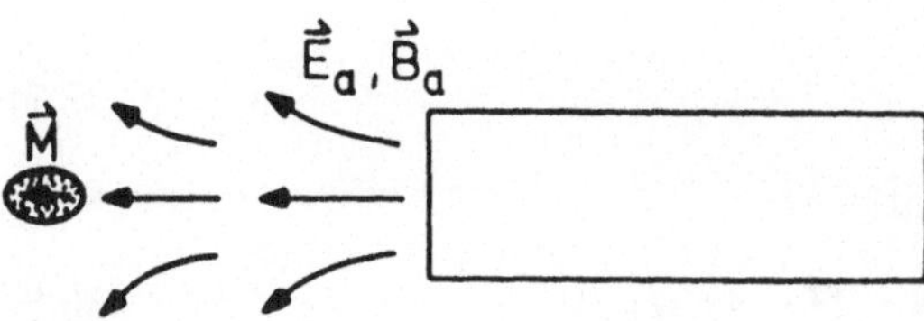

Abb. 13.1. Polarisierter Probekörper im inhomogenen Feld eines permanenten Momentes

$$f_i = \boldsymbol{M}_e \cdot \partial \boldsymbol{E}^{(e)} / \partial x_i \tag{13.3}$$

und auf einen magnetischen Dipol $\boldsymbol{M}_m$ in einem inhomogenen Magnetfeld mit der Kraftflußdichte $\boldsymbol{B}^{(e)}$ die Kraft

$$f_i = \boldsymbol{M}_m \cdot \partial \boldsymbol{B}^{(e)} / \partial x_i \ . \tag{13.4}$$

Durch Aufsummation und Vergleich mit (13.2) ergibt sich für die bei der Verschiebung geleistete Arbeit

$$-\sum f_i dx_i = \delta_{\text{elmg}} K \ . \tag{13.5}$$

Die in (13.2) angegebene Änderung von K ist also genau die bei einer Verschiebung der Momente im inhomogenen Felde geleistete Arbeit.

Eine andere Art der apparativen Verwirklichung von Feldänderungen ergibt sich bei der Verwendung von Kondensatoren bzw. Spulen (s. Abb. 13.2).

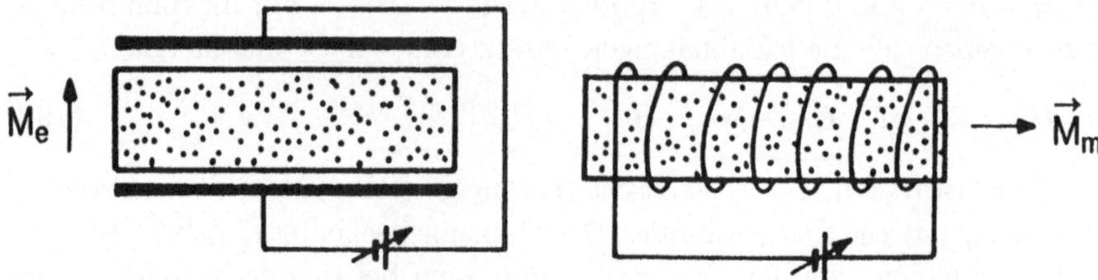

Abb. 13.2. Probekörper im homogenen Feld von Kondensatoren bzw. Spulen

Der Energiesatz der Elektrodynamik liefert dabei für die Energieänderung den Ausdruck (V das Volumen der Probe)

$$dU_{ed} = V(\boldsymbol{E} \cdot d\boldsymbol{D} + \boldsymbol{H} \cdot d\boldsymbol{B})/4\pi \ . \tag{13.6}$$

Der Zusammenhang dieses Ausdrucks mit (13.2) ist nicht direkt ersichtlich. Wir wollen ihn deshalb im einzelnen diskutieren.

Zunächst einmal muß man beachten, daß jetzt im Gegensatz zu (13.2) $\boldsymbol{E}$ und $\boldsymbol{B}$ die *mittleren* Felder im Probekörper sind. Diese Felder sind die Summe aus den äußeren Feldern $\boldsymbol{E}^{(e)}$ und $\boldsymbol{B}^{(e)}$, welche von den Ladungen auf den Kondensatorplatten bzw. den Strömen in der Spule erzeugt werden, und den Depolarisationsfeldern von den Oberflächenladungen bzw. -strömen der Probekörper. Bei der einfachen Geometrie der Anordnungen in Abb. 13.2 gilt wegen der Stetigkeit der Normalkomponente von $\boldsymbol{D}$ und der Tangentialkomponente von $\boldsymbol{H}$ an der Probenoberfläche

$$\boldsymbol{E}^{(e)} = \boldsymbol{D} \quad \text{und} \quad \boldsymbol{B}^{(e)} = \boldsymbol{H} \ . \tag{13.7}$$

Verwendet man nun die Relationen

$$\boldsymbol{D} = \boldsymbol{E} + 4\pi \boldsymbol{M}_e / V \quad \text{und} \quad \boldsymbol{B} = \boldsymbol{H} + 4\pi \boldsymbol{M}_m / V \ , \tag{13.8}$$

sowie die Definition

$$U_e = V(\boldsymbol{E}^{(e)\,2} + \boldsymbol{B}^{(e)\,2})/8\pi \;,\tag{13.9}$$

dann kann man für (13.6) schreiben:

$$dU_{ed} = dU_e - \boldsymbol{M}_e \cdot d\boldsymbol{E}^{(e)} + \boldsymbol{B}^{(e)} \cdot d\boldsymbol{M}_m \;.\tag{13.10}$$

Der erste Term auf der rechten Seite stellt offenbar gerade die am Kondensator bzw. an der Spule geleistete Arbeit zur Erhöhung der äußeren Feldenergie dar. Der elektrische (zweite) Term auf der rechten Seite stimmt schon mit (13.2) überein, der magnetische (dritte) jedoch nicht.

Zur Erläuterung dieses Unterschiedes führe man die Polarisation in zwei Schritten durch: Zunächst schalte man bei leerem Kondensator bzw. leerer Spule die Felder $\boldsymbol{E}^{(e)}$ bzw. $\boldsymbol{B}^{(e)}$ ein. Dabei muß man die Energie U_e aufbringen. Dann bringe man bei festgehaltenem $\boldsymbol{E}^{(e)} = \boldsymbol{D}$ (d.h. bei festgehaltener Ladung auf dem Kondensator) und festgehaltenem $\boldsymbol{B}^{(e)} = \boldsymbol{H}$ (d.h. bei festgehaltenem Spulenstrom) die Proben aus dem Unendlichen durch die Streufelder von Kondensator und Spule in die Position von Abb. 13.2. Dabei muß man zunächst in völliger Analogie zu (13.5) die mechanische Arbeit $\int \delta_{\mathrm{elmg}} K$ leisten. Zum Konstanthalten der Ladung auf dem Kondensator muß man beim Heranbringen der Probe laufend die Spannung variieren. Dabei fließen jedoch keine Ströme und es wird demzufolge keine weitere elektrische Arbeit geleistet.

Nun kommt ein Punkt, den man leicht übersehen kann: Beim Heranbringen der magnetischen Probe wird in der Spule nach dem Induktionsgesetz ein Strom induziert, der kompensiert werden muß, um $\boldsymbol{B}^{(e)}$ konstant zu halten. Dabei muß von der Batterie die Arbeit

$$U_{ind} = V \int \boldsymbol{H} \cdot d\boldsymbol{B}/4\pi = V\boldsymbol{H}(\boldsymbol{B}_{\mathrm{end}} - \boldsymbol{B}_{\mathrm{anf}})/4\pi\tag{13.11}$$

geleistet werden.

Nun ist vor Hereinbringen der Probe $\boldsymbol{B}_{\mathrm{anf}} = \boldsymbol{H} = \boldsymbol{B}^{(e)}$ und nach Hereinbringen $\boldsymbol{B}_{\mathrm{end}} = \boldsymbol{H} + 4\pi\boldsymbol{M}_m/V$. Insgesamt wird also $U_{ind} = \boldsymbol{H} \cdot \boldsymbol{M}_m = \boldsymbol{B}^{(e)} \cdot \boldsymbol{M}_m$.

Alles zusammengefaßt erhält man somit

$$\int dU_{ed} = U_e + U_{ind} + \int \delta_{\mathrm{elmg}} K \;.\tag{13.12}$$

Damit ist der Zusammenhang zwischen (13.2) und (13.6) völlig dargestellt. Die Identität (13.12) gilt auch noch bei allgemeinerer Geometrie, d.h. unabhängig von (13.7) (s. dazu Aufg. 13.1).

Schließlich kann man noch gemäß (9.10) von K auf die innere Energie E umrechnen:

$$\delta_{\mathrm{elmg}} E = \delta_{\mathrm{elmg}}(K + \boldsymbol{M}_e \cdot \boldsymbol{E}^{(e)} + \boldsymbol{M}_m \cdot \boldsymbol{B}^{(e)}) = \boldsymbol{E}^{(e)} \cdot d\boldsymbol{M}_e + \boldsymbol{B}^{(e)} \cdot d\boldsymbol{M}_m \;.\tag{13.13}$$

Der in dieser Legendre-Transformation zum Ausdruck kommende Unterschied zwischen K und E hat wieder eine einfache anschauliche Bedeutung: Beim Verschieben von Probekörpern im inhomogenen Feld gemäß Abb. 13.1 wird nicht nur durch Polarisationsänderung die *innere* Energie E der Proben geändert, sondern auch die *potentielle* Energie der Proben im äußeren Feld. Diese potentielle Energie gewinnt man offenbar gerade, wenn man die Probe bei sozusagen „festgeklemmter" Polarisation aus dem inhomogenen äußeren Feld ins Unendliche herauszieht. Sie ist, wie man sieht, gerade der Unterschied zwischen K und E. Von diesem Standpunkt aus ist es also angemessen, gerade (13.13) als Änderung der *inneren* Energie zu bezeichnen. Es ist jedoch hier wie auch sonst in der Thermodynamik prinzipiell gleichgültig und nur eine Frage der Zweckmäßigkeit, ob man in den Energiebilanzen mit K oder E rechnet. Man darf nur ihre unterschiedliche Bedeutung nicht aus dem Auge verlieren.

Aufgaben

1. Man beweise unter Verwendung von $\operatorname{div} \boldsymbol{E}^{(e)} = \operatorname{div} \boldsymbol{D}$ und $\operatorname{rot} \boldsymbol{E}^{(e)} = 0$ sowie $\operatorname{rot} \boldsymbol{B}^{(e)} = \operatorname{rot} \boldsymbol{H}$ und $\operatorname{div} \boldsymbol{B}^{(e)} = 0$ allgemein die Identität

$$\int dV (\boldsymbol{E} \cdot d\boldsymbol{D} + \boldsymbol{H} \cdot d\boldsymbol{B})/4\pi = d \int dV (\boldsymbol{E}^{(e)\,2} + \boldsymbol{B}^{(e)\,2})/8\pi \qquad (13.14)$$

$$- \int dV (\boldsymbol{M}_e \cdot d\boldsymbol{E}^{(e)} + \boldsymbol{B}^{(e)} \cdot d\boldsymbol{M}_m) , \qquad (13.15)$$

wobei das Volumenintegral über die Ausdehnung des Probekörpers zu erstrecken ist.

2. Man drücke das Verhältnis der adiabatischen zur isothermen Suszeptibilität durch die spezifischen Wärmen $\hat{C}_M$ und C_H bei konstanter Magnetisierung bzw. konstantem Magnetfeld aus.

Ergänzende Literatur

Becker, R.: *Theorie der Wärme*, Kap. I, A, 3, b, (Springer, Berlin, Heidelberg 1955)

14. Thermische Fluktuationen

In Kap. 9 hatten wir thermodynamische Mittelwerte durch *erste* Ableitungen der verallgemeinerten freien Energie K ausgedrückt: $dK = -SdT - \sum Q_i df_i$. Wir wollen nun die zweiten partiellen Ableitungen von K betrachten, d.h. Ausdrücke der Form $\partial S/\partial T$, $\partial Q_i/\partial T$, $\partial S/\partial f_k$ und $\partial Q_i/\partial f_k$. Interessanterweise stellt sich heraus, daß diese Ausdrücke in engem Zusammenhang mit thermischen Schwankungen und deren Korrelationen stehen. Wir beginnen mit dem Operator

$$s = -k \ln \rho = \left(H - \sum f_i q_i - K \right) / T \, . \tag{14.1}$$

Für die partielle Ableitung dieses Operators nach T ergibt sich wegen $\partial K/\partial T = -S$

$$\frac{\partial s}{\partial T} = -\frac{\Delta s}{T} = -\frac{s - S}{T} = -\frac{(\Delta H - \sum f_i \Delta q_i)}{T^2} \, , \tag{14.2}$$

wobei

$$\Delta H = H - E \, ; \qquad \Delta q_i = q_i - Q_i \tag{14.3}$$

die entsprechenden Abweichungen der Operatoren H und q_i von ihren Mittelwerten sind. Differenziert man nun

$$S = Sp(se^{-s/k}) \tag{14.4}$$

partiell nach T, so verschwindet der Beitrag von der Ableitung des Faktors s vor der Exponentialfunktion wegen (14.2) und $< \Delta s > = 0$. Die Ableitung der Exponentialfunktion liefert wegen der gleichen beiden Gründe

$$\boxed{\frac{\partial S}{\partial T} = \frac{< (\Delta s)^2 >}{kT}} \, . \tag{14.5}$$

Insbesondere gilt bei der kanonischen Verteilung mit $f_i = 0$ und damit (wegen (14.2)) $\Delta s = \Delta H/T$:

$$\boxed{T \frac{\partial S}{\partial T} = \frac{< (\Delta H)^2 >}{kT^2}} \, . \tag{14.6}$$

Die gemischten zweiten Ableitungen von K sind unabhängig von der Reihenfolge der Differentiationen. Es ist also

$$\frac{\partial S}{\partial f_i} = \frac{\partial Q_i}{\partial T} \; . \tag{14.7}$$

Durch direkte Differentiation von

$$Q_i = Sp(q_i e^{-s/k}) \tag{14.8}$$

nach T ergibt sich nach Überlegungen analog zu (14.5)

$$\boxed{\frac{\partial Q_i}{\partial T} = \frac{< \Delta q_i \Delta s >}{kT}} \; , \tag{14.9}$$

d.h. ein Ausdruck für die Korrelation der Schwankungen der Entropie und der q_i.

Bei allen Rechnungen dieses Kapitels kamen gemäß (9.12) nur die Diagonalelemente des statistischen Operators ins Spiel. Dies ändert sich bei den gemischten Ableitungen von (14.8) nach den f_i, falls die q_k nicht untereinander und mit H vertauschen. Dann spielen nichtdiagonale Matrixelemente von ρ eine Rolle und (9.12) ist nicht ausreichend zur Bildung der Ableitung. Wir beschränken uns deshalb hier auf vertauschbare Operatoren und verweisen bezüglich des allgemeines Falles auf das Kap. 26 über thermodynamische Störungstheorie. Für vertauschbare Operatoren (oder im klassischen Grenzfall, wenn die Nichtvertauschbarkeit vernachlässigbar ist) ergibt die Differentiation von (14.8)

$$\frac{\partial Q_i}{\partial f_k} = \frac{\partial Q_k}{\partial f_i} = \frac{< \Delta q_i \Delta q_k >}{kT} \; . \tag{14.10}$$

Die Diagonalglieder dieser Terme liefern also direkt die Schwankungen der q_i, die Außerdiagonalglieder die Korrelationen dieser Schwankungen. Ein wichtiger Spezialfall von (14.10) betrifft die Teilchenzahlschwankungen in der großkanonischen Gesamtheit. In diesem Fall vertauscht N_{op} mit H und es gilt ganz allgemein:

$$\boxed{\frac{\partial N}{\partial \mu} = \frac{< (\Delta N_{op})^2 >}{kT}} \; . \tag{14.11}$$

Wir greifen nun noch einmal (14.6) und (14.11) im Zusammenhang mit dem Gesetz der großen Zahlen auf: Die linken Seiten dieser beiden Gleichungen enthalten die Ableitungen der extensiven Größen S und N nach den intensiven Größen T und μ und sind damit selbst extensive Größen proportional zur Teilchenzahl N oder zum Volumen V. Die relativen Energieschwankungen $\Delta E/E$ in der kanonischen Verteilung sind also ebenso wie die relativen Teilchenzahlschwankungen in der makrokanonischen Verteilung proportional zu $1/\sqrt{N}$, in Übereinstimmung mit den allgemeinen Überlegungen des Kap. 4 über die Schwankungen makroskopischer additiver Größen.

Wir kommen schließlich noch auf die Bemerkung im Anschluß an (6.28) zurück, daß die Kleinheit der relativen Energieschwankungen in der kanonischen Verteilung (6.27) nicht unmittelbar ersichtlich ist. Die Wahrscheinlichkeit

$\rho(E_n)$ ist ja eine monoton abfallende Funktion von E_n ohne irgendein scharfes Maximum. Man muß jedoch beachten, daß ein solches Maximum nicht bei $\rho(E_n)$, sondern nur bei der Wahrscheinlichkeitsdichte

$$w(\epsilon) = \; <\delta(\epsilon - H)> \; = \Omega(\epsilon)\rho(\epsilon) \tag{14.12}$$

vorliegen muß. $\Omega(\epsilon)$ ist dabei die sog. Termdichte, $\Omega(\epsilon)d\epsilon$ also die Zahl der Energieniveaus im Intervall $d\epsilon$. $w(\epsilon)$ ist dann gerade die Wahrscheinlichkeit dafür, die Energie im Intervall $d\epsilon$ anzutreffen. Die Termdichte hängt nun direkt mit dem statistischen Gewicht $g(\epsilon)$ zusammen. Es gilt offenbar

$$g(E) = \int_{E_0}^{E} \Omega(\epsilon)d\epsilon, \text{ d.h. } \Omega(\epsilon) = \frac{\partial g(\epsilon)}{\partial \epsilon} . \tag{14.13}$$

Daraus schließt man mit (6.30), daß für große N auch die Termdichte eine Abhängigkeit von ϵ und N der Form

$$\Omega(\epsilon, N) = \left[\omega\left(\frac{\epsilon}{N}\right)\right]^N \tag{14.14}$$

besitzen muß. $w(\epsilon)$ ist also nach (14.12) das Produkt einer mit ϵ sehr schnell wachsenden und einer exponentiell abfallenden Funktion. Das Resultat ist eine Funktion mit dem erwarteten scharfen Maximum bei der mittleren Energie $<\epsilon> = E$. Man kann diese qualitativen Überlegungen quantitativ untermauern, indem man $\ln w(\epsilon)$ in der Umgebung von $\varepsilon = E$ in eine Potenzreihe entwickelt. Bricht man diese Entwicklung nach dem quadratischen Glied ab, so ergibt sich für $w(\epsilon)$ eine Gaußfunktion

$$w(\epsilon) = \frac{1}{2\pi\Delta E} \exp\left[-\frac{(\epsilon - E)^2}{2(\Delta E)^2}\right] \tag{14.15}$$

mit der Breite (vgl. dazu Aufg. 14.1)

$$(\Delta E)^{-2} = -\frac{\partial^2 \ln \Omega(E)}{\partial E^2} . \tag{14.16}$$

Das starke Anwachsen von $\Omega(E)$ mit E ist auch der Grund dafür, daß die Größe des Intervalls Δ bei der mikrokanonischen Verteilung (6.3) ohne großen Belang ist. Das scharfe Maximum von $w(\epsilon)$ fällt in diesem Falle mit der oberen Grenze $\epsilon = E$ des Intervalls zusammen, in dem $\rho(\epsilon)$ von Null verschieden ist. Sobald $\Delta \geq \Delta E$ ist, sind die Beiträge zu $w(\epsilon)$ an der unteren Grenze vernachlässigbar (s. dazu Abb. 14.1).

Das Resultat der Überlegungen dieses Kapitels ist, daß die zweiten Ableitungen der verallgemeinerten sog. „freien Enthalpie K" nach den Parametern der verallgemeinerten großkanonischen Gesamtheit, d.h. die Ableitungen der Mittelwerte nach (9.9) die thermodynamischen Schwankungen der „Koordinaten" H und q_i und deren Korrelationen liefern. Das Faszinierende an diesem Resultat ist, daß die Ableitungen der Mittelwerte nur rein „makroskopische", thermodynamische Größen enthalten, während die Schwankungsgrößen auf der rechten Seite der entsprechenden Gleichungen sozusagen „mikroskopische" Größen sind.

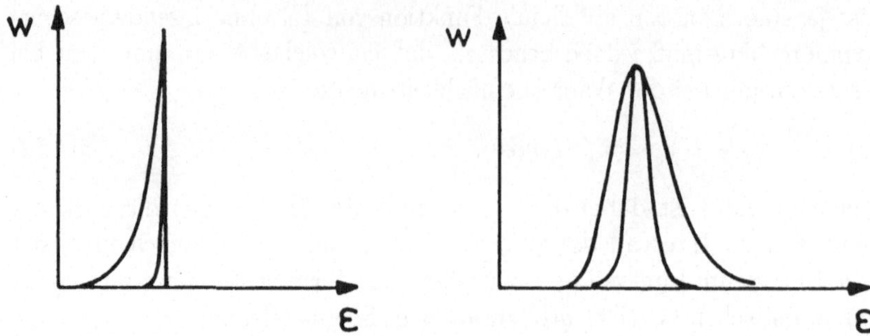

Abb. 14.1. Wahrscheinlichkeitsdichte $w(\epsilon)$ der Energie für die mikrokanonische (*links*) und kanonische Gesamtheit (*rechts*) (schematisch, normiert auf gleichen Wert am Maximum) (vgl. dazu Aufg. 14.2)

Sie beschreiben gerade die *Abweichungen* der Größen von ihren thermodynamischen Mittelwerten aufgrund der thermischen Bewegungen der Moleküle.

Für die Ableitungen der Mittelwerte haben sich spezielle Bezeichnungen eingebürgert. Zum Beispiel nennt man

$$C = T \frac{\partial S}{\partial T} \tag{14.17}$$

die Wärmekapazität des Systems. Man bezieht sie häufig auf ein Gramm, ein Kubikzentimeter, ein Mol oder ein Teilchen der betreffenden Substanz und nennt diese Größe dann die spezifische Wärme der Substanz. Die Ableitung in (14.17) hängt davon ab, welche Variablen konstant gehalten werden (in (14.5) z.B. die f_i). Man unterscheidet speziell z.B. spezifische Wärmen bei konstantem Druck C_P, bei konstantem Volumen C_V, bei konstantem chemischen Potential C_μ, bei konstantem Magnetfeld C_B etc.

Die gemischten Ableitungen (14.7) kann man als verallgemeinerte thermische „Ausdehnungskoeffizienten" bezeichnen. Insbesondere ist

$$\alpha = \frac{1}{V} \frac{\partial V}{\partial T} \tag{14.18}$$

der spezifische Volumenausdehnungskoeffizient.

Die Ableitungen nach den Kräften f_i

$$\chi_{ik} = \chi_{ki} = \frac{\partial Q_i}{\partial f_k} \tag{14.19}$$

kann man als verallgemeinerte isotherme „Suszeptibilitäten" bezeichnen. Insbesondere ist

$$\chi_m = \frac{1}{V} \frac{\partial M_m}{\partial B} \tag{14.20}$$

die magnetische Suszeptibilität, ein entsprechender Ausdruck gilt natürlich für die dielektrische Suszeptibilität. Das mechanische Analogon ist die Kompressibilität

$$\kappa = -\frac{1}{V}\frac{\partial V}{\partial P} \; . \tag{14.21}$$

Auch die Ableitungen (14.19) hängen davon ab, welche Variablen konstant gehalten werden. Bei den hier betrachteten Größen (14.10) ist die Temperatur konstant gehalten worden, daher die Bezeichung isotherme Suszeptibilitäten. Man kann aber z.B. auch die Entropie konstant halten. Dann spricht man von adiabatischen Suszeptibilitäten. Die folgenden Tabellen geben wieder einige Zahlenwerte für die in diesem Kapitel diskutierten Größen.

Tabelle 14.1. Mittlere Atomwärmen C_p bei Zimmertemperatur (Spezifische Wärme pro Mol/(Zahl der Atome pro Molekül)) in Einheiten k, ($1\,k$ pro Molekül $\simeq$ $8\,\mathrm{J} \cdot \mathrm{Mol}^{-1} \cdot \mathrm{K}^{-1}$)

Spezifische Wärme C_p pro Teilchen	$\frac{C_p}{k}$
Diamant	0,72
H_2	1,8
Edelgase	2,5
Al	2,9
H_2O	3,0
Na	3,4

Tabelle 14.2. Magnetische Suszeptibilitäten

Suszeptibilität χ_m		$\frac{\chi_m}{\mathrm{cm}^{-3}}$
Diamant		$\simeq -5 \cdot 10^{-6}$
Pauli-Paramagnet		$\simeq 10^{-5}$
Supraleiter	$-1/4\pi$	$\simeq -8 \cdot 10^{-2}$
Curie-Paramagnet		$\simeq 10^{-1}/T$ (in K)
Weicheisen		$\simeq 10^3$

Tabelle 14.3. Kompressibilitäten

Kompressibilität	$\frac{\kappa}{10^{-5}\,\mathrm{Pa}^{-1}}$
ideale Gase bei 10^5 Pa	10^0
Wasser	$5 \cdot 10^{-5}$
Quecksilber	$4 \cdot 10^{-6}$
Diamant	$2 \cdot 10^{-7}$
Atomkern	$1 \cdot 10^{-27}$

Tabelle 14.4. Ausdehnungskoeffizienten

Ausdehnungskoeffizient bei Zimmertemperatur	$\frac{\alpha}{\mathrm{K}^{-1}}$
ideale Gase	$3 \cdot 10^{-3}$
Wasser	$1 \cdot 10^{-4}$
Eisen	$3 \cdot 10^{-5}$
Diamant	$3 \cdot 10^{-6}$

Aufgaben

1. Man entwickle die Funktion $\ln w(\epsilon) = \ln \Omega(\epsilon) - \beta\epsilon$ in der Umgebung von $\epsilon = E$ nach Potenzen von $\epsilon - E$ bis zum zweiten Glied und beweise die Formeln (14.15) und (14.16).

2. In Abb. 14.1 sind als Beispiele von Wahrscheinlichkeitsdichten $w(\epsilon)$ für die mikrokanonische bzw. kanonische Gesamtheit die Funktionen $w \propto \epsilon^n$, $0 \leq \epsilon \leq E$ und $w \propto \epsilon^n \exp(-\beta\epsilon)$ für $n = 10$ und $n = 100$ aufgetragen. Es fällt auf, daß die mikrokanonische Gesamtheit eine wesentlich schärfere Verteilung besitzt. Man prüfe diesen Tatbestand nach durch direkte Berechnung der beiden Schwankungen ΔE. Man beachte, daß nach Aufg. 6.2 unsere beiden Beispiele gerade die Wahrscheinlichkeitsverteilungen der Energie eines idealen Gases von $N = 2n/3$ Teilchen wiedergeben.

3. Man werte die Zustandssumme $Z = \int \Omega(\epsilon) \exp(-\beta\epsilon) d\epsilon$ durch Entwicklung des Logarithmus des Integranden um E und Verwendung von (14.15) und (14.16) aus. Man zeige $Z = g(E) \exp(-\beta E)$ mit $g(E) = \Omega(E)\sqrt{2\pi}\Delta E$ und dementsprechend $F = E - TS = E - kT \ln g(E)$.

Teil II

Gleichgewichtsthermodynamik

Thermodynamik befaßt sich im weitesten Sinne des Wortes mit der quantitativen Beschreibung physikalischer Phänomene, bei denen „Wärme" eine Rolle spielt. Die sog. Gleichgewichtsthermodynamik handelt von Vorgängen, die so langsam ablaufen, daß die betrachteten Systeme in jedem Moment in guter Näherung durch einen Gleichgewichtszustand im Sinne des Kap. 6 beschrieben werden können. Solche Zustände sind durch wenige Parameter vollständig bestimmt. Im zweiten Teil dieses Bandes wollen wir die Gesetzmäßigkeiten diskutieren, denen diese Parameter folgen.

Als Motto könnte über diesem Teil ein Zitat von Gibbs stehen:

> „Die Gesetze der Thermodynamik, die die statistische Mechanik nur unvollständig ausdrücken, kann man aus deren Grundlagen leicht bekommen."

Tatsächlich haben wir die wichtigsten Teile dieser Ableitung schon in den Kap. 2 und 9 vorgestellt, insbesondere in den Gleichungen (2.22), (9.9) und (9.10). Wir wollen zunächst diese Resultate in den größeren Zusammenhang der sog. „Hauptsätze der Thermodynamik" stellen und dann einige Anwendungen dieser Resultate diskutieren.

15. Hauptsätze der Thermodynamik

Der I. Hauptsatz der Thermodynamik ist nichts weiter als eine besondere Form des Satzes von der Erhaltung der Energie. Die Idee, daß „Wärme" eine besondere Form von Energie ist (und nicht, wie davor angenommen, ein besonderer Stoff) wurde erstmals von Graf Rumford (1798) erwähnt [1].

Der I. Hauptsatz und das sog. „mechanische Wärmeäquivalent" wurden erstmals von dem Arzt und Physiker Julius Robert von Mayer (1842) angegeben [15.1]. [2]

Allgemein akzeptiert wurde das mechanische Wärmeäquivalent erst später nach sorgfältigen Messungen von Joule (1843–1849).

15.1 Wärmemenge

Die Wärmemenge ist ein energetischer Begriff und läßt sich direkt mit Hilfe des Energiesatzes definieren. Man betrachte dazu etwa ein System, welches mit anderen Systemen im sog. thermischen Kontakt steht (etwa durch mechanische Berührung oder Aussendung elektromagnetischer Strahlung). Die Energie eines solchen Systems wird sich i. allg. im Laufe der Zeit ändern, selbst wenn sonst keine weiteren (mechanischen, elektrischen, magnetischen, chemischen u.a.) Eingriffe an ihm geschehen.

Energiemengen, welche durch einen derartigen energetischen oder thermischen Kontakt ausgetauscht werden, *ohne daß sonstige Arbeitsleistungen auftreten*, nennt man Wärmemengen ΔQ und schreibt damit den Energiesatz in der Form

$$< H >_{\text{Ende}} - < H >_{\text{Anfang}} = \Delta Q \,. \tag{15.1}$$

Der Umrechnungsfaktor zwischen den an der spezifischen Wärme von Wasser zwischen 14,5 und 15,5 °C orientierten sog. „kalorischen" und mechanisch-elektrischen Energieeinheiten ist gegeben durch:

$$1 \text{ cal} = 4,1840 \text{ Joule} \,.$$

---

[1]Weitere wichtige Beiträge von ihm sind: Der englische Garten in München, die Gründung der Royal Institution of Great Britain und die sog. Rumfordsuppe.

[2]Er erhielt durch den Vergleich der spezifischen Wärmen von Gasen bei konstantem Volumen und konstantem Druck den erstaunlich korrekten Wert von $4{,}19 \cdot 10^7$ erg/cal.

15.2 Temperatur

Die Temperatur kann im Zusammenhang mit unseren bisherigen Überlegungen auf verschiedene Weisen definiert werden. Wir führen noch einmal die dazu benötigten Gleichungen auf: Zunächst den aus (6.22) zusammen mit der Festsetzung $\beta = 1/(kT)$, d.h.

$$\beta = \frac{\partial \ln g(E)}{\partial E} = \frac{1}{kT} \tag{15.2}$$

folgenden Ausdruck für die differentielle Energieänderung (9.11):

$$dE = TdS + \sum f_i dQ_i \, , \tag{15.3}$$

sodann den Ausdruck (6.27) für die kanonische Verteilung

$$\rho(E_n) = \frac{1}{Z} e^{-\beta E_n} \, , \tag{15.4}$$

wobei wiederum (15.2) zu beachten ist; schließlich die Tatsache, daß bei thermischem Kontakt zwischen zwei Systemen die Gleichgewichtsbedingung

$$\frac{\partial S_1}{\partial E_1} = \frac{\partial S_2}{\partial E_2} \, , \quad \text{d.h. } T_1 = T_2 \tag{15.5}$$

gelten muß, sowie die im Zusammenhang mit (10.24) beschriebene Einführung von β als Lagrange-Parameter zur Berücksichtigung der Nebenbedingung $E = < H >$ bei der Bestimmung des Entropiemaximums. Zusammenfassend kann man folgende Punkte hervorheben:

1) Falls die Energie E als Funktion der Entropie S (und eventuell weiterer Parameter Q_i) bekannt ist, oder umgekehrt die Entropie S als Funktion der Energie E, so läßt sich die Temperatur T eines Systems bei der Energie E, bzw. der Entropie S, berechnen aus den Ableitungen

$$\frac{\partial E}{\partial S} = T \quad \text{oder} \quad \frac{\partial S}{\partial E} = \frac{1}{T} \, . \tag{15.6}$$

2) Die Temperatur erscheint als „Ausgleichsparameter" bei zwei Systemen in thermischem Kontakt. Das heißt, bringt man zwei Systeme in Kontakt, so stellt sich nach genügend langer Zeit ein Gleichgewichtszustand ein, bei dem nach (15.5) die Temperaturen beider Systeme gleich sind.

3) Die Temperatur erscheint als „Verteilungsparameter" in der kanonischen Verteilung $\rho(E_n) \propto \exp(-E_n/kT)$ der Wahrscheinlichkeiten eines Systems in schwacher Wechselwirkung mit einem makroskopischen „Wärmereservoir". $\beta = 1/kT$ ist mathematisch gesehen der Lagrange-Parameter bei der Bestimmung des Entropiemaximums zur Berücksichtigung der Nebenbedingung, daß die Energie einen festen Mittelwert E besitzt.

Die praktische Temperaturmessung geschieht normalerweise dadurch, daß man eine mechanische, elektrische, optische etc. Größe mißt, die eine eindeutige

Funktion der Temperatur ist (Volumen einer eingeschlossenen Menge Wasser, Quecksilber oder Gas, elektrischer Widerstand eines Metalldrahtes, Suszeptibilität einer paramagnetischen Substanz, Breite einer bestimmten Spektrallinie etc.). Die Temperatureinheit wird seit 1954 dadurch fixiert, daß die Temperatur am Tripelpunkt des reinen Wassers gleich 273,16 K gesetzt wird (K zu Ehren von Lord Kelvin, der viel zur Thermodynamik im allgemeinen und zur exakten Temperaturbestimmung im besonderen beigetragen hat). Wir werden im Kap. 16 vorführen, wie man aus den in (15.6) getroffenen Festsetzungen zu einer auch vom experimentellen Standpunkt aus praktikablen sog. absoluten Temperaturdefinition kommen kann.

15.3 Der I. Hauptsatz

Der I. Hauptsatz der Thermodynamik ist, wie schon gesagt, nichts weiter als der Energiesatz. In Verallgemeinerung von (15.1) werden jedoch auch Energieänderungen durch äußere (makroskopische) mechanische, elektromagnetische oder chemische Arbeitsleistung zugelassen. Beschränkt man sich auf differentielle Änderungen, so lautet der I. Hauptsatz

$$\boxed{dE = \delta Q + \delta A \, .} \tag{15.7}$$

Dabei ist dE die Energieänderung des Systems, δQ die zugeführte Wärmeenergie, δA die durch äußere Arbeitsleistung zugeführte Energie. Wir haben im ersten Teil dieses Bandes Beispiele von mechanischer Energiezufuhr $\delta_{\mathrm{mech}} A$, elektromagnetischer Energiezufuhr $\delta_{\mathrm{elmg}} A$ und Energiezufuhr durch Teilchenaustausch $\delta_N A$ vorgestellt.

Man benutzt in der Thermodynamik gerade Differentiale „d", wenn man ausdrücken will, daß es sich um totale Differentiale einer Zustandsfunktion handelt, im Gegensatz zu „geschwungenen δ", wenn dies nicht gilt. Zustandsfunktionen lassen sich bei bekanntem statistischen Operator eindeutig bestimmen. Im Gleichgewichtszustand sind es Funktionen der unabhängigen Variablen, die einen Gleichgewichtszustand eindeutig charakterisieren, z.B. Energie E, Volumen V, Teilchenzahl N etc.

Der Wert von geschwungenen Differentialen hängt i. allg. davon ab, auf welchem Wege man von einem Punkt im Raum der Variablen (E_1, V_1, N_1) zu einem benachbarten (E_2, V_2, N_2) läuft, der Wert von geraden Differentialen dagegen nicht.

Die im Hauptsatz verwendeten geschwungenen Differentiale sollten nicht verwechselt werden mit denen, die auch für differentielle virtuelle Abweichungen vom Gleichgewicht bei Variationsproblemen (vgl. etwa im Zusammenhang mit (10.18) ff.) benutzt werden.

Wir wollen nun die beiden Posten der Energiebilanz auf der rechten Seite von (15.7) etwas genauer betrachten: Neben einem Wärmeaustausch mit einem Wärmereservoir diskutieren wir mechanische Arbeitsleistung an einem Stempel

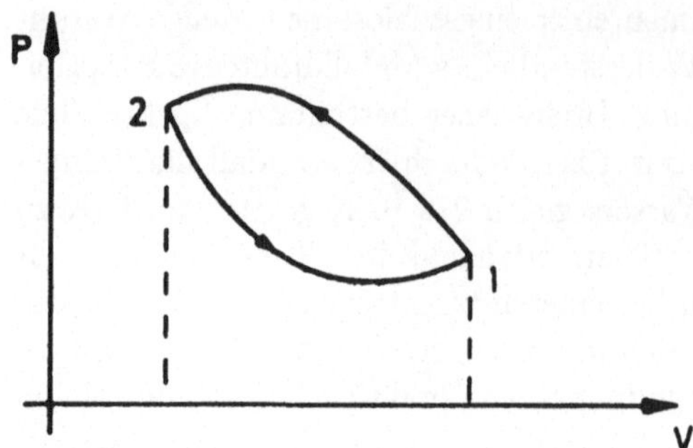

Abb. 15.1. Energieänderung bei mechanischer Arbeitsleistung und Wärmezufuhr im (P, V)-Diagramm. Auf dem unteren Wege von 1 nach 2 wird weniger mechanische Arbeit $\int \delta A = - \int P dV$ geleistet als auf dem oberen, wie man direkt an den entsprechenden Flächen im Diagramm ablesen kann. Da die Energie als Zustandsgröße in den beiden Punkten 1 und 2 einen festen Wert hat, ist die Energieänderung $\int dE$ unabhängig vom Wege. Nach dem I. Hauptsatz muß dementsprechend auf dem unteren Wege mehr Wärme zugeführt werden als auf dem oberen. Ausgedrückt durch Wegintegrale längs des geschlossenen Wegs 1-2-1 in Pfeilrichtung: $\oint dE = \oint \delta Q + \oint \delta A = 0$; $\oint \delta A = - \oint P dv > 0$, also $\oint \delta Q < 0$

und Teilchenaustausch mit einem Teilchenreservoir (s. die Anordnung in Abb. 15.1). Das System, auf welches wir den Energiesatz anwenden wollen, ist dabei der innere Teil des Dreiecks in Abb. 15.2.

Falls über die Prozesse im Inneren des Dreiecks nichts weiter bekannt ist, kann man die Energieänderungen nur durch die *äußeren* Parameter ausdrücken, die bei den Vorgängen im Spiel sind (die äußere Kraft $f^{(e)}$, die am Stempel angreift, die Temperatur $T^{(e)}$ des Wärmebades, das chemische Potential $\mu^{(e)}$ des Teilchenreservoirs sowie die Verschiebung dX des Stempels, die Entropieänderung des Wärmebades und die ausgetauschten Teilchenzahlen).

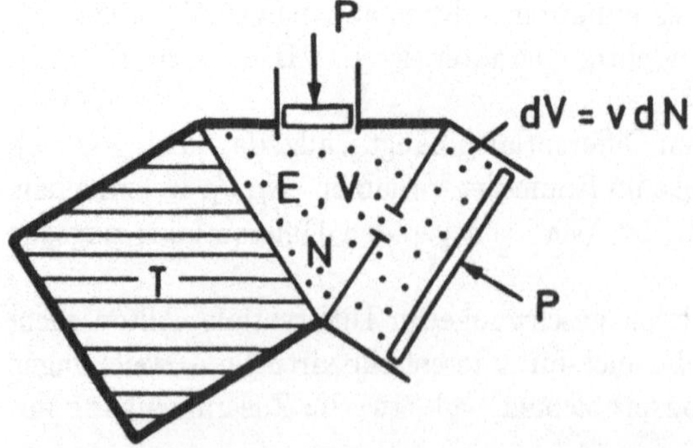

Abb. 15.2. Schema einer Anordnung zur Energieänderung durch mechanische Arbeitsleistung an einem Stempel (*oben*), Wärmezufuhr aus einem Wärmereservoir (*links unten*) und Teilchenzufuhr aus einem Teilchenreservoir (*rechts unten*)

Falls bei den betrachteten Prozessen, z.B. bei der Verschiebung eines Stempels, keine nennenswerten kinetischen Energien vorkommen, kann man für die mechanische und „chemische" Energiezufuhr schreiben

$$\delta A = f^{(e)} dX + \mu^{(e)} dN = -P^{(e)} dV + \mu^{(e)} dN \ . \tag{15.8}$$

Die Verallgemeinerung auf Prozesse, bei denen kinetische Energien eine Rolle spielen, sei es bei der Bewegung von Stempeln oder auch bei makroskopischer Bewegung der Systeme, wird in Kap. 12 besprochen.

Bedeutend mehr kann man aussagen, wenn man sich auf sog. reversible Prozesse beschränkt.

Reversible Prozesse sind solche, bei denen das System eine Folge von totalen Gleichgewichtszuständen durchläuft.

Strenggenommen treten solche Prozesse nur als Grenzfall unendlich langsamer Vorgänge auf. Praktisch kann man sagen, daß sie in guter Näherung vorliegen, falls die Zustandsänderungen langsam gegenüber der Einstellzeit des Gleichgewichts ablaufen. Während eines solchen Prozesses hat die Wahrscheinlichkeitsverteilung ständig in guter Näherung die Form (6.39) einer verallgemeinerten großkanonischen Gesamtheit. Damit gilt für die Energieänderung zwischen zwei benachbarten Zuständen die Gleichung (9.11), also in unserem Beispiel

$$dE = TdS + fdX + \mu dN = TdS - PdV + \mu dN \ . \tag{15.9}$$

Wegen der ständig vorliegenden Gleichgewichtssituation sind die *inneren* Parameter des Systems T, f, μ in dieser Gleichung auch im Gleichgewicht mit den gerade erwähnten *äußeren* Parametern $T^{(e)}, f^{(e)}, \mu^{(e)}$. Der Vergleich mit der allgemeinen Form (15.7) des I. Hauptsatzes legt es deshalb nahe, den ersten Term auf der rechten Seite von (15.9) mit der ausgetauschten Wärmemenge zu identifizieren gemäß $\delta Q_{\mathrm{rev}} = TdS$. Der Index „rev" soll dabei auf „reversibel" hindeuten. Entsprechend könnte man die beiden anderen Terme in (15.9) mit $\delta A_{\mathrm{mech,rev}} = -PdV$ und $\delta A_{N,\mathrm{rev}} = \mu dN$ identifizieren. Das ist im Prinzip auch richtig. Im Zusammenhang mit dem Teilchenaustausch ergeben sich jedoch zwei verschiedene Beiträge bei der Wärmezufuhr, die wir jetzt genauer betrachten wollen: Es geht um die Unterscheidung zwischen Wärmezufuhr durch *Wärmeleitung* und *Wärmeströmung*, die in (15.9) noch nicht enthalten ist.

Die unabhängigen Variablen S, V, N in (15.9) sind zwar mathematisch zweckmäßig, aber vom physikalischen Standpunkt nicht immer günstig: Es ist physikalisch mühsam, bei Teilchenaustausch die Entropie konstant zu halten, denn es wird dabei immer Wärme (wie man sagt *durch Wärmeströmung*) ausgetauscht.

Zur Bestimmung dieses Anteils nutzen wir die Additivität der Entropie aus und schreiben:

$$S = sN \quad \text{d.h.} \quad TdS = TN\,ds + Ts\,dN \ . \tag{15.10}$$

Der erste Term auf der rechten Seite der zweiten Gleichung beschreibt eine Änderung der Entropie pro Teilchen, ohne Änderung der Teilchenzahl des Systems. Dies ist offenbar die Wärmezufuhr durch Wärmeleitung, die wir mit $TN\,ds = \delta Q_{cond}$ bezeichnen. Der zweite Beitrag entspricht einer Wärmezufuhr durch Erhöhung der Teilchenzahl ohne Änderung der Entropie pro Teilchen. Er beschreibt die Wärmezufuhr durch Wärmeströmung. Wir bezeichnen ihn mit $Ts\,dN = \delta Q_{conv}$.

Eine reversible Entropieänderung kann also durch Zufuhr von Wärme oder Teilchen geschehen, nicht aber durch Arbeitsleistung. Dies drückt die sog. „adiabatische Invarianz" der Entropie aus und wegen (10.2) auch die adiabatische Invarianz des statistischen Gewichts. In der klassischen Mechanik entspricht dem die adiabatische Invarianz des sog. Phasenvolumens (vgl. dazu die Aufg. 15.1).

Da der *convective* Anteil der Wärmezufuhr proportional zu dN ist, faßt man ihn zweckmäßigerweise mit dem Anteil μdN zusammen zu $(\mu + Ts)dN = i\,dN$. Dabei haben wir die sog. *Enthalpie* pro Teilchen $i = \mu + Ts$ eingeführt.

Der Energiesatz nimmt damit die Form

$$dE = NT\,ds - PdV + (\mu + Ts)dN = \delta Q_{\text{cond}} - PdV + i\,dN \tag{15.11}$$

an.

Die Enthalpie i läßt sich unter Verwendung der Additivität von Energie und Volumen auch noch anders ausdrücken. Aus den entsprechenden Beziehungen

$$dE = d(eN) = Nde + edN \quad dV = d(vN) = Ndv + vdN \ , \tag{15.12}$$

sowie aus dem Energiesatz pro Teilchen (beachte: $e = E/N = e(s,v)$)

$$de = Tds - Pdv \tag{15.13}$$

ergibt sich offenbar

$$dE = N(Tds - Pdv) + edN = \delta Q_{conv} - PdV + (e + Pv)dN \ , \tag{15.14}$$

und durch Vergleich mit (15.11) eine neue Beziehung für das chemische Potential μ *von homogenen Systemen:*

$$\boxed{\mu = e + Pv - Ts \ .} \tag{15.15}$$

Dies ist die sog. *Gibbs-Duhem* Beziehung, die wir später (in Kap. 18) noch einmal auf andere Weise ableiten werden.

An (15.11) läßt sich der Energieaustausch bei „reinem" Teilchenaustausch, d.h. bei thermischer Isolierung vom Wärmebad und konstantem Volumen V, direkt ablesen als $\delta E_{\text{conv}} = (e + Pv)dN$. Er ist also nicht, wie man vielleicht zunächst in Analogie zu (15.10) meinen würde, einfach gleich edN, sondern enthält einen Zusatzterm $PvdN$.

Dieser Zusatzterm hat eine einfache physikalische Bedeutung. Wir führen dazu den konvektiven Energieaustausch in zwei Schritten durch: Zunächst addieren wir einfach dN Teilchen mit der Energie $e = E/N$ pro Teilchen durch einfache Anlagerung an das System. Das gibt eine Energieänderung um edN. Damit ist aber das Volumen des Systems um $\delta V = vdN$ vergrößert worden. Um diesen Betrag muß man also im zweiten Schritt das Gesamtvolumen komprimieren, damit, wie bei „reiner" Energiekonvektion verlangt, das Volumen konstant bleibt. Dies gibt noch eine zusätzliche Kompressionsarbeit $P\delta V = PvdN$ und damit insgesamt gerade den in (15.11) angegebenen Betrag.

Ein wichtiges Beispiel dieser zusätzlichen Kompressionsarbeit tritt bei der sog. *gedrosselten Entspannung* auf (s. die Anordnung von Abb. 15.3): Beim Ausströmen eines Gases durch ein Drosselventil ergibt sich normalerweise ein Druckunterschied zwischen den beiden Seiten des Ventils. Wenn eine feste Zahl von Teilchen durch das Ventil hindurchgeströmt ist, hat sich ihre Energie und ihr Volumen geändert. Der Energiesatz angewandt auf diese Teilchenmenge liefert dann offenbar:

$$E_1 + P_1V_1 = I_1 = E_2 + P_2V_2 = I_2 \,, \tag{15.16}$$

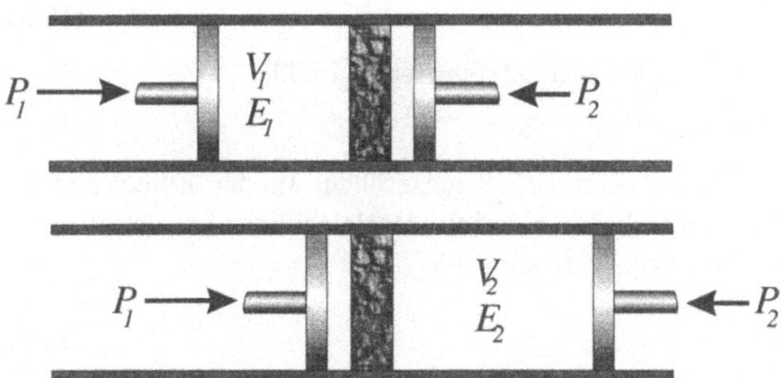

Abb. 15.3. Anwendung des Energiesatzes auf die sog. *gedrosselte Entspannung*: Ein Gas vom Volumen V_1 mit der inneren Energie E_1 wird mit dem Druck P_1 durch ein Drosselventil auf den Druck P_2 entspannt. Das Volumen dehnt sich dabei auf V_2 aus, und der Energieinhalt sei E_2. Bei diesem Prozess bleibt die Enthalpie $I = E + PV$ des Gases konstant

d.h. die Konstanz der Enthalpie (und nicht der Energie) der Teilchenmenge. Der Unterschied zwischen Energie und Enthalpie ist wiederum durch den Unterschied der Kompressionsarbeiten auf den beiden Seiten des Ventils gegeben.

Bei strömender Materie wird häufig statt der Situation einer festen Teilchenzahl die Situation in einem festen Volumenelement betrachtet. Dies entspricht in der Hydrodynamik dem Übergang von der sog. Lagrange-Beschreibung zur Eulerschen Beschreibung. In der letzteren betrachtet man statt der Energie e

und Entropie s pro Teilchen die Energiedichte $\varepsilon = E/V$ und Entropiedichte $\sigma = S/V$. Führt man auch noch die Teilchendichte $n = 1/v$ ein, so ergeben sich die Zusammenhänge

$$\varepsilon = en ; \qquad \sigma = sn ; \qquad n = 1/v . \tag{15.17}$$

Der Energiesatz lautet dann

$$d\varepsilon = Td\sigma + \mu dn \tag{15.18}$$

und die Zerlegung in Wärmeleitung und Wärmeströmung ergibt sich in der Form

$$Td\sigma = Td(ns) = Tnds + Tsdn = \delta q_{cond} + \delta q_{conv} . \tag{15.19}$$

und entsprechend

$$d\varepsilon = \delta q_{cond} + idn . \tag{15.20}$$

Die Zufuhr von Größen zu festen Volumina wird im Sinne der Eulerschen Beschreibung durch *Stromdichten* beschrieben. Danach ist $\boldsymbol{j} \cdot d\boldsymbol{f}$ die Menge einer bestimmten Größe, die durch ein orientiertes Flächenelement $d\boldsymbol{f}$ pro Zeiteinheit hindurchtritt. $\boldsymbol{j}$ ist dabei die Stromdichte der entsprechenden Größe. So gibt es z.B. Energiestromdichten $\boldsymbol{j}_\varepsilon$, Entropiestromdichten $\boldsymbol{j}_\sigma$, Teilchenstromdichten $\boldsymbol{j}_n = n\boldsymbol{u}$ etc. ($\boldsymbol{u}$ die Driftgeschwindigkeit der Teilchen).

Die Gleichung (15.19) entspricht dann einer Zerlegung des Entropiestroms in einen Leitungs- und einen Strömungsanteil

$$T\boldsymbol{j}_\sigma = \boldsymbol{j}_q + Ts\boldsymbol{j}_n . \tag{15.21}$$

Für den Energiestrom ergibt sich entsprechend (15.20):

$$\boldsymbol{j}_\varepsilon = \boldsymbol{j}_q + (e + Pv)\boldsymbol{j}_n . \tag{15.22}$$

Energie und Teilchenzahl sind Erhaltungsgrößen. In der Eulerschen Beschreibung gibt es dementsprechende Kontinuitätsgleichungen bei räumlich und zeitlich veränderlichen Größen $\varepsilon(\boldsymbol{r}, t)$ etc., d.h.

$$\frac{\partial \varepsilon(\boldsymbol{r}, t)}{\partial t} + \operatorname{div}\boldsymbol{j}_\varepsilon(\boldsymbol{r}, t) = 0 \tag{15.23}$$

und entsprechend

$$\frac{\partial n(\boldsymbol{r}, t)}{\partial t} + \operatorname{div}\boldsymbol{j}_n(\boldsymbol{r}, t) = 0 . \tag{15.24}$$

Räumlich und zeitlich veränderliche thermodynamische Größen treten auf bei einer speziellen Form von partiellen Gleichgewichten, den sog. *lokalen Gleichgewichten*, bei denen die räumlichen und zeitlichen Änderungen langsam genug sind, so daß man von Gleichgewichten in hinreichend kleinen Teilvolumina sprechen kann. Erhaltungsgrößen können sich in festen Volumina nur dadurch ändern, daß eine Zufuhr *von außen* erfolgt.

Die Entropie ist *keine* Erhaltungsgröße, wie wir gleich noch genauer sehen werden: Sie kann sich nicht nur durch Zufuhr von außen, sondern auch durch irreversible Prozesse im Inneren eines Systems ändern. Dies gibt uns die Überleitung zum zweiten Hauptsatz der Thermodynamik.

15.4 Der II. Hauptsatz

Der II. Hauptsatz wurde von Rudolf Clausius (1850) [15.2] und William Thomson (Lord Kelvin) (1851) [15.3] formuliert. Er baut auf den Untersuchungen von S. Carnot (1824) zum Wirkungsgrad von Wärmekraftmaschinen auf, und wurde von J.W. Gibbs (1876–1878) weiterentwickelt. Der II. Hauptsatz der Thermodynamik beschreibt den Zusammenhang der Entropie mit energetischen Größen sowie die Auswirkungen der Extremaleigenschaften der Entropie bei irreversiblen Prozessen.

Nach dem I. Hauptsatz bei reversiblen Prozessen kann man zunächst die auftretende Entropieänderung durch die zugeführte Wärme ausdrücken, gemäß $\delta Q_{rev} = TdS$. Falls die Prozesse nicht reversibel sind, kann eine Temperatur im System normalerweise nicht mehr definiert werden. Führt man die Wärme durch Kontakt mit einem Wärmebad der Temperatur $T^{(e)}$ zu, so erwartet man zunächst eine entsprechende *äußere* Entropiezufuhr $\delta S^{(e)} = \delta Q / T^{(e)}$.

Im Abschn. 10.3 über die Extremaleigenschaften der Entropie hatten wir gezeigt, daß es bei nichtreversiblen Prozessen weitere Ursachen für Entropieänderungen gibt, nämlich irreversible Vorgänge im Inneren der Systeme. Insgesamt kann man danach schreiben:

$$\boxed{\, dS = \frac{\delta Q}{T_{rev}} = \frac{\delta Q}{T^{(e)}} + \delta S^{(i)} \,.\,}$$

$$(15.25)$$

$\delta S^{(i)}$ ist dabei die *innere* Entropieänderung, die bei irreversiblen Prozessen zur Entropiezufuhr von außen hinzukommt. Diese Größe wollen wir nun etwas genauer diskutieren.

Zunächst betrachten wir wieder das Beispiel einer irreversiblen Wärmezufuhr ohne weitere Arbeitsleistungen. In Abschn. 10.3 hatten wir die Gesamtentropieänderung für diesen Fall mit den äußeren Änderungen $\delta Q/T_h$ bzw. $\delta Q/T_k$ beim Aufheizen bzw. Abkühlen verglichen und gezeigt, daß die Gesamtänderung jeweils größer oder höchstens gleich der Entropiezufuhr von außen ist. Das Gleichheitszeichen gilt dabei nur für reversible Prozesse.

Nun treten aber bei beliebiger Führung des Prozesses im System im allgemeinen irreversible Vorgänge auf: Bringt man z.B. ein System der Temperatur T_k in Kontakt mit einem Wärmebad auf einer höheren Temperatur T_h (Beispiel: Teetopf mit kaltem Wasser auf heißer Kochplatte), so stellt sich zunächst ein räumlicher Temperaturgradient ein, der sich durch Wärmeleitung (evtl. auch Wärmeströmung) ausgleicht, und so schließlich nach genügend langer Zeit zu einem totalen Gleichgewicht mit der Temperatur T_h führt.

Wir betrachten nun die Wärmeleitungsvorgänge unter Annahme eines lokalen partiellen Gleichgewichts, wie wir es am Ende des vorigen Abschnitts eingeführt hatten.

Für die Entropieänderung des Systems ergibt sich dann unter Verwendung von (15.20) bei Vernachlässigung von Strömungen

$$\frac{dS}{dt} = \int \frac{1}{T(\boldsymbol{r},t)} \frac{\partial \varepsilon(\boldsymbol{r},t)}{\partial t} \, d^3 r \, . \tag{15.26}$$

Wiederum unter Vernachlässigung von Strömungsbeiträgen läßt sich nach (15.22, 15.23) die Änderung der Energiedichte durch die Divergenz des Wärmestroms ausdrücken

$$\frac{\partial \varepsilon(\boldsymbol{r},t)}{\partial t} = -\operatorname{div}\boldsymbol{j}_q \, . \tag{15.27}$$

Nach Einsetzen in (15.26) ergibt sich ein Integrand

$$-\frac{1}{T}\operatorname{div}\boldsymbol{j}_q = -\operatorname{div}\left(\frac{\boldsymbol{j}_q}{T}\right) - \frac{\nabla T \cdot \boldsymbol{j}_q}{T^2} \, . \tag{15.28}$$

Der erste Term auf der rechten Seite kann als Divergenz des Entropiestroms aufgefaßt werden. Nach Integration über das Systemvolumen bleibt von ihm nach dem Gaußschen Satz ein Oberflächenintegral über den äußeren Entropiestrom. Der zweite Term liefert dann die gesuchte *innere* Entropieänderung durch die irreversiblen Wärmeausgleichsvorgänge. Setzt man noch die Gültigkeit der Wärmeleitungsgleichung $\boldsymbol{j}_q = -\lambda\nabla T$ voraus (mit einer positiven Wärmeleitungskonstanten λ), so kann man insgesamt schreiben:

$$\frac{dS}{dt} = -\oint \frac{\boldsymbol{j}_q \cdot d\boldsymbol{f}}{T(\boldsymbol{r},t)} + \lambda \int \left(\frac{\nabla T}{T}\right)^2 d^3 r \, . \tag{15.29}$$

Der erste Term auf der rechten Seite ist hier offenbar die Entropiezufuhr von außen. Man sieht an ihm, daß die Temperatur $T^{(e)}$ in (15.25) gerade die lokale Temperatur des Systems an der Stelle der Oberfläche ist, wo die Wärmezufuhr stattfindet. Der zweite Teil auf der rechten Seite ist offenbar die innere Entropiezunahme durch den irreversiblen Temperaturausgleich.

Wir betrachten als nächstes gleich den allgemeinen Fall eines beliebigen irreversiblen Prozesses. Ausgehend von unserer statistischen Definition der Entropie im Kap. 10, insbesondere der Gleichung (10.44), kann man zunächst folgendes sagen:

Vergleicht man die Informationsentropie S' eines Systems in einem beliebigen Zustand ρ' (insbesondere auch Nichtgleichgewichtszustand), in dem die Energie H und weitere Parameter q_i die Mittelwerte $<H> = E'$ bzw. $<q_i> = Q'_i$ haben, mit der Entropie S eines Gleichgewichtszustandes ρ mit den Mittelwerten E bzw. Q_i und den Gleichgewichtsparametern T bzw. f_i, so gilt allgemein die Ungleichung (wir verwenden die Bezeichnung $A - A' = \Delta A$)

$$\Delta S \geq \frac{1}{T}\left(\Delta E - \sum f_i \Delta Q_i\right) \, . \tag{15.30}$$

Wir spezialisieren nun diese Ungleichung auf den Fall, daß die f_i und Q_i, sowie auch T *äußere* Parameter ($f_i^{(e)}$, $Q_i^{(e)}$ und $T^{(e)}$) sind, so wie sie im Zusammenhang mit den äußeren Arbeitsleistungen beim I. Hauptsatz diskutiert wurden. Dann kann man die rechte Seite der Ungleichung mit der zugeführten Wärme ΔQ identifizieren und für differentielle Änderungen schreiben:

$$\boxed{dS \geq \frac{\delta Q}{T^{(e)}}\,.}\qquad (15.31)$$

Im Zusammenhang mit (15.25) kann man diese Ungleichung auch in der Form $\delta S^{(i)} \geq 0$ schreiben. Das Gleichheitszeichen gilt dabei nur für reversible Prozesse, d.h. für Prozesse in *offenen* Systemen, die hinreichend langsam ablaufen. In abgeschlossenen Systemen finden nur spontane irreversible Prozesse statt, bei denen stets $\delta S^{(i)} > 0$ ist.[3]

Der II. Hauptsatz gehört zu den in der Physik seltenen Fällen, daß ein fundamentales Naturgesetz nicht die Form einer Gleichung, sondern einer Ungleichung hat. Mathematisch läßt sich diese Tatsache leicht zurückführen auf die Ungleichung (10.33) und die daraus folgenden Extremaleigenschaften der Entropie. Die Ungleichung (15.31) geht natürlich in den ersten Teil der *Gleichung* (15.25) über, falls der Prozeß, der vom Anfangs- zum Endzustand führt, *reversibel* ist (und damit auch der Anfangszustand ein Gleichgewichtszustand ist).

Die „reversible" Gleichung $dS = (\delta Q/T)_{rev}$ hat dann noch einen wichtigen mathematischen Aspekt: Wie schon im Zusammenhang mit der Bezeichnung von Differentialen beim I. Hauptsatz erwähnt, ist δQ *nicht* das totale Differential einer Zustandsfunktion, im Gegensatz zu dS. Die in der reversiblen Gleichung auftretende Temperatur T hat dann im Hinblick auf die Theorie der Differentialgleichungen die Eigenschaft eines sog. *integrierenden Nenners*.

Zwischen dem Grenzfall der reversiblen und den beliebig allgemeinen irreversiblen Prozessen liegen die im Zusammenhang mit dem II. Hauptsatz (und allgemein der gesamten sog. *irreversiblen Thermodynamik*) häufig diskutierten sog. quasistatischen Prozesse.

Quasistatische Prozesse sind solche, bei denen eine Folge von partiellen Gleichgewichtszuständen durchlaufen wird.[4]

Die gerade betrachteten reversiblen Prozesse bilden (nach unserer Bezeichnung) eine (sehr kleine) Untermenge der quasistatischen Prozesse, bei denen das partielle in ein totales Gleichgewicht übergegangen ist.

Der statistische Operator hat während eines quasistatischen Prozesses in guter Näherung die Form (10.39) einer verallgemeinerten großkanonischen Gesamtheit. Außer den im totalen Gleichgewicht auftretenden äußeren Parametern E, V, N benötigt man jedoch noch weitere sog. „innere" Parameter $Q_k^{(i)}$

---

[3]Das heißt reversible Prozesse in abgeschlossenen Systemen, wie sie in manchen Darstellungen diskutiert werden, gibt es nicht.

[4]Die Bezeichnungen sind hier in der Literatur nicht einheitlich. In manchen Fällen wird „quasistatisch" synonym mit „reversibel" verwendet.

und evtl. zugehörige Lagrange-Parameter $f_k^{(i)}$, die für die Einhaltung der Nebenbedingungen $< q_k^{(i)} > = Q_k^{(i)}$ benötigt werden. Während eines solchen quasistatischen Prozesses ist dann $S = S(E, V, N, Q_k^{(i)})$, d.h. eine Funktion der äußeren *und* inneren Variablen. Die innere Entropieänderung ist dann gleich dem unvollständigen Differential

$$\delta S^{(i)} = \sum_k \left(\frac{\partial S}{\partial Q_k^{(i)}} \right) dQ_k^{(i)} > 0 \, . \tag{15.32}$$

Die k-Summe läuft hier nur noch über innere Variable.

In Wirklichkeit treten normalerweise äußere und innere Entropieänderungen gleichzeitig auf. Praktisch alle in der Natur ablaufenden Prozesse enthalten irreversible Anteile.

Abbildung 15.4 versucht, die verschiedenen reversiblen und irreversiblen Anteile eines kombinierten (Heiz- oder Kühl-) Prozesses zu veranschaulichen.

Es ist, wie man an diesem Beispiel sieht, keineswegs allgemein die reversibel zugeführte Wärme kleiner als die irrversibel zugeführte. Der Unterschied in den

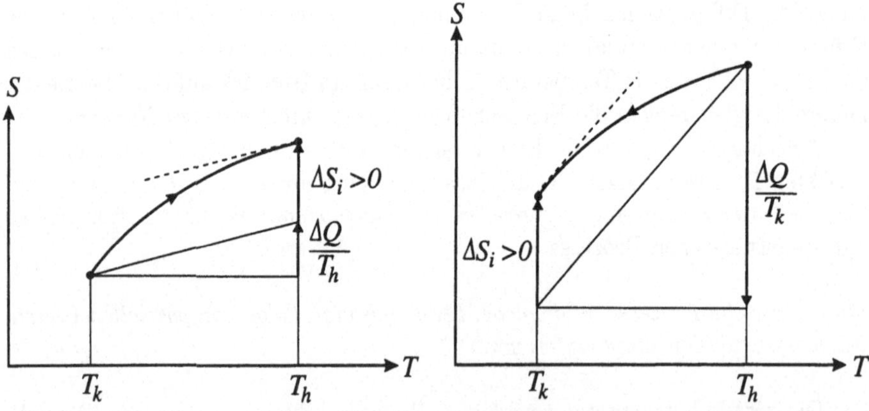

Abb. 15.4. Vergleich der Entropiebeiträge bei reversibler und irreversibler Heizung, bzw. Kühlung: In beiden Fällen wird die *gleiche* Wärmemenge $\Delta Q = E(T_h) - E(T_k)$ zugeführt. Im reversiblen Fall muß dabei die Temperatur der Heizung kontinuierlich nachgeregelt werden, so daß sie sich nur infinitesimal wenig von der des Systems unterscheidet. Eine irreversible Führung des gleichen Prozesses ergibt sich z.B., wenn man beim Heizen das kalte System mit einem Wärmebad einer Temperatur T_h in Kontakt bringt, beim Kühlen das heiße System mit einem kalten Bad der Temperatur T_k. Dann entstehen in beiden Fällen irreversible Wärmeleitungs- und Strömungsvorgänge verbunden mit einer Entropiezunahme ΔS_i im System. Die *äußere* Entropiezufuhr ist beim Heizen entsprechend kleiner, beim Kühlen dem Betrage nach größer (aber vom umgekehrten Vorzeichen) als im reversiblen Fall

zugeführten Entropien ergibt sich hier nur aus den *Temperaturunterschieden* im reversiblen und irreversiblen Fall.[5]

Zur weiteren Erläuterung des Unterschiedes zwischen äußeren und inneren Parametern betrachten wir nun das Beispiel von äußeren und inneren Entropieänderungen unter Einbeziehung mechanisch irreversibler Prozesse (Reibung, Viskosität, etc.). Wir vereinfachen die Situation dadurch, daß wir im Inneren des Systems Gleichgewicht mit einer Entropie $S = S(E, V)$ annehmen und irreversible Prozesse nur an der Oberfläche (z.B. im Zusammenhang mit Temperatur- und Druckgradienten an einem Stempel) zulassen.

Für die Entropieänderung ergibt sich dann

$$dS = \left(\frac{\partial S}{\partial E}\right) dE + \left(\frac{\partial S}{\partial V}\right) dV = \frac{1}{T^{(i)}}(dE + P^{(i)}dV) \ . \tag{15.33}$$

Dabei sind $T^{(i)}$ und $P^{(i)}$ Temperatur und Druck auf der Innenseite des Stempels. Die Verhältnisse auf der Außenseite kommen zum Tragen durch Anwendung des ersten Haupsatzes:

$$dE = \delta Q - P^{(e)}dV \tag{15.34}$$

und Einführung der äußeren Entropiezufuhr

$$\delta S^{(e)} = \frac{\delta Q}{T^{(e)}} \ . \tag{15.35}$$

Für die innere (irreversible) Entropieänderung $\delta S^{(i)} = dS - \delta S^{(e)}$ ergibt sich dann mit (15.33) und dem zweiten Hauptsatz

$$\delta S^{(i)} = \Delta\left(\frac{1}{T}\right)\delta Q - \frac{\Delta P}{T^{(i)}}dV > 0 \tag{15.36}$$

mit $\Delta(1/T) = 1/T^{(e)} - 1/T^{(i)}$ und $\Delta P = P^{(e)} - P^{(i)}$.

Da wir das Beispiel des reinen Wärmeübertrags schon behandelt haben, beschränken wir uns jetzt auf verschwindenden Wärmeübertrag δQ. Dann ergibt sich die rein mechanische Ungleichung

$$\delta A = -P^{(e)}dV > \delta A_{rev} = -P^{(i)}dV \ . \tag{15.37}$$

Nimmt man für die irreversiblen mechanischen Prozesse eine Reibungskraft proportional zur Geschwindigkeit an, d.h. eine Beziehung

$$dV = -B\Delta P dt \tag{15.38}$$

mit einer Art „Beweglichkeit" B für die Änderung des Volumens in der Zeit dt, so ergibt sich die mechanische irreversible Entropieänderung

---

[5]Vergleiche dazu anderslautende Darstellungen (z.B. Greiner, Neise, Stöcker; *Thermodynamik und Statistische Mechanik*)

$$\delta S_{mech}^{(i)} = B \frac{(\Delta P)^2}{T^{(i)}} dt > 0 \tag{15.39}$$

und damit die Gültigkeit der Ungleichung (15.37) auch bei Wärmeaustausch. Allgemein gilt jedoch nur die Ungleichung (15.36).

Schließlich weisen wir nochmals daraufhin (im Sinne unserer Bezeichnung): reversible Prozesse sind stets quasistatisch, es gibt jedoch auch irreversible quasistatische Prozesse. Maßgeblich dafür ist die Frage, ob innere oder äußere Parameter geändert werden. Letzteres hängt wiederum davon ab, welches System bzw. Teilsystem betrachtet wird. Es kann z.B. durchaus sein, daß die Entropieänderung bei Ausgleichsprozessen (etwa von Druck-, Dichte- und Temperaturunterschieden) zwischen verschiedenen Teilen eines abgeschlossenen Gesamtsystems bezüglich jedes Teilsystems reversibel verläuft, jedoch der gleiche Vorgang bezüglich des Gesamtsystems irreversibel ist.

Abbildung 15.5 zeigt einige Prozesse, bei denen die Entropie zunimmt.

Quasistatische Prozesse mit $\delta Q = 0$ heißen auch „adiabatisch". Dieser Begriff hat auch in der reinen Mechanik bzw. Quantenmechanik seinen Sinn (s. Aufg. 15.1). In der reinen Thermodynamik wird „adiabatisch" oft einfach für „wärmeundurchlässig" benutzt (entsprechend dem ursprünglichen griechischen Wortsinn). In der reinen Mechanik dagegen, wo der Wärmeaustausch sowieso nicht auftritt, wird „adiabatisch" gleichbedeutend mit „quasistatisch" benutzt, das heißt z.B. „langsam gegenüber den charakteristischen internen Prozessen eines Systems". So behandelt man z.B. die Bewegung der Atomkerne in einem Molekül oder Festkörper nach der sog. „adiabatischen Näherung", da sie langsam ist gegenüber der Bewegung der Elektronen.

Eine gewisse Konfusion entsteht dann, wenn bei einem Vorgang sowohl mechanische wie thermodynamische Aspekte eine Rolle spielen, wie etwa bei der Ausbreitung von Schallwellen. In diesem Falle spricht man von adiabatischen Vorgängen, weil die mechanischen Schallschwingungen *schnell* gegenüber den gleichzeitig auftretenden Wärmeausgleichsprozessen ablaufen und damit *Wärmeaustausch vernachlässigt werden kann*, benutzt also „adiabatisch" analog zu „wärmeundurchlässig".

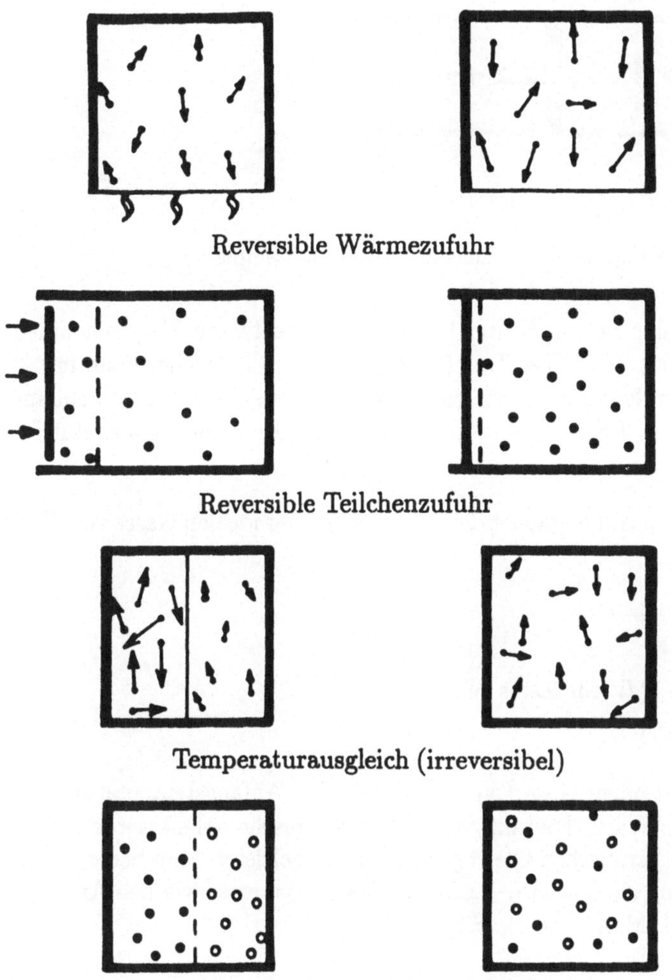

Reversible Wärmezufuhr

Reversible Teilchenzufuhr

Temperaturausgleich (irreversibel)

Teilchendiffusion (irreversibel)

Abb. 15.5. Prozesse, bei denen die Entropie zunimmt

Aufgaben

1. **Zur adiabatischen Invarianz des Phasenvolumens.**

   Man berechne die Änderung des Phasenvolumens $\phi(E) = 2l|p|$ eines Teilchens (eindimensional) in einem Kasten der Länge l mit der Energie $E = p^2/2m$ (s. Abb. 15.6)

   a) bei langsamem, kontinuierlichem Hereinschieben des Stempels (Reflexion des Teilchens am bewegten Stempel),

   b) bei schnellem Hereinschieben des Stempels zwischen zwei Reflexionen.

2. Man spezialisiere die Überlegungen, die zur Gleichung (15.13) führten auf den Fall des Lichtquantengases. Bei diesem ist die Teilchenzahl N keine un-

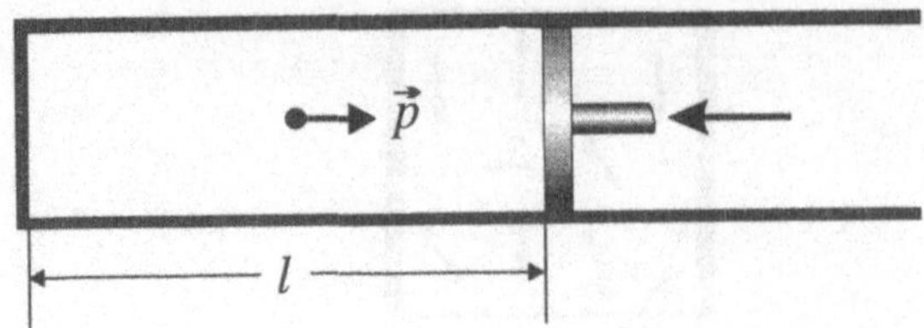

Abb. 15.6. Zur Reflexion eines Teilchens am bewegten Stempel

abhängige Variable neben E und V. Der Energiesatz pro Volumeneinheit hat dann die Form $d\varepsilon = Td\sigma$. Durch Multiplikation dieser Gleichung mit V gewinne man den Energiesatz für das Gesamtsystem, einen Zusammenhang zwischen Druck P, Energiedichte und Entropiedichte sowie ein Resultat für das chemische Potential.

3. Man bestimme die Abhängigkeit der Entropie S eines idealen Gases von E, V und N aus

   – $PV = NkT$,

   – $E = 3NkT/2$,

   – $dE = TdS - PdV$ für festes N ,

   – $S = Ns(E/N, V/N)$.

4. Zwei ideale einatomige Gase $(N_1 = N_2)$ mit den Anfangstemperaturen T_1 und T_2 werden in Wärmekontakt gebracht. Mechanische Arbeit werde bei der Einstellung des thermischen Gleichgewichts nicht geleistet. Man berechne die Entropieänderung $\Delta_{ir}S = \Delta S_1 + \Delta S_2$ des Gesamtsystems zwischen Anfangs- und Endzustand. Man zeige $\Delta_{ir}S > 0$.

Literatur

15.1 von Mayer, J. R.: Liebig Ann. **42**, (1842)

15.2 Clausius, R.: Poggendorf Ann. **79**, 368 (1850); dies ist die erste einer Reihe von Arbeiten, in denen der I. und II. Hauptsatz der Thermodynamik behandelt werden und in denen (1865) der Entropiebegriff eingeführt wird

15.3 Thomson, W. (Lord Kelvin): Trans. Edinb. **20**, 261 (1851)

16. Carnot-Prozesse und thermodynamische Temperaturskala

Die in Abschn. 15.2 gegebenen Temperaturdefinitionen reichen zwar im Prinzip aus zur Festlegung einer Temperaturskala, sind jedoch nicht besonders praktikabel. Praktisch geht man zunächst so vor, daß man Substanzen mit bekannter Zustandsgleichung in thermischen Kontakt bringt mit den Substanzen, deren Temperatur man bestimmen will. Beim Gasthermometer etwa sei $P = P(V,T)$ die bekannte Zustandsgleichung, dann kann man durch Messung der mechanischen Größen P und V die Temperatur T bestimmen.

Besonders einfach ist die Zustandsgleichung für ideale Gase, für ein Mol eines idealen Gases gilt z.B. $PV = RT$. Solche idealen Gase kommen zwar streng genommen in der Natur nicht vor. Bei vielen realen Gasen sind jedoch (insbesondere bei hohen Temperaturen und kleinen Dichten) die Abweichungen vom idealen Verhalten vernachlässigbar klein. Die Abweichungen sind um so kleiner, je weiter man oberhalb des kritischen Punktes arbeitet. Deshalb ist Helium mit seinem sehr tiefliegenden kritischen Punkt eine besonders günstige Thermometersubstanz.

Bei Temperaturen in der Nähe des Siedepunktes von Helium und darunter bewähren sich Suszeptibilitätsthermometer mit bekannter Zustandsgleichung $M = M(H,T)$. Besonders einfach ist hier die Zustandsgleichung für ideale Paramagneten in schwachen Magnetfeldern. Dann ist nach dem Curieschen Gesetz $M = HC/T$. Abweichungen von diesem idealen Verhalten sind wiederum klein oberhalb eventueller ferromagnetischer Umwandlungspunkte. Auch Widerstandsthermometer finden oft Anwendung. Bei ihnen nutzt man die Tatsache aus, daß der elektrische Widerstand eine eindeutige Funktion der Temperatur ist.

Bei allen Substanzen erhebt sich jedoch die Frage, wie man eventuelle Abweichungen vom idealen Verhalten feststellt, wenn die Temperaturskala noch nicht bekannt ist. Anders ausgedrückt, wie man die Thermometersubstanzen eicht. Nehmen wir etwa an, wir hatten zunächst eine willkürliche Temperaturskala T^* festgelegt durch Postulieren einer Zustandsgleichung $P = P(V,T^*)$, im einfachsten Falle etwa $PV = RT^*$ oder $M = HC/T^*$ für eine spezielle Thermometersubstanz. Dann erhebt sich die Frage nach dem Zusammenhang $T^* = T^*(T)$ dieser Skala mit der in (15.6) definierten sog. absoluten Temperaturskala.

Wir wollen nun ein Verfahren angeben, mit dem man diesen Zusammenhang ohne vorherige Kenntnis der Zustandsgleichungen allein unter Verwendung der

Hauptsätze bestimmen kann. Dazu schreiben wir den II. Hauptsatz für einen geschlossenen Kreisprozeß in der Form

$$\oint dS = \oint \frac{\delta Q_{\text{rev}}}{T} = 0 \, . \tag{16.1}$$

Besonders einfach wird diese Gleichung für einen sog. Carnotschen Kreisprozeß (s. Abb. 16.1, 2). Er läuft zwischen Wärmereservoiren mit den Temperaturen T_1 und T_2 ab. Alle Wärmemengen werden entweder bei T_1 aufgenommen und bei T_2 abgegeben oder umgekehrt. Der Übergang zwischen den beiden Temperaturen soll dagegen adiabatisch, d.h. ohne Wärmeaustausch geführt werden. Dann reduziert sich (16.1) auf

$$\frac{Q_1}{T_1} + \frac{Q_2}{T_2} = 0 \, . \tag{16.2}$$

Dabei ist Q_i die jeweils bei T_i aufgenommene Wärmemenge.

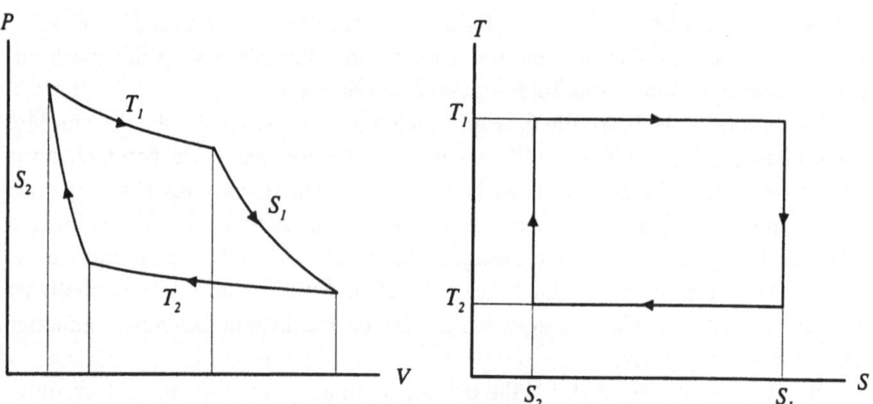

Abb. 16.1. Carnot-Prozeß im (P,V)-Diagramm

Abb. 16.2. Carnot-Prozeß im (S,T)-Diagramm

Praktisch ist es meist einfacher, die Wärmezufuhr nicht bei konstanter Temperatur, sondern bei konstantem Druck oder Magnetfeld vorzunehmen. In solchen Fällen kann man im Grenzfall hinreichend kleiner Wärmezufuhr eine (16.2) entsprechende Gleichung bekommen, nämlich

$$\frac{\delta Q_1}{T_1} + \frac{\delta Q_2}{T_2} = 0 \, . \tag{16.3}$$

Der Nutzen von Gleichung (16.3) liegt darin, daß sie das Verhältnis der beiden Temperaturen durch das Verhältnis der beiden Wärmemengen auszudrücken gestattet. Ist also etwa T_2 bekannt, so kann man nach Messung von δQ_1 und δQ_2 T_1 bestimmen aus $T_1 = -T_2 \delta Q_1 / \delta Q_2$. Nach Festlegung der Temperatureinheit, die natürlich willkürlich ist, sind damit alle Temperaturen im Prinzip bestimmbar.

Zur Erläuterung dieser mehr grundsätzlichen Überlegungen betrachten wir das Beispiel der Eichung eines Suszeptibilitätsthermometers bei der adiabatischen Entmagnetisierung. Abbildungen 16.3, 4 zeigen zwei Kurven $H = $ const.

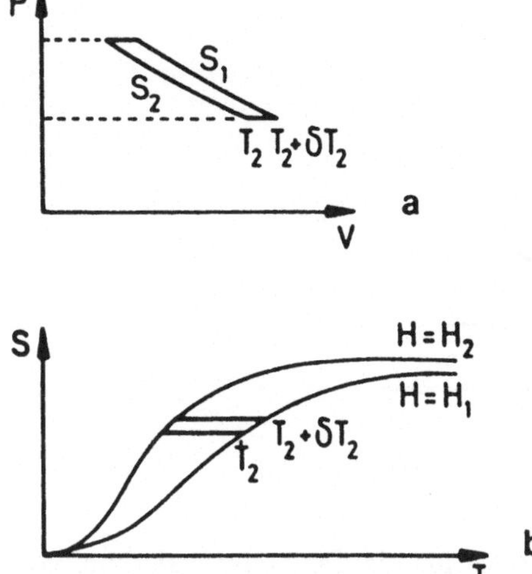

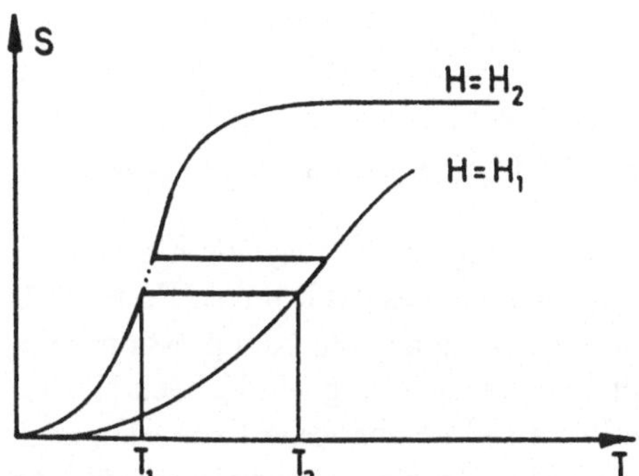

Abb. 16.3. Carnot-Prozeß bei infinitesimal kleiner Wärmezufuhr. (**a**) Bei konstantem Druck im (P, V)-Diagramm. (**b**) Bei konstantem Magnetfeld im (S, T)-Diagramm

Abb. 16.4. „Stufenprozeß" im (S, T)-Diagramm

im (S, T)-Diagramm. Zur qualitativen Begründung dieses Diagramms begnügen wir uns hier mit der Feststellung, daß die Unordnung und damit die Entropie eines Spinsystems mit wachsender Temperatur und kleiner werdendem Magnetfeld zunimmt. Eine detaillierte Bestimmung von $S(H, T)$ wird im Kap. 36 über Spinsysteme vorgeführt. Es ergibt sich für kleine H/T ein Sättigungswert $S = k \ln(2s + l)$ für Spin s und für große H/T ein exponentieller Verlauf, z.B. $S \propto \exp(-\mu_B g H/kT)$ für magnetische Momente $\mu_B g$. Statt direkt einen Kreisprozeß zu durchlaufen, geht man einfacher längs der eingezeichneten Stufe und bestimmt die Verhältnisse auf dem nicht durchlaufenen (gestrichelten) Stück durch Extrapolation.

Ein Verfahren zur Extrapolation gewinnt man z.B. wie folgt [16.1]: Man führt die Wärmemengen durch konstante Bestrahlung mit einem radioaktiven Präparat zu. Dann sind die zugeführten Wärmemengen δQ_i proportional zu den Bestrahlungszeiten δt_i. δt_2 kann dabei direkt gemessen werden. Mißt man nun

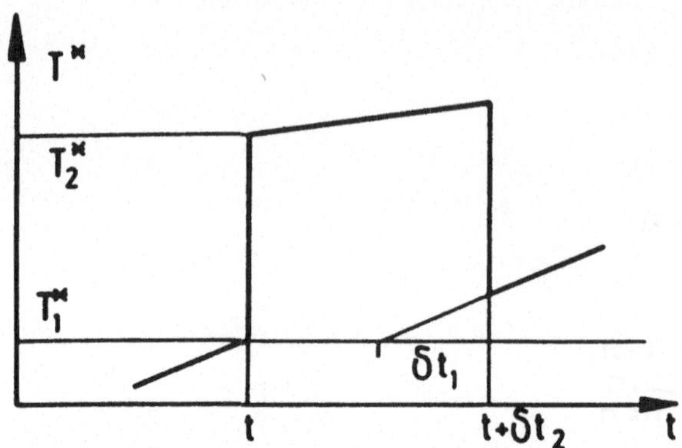

Abb. 16.5. Der Stufenprozeß von Abb. 16.4 im $T^*(t)$-Diagramm

während des Prozesses irgendein Maß $T^*(t)$ für die Temperatur als Funktion der Zeit t (s. Abb. 16.5), so kann man δt_1 durch Extrapolation als diejenige Zeit bestimmen, die man von der rechten Stufenhöhe zurücklaufen müßte, um wieder auf die linke Stufenhöhe (T_1^*) zu gelangen.

Aufgaben

1. Man bestimme den Wirkungsgrad $\eta = |\oint \delta A/Q_1|$ des *Carnot-Prozesses*.

2. Als Näherung für einen *Otto- (Diesel-) Motor* kann der folgende Kreisprozeß betrachtet werden: 1) adiabatische Kompression des gasförmigen Brennstoff-Luft-Gemisches (von Luft), 2) isochore Erwärmung vom Kompressionsvolumen $V = V_k$ (isobare Erwärmung mit Volumenänderung von V_k nach $V_k + V_e$, V_e: Einspritzvolumen), 3) (für beide Prozesse:) adiabatische Expansion nach $V_k + V_h$ (V_h Hubvolumen) und 4) (für beide Prozesse:) isochore Abkühlung (Auspuffschritt).

   a) Wie sehen die Prozesse in (S, V)-Diagramm aus? Man skizziere sie außerdem im (P, V)-Diagramm.

   b) Man bestimme für ein ideales Gas als Arbeitsgas übertragene Wärme und geleistete Arbeit bei den vier Schritten (als Funktion der Temperaturen an den vier Eckpunkten).

   c) Man zeige, daß der Wirkungsgrad gegeben ist durch $\eta = 1 - \epsilon^{1-\gamma}$ ($\eta = 1 - \epsilon^{1-\gamma}(\phi^\gamma - 1)/[\gamma(\phi - 1)]$ mit $\gamma = C_P/C_V$, $\epsilon = (V_k + V_h)/V_k$ (Verdichtungsverhältnis) und $\phi = (V_k + V_e)/V_k$ (Einspritzverhältnis).

Literatur

16.1 Jackson, L. C.: *Low Temperature Physics*, Chap. II, (Methuen, London 1955)

17. Thermodynamische Relationen

Wir beginnen mit einem Überblick über thermodynamische Zustandsgrößen und ihren Zusammenhang mit statistischen Gesamtheiten in Form einer Tabelle.

Tabelle 17.1. Thermodynamische Zustandsgrößen und ihr Zusammenhang mit statistischen Gewichten g und Zustandssummen Z, Y

Gesamtheit	Charakteristische Größen
mikrokanonisch	$S = k \ln g(E, V, N)$ $S = k \ln g(I, P, N)$
kanonisch	$F = -kT \ln Z(T, V, N)$ $G = -kT \ln Z(T, P, N)$
großkanonisch	$J = -kT \ln Y(T, V, \mu)$ $K = -kT \ln Y(T, P, \mu)$

Die Gesamtheiten, welche I, G und J enthalten, sind bisher noch nicht diskutiert worden. Sie lassen sich jedoch leicht angeben (vgl. Aufg. 17.2). Auch die Verallgemeinerung auf weitere mechanische und elektrodynamische Größen läßt sich unter Verwendung von Kap. 12 und 13 durchführen.

Man kann die in der Tabelle 17.1 vorkommenden Variablen in zwei Gruppen aufteilen, je nachdem sie als verallgemeinerte Lagekoordinaten (V, N, E) oder verallgemeinerte Kräfte (P, μ, T) auftreten. Diese Einteilung läßt sich auch auf weitere mechanische und elektrodynamische Größen ausdehnen. Die Lagekoordinaten sind dann normalerweise extensive, die Kräfte intensive Größen. Größen, welche T und S nicht enthalten, haben auch schon in der reinen Mechanik bzw. Quantenmechanik und Elektrodynamik einen Sinn. Temperatur und Entropie dagegen sind typisch thermodynamisch-statistische Größen, welche nur im Zusammenhang mit Gleichgewichtszuständen einen Sinn besitzen.

Ausgehend von den Größen in Tabelle 17.1 und der grundlegenden Differentialbeziehung (9.9) für die Funktion K lassen sich eine Reihe sog. thermodynamischer Relationen herleiten, von denen (9.10) ein Beispiel darstellt. Die drei wichtigsten mathematischen Hilfsmittel zur Herleitung solcher Relationen seien an Hand von typischen Beispielen erläutert.

a) *Legendre-Transformation*

Die Differentialbeziehung $dA = BdC$ läßt sich umformen in $d(A - BC) = -CdB$. Während im ersten Fall $A = A(C)$ als Funktion von C betrachtet wird, ist es im zweiten Fall zweckmäßig, $A - BC = D = D(B)$ als Funktion von B aufzufassen. Diesen Wechsel der abhängigen und unabhängigen Variablen bezeichnet man als Legendre-Transformation.

In Tabelle 17.2 sind Differentialbeziehungen für die sog. thermodynamischen Potentiale aufgeführt, die auf diese Weise gewonnen wurden.

Tabelle 17.2. Thermodynamische Potentiale und ihre Differentialrelationen

Größe	Bezeichnung	Differentialbeziehung
E	Energie	$dE = TdS - PdV + \mu dN$
$F = E - TS$	Freie Energie	$dF = -SdT - PdV + \mu dN$
$G = E - TS + PV$	Freie Enthalpie	$dG = -SdT + VdP + \mu dN$
$I = E + PV$	Enthalpie	$dI = TdS + VdP + \mu dN$
$J = E - TS - \mu N$	Großkan. Potential	$dJ = -SdT - PdV - Nd\mu$
$K = J + PV$	Allg. Großkan. Potential	$dK = -SdT + VdP - Nd\mu$

Bei Berücksichtigung weiterer, z.B. elektromagnetischer äußerer Parameter kann man analoge Größen betrachten. Es ist offenbar zweckmäßig, E als Funktion von S, V und N aufzufassen, entsprechend $F = F(T, V, N)$, $G = G(T, P, N)$ etc., denn bei dieser „natürlichen" Wahl der unabhängigen Variablen kann man die auf der rechten Seite der obigen Gleichungen vor den Differentialen stehenden Größen als partielle Ableitungen der Potentiale gewinnen (analog zum mechanischen Potential, dessen partielle Ortsableitungen die Kräfte liefern). So ist z.B.

$$P = -\left(\frac{\partial E}{\partial V}\right)_{S,N} , \tag{17.1}$$

$$\mu = \left(\frac{\partial G}{\partial N}\right)_{T,P} , \tag{17.2}$$

$$S = -\left(\frac{\partial F}{\partial T}\right)_{V,N} , \tag{17.3}$$

$$E = \left(\frac{\partial (F/T)}{\partial (1/T)}\right)_{V,N} . \tag{17.4}$$

Es ist in der Thermodynamik üblich, die beim Differenzieren konstant zu haltenden Variablen als Indizes an die partiellen Differentialquotienten zu hängen.

Oft ist es nützlich, sich an die statistische Bedeutung der Gleichungen zu erinnern. Zum Beispiel ist (17.4) gleichbedeutend mit

$$E = -\left(\frac{\partial \ln Z}{\partial \beta}\right), \tag{17.5}$$

was man auch durch direktes Ausdifferenzieren als

$$E = \frac{\sum E_n e^{-\beta E_n}}{\sum e^{-\beta E_n}} \tag{17.6}$$

finden kann.

Differenziert man nicht nach den „natürlichen" Variablen, so ergeben sich Relationen zwischen verschiedenen Ableitungen thermodynamischer Potentiale, z.B. (im folgenden sei N stets konstant gehalten)

$$\left(\frac{\partial E}{\partial T}\right)_V = T\left(\frac{\partial S}{\partial T}\right)_V = C_V, \tag{17.7}$$

entsprechend

$$\left(\frac{\partial I}{\partial T}\right)_P = T\left(\frac{\partial S}{\partial T}\right)_P = C_P \tag{17.8}$$

und einen Ausdruck für die Volumenabhängigkeit der Energie

$$\left(\frac{\partial E}{\partial V}\right)_T = T\left(\frac{\partial S}{\partial V}\right)_T - P. \tag{17.9}$$

b) *Integrabilitätsbedingungen*

Aus der Tatsache, daß die zweiten Ableitungen thermodynamischer Potentiale unabhängig von der Reihenfolge der Differentiationen sind (Stetigkeit vorausgesetzt), folgen wichtige Relationen, die sog. *Maxwell-Relationen*:

$$\left(\frac{\partial S}{\partial V}\right)_T = -\frac{\partial^2 F}{\partial V \partial T} = \left(\frac{\partial P}{\partial T}\right)_V. \tag{17.10}$$

Setzt man dies in (17.9) ein, so ergibt sich

$$\boxed{\left(\frac{\partial E}{\partial V}\right)_T = T\left(\frac{\partial P}{\partial T}\right)_V - P.} \tag{17.11}$$

Auf ganz analoge Weise bekommt man

$$\left(\frac{\partial S}{\partial P}\right)_T = -\frac{\partial^2 G}{\partial P \partial T} = -\left(\frac{\partial V}{\partial T}\right)_P, \tag{17.12}$$

ebenso eine Beziehung für die Druckabhängigkeit der spezifischen Wärme

$$\left(\frac{\partial C_P}{\partial P}\right)_T = T\frac{\partial^2 S}{\partial P\partial T} = -T\frac{\partial^3 G}{\partial P\partial T^2} = -T\left(\frac{\partial^2 V}{\partial T^2}\right)_P .$$
(17.13)

c) *Wechsel des Indizes*

Oft interessiert man sich für Relationen zwischen partiellen Ableitungen nach ein und derselben Variablen, bei der jedoch verschiedene Größen konstant gehalten werden. Zur Herleitung solcher Relationen ist eine Eigenschaft von Jakobi-Determinanten von Nutzen

$$\frac{\partial(f,g)}{\partial(x,y)} = \frac{\partial f}{\partial x}\frac{\partial g}{\partial y} - \frac{\partial f}{\partial y}\frac{\partial g}{\partial x} = \frac{\partial(f,g)}{\partial(u,v)}\frac{\partial(u,v)}{\partial(x,y)}$$
(17.14)

sowie die Beachtung von

$$\frac{\partial(f,y)}{\partial(x,y)} = \left(\frac{\partial f}{\partial x}\right)_y .$$
(17.15)

Damit ergibt sich z.B. die Relation (Vorzeichen beachten!)

$$\left(\frac{\partial y}{\partial x}\right)_z = -\left(\frac{\partial y}{\partial z}\right)_x\left(\frac{\partial z}{\partial x}\right)_y = -\frac{(\partial y/\partial z)_x}{(\partial x/\partial z)_y} ,$$
(17.16)

welche man auch direkt aus

$$dz = \left(\frac{\partial z}{\partial x}\right)_y dx + \left(\frac{\partial z}{\partial y}\right)_x dy$$
(17.17)

gewinnen kann, indem man $dz = 0$ setzt.

Eine einfache Anwendung finden (17.14, 15) bei der Herleitung einer Relation zwischen adiabatischer und isothermer Kompressibilität

$$\kappa_S = -\frac{1}{V}\left(\frac{\partial V}{\partial P}\right)_S ; \qquad \kappa_T = -\frac{1}{V}\left(\frac{\partial V}{\partial P}\right)_T .$$
(17.18)

Es wird zunächst

$$\frac{\partial(P,S)}{\partial(V,S)} = \left\{\frac{\partial(P,S)}{\partial(P,T)} \Big/ \frac{\partial(V,S)}{\partial(V,T)}\right\}\frac{\partial(P,T)}{\partial(V,T)} .$$
(17.19)

Führt man hier die beiden spezifischen Wärmen

$$C_P = T\frac{\partial(S,P)}{\partial(T,P)} ; \qquad C_V = T\frac{\partial(S,V)}{\partial(T,V)}$$
(17.20)

ein, so ergibt sich

$$\boxed{\frac{\kappa_T}{\kappa_S} = \frac{C_P}{C_V} .}$$
(17.21)

Eine weitere Relation ergibt sich für die Differenz der spezifischen Wärmen $C_P - C_V$:

$$C_V = T\frac{\partial(S,V)}{\partial(T,P)} \Big/ \frac{\partial(T,V)}{\partial(T,P)} \tag{17.22}$$

Die gleiche Beziehung kann man auch ohne Verwendung von Jakobi-Determinanten gemäß (17.17), d.h. in diesem Falle aus

$$dS = \left(\frac{\partial S}{\partial T}\right)_P dT + \left(\frac{\partial S}{\partial P}\right)_T dP \tag{17.23}$$

gewinnen, indem man bei konstantem V nach T differenziert.

Nach Benutzung von (17.12) erhält man dann

$$\boxed{\; C_P - C_V = -T\frac{(\partial V/\partial T)_P^2}{(\partial V/\partial P)_T} = V\frac{T\alpha^2}{\kappa_T} \; . \;} \tag{17.24}$$

Wie man sieht, ist C_P immer größer oder gleich C_V, auch in den Fällen, wo der Ausdehnungskoeffizient α negativ ist (wie etwa bei Wasser unterhalb 4 °C) und deshalb die *äußere* Arbeitsleistung beim Erwärmen unter konstantem Druck *negativ* ist. Gleichzeitig sieht man unter Beachtung von (17.21), daß die isotherme Kompressibilität immer größer oder höchstens gleich der adiabatischen Kompressibilität ist.

Aufgaben

1. Man zeige $\partial(T,S)/\partial(P,V) = 1$ für $N = $ const.

   a) unter Verwendung der Hauptsätze der Thermodynamik. Man betrachte hierzu im (T,S)- und (P,V)-Diagramm einen Vorgang, bei dem eine Substanz reversibel unter Aufnahme und Abgabe von Wärme und Arbeit wieder in den Ausgangszustand zurückkehrt (Kreisprozeß). Man interpretiere die in dem Diagramm (Abb. 17.1) auftretenden Flächen und betrachte den Übergang vom linken zum rechten Diagramm als eine Abbildung.

   b) unter Verwendung der thermodynamischen Beziehungen.

2. Man bestimme die statistischen Operatoren $\rho = \rho(I, f, N)$, $\rho = \rho(T, f, N)$ und $\rho = \rho(T, V, \mu)$ (explizit angegebene Variable jeweils festgehalten) und den Zusammenhang der entsprechenden Normierungsfaktoren g, Z, Y mit den Potentialen S, G und J nach Tabelle 17.1.

3. Man berechne für ideale Gase (d.h. für $PV = NkT$) die Größen $(\partial E/\partial V)_T$ und $C_P - C_V$.

4. Man verwende (17.21) und (17.24) und drücke die beiden kalorischen Größen C_P und C_V vollständig durch thermische Zustandsgrößen auf den linken bzw. rechten Seiten dieser Gleichungen aus.

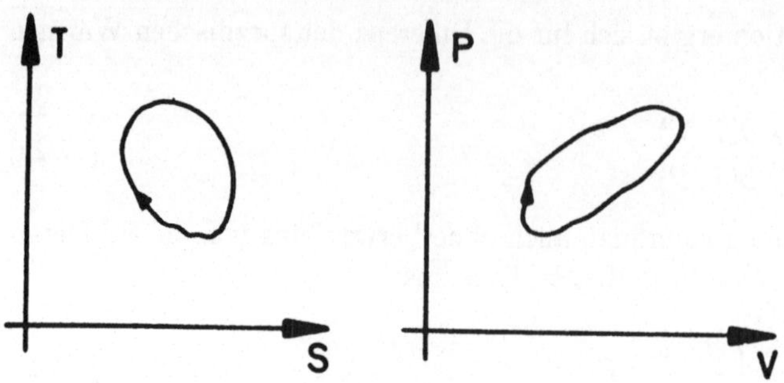

Abb. 17.1. Abbildung eines Kreisprozesses im (T, S)-Diagramm auf einen im (P, V)-Diagramm

18. Homogene Systeme

Bisher haben wir stillschweigend vorausgesetzt, daß die betrachteten Systeme physikalisch homogen sind. Wir wollen nun diese implizite Voraussetzung explizit machen und einige Konsequenzen daraus ziehen. Zunächst betrachten wir wie bisher Systeme mit nur einer Teilchensorte (d.h. Atomsorte bzw. Molekülsorte). Dann kann man die Gültigkeit von (10.6), d.h. $S(E,N) = Ns(E/N)$ voraussetzen. Wenn man etwas allgemeiner auch die Abhängigkeit vom Volumen berücksichtigen will, wird daraus $S(E,V,N) = Ns(E/N,V/N)$. Generell kann man sagen, daß intensive Größen, wie $s = S/N$, $e = E/N$, $f = F/N$, $g = G/N$, $i = I/N$ etc. nur von zwei Variablen abhängen, die ihrerseits intensive Größen sind. Noch etwas allgemeiner kann man sagen: Drei intensive Größen sind jeweils voneinander abhängig. In Analogie zur Mechanik spricht man auch von zwei „Freiheitsgraden" bei homogenen Einstoffsystemen. Aus extensiven Größen kann man nicht nur durch Division mit der Teilchenzahl N, sondern auch mit dem Volumen V intensive Größen bilden, die sog. „Dichten", etwa die Energiedichte $\epsilon = E/V$, Entropiedichte $\sigma = S/V$, Teilchendichte $n = N/V$, die Dichte der freien Energie $\phi = F/V$ etc. Die thermodynamischen Potentiale des vorigen Kapitels kann man dann z.B. in der Form schreiben:

$$E = Ne(s,v) = V\epsilon(\sigma,n)\,, \tag{18.1}$$

$$F = Nf(T,v) = V\phi(T,n)\,, \tag{18.2}$$

$$G = Ng(T,P)\,, \tag{18.3}$$

$$I = Ni(s,P)\,, \tag{18.4}$$

$$J = V\pi(T,\mu)\,. \tag{18.5}$$

Es ist nun interessant, diese Definitionen mit den Differentialrelationen der Tabelle 17.2 zu kombinieren, insbesondere (18.3) und (18.5) mit $\mu = (\partial G/\partial N)_{T,P}$ und $-P = (\partial J/\partial V)_{T,\mu}$. Daraus ergeben sich zwei Versionen der sog. Duhem-Gibbs-Relation, die wir auch schon in (15.15) auf andere Weise abgeleitet hatten

$$\boxed{G = E - TS + PV = \mu N} \quad \text{bzw.} \quad \boxed{J = F - \mu N = -PV\,.} \tag{18.6}$$

Bei den Relationen (18.1) bis (18.5) haben wir darauf geachtet, daß jeweils natürliche Variable, wie im vorigen Kapitel definiert, als unabhängige Variable auftreten. Deshalb wurden die Größen G/V, I/V und J/N nicht eingeführt, denn V ist bei G und I (und N bei J) keine natürliche Variable.

Beim verallgemeinerten großkanonischen Potential K ist weder N noch V natürliche Variable. Deshalb wurden weder K/N noch K/V eingeführt. Von den drei natürlichen Variablen T, P und μ, von denen K abhängt, sind nur zwei unabhängig. Die Legendre-Transformation, welche von G bzw. J nach K führt, $G - \mu N = J + PV = K$, ist in dem Sinne „ausgeartet", daß man aus den Beziehungen $\mu = (\partial G/\partial N)_{T,P}$ bzw. $-P = (\partial J/\partial V)_{T,\mu}$ nicht die alten Variablen N bzw. V durch die neuen Variablen T, P, μ ausdrücken kann, da die genannten Beziehungen von N bzw. V unabhängig sind. Die Größe K spielt deshalb in der Thermodynamik, wie auch in der statistischen Mechanik, eine gewisse Sonderrolle, die sie für manche Anwendungen ungeeignet macht. Trotzdem ist K für viele Überlegungen von Nutzen. Die Duhem-Gibbs-Relation lautet für K einfach $K \equiv 0$. Damit ist auch (vgl. Tabelle 17.2)

$$dK = -SdT + VdP - Nd\mu = 0\,.$$

Das erste Gleichheitszeichen in dieser Differentialrelation ist dabei immer gültig, unabhängig davon, von welchen Variablen S, V und N abhängen. Dividiert man durch N, so ergibt sich

$$\boxed{d\mu = -sdT + vdP\,.} \tag{18.7}$$

Diese Gleichung drückt in differentieller Form die Abhängigkeit der drei intensiven Variablen T, P und μ aus. Aus (18.7) lassen sich durch Legendre-Transformation unter Beachtung von (18.6) weitere Differentialrelationen herleiten, z.B.

$$de = Tds - Pdv\,, \tag{18.8}$$

$$d\epsilon = Td\sigma + \mu dn\,, \tag{18.9}$$

$$df = -sdT - Pdv\,, \tag{18.10}$$

$$d\phi = -\sigma dT + \mu dn\,, \tag{18.11}$$

$$dP = \sigma dT + nd\mu\,. \tag{18.12}$$

Von den Relationen, die sich für zweite Ableitungen der Potentiale aus der Homogenität ergeben, erwähnen wir eine für die Kompressibilität. Betrachtet man etwa P und μ als Funktion von v und T und setzt speziell $dT = 0$, so erhält man aus (18.7) nach „Division" durch dN

$$V\left(\frac{\partial P}{\partial N}\right)_T = N\left(\frac{\partial \mu}{\partial N}\right)_T\,.$$

Da aber P und μ nur von V/N abhängen, ist $V(\partial P/\partial V) = -N(\partial P/\partial N)$ und

$$\boxed{\kappa_T = -\frac{1}{V}\left(\frac{\partial V}{\partial P}\right)_T = \frac{V}{N^2}\left(\frac{\partial N}{\partial \mu}\right)_{T,V}.}$$
(18.13)

(Beachte dabei die Abhängigkeit $N = Vn(T,\mu)$). Die Beziehung (18.13) ermöglicht es, die isotherme Kompressibilität direkt aus dem großkanonischen Potential in Abhängigkeit von T und V zu bestimmen. Nach Tabelle 17.2 und Gleichung (18.13) ist die isotherme Kompressibilität direkt durch die zweite Ableitung von $J = -PV$ nach μ bei festem T gegeben.

Die bisherigen Überlegungen lassen sich auf mehrere Teilchensorten in Lösungen verallgemeinern. Lösungen sind physikalisch homogene Mischungen verschiedener Teilchen. Seien etwa N_i die Teilchenzahlen der Sorten i, so sind die thermodynamischen Potentiale nicht nur Funktionen der Gesamtteilchenzahl $N = \sum N_i$, sondern der einzelnen N_i. In den verschiedenen Formen (Tabelle 17.2) des Energiesatzes ist dementsprechend μdN zu verallgemeinern auf $\sum \mu_i dN_i$ bzw. $N d\mu$ auf $\sum N_i d\mu_i$. Die Verallgemeinerung von $\mu = (\partial G/\partial N)_{T,P}$ lautet dann

$$\mu_i = \left(\frac{\partial G}{\partial N_i}\right)_{T,P}.$$
(18.14)

Die Verallgemeinerung von (18.3) kann man unter Einführung der Konzentrationen[1] $c_i = N_i/N$ in der Form schreiben:

$$G = Ng(T,P,\ldots c_i \ldots).$$
(18.15)

In dieser Form muß man allerdings bedenken, daß wegen $\sum N_i = N$, d.h. $\sum c_i = 1$, die c_i bei n Teilchensorten nur $n-1$ unabhängige Variable darstellen, so daß g bei n Teilchensorten zusammen mit T und P gerade von $n+1$ unabhängigen Variablen abhängt.

Etwas eleganter kann man (18.15) in der Form

$$G = G(T,P,\ldots \nu N_i \ldots) = \nu G(T,P,\ldots N_i \ldots)$$
(18.16)

zum Ausdruck bringen, wobei ν irgendeine positive Zahl ist. Diese Gleichung besagt, daß bei ν-facher Vergrößerung eines Systems bei sonst gleichen Verhältnissen die Teilchenzahlen N_i ebenso wie das Gibbsche Potential als extensive Größen um den Faktor ν wachsen. Die Ableitung der Gleichung (18.16) nach ν an der Stelle $\nu = 1$ liefert mit (18.14) die Gleichung

$$\boxed{G = \sum_i \mu_i N_i,}$$
(18.17)

---

[1]Unsere Bezeichnung ist im Einklang mit Landau und Lifschitz [18.1]. In der Chemie werden Konzentrationen oft etwas anders definiert (s. das Ende von Kap. 20).

welche als Verallgemeinerung der Duhem-Gibbs-Relation (18.6) auf mehrere Teilchensorten anzusehen ist.

Die Verallgemeinerung von (18.6) für J lautet dementsprechend

$$J = F - \sum \mu_i N_i = -PV \ . \tag{18.18}$$

Das Potential der großkanonischen Gesamtheit ist weiterhin durch die Spur des entsprechenden statistischen Operators gegeben, bei dem jetzt aber alle chemischen Potentiale μ_i neben T und V als Parameter auftreten:

$$PV = kT \ln Y \tag{18.19}$$

mit

$$Y = Sp\left\{\exp\left[-\beta\left(H - \sum \mu_i N_{i,op}\right)\right]\right\} \ . \tag{18.20}$$

$N_{i,op}$ sind dabei die Teilchenzahloperatoren der Teilchensorten i.

Wir beschließen dieses Kapitel mit einigen Bemerkungen über Molekülbildung und chemische Reaktionen.

Betrachten wir zunächst wenige Atome, im einfachsten Falle nur zwei im freien Raume. Ihre Zustände lassen sich dann unter Berücksichtigung ihrer Wechselwirkung in Streuzustände und gebundene Zustände aufteilen. Die gebundenen Zustände können i. allg. mehrere diskrete Anregungszustände besitzen. Die Streuzustände dagegen haben ein kontinuierliches Spektrum. Die gebundenen Zustände sind die Moleküle in der Sprache der Chemie. In verdünnten Gasen läßt sich diese Unterscheidung in sehr guter Näherung aufrechterhalten, aber auch in Flüssigkeiten und festen Körpern ist in vielen Fällen die gegenseitige Störung der Teilchen so gering, daß man gewisse Atomgruppen als Moleküle isolieren kann.

Die Zustandssumme (18.20) läuft dann über eine Reihe solcher Molekülzustände wie auch über solche, bei denen die Moleküle „dissoziiert" sind. Das Verhältnis von gebundenen zu dissoziierten Molekülen (der Dissoziationsgrad) ist im Prinzip durch den statistischen Operator in (18.20) festgelegt. Das Gleichgewicht, das dadurch zwischen den Atomen und Molekülen besteht, die miteinander reagiern können, heißt auch chemisches Gleichgewicht.

Zur genaueren Untersuchung dieses Gleichgewichtes ist es zweckmäßig, eine Aufhebung dieses Gleichgewichtes einzuführen durch Verschiebung der Konzentrationen der Reaktionspartner aus ihren Gleichgewichtswerten. Die Zahl der unabhängigen Stoffe in einem solchen gehemmten *partiellen* Gleichgewichtszustand ist dann größer als die Zahl der Atomsorten. Man berücksichtigt dies am einfachsten durch Einführung zusätzlicher chemischer Potentiale für jede der unabhängigen Molekülsorten. Im vollständigen chemischen Gleichgewicht bestehen dann natürlich Relationen zwischen diesen Potentialen, wodurch die Anzahl der unabhängigen Variablen wiederum auf die ursprüngliche Zahl der Atomsorten reduziert wird. Wir werden diese Relationen im übernächsten Kapitel herleiten.

Aufgabe

1. Man leite die Duhem-Gibbs-Relation aus $E/N = e(S/N, V/N)$ und $dE = TdS - PdV + \mu dN$ her. Was besagt die Relation für einen festen Körper oder eine Flüssigkeit bei $T = 0$ K?

Literatur

18.1 Landau, L. D., Lifschitz, E. M.: *Statistische Physik*, Lehrbuch der Theoretischen Physik, Bd. V, (Akademieverlag Berlin)

19. Gleichgewicht in inhomogenen Feldern

Nach den homogenen Systemen betrachten wir nun Systeme, die sich in äußeren
Kraftfeldern, etwa Schwerefeldern oder elektrischen Feldern, befinden. Solange
die Felder zeitlich konstant sind, stellen sich in ihnen Gleichgewichtszustände
ein. Zur Herleitung der Gleichgewichtsbedingungen betrachten wir zunächst den
einfachen Spezialfall eines Systems, das aus zwei zusammenhängenden Teilen
besteht, in denen das Potential des äußeren Feldes pro Teilchen die Werte u_1
bzw. u_2 besitzt.

Die Gleichgewichtsbedingungen gegenüber Energie- und Teilchenaustausch
liefern dann wieder wie in (10.11) und (10.15) die Gleichheit der Temperaturen
und chemischen Potentiale in den beiden Teilsystemen:

$$T_1 = T_2 ; \qquad \mu_1 = \mu_2 . \tag{19.1}$$

In homogenen Systemen wäre nach den Überlegungen des vorigen Kapitels
$\mu = \mu(P, T)$ und damit auch $P_1 = P_2$. Jetzt aber herrschen in den beiden Teilsystemen verschiedene Bedingungen. Das Gesamtsystem ist inhomogen und man
erwartet daher i. allg. einen Druckunterschied zwischen den Teilsystemen. Die
Größe dieses Druckunterschiedes kann man folgendermaßen berechnen: Der statistische Operator des Gesamtsystems hat im Gleichgewicht offenbar die Form
(wir setzen $\mu_1 = \mu_2 = \mu$)

$$\rho = \frac{1}{Y} \exp[-\beta\{H_1 + H_2 + u_1 N_{op,1} + u_2 N_{op,2} - \mu(N_{op,1} + N_{op,2})\}] . \tag{19.2}$$

Durch die Einführung von

$$\mu - u_i = \mu(P_i, T) ; \quad i = 1, 2 \tag{19.3}$$

kann man das Potential u_i daraus eliminieren. $\mu(P_i, T)$ sind dabei sozusagen
die „inneren" chemischen Potentiale (zum Unterschied von den „äußeren" u_i),
die so zu bestimmen sind, daß in den beiden Teilsystemen die richtigen Teilchenzahlen N_i bzw. Drucke P_i existieren. Das liefert Bestimmungsgleichungen,
die den bisher in homogenen Systemen behandelten gleich sind. Man kann also
schreiben

$$\mu_i = \mu(P_i, T) + u_i . \tag{19.4}$$

Damit nimmt (19.1) die Form an

$$\mu = \mu(P_1, T) + u_1 = \mu(P_2, T) + u_2 = \text{const.} \tag{19.5}$$

Dies ist die gesuchte Bestimmungsgleichung für die Drucke P_i. Sie kann leicht auf den Fall eines über makroskopische Abstände stetig veränderlichen Potentials $u(\mathbf{r})$ verallgemeinert werden.

$$\boxed{\mu = \mu[P(\mathbf{r}), T] + u(\mathbf{r}) = \text{const.}} \tag{19.6}$$

Man kann sich davon überzeugen, daß diese Gleichung äquivalent der Gleichung (7.1) für das mechanische Kräftegleichgewicht in äußeren Kraftfeldern ist (s. Aufg. 19.1). Man kann sie auch direkt durch Integration dieser Gleichung gewinnen.

Eine wichtige Anwendung findet (19.6) bei der Behandlung des Kontaktes zwischen verschiedenartigen elektrischen Leitern. In diesem Falle ist $u = e\phi$, wenn e die elektrische Ladung der Leitungsträger ist und ϕ das elektrostatische Potential. Man bezeichnet in diesem Fall μ auch als elektrochemisches Potential. Abbildung 19.1 zeigt den Verlauf der verschiedenen Potentiale beim Kontakt von zwei verschiedenen Leitern.

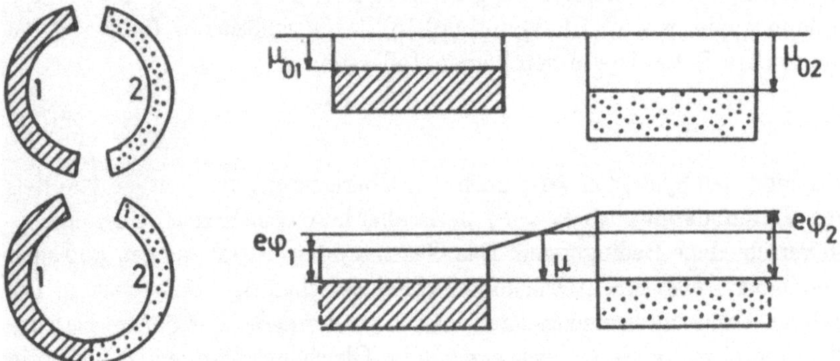

Abb. 19.1. Potentialverlauf bei zwei verschiedenen Leitern: Getrennt (*oben*), in Kontakt (*unten*)

Aufgabe

1. Man zeige, daß aus (19.6) unter Verwendung der Duhem-Gibbs-Beziehung (18.7) bzw. (18.12) für $\mu(P, T)$ folgt: Für überall gleiche Temperatur T ist der Druckgradient gleich der äußeren Kraft pro Volumeneinheit:

$$\operatorname{grad} P(\mathbf{r}) = -n(\mathbf{r}) \operatorname{grad} u(\mathbf{r})$$

   (P Druck, $n = N/V$ Teilchendichte, u Potential eines Teilchens im äußeren Feld). Man leite hieraus für das ideale Gas die barometrische Höhenformel (7.4) her. Wie hängt $P = P(z)$ von der Höhe z ab bei inkompressiblen Flüssigkeiten ($n = n_0 = \text{const.}$)?

20. Stoffaustauschgleichgewichte

In diesem Kapitel behandeln wir einige Beispiele für Gleichgewichtsbedingungen
unter besonderer Beachtung der Bedingung $\mu_1 = \mu_2$, welche das Gleichgewicht
gegenüber Teilchenaustausch beschreibt. Da wir auch chemische Reaktionen behandeln wollen, haben wir die etwas allgemeinere Überschrift „Stoffaustausch"
gewählt.

20.1 Phasengleichgewichte

Erfahrungsgemäß kann ein und dieselbe Substanz, bestehend aus einer bestimmten Sorte Atomen oder Molekülen, in verschiedenen Modifikationen oder, wie
man auch sagt, „Phasen" vorkommen. Verschiedene Phasen besitzen verschiedene physikalische Eigenschaften wie Dichte, Kompressibilität, Suszeptibilität
etc. Man unterscheidet feste, flüssige und gasförmige Phasen. Außerdem können
feste und flüssige Phasen ihrerseits noch in verschiedenen Modifikationen vorkommen, etwa verschiedene Kristallstrukturen der gleichen Substanz, in ferromagnetischen, supraleitenden, superfluiden und anderen Phasen.

Phasengleichgewicht liegt vor, wenn zwei oder mehrere Phasen eines Systems in Berührung und dabei im thermodynamischen Gleichgewicht sind (etwa
Wasser und Eis oder Wasser und Wasserdampf). Es handelt sich dann um ein
inhomogenes System, dessen Untersysteme, bestehend aus jeweils einer Phase,
jedoch für sich als homogen betrachtet werden können.

Betrachten wir zunächst ein Zweiphasensystem eines Stoffes, dann kann
man (19.1) in der Form

$$\mu(P,T) = \mu'(P,T) \tag{20.1}$$

schreiben, wobei P und T die beiden Phasen gemeinsamer Größen Druck und
Temperatur sind. Durch (20.1) wird in der (P,T)-Ebene eine Kurve $P = P(T)$
festgelegt, auf der zwei verschiedene Phasen koexistieren können. Auf den beiden
Seiten der Kurve dagegen existiert jeweils nur eine Phase. Beim Dreiphasensy-
stem eines Stoffes hat man zwei Gleichgewichtsbedingungen für Teilchenaustausch

$$\mu(P,T) = \mu'(P,T) = \mu''(P,T) \,. \tag{20.2}$$

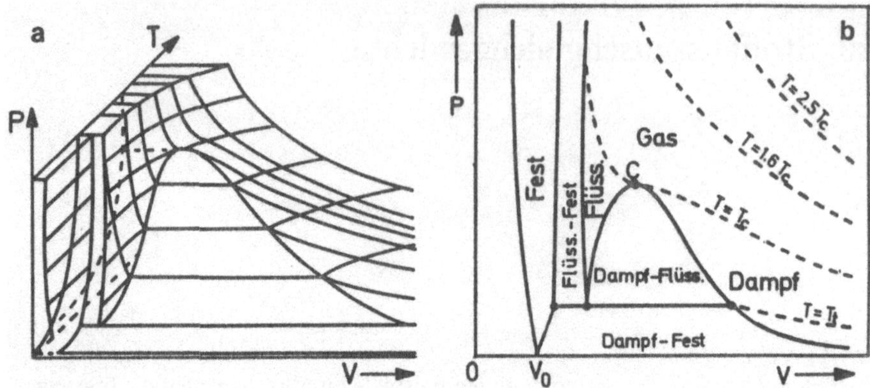

Abb. 20.1. (a) Das volle Zustandsdiagramm $P = P(T, V)$ mit den drei Koexistenzbereichen verschiedener Phasen. Die Projektionen der Koexistenzbereiche auf die (P, T)-Ebene sind gestrichelt eingezeichnet (vgl. dazu Abb. 20.2). (b) Projektion der Koexistenzbereiche auf die (P, V)-Ebene sowie einige Isothermen (*gestrichelt*)

Durch diese Bedingungen wird ein Punkt im (P, T)-Diagramm festgelegt, der sog. Tripelpunkt. Abbildung 20.1 zeigt das Schema eines sog. Phasendiagrammes eines Einstoffsystems in der (P, T)-Ebene mit den verschiedenen Existenzbereichen und Koexistenzkurven. Der Tripelpunkt (tr) und der sog. kritische Punkt (kr), oberhalb dessen eine eindeutige Unterscheidung zwischen Flüssigkeit und Dampf nicht mehr möglich ist, sind beide in Abb. 20.2 eingetragen.

Bei mehreren, etwa n Stoffen in Lösungen hängen die chemischen Potentiale noch zusätzlich von den $n - 1$ Konzentrationen ab. Befinden sich allgemein m Phasen eines n-Stoffsystems im Gleichgewicht, so hat man gerade $m - 1$ Gleichgewichtsbedingungen für jeden Stoff:

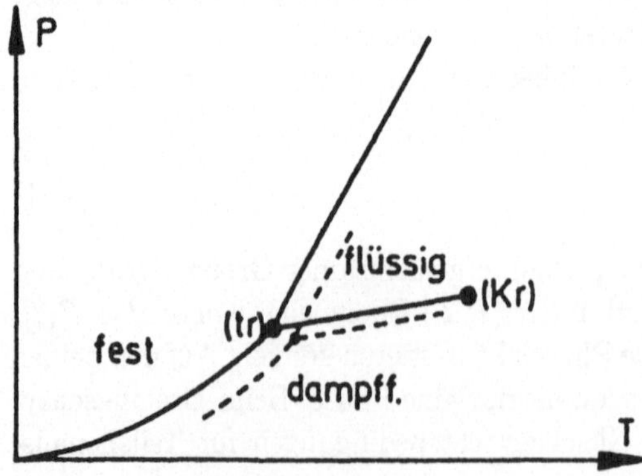

Abb. 20.2. Phasengleichgewichtskurven ohne (——) und mit (- - - -) gelösten Stoffen

$$\mu_1 = \mu_1' = \cdots = \mu_1^{(m-1)} \,,$$

$$\mu_2 = \mu_2' = \cdots = \mu_2^{(m-1)} \,,$$

$$\vdots \tag{20.3}$$

$$\mu_n = \mu_n' = \cdots = \mu_n^{(m-1)} \,.$$

Insgesamt hat man also $n \cdot (m-1)$ Gleichungen. Die Zahl der Variablen, von denen die chemischen Potentiale in einer bestimmten homogenen Phase abhängen, sind nach Kap. 18 gerade jeweils $n+1$, nämlich $n-1$ Konzentrationen sowie P und T. Insgesamt hat man also $2 + m \cdot (n-1)$ Variable. Bei Berücksichtigung der Gleichungen (20.3) bleiben also noch

$$\boxed{f = n - m + 2} \tag{20.4}$$

freie unabhängige Variable übrig. Dies ist die sog. Phasenregel von Gibbs. Die Gleichungen (20.1) und (20.2) sind Spezialfälle davon. Ein weiterer Spezialfall sei noch erwähnt: die gesättigten Lösungen. Das sind Lösungen, die mit dem reinen Lösungsstoff im Gleichgewicht stehen. Sei $\mu_s(P,T)$ das chemische Potential des reinen Lösungsstoffes, $\mu'(P,T,c_s)$ das des Lösungsstoffes in der Lösung, so wird in der gesättigten Lösung wegen der Gleichheit beider Potentiale $c_s = c_s(P,T)$ eine Funktion von P und T.

20.2 Der osmotische Druck

Der sog. osmotische Druck entsteht beim Gleichgewicht verschiedener Konzentrationen der gleichen Lösung an einer halbdurchlässigen Trennwand (Membran). Eine solche Trennwand ist durchlässig für das Lösungsmittel, dagegen nicht für den gelösten Stoff. Erfahrungsgemäß gibt es solche Trennwände, z.B. dünnporige Filter, Tonwände, Gummi sowie viele biologische Trennwände (Zellwände etc.). Die Halbdurchlässigkeit ergibt sich in vielen Fällen einfach aus dem Größenunterschied der Moleküle des Lösungsmittels und des gelösten Stoffes. Manchmal spielen jedoch auch die chemischen Bindungsverhältnisse zwischen gelöstem Stoff und den Porenwänden der Membran eine Rolle. Zum Beispiel ist Gummi gerade für Wasserstoff relativ undurchlässig, jedoch nicht für manche größere Moleküle.

Die Berechnung des osmotischen Druckes geschieht am einfachsten unter Verwendung einer erst später (vgl. Kap. 27) zu beweisenden Beziehung für den Druck in einer verdünnten Lösung:

$$P(T,\mu,n_s) = P_0(T,\mu) + n_s kT + O(n_s^2) \,. \tag{20.5}$$

Dabei ist μ das chemische Potential des Lösungsmittels und n_s die Teilchendichte des gelösten Stoffes. Bei fester Trennwand entfällt von den Gleichgewichtsbedingungen die über die Druckgleichheit. Es bleibt nur die Gleichheit der

Temperatur und des chemischen Potentials μ des Lösungsmittels. Der Druckunterschied ΔP auf den beiden Seiten der Membran ist also nach (20.5) direkt proportional zum Dichteunterschied Δn_s des Stoffes

$$\boxed{\Delta P = \Delta n_s kT \ .}$$

$$(20.6)$$

Diese sog. van't Hoffsche Formel stellt gewissermassen ein ideales Gasgesetz für den gelösten Stoff dar. Sie ist gültig für beliebige verdünnte Lösungen, unabhängig von der Art des gelösten Stoffes und der Dichte des Lösungsmittels.

20.3 Gleichgewichtsverschiebungen in Lösungen

Durch Auflösung eines anderen Stoffes in zwei verschieden Phasen eines Stoffes, die sich im Gleichgewicht befinden, wird sich die durch Gleichung (20.1) definierte Gleichgewichtskurve im (P, T)-Diagramm verschieben. Bei verdünnten Lösungen, d.h. kleinen Dichten n_s, n'_s des gelösten Stoffes in den beiden Phasen, werden die Verschiebungen entsprechend klein sein. Die Gleichung (20.5) des vorigen Unterabschnitts läßt sich nun auch verwenden zur Bestimmung dieser Verschiebungen. Die Bestimmung der Gleichgewichtskurve $P = P(T)$ aus der Gleichung $\mu(P, T) = \mu'(P, T)$ ist gleichbedeutend mit der Elimination von μ aus den beiden Gleichungen $P = P(T, \mu) = P'(T, \mu)$. Beim reinen Lösungsmittel hat man hierbei die beiden Funktionen $P_0(T, \mu)$ bzw. $P'_0(T, \mu)$ für die jeweils im Gleichgewicht stehenden Phasen zu nehmen, bei den Lösungen entsprechend die Funktionen (20.5), d.h.

$$\begin{cases} P = P_0(T, \mu) + n_s kT \\ P = P'_0(T, \mu) + n'_s kT \ . \end{cases}$$

$$(20.7)$$

Wir vergleichen nun einen Punkt P, T, μ der Gleichgewichtskurve des reinen Lösungsmittels mit einem benachbarten Punkt $P + \Delta P, T + \Delta T, \mu + \Delta\mu$ der durch (20.7) definierten Kurve. Dann ergibt sich für hinreichend kleine Verschiebungen unter Verwendung von (18.12), d.h. $\Delta P_0 = \sigma\Delta T + n\Delta\mu$ für die beiden Funktionen P_0 bzw. P'_0:

$$\begin{cases} \Delta P = \sigma\Delta T + n\Delta\mu + n_s kT \\ \Delta P = \sigma'\Delta T + n'\Delta\mu + n'_s kT \ . \end{cases}$$

$$(20.8)$$

Die Größe $\Delta\mu$ kann aus diesen beiden Gleichungen (20.8) leicht eliminiert werden, indem man die erste Gleichung mit $v = 1/n$, die zweite mit $v' = 1/n'$ multipliziert und dann beide Gleichungen subtrahiert. Dann ergibt sich

$$(v - v')\Delta P = (s - s')\Delta T + (c_s - c'_s)kT \ .$$

$$(20.9)$$

Wir betrachten zwei Spezialfälle dieser Gleichung: Zuerst $\Delta P = 0$ und dann $\Delta T = 0$. Führt man noch die Umwandlungswärme $q = (s' - s)T$ pro Teilchen bzw. $Q = q/m = qL/M$ des Lösungsmittels pro Masseneinheit ein, so kann man im ersten Falle schreiben

$$\Delta T = RT^2(c_s - c_s')/(MQ) \,. \tag{20.10}$$

Wir betrachten nun speziell Umwandlungen von der flüssigen Phase aus, d.h. Sieden (bzw. Gefrieren), und setzen voraus, daß die Konzentrationen c_s' in der dampfförmigen (bzw. festen) Phase gegenüber der in der Flüssigkeit vernachlässigt werden kann. Rechnet man noch die Konzentration $c_s = N_s/N$ unter Einführung des Molekulargewichts M_s in das Verhältnis ρ_s/ρ der Massendichten um, dann lautet (20.10)

$$\Delta T = \frac{RT^2 \rho_s}{\rho Q M_s} \,. \tag{20.11}$$

Diese Gleichung gibt die Möglichkeit, durch Messung von ΔT das Molekulargewicht M_s des gelösten Stoffes zu ermitteln. Beim Sieden (bzw. Gefrieren) ist Q positiv (bzw. negativ). Man erhält also eine Siedepunktserhöhung (bzw. Gefrierpunktserniedrigung) durch den Lösungsprozeß.

Im zweiten Falle, d.h. $\Delta T = 0$, ergibt sich z.B. für den Siedevorgang ein Ausdruck für die Dampfdruckänderung. Vernachlässigt man außer der Konzentration c_s' in der Dampfphase auch noch das Volumen v der flüssigen Phase des Lösungsmittels und nimmt für das Volumen v' der Dampfphase näherungsweise die Gültigkeit der idealen Gasgleichung $Pv' = kT$ an, so ergibt sich das Gesetz von Raoult

$$\Delta P/P = -c_s \tag{20.12}$$

über die Dampfdruckerniedrigung beim Lösungsprozeß. Es kann ebenso wie (20.11) zur Bestimmung von Molekulargewichten M_s verwendet werden.

Die Verallgemeinerung der in (20.10) beschriebenen Verhältnisse auf höhere Konzentrationen geschieht durch die sog. Siede- bzw. Schmelzdiagramme. In diesen wird die Temperatur T des Phasengleichgewichts als Funktion der Konzentration c_s bzw. c_s' des gelösten Stoffes aufgetragen. Da sich die rechte Seite von (20.10) bei der Umwandlung der einen in die andere Phase verschiebt, erhält man bei festem c_s einen endlichen Bereich für ΔT. Beim Siedevorgang nennt man den obersten ΔT-Wert „Taupunkt", den untersten weiterhin Siedepunkt. Die Ausdehnung auf höhere Konzentrationen liefert die sog. „Siedelinse" (beim Schmelzen „Schmelzlinse"). Bei Gleichheit von c_s und c_s' (sog. azeotropen Punkten im Siedediagramm) gibt es Maxima oder Minima in den $T(c_s)$-Kurven. Bei $c_s \neq c_s'$ verschiebt sich bei der Phasenumwandlung die Konzentration in der Ausgangsphase, was sich technisch zur „Reinigung" und „Destillation" von Substanzen verwenden läßt.

Abbildung 20.3 zeigt ein kombiniertes Diagramm für das System H_2O-NH_3. Auf der linken Seite des Diagramms ($c_{NH_3} \ll 1$) erhält man eine Erniedrigung von Siedepunkt und Schmelzpunkt. Nur wenn man das Diagramm von der rechten Seite her liest, also NH_3 als Lösungsmittel und H_2O als gelösten

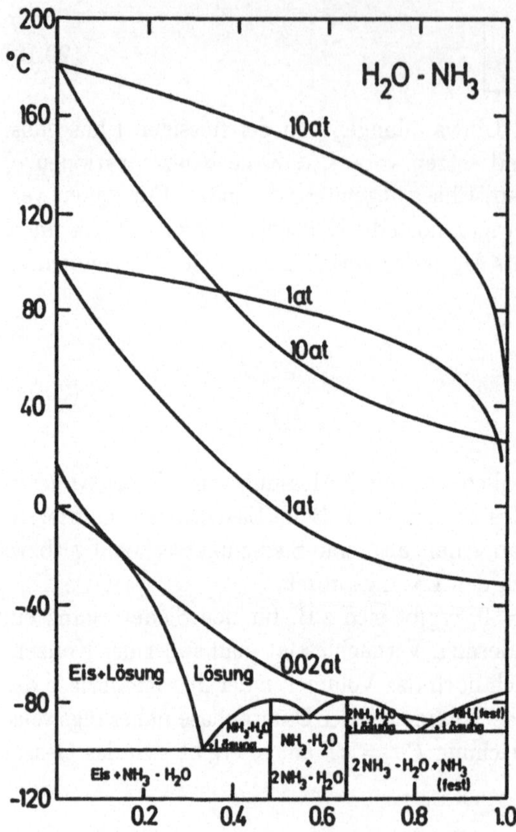

Abb. 20.3. Schmelz- und Siedediagramm des Systems H₂O-NH₃. Konzentration des NH₃ in der Lösung von links nach rechts zunehmend

Stoff betrachtet, sind die Bedingungen $c'_s \ll c_s$ sowohl beim Sieden als auch beim Gefrieren erfüllt, und man erhält eine Siedepunktserhöhung nebst einer Gefrierpunktserniedrigung. Im Schmelzbereich ergeben sich aufgrund der Existenz mehrerer NH₃-Verbindungen mehrere Schmelzlinsen. Aufgrund der sehr geringen Konzentrationsänderung in den festen Phasen mit der Temperatur degenerieren die Schmelzlinsen zu dreiecksähnlichen Gebilden.

Sämtliche Kurven, insbesondere die Siedelinsen, hängen normalerweise von weiteren Parametern ab, wie etwa dem Druck und der Konzentration weiterer Stoffe (in sog. Dreistoffsystemen). Bei Erhöhung des Druckes verschiebt sich die Siedelinse als Ganzes zu höheren Temperaturen. Bei Zufügung von LiBr wird sie als Ganzes steiler (s. Abb. 20.4) eine Tatsache, die technisch für den Wirkungsgrad von Absorptionswärmepumpen, bei denen Ammoniaklösungen als Arbeitssubstanz dienen, von Bedeutung ist.

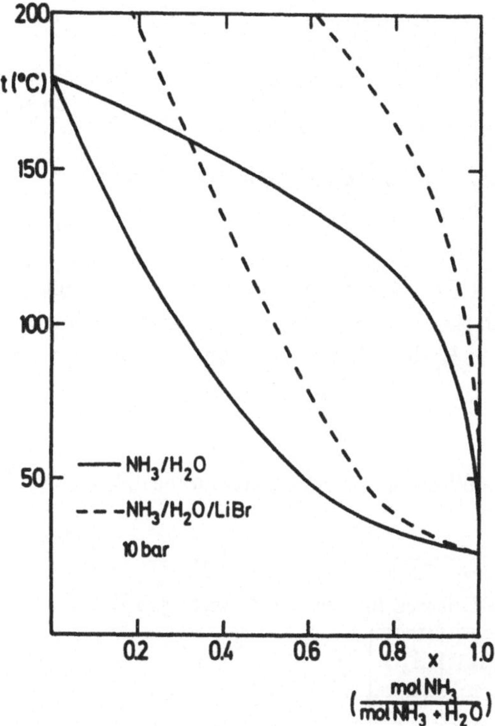

Abb. 20.4. Die 10bar-Siedelinse des Systems der Abb. 20.3 im Vergleich zu der des Dreistoffsystems NH_3-H_2O-LiBr (Rademacher, R., Alefeld, G.: Brennstoff-Wärme-Kraft **34**, (1982) 31)

20.4 Chemische Gleichgewichte

Chemische Reaktionen laufen gewöhnlich langsam ab gegenüber der Einstellzeit des Gleichgewichts innerhalb der verschiedenen reagierenden Teilsysteme. Man erhält so partielle Gleichgewichte, bei denen die Teilchenzahlen N_i der verschiedenen chemischen Spezies (Atome, Moleküle oder Ionen) als thermodynamische Variable auftreten. Der I. Hauptsatz lautet dann

$$dE = TdS - PdV + \sum \mu_i dN_i \; . \tag{20.13}$$

Die N_i können sich ändern durch Teilchenzufuhr von außen oder durch chemische Reaktionen

$$dN_i = dN_i^{ex} + \sum_r dN_{ir} \; . \tag{20.14}$$

r numeriert dabei die verschiedenen Reaktionen durch, an denen die Spezies i teilnimmt. Während die äußeren Änderungen im Prinzip beliebig sind, müssen die dN_{ir} die stöchiometrischen Bindungen der jeweiligen Reaktionen erfüllen. Zum Beispiel ist bei der Reaktion $H + D \leftrightarrow HD$ stets $dN_H = dN_D = -dN_{HD}$ oder etwa bei $2H_2 + O_2 \leftrightarrow 2H_2O$: $dN_{H_2} = 2dN_{O_2} = -dN_{H_2O}$.

Schreibt man die r-te Reaktion im allgemeinen Fall unter Zulassung negativer sog. stöchiometrischer Koeffizienten ν_{ir} in der Form

$$\sum_i \nu_{ir} C_i \leftrightarrow 0 \,, \tag{20.15}$$

wobei C_i das chemische Symbol der i-ten Teilchenart bedeutet, dann muß gelten

$$dN_{ir} = \nu_{ir} dx_r \,. \tag{20.16}$$

Als Beispiel betrachten wir zwei Reaktionen, an denen Wasser beteiligt ist: Zunächst die schon erwähnte Oxidation von Wasserstoff zu Wasser; sodann die sog. Eigendissoziation von Wasser in Hydroxidionen OH^- und Hydroniumionen H_3O^+ gemäß der Reaktion

$$H_3O^+ + OH^- \leftrightarrow 2H_2O \,.$$

In der folgenden Tabelle 20.1 sind die zugehörigen stöchiometrischen Koeffizienten zusammengefaßt.

Tabelle 20.1. Stöchiometrische Koeffizienten für zwei Reaktionen von Wasser

	H_2	O_2	H_3O^+	OH^-	H_2O
Oxidation	2	1	0	0	−2
Dissoziation	0	0	1	1	−2

Die Änderung dx_r der sog. Reaktionslaufzahl x_r kann dabei aufgefaßt werden als die Zahl der elementaren Reaktionsschritte (Zahl der molekularen Reaktionsprozesse) der Reaktion r. Der I. Hauptsatz (20.13) lautet dann

$$dE = TdS - PdV + \sum \mu_i dN_i^{ex} + \sum \alpha_r dx_r \tag{20.17}$$

mit

$$\alpha_r = \sum_i \mu_i \nu_{ir} \,. \tag{20.18}$$

In der chemischen Literatur nennt man auch $A_r = -\alpha_r$ die „Affinität" der Reaktion r. Sie ist sozusagen die „Triebkraft" der chemischen Reaktion, wie in der irreversiblen Thermodynamik genauer gezeigt wird (vgl. Bd. II, Kap. 22).

In der Gleichgewichtsthermodynamik kann man nur zeigen, daß der totale Gleichgewichtszustand genau bei $\alpha_r = 0$ erreicht wird: Nehmen wir an, die Reaktionen (20.15) seien solange in der einen oder anderen Richtung abgelaufen, bis sich totales oder, wie man hier auch sagt, chemisches Gleichgewicht eingestellt hat. Betrachtet man nun eine virtuelle Verschiebung δx_r aus diesem Gleichgewicht, so ist bei einem abgeschlossenen System ($\delta E = \delta V = \delta N_i^{ex} = 0$) die Entropie maximal, d.h.

$$T\delta S = \sum \alpha_r \delta x_r = 0 \,, \tag{20.19}$$

bei konstanter Temperatur und konstantem Druck ($\delta T = \delta P = 0$) entsprechend die freie Enthalpie minimal, d.h. $\delta G = \sum \alpha_r \delta x_r = 0$. In beiden Fällen ergibt sich nach (20.18) als Gleichgewichtsbedingung

$$\boxed{\alpha_r = \sum \mu_i \nu_{ir} = 0 \,.} \tag{20.20}$$

Faßt man die μ_i als Funktion der Konzentrationen $c_i = N_i / \sum N_j$ des Druckes P und der Temperatur T auf, so bedeutet (20.16) für jede Reaktion je eine Relation zwischen diesen Größen.

Eine besonders einfache Form nehmen diese Relationen für verdünnte Gase oder verdünnte Lösungen an. Dann hat man, wie wir später zeigen werden (vgl. Kap. 27), eine logarithmische Abhängigkeit der chemischen Potentiale von den c_i:

$$\mu_i = kT \ln c_i + \mu_i(P, T) \,. \tag{20.21}$$

Bei idealen Gasen ist zudem

$$\mu_i(P, T) = kT \ln P + \chi_i(T) \,, \tag{20.22}$$

und die Gleichung (20.21) gilt für alle beteiligten Partner. Bei verdünnten Lösungen dagegen gilt (20.21) nur für die gelösten Stoffe, solange $c_i \ll 1$. Das chemische Potential des Lösungsmittels dagegen ist in nullter Näherung unabhängig von den c_i: $\mu = \mu_0(P, T)$. Nach Einsetzen von (20.21) und gegebenenfalls (20.22) in (20.20) ergibt sich das sog. „Massenwirkungsgesetz":

$$\boxed{\prod c_i^{\nu_i} = \exp\left[-\beta \sum \nu_i \mu_i(P, T)\right] = K(P, T) \,.} \tag{20.23}$$

Da die Bedingungen in den einzelnen Reaktionen separieren, genügt es, eine Reaktion herauszugreifen. Man kann sich dann den Index „r" sparen. Für jede der Reaktionen ergibt sich ein Gesetz vom Typ (20.23), nur mit unterschiedlichen Koeffizienten ν_{ir} und Konstanten $K_r(P, T)$.

Das Produkt auf der linken Seite dieses Gesetzes läuft bei idealen Gasen über alle beteiligten Partner, bei verdünnten Lösungen nur über die gelösten Stoffe. Auf der rechten Seite läuft das Produkt über alle beteiligten Partner der Reaktion, jedoch liefert bei verdünnten Lösungen das Lösungsmittel nur dann einen Beitrag, wenn es an der Reaktion teilnimmt, da sonst sein stöchiometrischer Koeffizient verschwindet. Bei idealen Gasen kann man wegen (20.22) zudem schreiben

$$K(P, T) = \exp\left[-\beta \sum \nu_i \chi_i(T)\right] / P^{\sum \nu_i} = A(T) / P^{\sum \nu_i} \,. \tag{20.24}$$

In der Chemie verwendet man auf der linken Seite des Massenwirkungsgesetzes normalerweise anstelle der c_i die Moldichten $n_i / L = [C_i]$ (abweichend von unserem Sprachgebrauch „Konzentrationen" genannt, während c_i gewöhnlich als „Molenbruch" bezeichnet wird), oder bei idealen Gasen die Partialdrucke $P_i = Pc_i$. In beiden Fällen wird dann die rechte Seite, die sog. Massenwirkungskonstante K, eine dimensionsbehaftete Größe, bei idealen Gasen wird sie zudem druckunabhängig.

Aufgaben

1. Zwei verschiedene ideale Gase gleicher Temperatur T mit gleichen Teilchenzahlen $N_1 = N_2 = N$ befinden sich, durch eine Wand getrennt, in Volumina $V_1 = V_2 = V$ (s. Abb. 20.5). Beim Entfernen der Trennwand durchmischen sich die Gase. Man berechne die Entropieänderung (Mischungsentropie) unter Benutzung von Aufg. 15.3.

2. Ein U-Rohr mit einer halbdurchlässigen Trennwand befinde sich im Schwerefeld. Auf der eine Seite sei reines Lösungsmittel (s. Abb. 20.6), auf der anderen Seite eine Lösung. Wegen des osmotischen Druckes steigt der Meniskus auf der Lösungsseite um h. Man beweise durch Anwendung der barometrischen Höhenformel auf den Dampfraum und des van't Hoffschen Gesetzes (20.6) das Raoultsche Gesetz über die Dampfdruckerniedrigung (20.12).

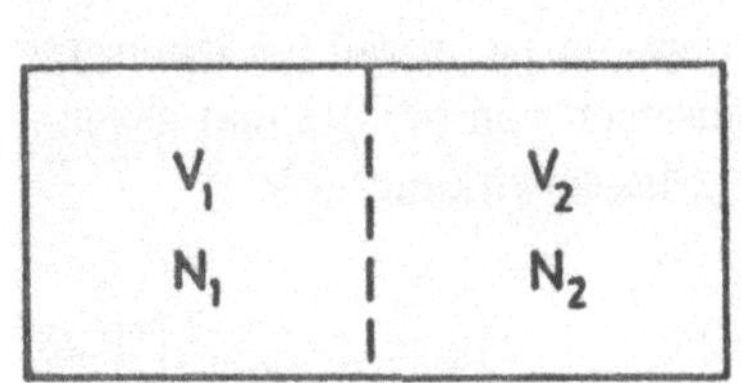

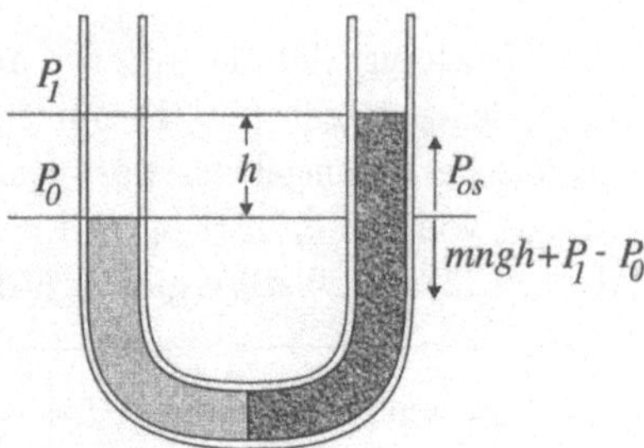

Abb. 20.5. Zur Mischungsentropie   **Abb. 20.6.** Osmose im Schwerefeld und Dampfdruckerniedrigung

3. Der negative dekadische Logarithmus der Moldichte von Hydroniumionen in wässerigen Lösungen wird als sog. pH-Wert der Lösung bezeichnet: pH $= \log[H_3^+O]$ Mol^{-1}. Der pH-Wert von reinem Wasser bei Zimmertemperatur und Normaldruck ist pH(H_2O) $= 7$. Wie groß ist die Massenwirkungskonstante K der Eigendissoziation von Wasser?

21. Umwandlungswärmen und Clausius-Clapeyron-Gleichung

21.1 Latente Wärmen bei Phasenumwandlungen

Stehen zwei Phasen der gleichen chemischen Substanz miteinander im thermodynamischen Gleichgewicht, so gelten die allgemeinen Gleichgewichtsbedingungen (20.1). Bei einer reversiblen Umwandlung einer Phase in eine andere bei fester Temperatur und festem Druck muß man i. allg. Wärme zu- oder abführen, die sog. latente Wärme (Sublimationswärme, Schmelzwärme oder Verdampfungswärme). Werden etwa δn Teilchen aus einer Phase in Teilchen der anderen Phase umgewandelt, so ist

$$\delta Q = q\delta n = T(s - s')\delta n \tag{21.1}$$

die freiwerdende Wärmemenge. q ist dabei die Wärmemenge pro umgewandeltem Teilchen, s und s' sind die Entropien der beiden Phasen pro Teilchen.

Unter Beachtung von $d\mu = -sdT + vdP$ läßt sich dann die latente Wärme auch durch die Differenz von Ableitungen der chemischen Potentiale der beiden Phasen ausdrücken:

$$q = -T\frac{\partial}{\partial T}[\mu(P,T) - \mu'(P,T)]_{P=P(T)} \ . \tag{21.2}$$

Diese Gleichung legt es nahe, die Gleichgewichtsbedingung für das Phasengleichgewicht nach T zu differenzieren. Es gilt ja als Identität in T:

$$\mu[P(T),T] - \mu'[P(T),T] \equiv 0 \ . \tag{21.3}$$

Durch Ableitung nach T folgt daraus:

$$- \partial(\mu - \mu')/\partial T = \partial(\mu - \mu')/\partial P \cdot \frac{dP}{dT} \ . \tag{21.4}$$

Eingesetzt in (21.2) ergibt sich daraus die Gleichung von Clausius und Clapeyron:

$$\boxed{\frac{dP}{dT} = \frac{\Delta s}{\Delta v} = \frac{q}{T \cdot (v - v')}} \ . \tag{21.5}$$

Sie liefert einen Zusammenhang der Steigung der Phasengleichgewichtskurve im (P, T)-Diagramm mit der latenten Wärme.

Im Spezialfall betrachten wir das Gleichgewicht eines festen oder flüssigen Körpers mit seinem Dampf. Sei v das Volumen des Dampfes pro Teilchen und v' das entsprechende Volumen des festen oder flüssigen Stoffes, so ist normalerweise $v' \ll v$. Behandelt man den Dampf noch angenähert als ideales Gas, so ist $Pv = kT$ und damit

$$\frac{dP}{dT} = \frac{qP}{kT^2} \,.$$

(21.6)

Vernachlässigt man auch noch (in relativ grober Näherung) die Temperaturabhängigkeit der Verdampfungswärme q, so läßt sich die Clausius-Clapeyron-Gleichung für die Dampfdruckkurve integrieren:

$$P(T) = P_0 e^{-q/kT} \,.$$

(21.7)

21.2 Chemische Reaktionswärmen

In Analogie zu den latenten Wärmen lassen sich auch Ausdrücke für die bei chemischen Reaktionen freiwerdenden Wärmemengen (Wärmetönungen) herleiten. Bei δn elementaren Reaktionsschritten erhält man zunächst für die freiwerdende Wärme

$$\delta Q = T \sum_i \nu_i s_i \delta n \,.$$

(21.8)

Nach einer ähnlichen Prozedur wie oben lassen sich die Entropien s_i der an der Reaktion beteiligten chemischen Spezies durch Ableitungen der chemischen Potentiale ausdrücken:

$$q = -T \frac{\partial}{\partial T} \sum \nu_i \mu_i (P, T, \ldots c_k \ldots) = -T \frac{\partial \alpha}{\partial T} = -T^2 \frac{\partial \alpha / T}{\partial T} \,.$$

(21.9)

Das zweite Gleichheitszeichen gilt, weil im Gleichgewicht $\alpha = 0$ ist. Die zweite Gleichung ist für die weitere Behandlung nützlich, weil sie die Konzentrationsabhängigkeiten zu eliminieren gestattet. Beschränkt man sich nämlich auf ideale Gase (oder verdünnte Lösungen), so kann man die Abhängigkeit von den Konzentrationen c_k nach (20.21) explizit angeben und die Ableitung nach T nach (20.23) durch die Ableitung der Gleichgewichtskonstanten K ausdrücken. Man beachtet dazu, daß nach dem Massenwirkungsgesetz (20.23) gilt

$$kT \ln K(P, T) = kT \sum \nu_i \ln c_i = - \sum \nu_i \mu_i (P, T) \,.$$

(21.10)

Daraus erhält man dann durch Differentiation nach T unter Betrachtung von (20.21) das Analogon der Clausius-Clapeyron-Gleichung für chemische Wärmetönungen:

$$\boxed{q = kT^2 \frac{\partial \ln K(P, T)}{\partial T} \,.}$$

(21.11)

Ähnliche Überlegungen lassen sich auch zur Bestimmung von Lösungswärmen durchführen.

Aufgaben

1. Unter Verwendung der Gleichgewichtsbedingungen für Lösungen leite man einen Ausdruck für Lösungswärmen ab.

2. Man untersuche das schematische Phasendiagramm Abb. 21.1 in der Umgebung des Tripelpunktes. Hierzu nehme man an, daß die chemischen Potentiale der drei Phasen am Tripelpunkt nach den Druck- und Temperaturdifferenzen entwickelbar sind und die lineare Näherung bereits die Steigungen dP/dT der Gleichgewichtskurven am Tripelpunkt bestimmt. Man zeige $\alpha < 180°$ (s. Abb. 21.1).

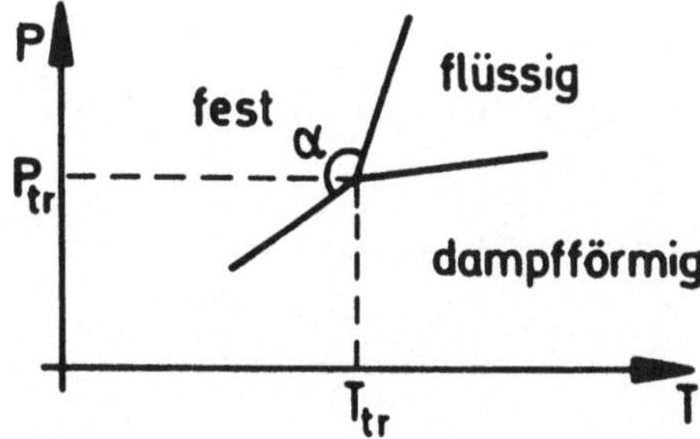

Abb. 21.1. Phasendiagramm in der Nähe des Tripelpunktes

Teil III

Berechnung thermodynamischer Funktionen

Der dritte Teil dieses Bandes ist hinsichtlich der Anwendungen der wichtigste. Hier wird der eigentliche Fortschritt der statistischen Mechanik gegenüber der rein thermodynamischen Theorie an Hand von Beispielen vorgeführt. Da es praktisch kein realistisches System gibt, das sich exakt behandeln läßt, spielen Näherungsmethoden eine entscheidende Rolle. Wir beginnen deshalb nicht nur zunächst mit einer Übersicht über die wichtigsten Näherungsmethoden, sondern benutzen sie auch, um den gesamten dritten Teil methodisch zu ordnen.

22. Näherungsmethoden

Die Begründung der statistischen Mechanik bereitet begriffliche Schwierigkeiten. Die dabei durchzuführenden Rechnungen sind jedoch meist einfach. Dieser Sachverhalt kehrt sich bei den Anwendungen der statistischen Mechanik gerade um. Begrifflich gibt es dabei nahezu keine, dafür um so mehr mathematische Schwierigkeiten.

Die mathematische Aufgabe ist dabei im Prinzip einfach. Es handelt sich um die Auswertung von Zustandssummen bzw. -integralen. Die Schwierigkeiten entstehen dadurch, daß die auftretenden Integrale wegen der großen Teilchenzahl sehr hochdimensional sind, eine Tatsache, die insbesondere bei Berücksichtigung der Wechselwirkung zwischen den Teilchen sehr ins Gewicht fällt. Es gibt im großen und ganzen zwei Wege, auf denen man zu konkreten Resultaten gekommen ist. Man hat einerseits sog. „Modelle" studiert, d.h. besonders einfache Systeme, die zwar in der Natur nicht realisiert sind, deren Zustandssummen man jedoch exakt oder in sehr guter Näherung auswerten kann und von denen man sich Einblick in gewisse qualitative Züge der Wirklichkeit erhoffen kann. Hierzu gehören etwa das ideale Bose-Gas-Modell, das Gittergas-Modell, das Ising-Modell, das Modell des verdünnten Gases aus „harten Kugeln", eindimensionale Modelle (lineare Kette etc.) u.a. Wir werden keins dieser Modelle betrachten. Zu ihrem Studium sei auf die einschlägige Literatur verwiesen (s. das Ende dieses Kapitels).

Man hat andererseits Näherungsmethoden entwickelt, die es gestatten, die in der Natur vorkommenden Systeme in gewissen Grenzfällen (hohe Temperaturen, tiefe Temperaturen, hohe Dichten, niedrige Dichten, schwache Wechselwirkungen etc.) zu behandeln. Die wichtigsten dieser Näherungsverfahren wollen wir im folgenden beschreiben. Sie beruhen darauf, daß es bei den betrachteten Systemen einen „kleinen Parameter" gibt. Die Lösung für den verschwindenden Parameter kann man exakt angeben wie bei den gerade erwähnten Modellen. Die Korrekturen dieser nullten Näherung lassen sich dann normalerweise durch schnell konvergierende Reihenentwicklungen nach dem kleinen Parameter erhalten. Ein nicht trivialer Fall liegt bei den sog. „kontinuierlichen Phasenübergängen" (Phasenübergänge höherer Art) vor. Ein naheliegender kleiner Parameter ist hier die Abweichung $T - T_c$ der Temperatur T von der Phasenumwandlungstemperatur T_c. Tatsächlich hat es sich jedoch stattdessen als fruchtbar erwiesen, Reihenentwicklungen nach den Parametern $4 - d$ und $1/n$ anzugeben. Dabei ist d die Dimension des Systems, in dem der Phasenübergang geschieht (also eine Zahl, welche in der realen Welt 1, 2 oder 3 sein kann), n die Dimension des Raumes, in dem der sog. Ordnungsparameter (s. dazu Kap. 43, 44) definiert ist.

Tabelle 22.1 gibt einen Überblick über die im folgenden diskutierten Näherungsverfahren und ihre Anwendungsgebiete. In der zweiten Spalte der Tabelle stehen hier als kleine Parameter zunächst noch dimensionsbehaftete Größen, bei der Zeile „Störungstheorie" sogar der Operator W der Wechselwirkung im Hamiltonoperator $H = H_o + W$. Die tatsächlichen Entwicklungsparameter sind dimensionslose Zahlen, proportional zu den in der Tabelle angegebenen Größen. Eine Bedingung für gute Konvergenz der Entwicklungen ist dann, daß die dimensionslosen Parameter klein gegen Eins sind. Wir werden die genaue Form dieser Bedingung jeweils bei der Behandlung der einzelnen Näherungen angeben.

Tabelle 22.1. Überblick über Näherungsmethoden in der Gleichgewichtstheorie

Näherung	kleiner Parameter	Anwendungsgebiet		
halbklassische Näherung	$\hbar$	Systeme (außer Spinsystemen) bei hohen Temperaturen		
Störungstheorie	W	Gitterschwingungen in festen Körpern, schwache äußere Störungen		
Virialentwicklung	N/V	Verdünnte Gase Verdünnte Lösungen		
Näherung des selbstkonsistenten Feldes	$\dfrac{(N/V)^{1/2}}{(V/N)^{1/3}}$	Systeme mit geladenen Teilchen	klassisch quantenmechanisch	
Hochtemperaturnäherung	$1/T$	Spinsysteme		
Quasiteilchennäherung	T	Systeme bei tiefen Temperaturen		
ϵ-Entwicklung	$\epsilon = 4 - d$	Systeme beim kritischen Punkt		

Ergänzende Literatur

Lieb, E. H., Mathis, D. C.: *Mathematical Physics in One Dimension*, (Academic Press, New York, London 1966)

Baxter, R. J.: *Exactly Solved Models in Statistical Mechanics*, (Academic Press, London, New York 1982)

Feynman, R. P.: *Statistical Mechanics, a Set of Lectures*, Chap. 5, 4, in: Frontiers in Physics, (Benjamin, Reading, Mass. 1972)

23. Die quasiklassische Näherung

a) Eine Möglichkeit, die quasiklassische Näherung zunächst im Rahmen der *Quantenmechanik* zu formulieren [23.1], besteht darin, daß man den Operatoren $\bar{A}$ Funktionen $A(p,x)$ zuordnet durch

$$A(p,x) = \ <p\,|\,\bar{A}\,|\,x><x\,|\,p> \ . \tag{23.1}$$

Wir beschränken uns dabei zunächst auf den eindimensionalen Fall. $|\,p>$ seien die Impulseigenzustände, und zwar so normiert, daß

$$<p\,|\,p'> \ = 2\pi\hbar\delta(p-p') \ ; \qquad \int |\,p><p\,|\,dp = 2\pi\hbar \ . \tag{23.2}$$

$|\,x>$ sind die Eigenzustände des Ortsoperators mit der Normierung

$$<x\,|\,x'> \ = \delta(x-x') \ ; \qquad \int |\,x><x\,|\,dx = 1 \ . \tag{23.3}$$

Das in (23.1) auftretende Skalarprodukt $<x\,|\,p>$ hat bei dieser Normierung gerade den Wert

$$<x\,|\,p> \ = e^{ipx/\hbar} \ . \tag{23.4}$$

Die Zuordnung (23.1) ist so getroffen, daß Funktionen $\bar{A} = f(\bar{p})$ des Operators $\bar{p}$ gerade die gewöhnliche Funktion $f(p)$ zugeordnet ist sowie der Operatorfunktion $\bar{A} = f(\bar{x})$ gerade die Funktion $f(x)$. Insbesondere ist dem Hamiltonoperator $\bar{H}$ gerade die klassische Hamiltonfunktion $H(p,x) = p^2/(2m) + W(x)$ zugeordnet. Bei komplizierten Funktionen, etwa dem statistischen Operator $\bar{\rho} = \rho(\bar{H})$, muß die Nichtvertauschbarkeit der Operatoren $\bar{p}$ und $\bar{x}$ beachtet werden. Wir untersuchen deshalb zunächst allgemein die dem Kommutator $\bar{A}\bar{B} - \bar{B}\bar{A}$ zweier Operatoren zugeordnete Funktion. Zunächst gilt nach (23.1,2) für jeden Operator $\bar{A}$:

$$\bar{A} = \int |\,p><p\,|\,A(p,\bar{x})dp/(2\pi\hbar) = \int A(\bar{p},x)\,|\,x><x\,|\,dx \ . \tag{23.5}$$

In der dem Produkt $\bar{A}\bar{B}$ zugeordneten Funktion (23.6) benutzen wir für $\bar{A}$ die erste, für $\bar{B}$ die zweite Version von (23.5). In dem dann entstehenden Ausdruck entwickeln wir nach Potenzen von $\bar{x} - x$ und $\bar{p} - p$. Dann ergibt sich

$$< p \mid \bar{A}\bar{B} \mid x >< x \mid p >$$

$$= \; < p \mid A(p, \bar{x}) B(\bar{p}, x) \mid x >< x \mid p >$$

$$= A(p, x) B(p, x) + \frac{\partial A}{\partial x} \frac{\partial B}{\partial p} < p \mid (\bar{x} - x)(\bar{p} - p) \mid x >< x \mid p > + \cdots \quad (23.6)$$

$$= AB - \frac{\hbar}{i} \frac{\partial A}{\partial x} \frac{\partial B}{\partial p} + O(\hbar^2) \; .$$

Also hat man die Zuordnung

$$< p \mid [\bar{A}, \bar{B}] \mid x >< x \mid p > \; = \frac{\hbar}{i} \frac{\partial(A, B)}{\partial(p, x)} + O(\hbar^2) \qquad (23.7)$$

zwischen Kommutator der Quantenmechanik und Poissonklammer der klassischen Mechanik.

b) In der *Quantenstatistik* ist es zweckmäßig, bei der Zuordnung der Verteilungsfunktion $\rho(p, x)$ zum statistischen Operator $\bar{\rho}$ eine kleine Abänderung der Normierung vorzunehmen, nämlich:

$$\rho(p, x) = \; < p \mid \bar{\rho} \mid x >< x \mid p > /(2\pi\hbar) \; . \qquad (23.8)$$

Dadurch lautet nicht nur die Normierungsbedingung exakt

$$Sp(\bar{\rho}) = \int \rho(p, x) dp dx = 1 \; , \qquad (23.9)$$

sondern auch die Ausdrücke für die Verteilungsfunktionen $w(p)$ und $w(x)$ für Impuls und Ort behalten ihre von der klassischen Statistik her gewohnte Form:

$$w(p) = \; < \delta(\bar{p} - p) > \; = \int \rho(p, x) dx \; , \qquad (23.10)$$

$$w(x) = \; < \delta(\bar{x} - x) > \; = \int \rho(p, x) dp \; . \qquad (23.11)$$

Die durch (23.8) definierte Funktion $\rho(p, x)$ ist i. allg. weder reell noch positiv. Die Abweichungen von diesen Bedingungen sind allerdings nach (23.7) von der Ordnung $\hbar/i$. Vernachlässigt man nämlich in nullter Ordnung die Nichtvertauschbarkeit von $\bar{p}$ und $\bar{x}$, so geht nach (23.8) $\bar{\rho} = \rho(\bar{H})$ direkt über in $\rho(p, x) = \rho[H(p, x)]/(2\pi\hbar)$. Speziell gilt also z.B. für die kanonische Verteilung

$$\rho(p, x) = \frac{1}{2\pi\hbar Z} e^{-H(p,x)/kT} + O(\hbar/i) \qquad (23.12)$$

mit der Zustandssumme

$$Z = \frac{1}{2\pi\hbar} \int e^{-H(p,x)/kT} dp dx \; . \qquad (23.13)$$

Für $H = p^2/(2m) + H_{pot}(x)$ kann man die p-Integration in (23.13) ausführen und bekommt

$$\boxed{Z = \frac{1}{\lambda} \int e^{-\beta H_{pot}(x)} dx} \tag{23.14}$$

mit der sog. thermischen de Broglie-Wellenlänge

$$\lambda = \frac{2\pi\hbar}{\sqrt{2\pi m k T}} \, . \tag{23.15}$$

Sie ist größenordnungsmäßig diejenige Wellenlänge, welche auf Grund der de Broglie-Beziehung $\lambda = h/p$ zum mittleren Impuls der thermischen Bewegung $< p^2 >^{1/2}$ gehört. Wenn sie klein ist gegenüber der sonstigen im System vorkommenden charakteristischen Längen, wie dem mittleren Teilchenabstand und der Reichweite der Wechselwirkung zwischen den Teilchen, so kann man normalerweise die klassische Näherung benutzen. Anderenfalls sind Quanteneffekte wichtig. Bei mehreren Teilchen kommen auch noch quantenmechanische Symmetrieeffekte ins Spiel. Bei hohen Temperaturen ist allerdings die Wahrscheinlichkeit für Doppelbesetzungen von Punkten im Impulsraum gering, so daß die Unterschiede zwischen Bose- und Fermi-Statistik nicht ins Gewicht fallen. Nur noch die Ununterscheidbarkeit gleichartiger Teilchen spielt eine Rolle. Zwei Zustände, die sich nur durch die Vertauschung zweier Impulse unterscheiden, müssen demnach als identisch betrachtet werden. Wenn man also über die Impulse $p_1, \ldots, p_N$ eines Teilchensystems ohne Nebenbedingungen integrieren will, so muß man durch die Zahl der Permutationen der N Impulse (d.h. $N!$) dividieren, um Doppelzählungen zu vermeiden. Damit erhält man für das Zustandsintegral:

$$Z = \frac{1}{N! \lambda^{3N}} \int e^{-\beta H_{pot}(x_1, \ldots, x_{3N})} d^{3N}x \, . \tag{23.16}$$

Aufgaben

1. Man bestimme durch weitere Entwicklung von (23.6) in $(\bar{p}-p)$ und $(\bar{x}-x)$ das allgemeine Glied $\propto \hbar^n$ in der Entwicklung (23.6). Man zeige: $(\bar{A}\bar{B})(p, x) = A(p, x + i\hbar d/dp)B(p, x)$.

2. Man berechne numerisch und vergleiche die thermische de Broglie-Wellenlänge

   – der Elektronen in Metallen

   – der Moleküle des Sauerstoffgases (P = 1 at) bei Zimmertemperatur

   mit dem mittleren Abstand der Teilchen.

Literatur

23.1 Wigner, E. P.: Phys. Rev. **40**, 479 (1932)

24. Gleichverteilungssatz und Virialsatz

Ein wichtiger Satz der klassischen statistischen Mechanik ist der sog. Gleichverteilungssatz. In der klassischen Näherung vertauschen Ort und Impuls. Damit werden die Wahrscheinlichkeitsverteilungen von Ort und Impuls, z.B. in der kanonischen Gesamtheit (23.12), statistisch unabhängig. Bestimmte Mittelwerte lassen sich dann sehr allgemein und fast ohne Rechnung bestimmen [24.1]. So ergibt sich etwa für die kanonische Wahrscheinlichkeitsverteilung (23.12) (Wir beschränken uns zunächst auf den eindimensionalen Fall):

$$< p\frac{\partial H}{\partial p} > = \frac{-kT}{hZ} \int p\frac{\partial e^{-H/kT}}{\partial p} dpdx \tag{24.1}$$

und eine ganz analoge Gleichung für $< x\partial H/\partial x >$. Nach partieller Integration ergeben sich daraus die beiden Gleichungen

$$\boxed{< p\frac{\partial H}{\partial p} > = < x\frac{\partial H}{\partial x} > = kT \;.} \tag{24.2}$$

Mit $H = p^2/(2m) + H_{\text{pot}}(x)$ wird daraus einerseits

$$< \frac{p^2}{2m} > = < H_{\text{kin}} > = \frac{1}{2}kT \tag{24.3}$$

und andererseits

$$< x\frac{\partial H_{\text{pot}}}{\partial x} > = kT \;. \tag{24.4}$$

Ist speziell H_{pot} proportional zu x^2, so kann man für (24.4) auch schreiben: $< H_{\text{pot}} > = kT/2$.

Diese Gleichungen lassen sich nun ohne weiteres auf mehrdimensionale Systeme mit mehreren Teilchen verallgemeinern:

Jede kanonische Variable, die in die Hamiltonfunktion quadratisch eingeht, liefert einen Beitrag $kT/2$ zur mittleren Energie.

Dies ist der Inhalt des sog. *Gleichverteilungssatzes* der klassischen statistischen Mechanik. In der Quantenmechanik ist die mittlere Energie pro Freiheitsgrad i. allg. kleiner als nach der klassischen Näherung. Beispiele für das quantenmechanische „Einfrieren" von Freiheitsgraden werden wir später kennenlernen.

Eine erste wichtige Anwendung findet der Gleichverteilungssatz bei Systemen von harmonischen Oszillatoren (Molekülschwingungen, Gitterschwingungen in festen Körpern). Hier hat man pro Schwingungsfreiheitsgrad einen Beitrag $< H_{\mathrm{kin}} > = kT/2$ und einen $< H_{\mathrm{pot}} > = kT/2$ zur Gesamtenergie, insgesamt also bei f Freiheitsgraden $< H > = fkT$. Bei festen Körpern mit $f = 3N$ erhält man so das Gesetz von Dulong-Petit, nachdem die spezifische Wärme fester Körper $C_v = 3Nk$ ist. In Wirklichkeit ist dieses Gesetz natürlich nicht exakt gültig. Bei hohen Temperaturen ergeben sich Abweichungen durch anharmonische Effekte, bei tiefen Temperaturen durch das schon erwähnte quantenmechanische Einfrieren von Freiheitsgraden. Außerdem liefern, insbesondere bei Metallen, auch die Elektronen einen Beitrag zur spezifischen Wärme.

Wir weisen an dieser Stelle darauf hin, daß die erste der beiden Gleichungen in (24.2) wesentlich allgemeiner ist als die zweite. Sie stellt den sog. Virialsatz [24.2] dar, den Clausius (1870) direkt aus der (klassischen) Mechanik ableitete, um den Einfluß von Wechselwirkungen auf die Zustandsgleichung von Gasen zu bestimmen. Tatsächlich gilt der Virialsatz auch im Rahmen der Quantenmechanik (s. Aufg. 24.1 und (24.11)).

Clausius nennt $\sum x_n \partial H_{\mathrm{pot}}/\partial x_n$ das „Virial" der Kräfte. Um es für allgemeinere Kräfte auszuwerten, betrachten wir den Fall beliebiger Zweiteilchenwechselwirkungen und setzen dementsprechend für die potentielle Energie $H_{\mathrm{pot}} = H_v + H_w$. Dabei ist H_v das Potential der inneren Kräfte:

$$H_v = \frac{1}{2} \sum_{m \neq n} v(|\, \boldsymbol{r}_m - \boldsymbol{r}_n \,|) = \frac{1}{2} \sum v(r_{mn}) \tag{24.5}$$

mit dem Virial

$$\sum_m \boldsymbol{r}_m \cdot \nabla_m H_v = \frac{1}{2} \sum_{m \neq n} r_{mn} \frac{\partial v(r_{mn})}{\partial r_{mn}} \,. \tag{24.6}$$

H_w ist das Wandpotential. Man könnte es leicht übersehen, denn es spielt bei harmonischen Oszillatoren keine Rolle. Bei ihnen steigt das Potential im Unendlichen stark genug an, um die Teilchen in einem endlichen Volumen zusammenzuhalten. Bei kurzreichweitigen Potentialen jedoch werden die Teilchen nicht durch die Wechselwirkungen zusammengehalten (selbst Teilchen einer Flüssigkeit oder eines Festkörpers würden bei endlichen Temperaturen im Laufe der Zeit verdunsten und mit den Wänden wechselwirken). Die Teilchen stoßen also auch ständig mit den Wänden der Gefäße zusammen, die die Systeme zusammenhalten. Zur Berücksichtigung des Wandpotentials schreiben wir es in der Form

$$H_w = \sum w(\boldsymbol{r} - \boldsymbol{r}_m) = \sum w_m \,. \tag{24.7}$$

Bei der Auswertung dieses Beitrages zum Virial muß man berücksichtigen, daß die Kraft $-\nabla w(\boldsymbol{r} - \boldsymbol{r}_n)$ nur an der Wand von Null verschieden ist. Der

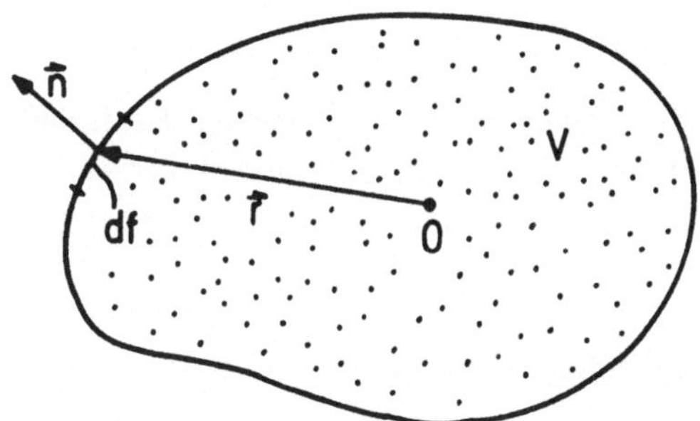

Abb. 24.1. Zur Berechnung des Oberflächenbeitrages zum Virial

entsprechende Beitrag zu (24.4) kann also als ein Oberflächenintegral über die Gefäßwandung geschrieben werden. Und zwar ergibt sich (s. Abb. 24.1)

$$\sum < \boldsymbol{r}_m \cdot \nabla_m w_m > \; = P \oint \boldsymbol{r} \cdot \boldsymbol{n} df = P \int \mathrm{div} \boldsymbol{r} \; d^3 r = 3PV \; , \qquad (24.8)$$

denn

$$\left[\sum < \nabla w_m > \right]_{r \text{ auf } df} = P \boldsymbol{n} df$$

ist die Kraft, die von dem Flächenelement df der Oberfläche auf die Teilchen des Systems im Mittel ausgeübt wird. Insgesamt erhält man also schließlich

$$PV = \frac{2}{3} < H_{\mathrm{kin}} > - \frac{1}{6} \sum_{m \neq n} < r_{mn} \frac{\partial v(r_{mn})}{\partial r_{mn}} > \; . \qquad (24.9)$$

Wir haben hier für NkT gleich den allgemeineren Ausdruck $2 < H_{\mathrm{kin}} > /3$ eingesetzt. Dies entspricht der Verwendung der ersten der beiden Gleichungen von (24.2), d.h. dem Virialsatz. Bei Verwendung der zweiten Gleichung dazu ergibt sich ein Ausdruck für den Druck nach dem Gleichverteilungssatz.

Wie schon gesagt, gilt der Virialsatz auch in der Quantenmechanik. Wir verweisen dazu auf Aufg. 24.1. Eine andere, unabhängige Herleitung der Druckgleichung (24.9) im Rahmen der Quantenmechanik geht aus von einer Skalentransformation der Koordinaten $\boldsymbol{r}'_n = \boldsymbol{r}_n/L$, entsprechend einer isotropen Volumenänderung bei einem Kubus mit dem Volumen $V = L^3$. Dann wird (man beachte, daß H_w dann unbhängig von L wird):

$$H = -\frac{\hbar^2}{2mL^2} \sum \frac{\partial^2}{\partial r'^2_n} + H_v(L\boldsymbol{r}'_1, \ldots) + H_w(\boldsymbol{r}'_1, \ldots) \; . \qquad (24.10)$$

Differenziert man diese Gleichung nach L und beachtet $L\partial H/\partial L = 3V\partial H/\partial V$, so ergibt sich eine allgemeine Operatorform der Druckgleichung (24.9), nämlich

$$-V\frac{\partial H}{\partial V} = \frac{2}{3}H_{\mathrm{kin}} - \frac{1}{6} \sum r_{mn} \frac{\partial v(r_{mn})}{\partial r_{mn}} \; . \qquad (24.11)$$

Aufgaben

1. Zum Virialsatz: Man zeige (für ein Teilchen im eindimensionalen Fall), daß für Dichteoperatoren, die stationär sind ($d\rho/dt = 0$), der Virialsatz

$$Sp[(p^2/m - x\partial w/\partial x)\rho] = 0$$

gilt. Anleitung: Man gehe aus von der Beziehung $Sp(px[H, \rho]) = 0$.

2. Man bestimme das Verhältnis von mittlerer kinetischer und potentieller Energie beim harmonischen Oszillator und bei Teilchen mit Coulombwechselwirkung oder Gravitationswechselwirkung nach dem Virialsatz.

3. Wie würde die Gesamtenergie eines Systems, bei dem nur Gravitationskräfte wirken, im Rahmen der klassischen Näherung im Gleichgewicht von der Temperatur T abhängen? Wie wäre das Vorzeichen der spezifischen Wärme C_v? Wie verhält sich das Resultat zu dem allgemeinen Satz der Positivität der spezifischen Wärme in der kanonischen Gesamtheit? (vgl. [24.3])

Literatur

24.1 Tolman, R.: Phys. Rev. **11**, 261 (1918)
24.2 Clausius, R.: Ann. Phys. **141**, 124 (1870), Phil. Mag. **40**, 122 (1870)
24.3 Thirring, W.: Z. Phys. **235**, 338 (1970)

Ergänzende Literatur

Hirschfelder, J. O., Curtiss, C. F., Bird, R. B.: *Molecular Theory of Gases and Liquids*, Chap. 6,2, (John Wiley 1954)

25. Quantenkorrekturen zur klassischen Statistik

Um die Korrekturen zur klassischen Näherung (23.12) zu berechnen, gehen wir aus von (23.8), betrachten jedoch zunächst den Vorfaktor $< p \mid \bar{\rho} \mid x >$ allein. Der Einfachheit halber beschränken wir uns vorerst auf ein Teilchen in drei Dimensionen. Um eine Gleichung für die entsprechenden Matrixelemente $< \boldsymbol{p} \mid \bar{\rho} \mid \boldsymbol{r} >$ zu bekommen, differenzieren wir $\bar{\rho}$ nach β und erhalten so

$$-\frac{\partial}{\partial \beta} < \boldsymbol{p} \mid e^{-\beta H} \mid \boldsymbol{r} > = \; < \boldsymbol{p} \mid e^{-\beta H} H \mid \boldsymbol{r} >$$

$$= \left\{ -\frac{\hbar^2}{2m} \Delta + V(\boldsymbol{r}) \right\} < \boldsymbol{p} \mid e^{-\beta H} \mid \boldsymbol{r} > . \tag{25.1}$$

Diese Gleichung hat große Ähnlichkeit mit der zeitabhängigen Schrödingergleichung. Sie geht durch die Substitution $t \rightarrow i\beta\hbar$ direkt in sie über. Es liegt deshalb nahe, eine Entwicklung der Lösung, ausgehend von der klassischen Näherung in Analogie zur sog. WKB-Näherung der Schrödingergleichung, zu versuchen. Wir setzen demgemäß

$$< \boldsymbol{p} \mid e^{-\beta H} \mid \boldsymbol{r} > \; = e^{-iS(\boldsymbol{r})/\hbar} . \tag{25.2}$$

Nach Einsetzen in (25.1) ergibt sich für S die Gleichung

$$\frac{\partial S}{\partial \beta} = \frac{\hbar}{i} \left\{ \frac{1}{2m} (\nabla S)^2 + V(\boldsymbol{r}) \right\} - \left(\frac{\hbar}{i} \right)^2 \frac{\Delta S}{2m} . \tag{25.3}$$

Setzt man nun die Lösung dieser Gleichung in Form einer Potenzreihe in $\hbar$ an

$$S = S_0 + \frac{\hbar}{i} S_1 + \left(\frac{\hbar}{i} \right)^2 S_2 + \left(\frac{\hbar}{i} \right)^3 S_3 + \cdots , \tag{25.4}$$

so erhält man durch Einsetzen in (25.3) und Koeffizientenvergleich der Reihe nach die Gleichungen

$$\frac{\partial S_0}{\partial \beta} = 0 \tag{25.5}$$

$$\frac{\partial S_1}{\partial \beta} = \frac{1}{2m} (\nabla S_0)^2 + V \tag{25.6}$$

$$\frac{\partial S_2}{\partial \beta} = \frac{1}{m} \nabla S_0 \cdot \nabla S_1 - \frac{1}{2m} \Delta S_0 \tag{25.7}$$

$$\frac{\partial S_3}{\partial \beta} = \frac{1}{2m}(\nabla S_1)^2 + \frac{1}{m}\nabla S_0 \cdot \nabla S_2 - \frac{1}{2m}\Delta S_1 \ . \tag{25.8}$$

Nach (25.5) ist S_0 unabhängig von β und kann somit für $\beta = 0$ bestimmt werden. Dort ist aber $\exp(-\beta H) = 1$, d.h. nach (25.2)

$$S_0 = \boldsymbol{p} \cdot \boldsymbol{r} \ . \tag{25.9}$$

Nach Einsetzen in (25.6) und Integration bezüglich β mit der Randbedingung $S_1(\beta = 0) = 0$ erhält man

$$S_1 = \beta \left(\frac{p^2}{2m} + V \right) , \tag{25.10}$$

und nach Fortsetzung der gleichen Prozedur

$$S_2 = \frac{\beta^2}{2m}(\boldsymbol{p} \cdot \nabla)V \tag{25.11}$$

sowie

$$S_3 = \frac{\beta^3}{6m}(\nabla V)^2 + \frac{\beta^3}{6m^2}(\boldsymbol{p} \cdot \nabla)^2 V - \frac{\beta^2}{4m}\Delta V \ . \tag{25.12}$$

Nach Multiplikation mit $< \boldsymbol{r} \mid \boldsymbol{p} > /[(2\pi\hbar)^3 Z]$ und Entwicklung der Exponentialfunktion erhält man schließlich

$$\rho(\boldsymbol{p}, \boldsymbol{r}) = \frac{1}{(2\pi\hbar)^3 Z} e^{-\beta H} \left(1 - \frac{\hbar}{i}S_2 + \hbar^2 \left(S_3 - \frac{1}{2}S_2^2 \right) + \cdots \right) . \tag{25.13}$$

In der freien Energie $F = -kT \ln Z$ fällt die Korrektur erster Ordnung in $\hbar$ weg, denn S_2 ist ungerade in $\boldsymbol{p}$ und liefert nach Integration über die klassische Verteilung, welche gerade in $\boldsymbol{p}$ ist, keinen Beitrag. Dies muß auch so sein, denn die freie Energie ist reell. Die erste nicht verschwindende Korrektur ist damit

$$F = F_0 - kT \ln \left(1 + \hbar^2 < S_3 - \frac{1}{2}S_2^2 > \right) . \tag{25.14}$$

Dabei ist $< A >$ der klassische Mittelwert:

$$< A > \ = \int A(\boldsymbol{p}, \boldsymbol{r}) e^{-\beta H} d^3 p\, d^3 r \ / \int e^{-\beta H} d^3 p\, d^3 r \ . \tag{25.15}$$

Bei der Auswertung dieses Mittelwertes kann man davon Gebrauch machen, daß in der klassischen Statistik die Verteilungen der Impulse und Orte unabhängig sind. Man kann deshalb die Mittelung über Impulse und Koordinaten getrennt durchführen. Benutzt man weiter die Beziehung

$$< p_i p_k > \ = mkT\delta_{ik} \tag{25.16}$$

mit $\delta_{ik} = 1$ für $i = k$ und $\delta_{ik} = 0$ für $i \neq k$ sowie

$$< \frac{\partial^2 V}{\partial x_i^2} > \ = \frac{1}{kT} < \left(\frac{\partial V}{\partial x_i} \right)^2 > , \tag{25.17}$$

die man durch partielle Integration mit (25.15) verifizieren kann, so ergibt sich
schließlich

$$F = F_0 + \frac{\hbar^2}{24mkT} < (\nabla V)^2 > . \qquad (25.18)$$

Bei mehreren Teilchen erhält man stattdessen in (25.18) eine Summe von
gleichen Termen über alle Teilchen.

Es sieht zunächst so aus, als ob das nächste Glied in der Entwicklung von
der Ordnung $\hbar^4$ wäre. Dies ist bei einem Teilchen auch der Fall. Bei mehreren
Teilchen ergeben sich jedoch noch Austauschkorrekturen der Ordnung $\hbar^3$, die
von der Statistik der Teilchen (Fermi- oder Bose-Statistik) herrühren. Wir werden diese Korrekturen im Zusammenhang mit der Virialentwicklung herleiten
(s. Kap. 30). Dort werden wir auch die Konvergenz der Reihenentwicklung nach
Potenzen von $\hbar$ untersuchen.

26. Störungstheorie

Die thermodynamische Störungstheorie ist eine Verallgemeinerung der Schrödingerschen Störungstheorie für den Grundzustand. Man nimmt an, daß H die Summe ist aus H_0, welches exakt behandelt wird, und einer kleinen Störung W. Es erleichtert die Rechnung, wenn man dann zunächst einen dimensionslosen Parameter λ einführt und die freie Energie zu $H(\lambda) = H_0 + \lambda W$ betrachtet:

$$F(\lambda) = -kT \ln Sp\{\exp[-\beta(H_0 + \lambda W)]\} \ . \tag{26.1}$$

Durch Differentiation nach λ ergibt sich dann wie in Kap. 9

$$\frac{\partial F(\lambda)}{\partial \lambda} = \ <W>_\lambda \ = Sp\{W \exp[-\beta(H_0 + \lambda W - F(\lambda))]\} \tag{26.2}$$

und daraus durch Integration über λ:

$$F = F_0 + \int_0^1 <W>_\lambda \, d\lambda \ , \tag{26.3}$$

mit $F = F(1)$, $F_0 = F(0)$. Ausgehend von dieser Formel läßt sich leicht eine Potenzreihenentwicklung von F nach Potenzen von W herleiten. In erster Näherung z.B. kann man in $<W>_\lambda \ \lambda = 0$ setzen. Dann ergibt sich nach Ausführung der Integration in (26.3):

$$F = F_0 + \ <W> \ + O(W^2) \ , \tag{26.4}$$

wobei wir hier, wie auch im folgenden, den Index $\lambda = 0$ an den Mittelwerten jeweils weglassen.

Der Korrekturterm erster Ordnung zur freien Energie ist also gerade der Mittelwert der Störenergie W, gemittelt über die ungestörte Verteilung in naheliegender Verallgemeinerung des entsprechenden Ausdrucks für den quantenmechanischen Grundzustand. Entsprechend wird

$$F(\lambda) = F_0 + \lambda <W> \ + O(\lambda^2) \ . \tag{26.5}$$

Will man den Korrekturterm zweiter Ordnung in λ von $F(\lambda)$ berechnen, so reicht es offenbar, den statistischen Operator bis zur ersten Ordnung zu kennen. Setzt man (26.5) ein, so sieht man, daß man dazu die Entwicklung von $\exp[-\beta(H_0 - F_0 + \lambda \Delta W)]$ bis zur ersten Potenz in λ benötigt. Dabei ist $\Delta W = W - \ <W>$. Da i. allg. H_0 und W nicht kommutieren, treten beim Auswerten von (26.2) in der H_0-Darstellung auch Außerdiagonalglieder auf. Diese ergeben sich in Analogie zur Diracschen Störungstheorie aus der „quantenmechanischen Exponentialreihe" (vgl. Aufg. 26.1) zu

$$e^{[-\beta(H_0+\lambda\Delta W)]} = \left[1 - \int_0^\beta \Delta W(\alpha)d\alpha\right] e^{-\beta H_0} \, . \tag{26.6}$$

Dabei ist

$$\Delta W(\alpha) = e^{-\alpha H_0}\Delta W e^{\alpha H_0} \, . \tag{26.7}$$

Setzt man dies in (26.3) ein, so ergibt sich

$$F = F_0 + \; <W> \; - \frac{1}{2}\int_0^\beta \; <\Delta W\,\Delta W(\alpha)> \, d\alpha \tag{26.8}$$

Der erste Term im Integral auf der rechten Seite heißt ursprünglich W. Wir haben ihn der Symmetrie halber durch $\Delta W = W - \; <W>$ ersetzt. Dies ist erlaubt, da der Zusatzterm $<W>$ wegen $<\Delta W(\alpha)> \; = 0$ einen sowieso verschwindenden Beitrag liefert.

Es ist instruktiv, die Resultate in der H_0-Darstellung anzuschreiben. Dann wird $\rho(H_0)$ diagonal mit den Eigenwerten

$$\rho_m = e^{[-\beta(\epsilon_m - F_0)]} \, . \tag{26.9}$$

In der Exponentialreihe lassen sich die α-Integrationen ausführen und liefern

$$<m \mid \rho(H_0 + \lambda W) \mid n>$$
$$= \rho_m \delta_{mn} + \lambda <m \mid \Delta W \mid n> \frac{\rho_m - \rho_n}{\epsilon_m - \epsilon_n} + O(\lambda^2) \, . \tag{26.10}$$

Für die freie Energie ergibt sich dann eine Entwicklung, die an die Schrödingersche Störungstheorie für den Grundzustand erinnert:

$$\boxed{F = F_0 + \; <W> \; + \frac{1}{2}\sum |<m \mid \Delta W \mid n>|^2 \frac{\rho_m - \rho_n}{\epsilon_m - \epsilon_n} + O(W^3) \, .} \tag{26.11}$$

Man beachte, daß hier im Gegensatz zur Schrödingerschen Störungstheorie die Diagonalglieder einen nichtverschwindenden endlichen Beitrag

$$<m \mid \rho \mid m> \; = \rho_m(1 - \beta\lambda <m \mid \Delta W \mid m>)$$

liefern.

Für die in der freien Energie (26.8) auftretenden Integrale über Mittelwerte der Form $<AB(\alpha)>$ lohnt es sich, neue Bezeichnungen einzuführen, nämlich

$$<A; B> \; = \frac{1}{\beta}\int_0^\beta \; <AB(\alpha)> \, d\alpha$$
$$= \sum <m \mid A \mid n><n \mid B \mid m> \frac{\rho_m - \rho_n}{\epsilon_n - \epsilon_m} \, . \tag{26.12}$$

Diese „Klammersymbole" erfüllen eine Reihe von Bedingungen, die man am einfachsten in der H_0-Darstellung nachrechnet. Zunächst sind sie „symmetrisch" und für hermitesche Operatoren A, B „reell", d.h. im Einzelnen

$$< A; B > \ = \ < B; A > \quad \text{und} \quad < A; B >^* \ = \ < A^*; B^* > . \tag{26.13}$$

Dabei sind A^* und B^* die zu A und B hermitesch konjugierten Operatoren, a^* ist die zu a konjugiert komplexe Zahl.

Weiterhin ergeben sich aus der Ungleichung $e^{-x} \geq 1 - x$ zunächst zwei Ungleichungen, die man wie folgt zusammenfassen kann:

$$0 \leq \frac{\rho_m - \rho_n}{\epsilon_n - \epsilon_m} \leq \beta \begin{cases} \rho_m \text{ falls } \epsilon_m \geq \epsilon_n \\ \rho_n \text{ falls } \epsilon_m \leq \epsilon_n . \end{cases} \tag{26.14}$$

In (26.12) eingesetzt liefert dies zwei Ungleichungen der Form

$$0 \leq \ < A^*; A > \ \leq \ < A^*A > . \tag{26.15}$$

Die Eigenschaften (26.13) und (26.15) sind mathematisch analog denen eines *Skalarproduktes*, weswegen wir auch für das Klammersymbol eine Bezeichnung gewählt haben, die analog ist. Die zweite Ungleichung in (26.15) besagt, daß die klassische Näherung für das Klammersymbol, bei der die Nichtvertauschbarkeit von A mit H_0 vernachlässigt wird, immer größer ist als der quantenmechanische Wert.

Verwendet man die Ungleichungen (26.15) für $A = \Delta W$ in dem Ausdruck (26.11) für die freie Energie, so sieht man:

Die Korrektur zweiter Näherung zur freien Energie ist immer negativ und dem Betrage nach immer kleiner als in der klassischen Näherung.

Wir wenden nun (26.11) an auf den Fall, daß an einem System mit dem „inneren" Hamiltonoperaor H an den „Koordinaten" q_i Kräfte f_i angreifen und betrachten eine differentielle Änderung df_i dieser Kräfte. Entsprechend setzen wir $H_0 = I = H - \sum q_i f_i$ und $W = - \sum q_i df_i$. Die F entsprechende Größe ist dann die verallgemeinerte Gibbssche freie Enthalpie K. Wir suchen also jetzt die Entwicklung von $dK = K(f + df) - K(f)$ bis zur zweiten Ordnung in den kleinen Größen df.

Unter Verwendung von (26.11) und der Klammersymbole (26.12) ergibt sich sofort die Entwicklung

$$dK = - \sum Q_i df_i - \frac{1}{2} \sum \chi_{i,k} df_i df_k + \cdots \tag{26.16}$$

mit den sog. (isothermen) Suszeptibilitäten

$$\chi_{i,k} = \frac{< \Delta q_i; \Delta q_k >}{kT} . \tag{26.17}$$

Damit haben wir die in Kap. 14 angekündigte Verallgemeinerung von (14.10) auf nicht vertauschbare Operatoren gewonnen. Da die Korrektur zweiter Ordnung von K wiederum negativ ist, sagt man auch, daß die Suszeptibilitätsmatrix $\chi_{i,k}$ *positiv* ist.

Das in Kap. 14 schon behandelte Variablenpaar s, T kann man in (26.17) natürlich ohne weiteres zusätzlich berücksichtigen. Statt der zusätzlich auftretenden Schwankungsgrößen $< (\Delta s)^2 >$ und $< \Delta s \Delta q_i >$ kann man wegen der Vertauschbarkeit von s mit dem Enthalpieoperator I auch $< \Delta s; \Delta s >$ und $< \Delta s; \Delta q_i >$ benutzen und erhält so eine in den Variablen s und q_i symmetrische Bezeichnungsweise.

Der in (14.1) eingeführte Operator s verdient noch eine zusätzliche Diskussion. Zunächst war die Entropie ja als thermodynamischer Mittelwert definiert worden, der definitionsgemäß keine Schwankungen ausführt. Es läßt sich jedoch in $\ln \rho$ leicht ein Operator angeben, dessen Schwankungen wohldefiniert sind. Physikalisch entsprechen diesen Schwankungen partielle Gleichgewichte, bei denen thermodynamische Größen wie Temperatur, Entropie, chemisches Potential etc. von Untersystemen wohldefiniert sind, aber *spontan* vom totalen Gleichgewicht abweichen.

In diesem Sinne kann man dann allgemein inneren Kräften f_i, also zunächst rein thermodynamischen Größen, Operatoren und deren Schwankungen zuordnen, und zwar durch die Beziehungen

$$\Delta f_i = \sum \chi_{i,k}^{-1} \Delta q_k \ . \tag{26.18}$$

Dies geschieht unter der Voraussetzung, daß die Schwankungen klein sind, so daß die lineare Näherung ausreicht.

Mit Hilfe dieser Gleichung kann man dann leicht die Fluktuationen

$$< \Delta f_i; \Delta f_k >$$

durch die Fluktuationen (26.17) der q_i ausdrücken. Außerdem ergibt sich aus (26.17, 18) die Beziehung

$$< \Delta f_i; \Delta q_k > = \delta_{i,k} \ . \tag{26.19}$$

Die Schwankungen der f_i und q_k sind also für $i \neq k$ *unkorreliert*.

Aufgaben

1. Man leite die „quantenmechanische Exponentialreihe" (26.6) ab. Hinweis: Man setze (in Analogie zur Diracschen Störungstheorie)

$$\exp[-\beta(H_0 + W)] = \sigma(\beta) \exp(-\beta H_0)$$

und leite die Differentialgleichung

$$d\sigma(\beta)/d\beta = -W(\beta)\sigma(\beta)$$

her. Die störungstheoretische Integration dieser Gleichung führt dann ziemlich direkt auf (26.6). Man muß nur noch im Exponenten die Zusatzterme $F_0 - <W>$ berücksichtigen. Man überzeuge sich auch, daß die Normierungsbedingung $Sp(\rho) = 1$ erfüllt ist.

2. Man leite die Potenzreihenentwicklung der freien Energie her unter Verwendung von $Z = \exp(-\beta E_n)$ und der Energieformel der Schrödingerschen Störungstheorie

$$E_n = \epsilon_n + W_{nn} + \sum_{m(\neq n)} \frac{|W_{nm}|^2}{\epsilon_n - \epsilon_m} + \cdots .$$

Man vergleiche das Resultat mit (26.11).

Ergänzende Literatur

Landau, L. D., Lifschitz, E. M.: *Statistische Physik*, Kap. XI, 114, Lehrbuch der theoretischen Physik, Bd. V, (Akademieverlag, Berlin 1966)

27. Verdünnte Gase und Lösungen

Der Rechenaufwand bei der Behandlung von verdünnten realen Gasen und Lösungen ist bei der Verwendung der großkanonischen Gesamtheit mit variabler Teilchenzahl wesentlich geringer als bei anderen Gesamtheiten. Wir betrachten deshalb in diesem Kapitel Systeme mit vorgegebenem chemischen Potential. Die Zustandssumme hat dann die Form

$$Y = Sp[e^{-\beta(H-\mu N_{op})}] = \sum_N Sp_N[e^{-\beta(H_N-\mu N)}] = \sum_N Z(T,V,N)\, e^{\mu N/kT} \,. \tag{27.1}$$

Dabei ist $Z(T,V,N) = Sp_N[e^{-\beta H_N}]$ die Zustandssumme der kanonischen Verteilung von N Teilchen im Volumen V bei der Temperatur T. Die ersten drei Terme der Summe in (27.1) sind

$$Y(T,V,\mu) = 1 + Z(T,V,1)\, e^{\mu/kT} + Z(T,V,2)\, e^{2\mu/kT} + \cdots \,. \tag{27.2}$$

Es wird sich zeigen, daß bei verdünnten Systemen die Größe $e^{\mu/kT}$ klein gegen Eins ist. Man kann sie also als kleinen Parameter für eine Reihenentwicklung betrachten. Gleichung (27.2) stellt in diesem Sinne direkt die ersten drei Terme einer Entwicklung nach Potenzen dieser kleinen Größe dar. Der Logarithmus von Y lautet bis zur gleichen Ordnung

$$\ln Y = Z(1)\, e^{\mu/kT} + [Z(2) - \tfrac{1}{2}Z(1)^2]\, e^{2\mu/kT} \,. \tag{27.3}$$

Ein interessanter Aspekt dieser Gleichung ist, daß in ihr zwar nur die kanonischen Zustandssummen von einem und zwei Teilchen vorkommen, daß dieses Resultat aber trotzdem ausreicht zur Beschreibung eines Systems von $N \gg 1$ Teilchen. Zur Auswertung von $Z(1)$ betrachtet man am einfachsten einen Würfel der Kantenlänge L vom Volumen $V = L^3$ mit periodischen Randbedingungen, welche die Impulse auf die diskreten Werte

$$\boldsymbol{p} = \frac{2\pi\hbar}{L}\boldsymbol{n} \tag{27.4}$$

einschränken, $\boldsymbol{n} = (n_1, n_2, n_3)$ ein Vektor mit ganzzahligen Komponenten n_i. Für große L können dann Summen über die $\boldsymbol{p}$ durch Integrale ersetzt werden

$$\sum_{\boldsymbol{n}} \rightarrow \int d^3n = \frac{V}{(2\pi\hbar)^3}\int d^3p \,. \tag{27.5}$$

Zum gleichen Resultat gelangt man unter Benutzung der quasiklassischen Näherung (23.13–15). Da in $Z(1)$ die Wechselwirkungen keine Rolle spielen, verschwinden die Quantenkorrekturen (Kap. 25) und die quasiklassische Näherung ist exakt. Auf beiden Wegen erhält man

$$Z(T,V,1) = \frac{V}{(2\pi\hbar)^3} \int e^{-p^2/2mkT} d^3p = \frac{V}{\lambda^3} \ . \tag{27.6}$$

Die hier auftretende Konstante $\lambda = 2\pi\hbar/\sqrt{2\pi mkT}$ ist wie in (23.15) die thermische de Broglie-Wellenlänge der Teilchen.

Bei dieser Summation haben wir etwaige zusätzliche innere Spinfreiheitsgrade der Teilchen nicht berücksichtigt. Bei Fermionen mit dem Spin 1/2 müßte man z.B. noch über die beiden Spineinstellungen mitsummieren, wodurch auf der rechten Seite von (27.6) noch ein zusätzlicher Faktor 2 auftreten würde. Differentiation von $\ln Y$ nach $\beta\mu$ liefert nach Tabelle 17.1, 2 die Teilchenzahl N:

$$\boxed{N = \frac{V}{\lambda^3}\, e^{\beta\mu}\ .} \tag{27.7}$$

Wie man sieht, ist in dieser Näherung $e^{\beta\mu}$ direkt proportional zur Teilchendichte $n = N/V$. Bei hinreichend hoher Verdünnung und hoher Temperatur, genauer, solange die thermische de Broglie-Wellenlänge klein gegenüber dem mittleren Teilchenabstand $(V/N)^{1/3}$ ist, gilt also $e^{\beta\mu} \ll 1$, wie bei der Entwicklung (27.3) vorausgesetzt.

Bei verdünnten Lösungen hat man zwei verschiedene chemische Potentiale: μ_s für den gelösten Stoff und μ für das Lösungsmittel. Bei genügender Verdünnung des gelösten Stoffes kann man nach Potenzen von $\exp(\beta\mu_s)$ entwickeln:

$$Y = Y_0(T,V,\mu) + Y_1(T,V,\mu)\, e^{\beta\mu_s} + \cdots \tag{27.8}$$

und entsprechend

$$\ln Y = \ln Y_0 + Vy(T,\mu)e^{\beta\mu_s}\ . \tag{27.9}$$

Dabei haben wir das Verhältnis $Vy = Y_1/Y_0$ eingeführt und gleich berücksichtigt, daß dieses, genauso wie $\ln Y$, als homogene Funktion von V linear abhängen muß.

Wir verwenden nun die Duhem-Gibbs-Relation (18.18) in der Form $\ln Y = -J/kT = PV/kT$ und eine völlig analoge Relation für das reine Lösungsmittel $\ln Y_0$. Dann kann man (27.8) schreiben als

$$P(T,\mu,\mu_s) = P_0(T,\mu) + y(T,\mu)kT\, e^{\beta\mu_s} + \cdots\ . \tag{27.10}$$

Hiervon ausgehend erhält man kalorische und thermische Zustandsgleichungen mit Hilfe von (18.12), d.h. der Differentialbeziehung $dP = -\sigma dT + nd\mu + n_s d\mu_s$. Insbesondere gilt

$$(\partial P/\partial\mu_s)_{T,\mu} = y(T,\mu)e^{\beta\mu_s} = n_s \tag{27.11}$$

und nach Einsetzen in (27.10)

$$P(T, \mu, n_s) = P_0(T, \mu) + n_s kT + \cdots .$$

(27.12)

Diese Gleichung bildet die Grundlage für das van't Hoffsche Gesetz des osmotischen Druckes (vgl. (20.6)), sie ist praktisch äquivalent dazu.

Die Gleichungen (27.11, 12) ermöglichen die Bestimmung der Abhängigkeit der chemischen Potentiale des Lösungsmittels $\mu = \mu(P, T, c_s)$ und des gelösten Stoffes $\mu_s = \mu_s(P, T, c_s)$ von der Konzentration c_s des Lösungsstoffes. Da der Lösungsvorgang bei konstantem Druck geschieht, erfüllen die Potentiale $\mu_0(P, T)$ des reinen Lösungsmittels und $\mu(P, T, c_s)$ des Lösungsmittels in der Lösung die beiden Identitäten

$$P[T, \mu(P, T, c_s), n_s] = P_0[T, \mu_0(P, T)] \equiv P .$$

(27.13)

Eingesetzt in (27.12) ergibt sich damit

$$P = P_0[T, \mu(P, T, c_s)] + n_s kT + \cdots .$$

(27.14)

Die Auflösung dieser Gleichung nach μ ergibt unter Beachtung der rechten Gleichung (27.13)

$$\mu(P, T, c_s) = \mu_0(P - n_s kT, T) .$$

(27.15)

Die Entwicklung dieser Gleichung nach n_s ergibt dann unter Beachtung von $(\partial \mu_0 / \partial P)_T - 1/n_0$ und der für kleine c_s gültigen Näherung $n_s/n_0 = c_s$

$$\mu(P, T, c_s) = \mu_0(P, T) - c_s kT .$$

(27.16)

In nullter Ordnung ist also $\mu = \mu_0$ und damit wie auch n_0 nur eine Funktion von P und T, unabhängig von c_s. Ganz anders, bei μ_s: Durch Auflösen von (27.11) nach μ_s ergibt sich $\mu_s = kT \ln(c_s n_0 / y(T, \mu_0))$, was man auch in der Form

$$\mu_s(P, T, c_s) = \mu_s(P, T) + kT \ln c_s$$

(27.17)

schreiben kann. Das chemische Potential des Lösungsstoffes erreicht also für $c_s \to 0$ keinen festen Grenzwert, sondern enthält eine logarithmische Singularität in völliger Analogie zu idealen Gasen (vgl. Aufg. 28.1). Die Gleichungen (27.16, 17) spielen eine wichtige Rolle bei der Aufstellung des Massenwirkungsgesetzes (20.23) für verdünnte Gase und Lösungen.

Der Vollständigkeit halber sei erwähnt, daß die Maxwell-Relation $(\partial \mu / \partial N_s)$ $= (\partial \mu_s / \partial N)$ wegen $c_s \simeq N_s/N$ für die Entwicklungen (27.16, 17) erfüllt ist.

28. Einatomige klassische ideale Gase

Bei der Behandlung idealer Gase kann man entweder von der Zustandssumme Z (23.16) mit den Variablen T, V, N ausgehen oder von Y (27.3) mit den Variablen T, V, μ. Ideale Gase sind so stark verdünnt, daß man ihre gegenseitige Wechselwirkung vernachlässigen kann. Wir beschränken uns deshalb in (27.3) auf den ersten Term der rechten Seite. Thermische und kalorische Zustandsgleichungen bekommt man durch Anwendung der Differentialrelation $dJ = -SdT - PdV - Nd\mu$ auf das thermodynamische Potential $J = -kT \ln Y$ der großkanonischen Gesamtheit. Zunächst bekommt man aus (27.3,6)

$$J = -kT \ln Y = -kT \frac{V}{\lambda^3} e^{\mu/kT} . \tag{28.1}$$

Bei der Differentiation nach T muß man beachten, daß $\lambda \propto 1/\sqrt{T}$ ist. Die Differentiation nach μ war schon in (27.3) durchgeführt worden. Es ergibt sich damit der Reihe nach

$$\boxed{\begin{aligned} S &= kN(5/2 - \mu/kT) , \\ P &= \frac{N}{V} kT , \\ N &= \frac{V}{\lambda^3} e^{\mu/kT} . \end{aligned}} \tag{28.2}$$

Die letzte der drei Gleichungen kann verwendet werden, um die Variable μ und damit auch die Entropie als Funktion von T, V, N zu berechnen. Man erhält

$$\boxed{\mu = -kT \ln \left(\frac{V}{N\lambda^3} \right)} \tag{28.3}$$

und

$$\boxed{S = kN \left\{ \ln \left(\frac{V}{N\lambda^3} \right) + \frac{5}{2} \right\} .} \tag{28.4}$$

Diese Formel enthält neben der schon aus thermodynamischen Überlegungen folgenden Abhängigkeit der Entropie von T, V, N auch eine die im Rahmen der Thermodynamik unbestimmte Konstante, die sog. „Entropiekonstante", die

in die Berechnung des Dampfdruckes und von chemischen Gleichgewichten eingeht. Wie man sieht, hängt sie von der Masse der Teilchen, der Boltzmann-
Konstanten und der Planckschen Konstanten ab. Die Formel (28.4) wurde erstmals von Sackur und Tetrode noch vor der Heisenberg-Schrödingerschen Quantentheorie aufgestellt [28.1]. Sie heißt deshalb auch Sackur-Tetrode Gleichung.

Wir geben das Resultat noch für ein Mol an:

$$S_m = R(\tfrac{3}{2}\ln T + \ln V_m + \tfrac{3}{2}\ln M) + 2{,}65 \ \mathrm{cal/K}$$
$$= R(\tfrac{5}{2}\ln T - \ln P - \tfrac{3}{2}) - 2{,}31 \ \mathrm{cal/K} \ . \tag{28.5}$$

Dabei sind folgende Größen verwendet worden:

$$N_m = 6{,}02 \cdot 10^{23} \qquad \text{Loschmidt-Zahl,}$$
$$kN_m = R = 1{,}987 \ \mathrm{cal/K} \quad \text{universelle Gaskonstante,}$$
$$mN_m = M \qquad \text{Molekulargewicht in Gramm,}$$
$$T \qquad \text{Temperatur in K,}$$
$$V_m \qquad \text{Molvolumen in Liter,}$$
$$P \qquad \text{Druck in } 10^5 \ \mathrm{Pa.}$$

Zur Berechnung der spezifischen Wärme bei konstantem Volumen ist noch
die mittlere Energie E von Interesse. Man kann dazu von der Gibbs-Duhem-
Relation $\mu N = E + PV - TS$ ausgehen oder direkt vom Gleichverteilungssatz.
In jedem Fall ergibt sich

$$E = \tfrac{3}{2}NkT \ . \tag{28.6}$$

Die mittlere Energie eines idealen Gases ist also unabhängig vom Volumen.

Zum Vergleich mit der bis jetzt verwendeten großkanonischen Gesamtheit
geben wir einige Resultate der kanonischen Gesamtheit an. Ausgangspunkt ist
die Zustandssumme (23.16), wobei in H_{pot} nur das Wandpotential zu berücksichtigen ist, welches die Volumenintegrale auf das Volumen V beschränkt. Damit
ergibt sich für die Zustandssumme

$$Z(T,V,N) = \frac{1}{N!}\left(\frac{V}{\lambda^3}\right)^N \ . \tag{28.7}$$

Hieraus ergibt sich unter Verwendung der Stirling-Formel $\ln N! = N\ln N - N$ die freie Energie

$$F = -kT\ln Z = -kTN\ln\left(\frac{eV}{\lambda^3 N}\right) \ . \tag{28.8}$$

Hieraus kann man auch die Entropie direkt als Funktion von T, V, N berechnen als $S = -(\partial F/\partial T)$, das Resultat stimmt natürlich mit (28.4) überein.

Aus der Entropie erhält man dann die spezifischen Wärmen $C = T(\partial S/\partial T)$
bei konstantem Volumen direkt aus (28.4), bei konstantem Druck am einfachsten durch Einsetzen von P für V nach dem idealen Gasgesetz in den Ausdruck
$S(T,V,N)$, wie schon in (28.5) geschehen. Es ergibt sich dann

$$C_v = \tfrac{3}{2}Nk \; ; \qquad C_p = \tfrac{5}{2}Nk \; . \tag{28.9}$$

Für mehratomige Gase ändern sich C_v und C_p einzeln jede um den gleichen Betrag, wie wir im nächsten Kapitel sehen werden. Die Differenz

$$C_p - C_v = Nk \tag{28.10}$$

behält jedoch den gleichen Wert, wie in (17.23) und Aufg. 17.3 gezeigt.

Wir gehen abschließend noch einmal auf den Zusammenhang zwischen (28.1) und (28.7) ein. Durch Einsetzen von (28.7) in (27.1) bekommt man die Exponentialreihe in (V/λ^3), welche sich exakt aufsummieren läßt. Das Resultat ist gerade $\ln Y = V \exp(\beta\mu)/\lambda^3$. Auf der anderen Seite war dasselbe Resultat in (27.3) nur unter Berücksichtigung der beiden ersten Glieder der Exponentialreihe und Entwicklung des Logarithmus gewonnen worden. Die Vernachlässigung der höheren Glieder der Exponentialreihe scheint zunächst nicht gerechtfertigt, da (V/λ^3) von der Ordnung N, also sehr groß gegen Eins ist. Der Vergleich der Endresultate für $\ln Y$ zeigt jedoch, daß diese Vernachlässigung bei idealen Gasen exakt zum richtigen Ergebnis führt, falls man bei der Entwicklung von $\ln Y$ ebenfalls konsequent alle höheren Glieder vernachlässigt: Obwohl der Konvergenzbereich der Reihen für Y und $\ln Y$ sehr verschieden ist, ergibt der Koeffizientenvergleich der gleichen Potenzen die richtigen Ausdrücke.

Bei Berücksichtigung der Wechselwirkung verschwindet der zweite Term in (27.3) nicht mehr. Trotzdem ergibt sich eine bei genügend hoher Verdünnung schnell konvergente Reihe für $\ln Y$, im Gegensatz zur Entwicklung von Y selbst. Darin liegt der enorme Vorteil der großkanonischen Gesamtheit gegenüber der kanonischen. Zur Berechnung des zweiten Termes in (27.3) benötigt man tatsächlich nur die Zustandssumme von zwei Teilchen in einem sonst leeren Gefäß. Bei der kanonischen Gesamtheit muß man mit großen Teilchenzahlen N arbeiten. Dies ist zwar mit Hilfe der sog. Clusterentwicklungen von Ursell und Mayer [28.2] möglich, aber ziemlich umständlich. Alle diese Schwierigkeiten werden durch Verwendung der großkanonischen Gesamtheit vermieden.

Aufgaben

1. Man berechne aus der freien Energie (28.8) und der Differentialrelation $dF = -SdT - PdV + \mu dN$ die Ausdrücke für die Größen S, P, μ und vergleiche mit den Resultaten der großkanonischen Gesamtheit.

2. Man zeige, daß die durch $\rho(\boldsymbol{p}) = \exp[-\beta(p^2/2m - \mu)]$ eingeführte Größe μ mit dem chemischen Potential übereinstimmt, unter Ausnutzung der Normierungsbedingung für $\rho(\boldsymbol{p})$. Man vergleiche mit Aufg. 7.1.

3. Man bestimme die freie Energie F aus $\ln Y$ unter Verwendung von Kap. 27 und $J = F - \mu N$ und vergleiche mit (28.8).

Literatur

28.1 Sackur, O.: Ann.Phys. **36**, 958 (1911) und **40**, 67 (1913); Tetrode, H.: Ann. Phys. **38**, 434 (1912)
28.2 Ursell, H. D.: Proc. Cambridge Phil. Soc. **23**, 685 (1927); Mayer, J. E. und Goeppert-Mayer, M.: *Statistical Mechanics*, (New York 1948).

29. Zweiatomige ideale Gase

Die Energie eines Moleküls setzt sich zusammen in der Form

$$\epsilon = \frac{p^2}{2m} + \frac{\hbar^2 j(j+1)}{2I} + \hbar\omega\left(n + \frac{1}{2}\right) . \tag{29.1}$$

Der erste Term ist die kinetische Energie der Translation und ergibt in klassischer Näherung einen Beitrag zur freien Energie wie im vorigen Kapitel. Der zweite Term ist die kinetische Energie der Rotation. Bei der Berechnung der Zustandssumme ist darauf zu achten, daß jeder durch j gekennzeichnete Term $(2j+1)$-fach entartet ist (Wir betrachten zunächst nur Moleküle mit zwei *verschiedenen* Atomen, sonst muß man noch Symmetrieeffekte berücksichtigen. Auch den Kernspin lassen wir zunächst außer acht).

Der dritte Term ist die Schwingungsenergie. Er ist bei höheren Quantenzahlen n zu korrigieren durch anharmonische Effekte. Für die Zustandssumme gilt dann:

$$\ln Z = \ln Z_{tr} + N(\ln z_r + \ln z_v) . \tag{29.2}$$

Die gesamte Volumenabhängigkeit steckt dabei im Translationsanteil. Die thermische Zustandsgleichung wird also nicht geändert. Wir betrachten deshalb nur die Beiträge der Rotationen und Vibrationen zu den kalorischen Größen.

a) Wir beginnen mit den *Rotationen*.

$$z_r = \sum_{j=0}^{\infty} (2j+1)e^{-\hbar^2 j(j+1)/(2IkT)} \tag{29.3}$$

ist der Beitrag eines Teilchens zur Zustandssumme. Für tiefe Temperaturen kann man sich auf die ersten Summenglieder beschränken und unter Einführung der charakteristischen Temperatur $\theta_r = \hbar^2/kI$ schreiben:

$$z_r = 1 + 3e^{-\theta_r/T} + 5e^{-3\theta_r/T} + \cdots . \tag{29.4}$$

Für hohe Temperaturen kann man die Summe näherungsweise durch ein Integral ersetzen und den Rest nach der Eulerschen Summenformel abschätzen:

$$\sum_{j_0}^{j_1} f(j) = \int_{j_0}^{j_1} f(j)dj + \frac{1}{2}[f(j_0) + f(j_1)] - \frac{1}{12}[f'(j_0) - f'(j_1)]$$
$$+ \frac{1}{720}[f'''(j_0) - f'''(j_1)] + \cdots . \tag{29.5}$$

Angewandt auf (29.3) liefert dies (nach einigen Zwischenrechnungen):

$$z_r = 2\frac{T}{\theta_r} + \frac{1}{3} + \frac{1}{30}\frac{\theta_r}{T} + \cdots . \tag{29.6}$$

Beschränkt man sich für tiefe Temperaturen auf das erste Glied, so bekommt man

$$S_r = 3Nk\frac{\theta_r}{T}e^{-\theta_r/T} , \tag{29.7}$$

$$E_r = 3Nk\theta_r e^{-\theta_r/T} , \tag{29.8}$$

$$C_r = 3Nk\left(\frac{\theta_r}{T}\right)^2 e^{-\theta_r/T} , \tag{29.9}$$

und bei hohen Temperaturen:

$$S_r = Nk\left(1 + \ln\frac{2T}{\theta_r}\right) , \tag{29.10}$$

$$E_r = Nk\left(T - \frac{\theta_r}{6} - \frac{\theta_r^2}{180T}\right) , \tag{29.11}$$

$$C_r = Nk\left(1 + \frac{\theta_r^2}{180T^2}\right) . \tag{29.12}$$

Der Gesamtverlauf des Rotationsanteils der spezifischen Wärme ist in Abb. 29.1 angegeben.

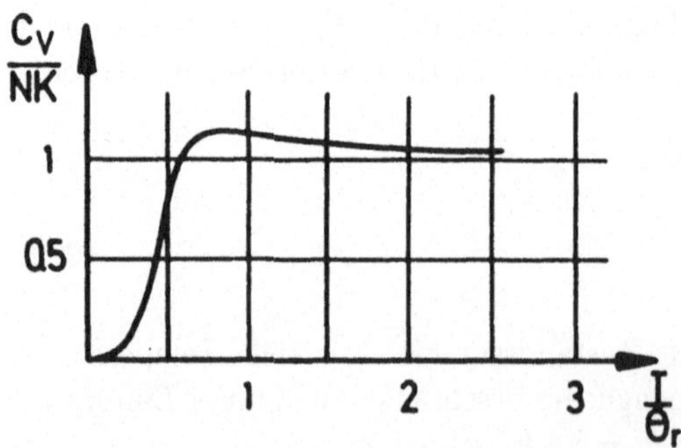

Abb. 29.1. Rotationsanteil der spezifischen Wärme zweiatomiger Moleküle als Funktion der Temperatur

Zur Berücksichtigung von Kernspin und Symmetrieeffekten ist folgendes zu sagen: Die Bedingung antisymmetrischer Ortsfunktion bedeutet die Zulassung nur ungerader j-Werte, entsprechend gehören symmetrische Ortsfunktionen zu geraden j-Werten.

Man bezeichnet Zustände mit geraden (ungeraden) j auch als Para-(Ortho-) Zustände. Die entsprechenden Beiträge zur Zustandssumme sind

$$z_p = \sum_{j=\text{ger.}} (2j+1)e^{-j(j+1)\theta_r/2T} \ , \tag{29.13}$$

$$z_o = \sum_{j=\text{ung.}} (2j+1)e^{-j(j+1)\theta_r/2T} \ . \tag{29.14}$$

Das Verhältnis von Ortho- zu Parazuständen ist dann

$$\nu(T) = \frac{n_o z_o}{n_p z_p} \ , \tag{29.15}$$

wobei n_o und n_p die auf Grund des Symmetrieverhaltens der Gesamtwellenfunktion gegebenen Kernspinentartungsgrade sind. Die spezifische Wärme z.B. der Wasserstoffmoleküle H_2, D_2, HD ist dann dadurch bestimmt, daß der Übergang von Orthozuständen in Parazustände normalerweise sehr lange dauert. Die spezifische Wärme hängt also normalerweise davon ab, von welchem Ausgangszustand man die Messung beginnt. Hat man z.B. Gleichgewicht bei der Temperatur T_0, so bleibt das entsprechende Verhältnis $\nu(T_0)$ normalerweise während der ganzen Meßdauer konstant und man hat

$$C_r(T) = \{\nu(T_0)C_0(T) + C_p(T)\}/[\nu(T_0)+1] \ . \tag{29.16}$$

b) Wir betrachten nun die *Schwingungen*.

Die Zustandssumme ist jetzt:

$$z_v = \sum_{n=0}^{\infty} e^{-\beta\hbar\omega(n+1/2)} = \frac{e^{-\beta\hbar\omega/2}}{1-e^{-\beta\hbar\omega}} \ . \tag{29.17}$$

Wir untersuchen wieder das Verhalten der Energie und der spezifischen Wärme bei hohen und tiefen Temperaturen:

$$\begin{aligned}
E_v &= Nk\left(\frac{1}{e^{\beta\hbar\omega}-1} + \frac{1}{2}\right) = Nk\theta_v\left(\frac{1}{e^{\theta_v/T}-1} + \frac{1}{2}\right) \\
&= Nk\theta_v\left(e^{-\theta_v/T} + \frac{1}{2} + \cdots\right) \ ; \quad T \ll \theta_v \\
&= NkT\left(1 + \frac{1}{12}\left(\frac{\theta_v}{T}\right)^2 - \frac{1}{720}\left(\frac{\theta_v}{T}\right)^4 + \cdots; \right) \quad T \gg \theta_v \ .
\end{aligned} \tag{29.18}$$

Dabei ist die charakteristische Temperatur für die Vibrationen eingeführt durch $k\theta_v = \hbar\omega$. Für die spezifische Wärme ergibt sich dann:

$$\begin{aligned}
C_v &= Nk\left\{\left(\frac{\theta_v}{T}\right)^2 e^{-\theta_v/T} + \cdots\right\} \ ; \quad T \ll \theta_v \\
&= Nk\left(1 - \frac{1}{12}\left(\frac{\theta_v}{T}\right)^2 + \frac{1}{240}\left(\frac{\theta_v}{T}\right)^4 + \cdots\right) \ ; \quad T \gg \theta_v \ .
\end{aligned} \tag{29.19}$$

Normalerweise ist $\theta_v \gg \theta_r$. Mit steigender Temperatur werden also zunächst die Rotationen, dann die Vibrationen angeregt. Die spezifische Wärme C_v wächst dabei vom Translationsanteil $3k/2$ zunächst auf $5k/2$ und dann auf $7k/2$. Bei noch höheren Temperaturen bekommt man schließlich Dissoziation. Der Beitrag der potentiellen Energie zur spezifischen Wärme verschwindet dann und man hat nur noch den doppelten Translationsanteil $6k/2$ des zweiatomigen Gases.

Aufgabe

1. Man bestimme den Rotationsanteil der spezifischen Wärme von HD, H_2 und D_2 nach (29.16) mit $T_0 = 0$ und $T_0 \gg \theta_r$, sowohl für $T \gg \theta_r$ als auch $T \ll \theta_r$.

30. Die Virialentwicklung

In den letzten drei Kapiteln haben wir Systeme betrachtet, bei denen wegen großer Verdünnung oder fehlender Wechselwirkung die Thermodynamik im wesentlichen durch die Zustandssumme eines Teilchens bestimmt wird. Bei realen Gasen mäßiger Verdünnung muß man unter Umständen das zweite Glied der Entwicklung (27.3) berücksichtigen. Setzt man zur Abkürzung $Z_1 = Z(1)$ und $Z_2 = Z(2) - Z(1)^2/2$, so hat man nach (18.19)

$$\ln Y = \frac{PV}{kT} = Z_1\, e^{\beta\mu} + Z_2\, e^{2\beta\mu} + \cdots \, , \tag{30.1}$$

woraus sich durch Differenzieren nach μ ergibt:

$$N = Z_1\, e^{\beta\mu} + 2Z_2\, e^{2\beta\mu} \, . \tag{30.2}$$

Setzt man hier in den Korrekturgliedern ($\propto Z_2$) für $e^{\beta\mu}$ jeweils die erste Näherung N/Z_1 ein, so erhält man aus (30.2) eine korrigierte Bestimmungsgleichung für μ:

$$Z_1\, e^{\beta\mu} = N - 2Z_2 \left(\frac{N}{Z_1}\right)^2 + \cdots \tag{30.3}$$

und nach Einsetzen in (30.1) eine Korrektur zum idealen Gasgesetz

$$\frac{PV}{kT} = N - Z_2 \left(\frac{N}{Z_1}\right)^2 \, . \tag{30.4}$$

Diese Korrektur stellt das erste Glied einer Reihenentwicklung von P/n nach Potenzen der Dichte $n = N/V$ dar

$$P = nkT[1 + b(T)\, n + c(T)\, n^2 + \cdots] \, . \tag{30.5}$$

Man nennt diese Entwicklung auch Virialentwicklung, da sie ursprünglich aus dem Virialsatz (24.9) abgeleitet wurde. Die Koeffizienten $b(T), c(T), d(T), \ldots$ heißen auch zweiter, dritter etc. Virialkoeffizient. $b(T)$ hat nach (30.4) die Form

$$b(T) = -\frac{V}{Z(1)^2} \left[Z(2) - \frac{1}{2}Z(1)^2\right] \, , \tag{30.6}$$

wobei $Z(1) = V/\lambda^3$ bereits bekannt ist. Es handelt sich also nur noch um die Bestimmung von $Z(2)$, d.h. der Zustandssumme von *zwei* Teilchen.

Zunächst könnte man meinen, daß bei wechselwirkungsfreien Teilchen das ideale Gasgesetz gilt, d.h. $b(T) = 0$ und damit $Z(2) = Z(1)^2/2$. Im Rahmen der klassischen Näherung ist dies auch richtig, in der Quantentheorie gibt es jedoch Austauscheffekte, aufgrund deren $b(T)$ von Null verschieden wird. Um diese allein zu untersuchen, vernachlässigen wir zunächst die Wechselwirkung zwischen den Teilchen. Dann wird

$$Z(2) = \frac{1}{2} \sum_{p,q} e^{-(p^2+q^2)/(2mkT)} . \tag{30.7}$$

Der Faktor $1/2$ ist in (30.7) eingeführt worden, damit man bei unabhängiger Summation über die Impulse p und q der beiden Teilchen Doppelzählungen vermeidet, in Übereinstimmung mit der Ununterscheidbarkeit der Teilchen.

Dieses Verfahren ist jedoch nur korrekt für $p \neq q$. Für $p = q$ darf im Falle der Fermi-Statistik kein Beitrag zu $Z(2)$ auftreten, im Falle der Bose-Statistik gerade *einmal* die Exponentialfunktion $\exp[-p^2/(mkT)]$. In (30.7) tritt dieser Beitrag in beiden Fällen gerade ein halbes Mal auf. Diese Differenz ist es, welche $b(T)$ von Null verschieden macht. Man erhält damit

$$b_a(T) = \pm \frac{\lambda^6}{2V} \sum_{p} e^{-p^2/(mkT)} \begin{cases} + : & \text{Fermi-Statistik} \\ - : & \text{Bose-Statistik} \end{cases} \tag{30.8}$$

als Beitrag der Austauscheffekte zu $b(T)$. Im allgemeinen muß man allerdings wiederum zusätzlich noch die Spinfreiheitsgrade berücksichtigen. Die p-Summe in (30.8) läßt sich sofort auf $Z(1)$ zurückführen. Sie unterscheidet sich davon nur durch einen Faktor 2 im Exponenten. Das Endresultat lautet dann:

$$\boxed{b_a(T) = \pm \frac{\lambda^3}{2^{5/2}} = \pm \frac{1}{2} \left(\frac{\pi \hbar^2}{mkT} \right)^{3/2} .} \tag{30.9}$$

Man sieht, die Austauschkorrekturen sind von der Ordnung $\hbar^3$. Dies ermöglicht es, Quantenkorrekturen zur klassischen Näherung von $b(T)$ zu berechnen, ohne Symmetrieeffekte zu beachten, denn diese Korrekturen sind von der Ordnung $\hbar^2$ (s. Kap. 25). Als nächstes betrachten wir die quasiklassische Näherung für $Z(2)$:

$$Z_{kl} = \frac{1}{2\lambda^6} \int e^{-\beta w(r_{12})} d^3 r_1 d^3 r_2 . \tag{30.10}$$

Nimmt man hier als Integrationsvariablen etwa r_1 und $r = r_{12}$, so liefert die Integration über r_1 gerade einen Faktor V. Nach Einsetzen in (30.6) bleibt dann

$$\boxed{b_{kl} = -\frac{1}{2} \int f(r) d^3 r \quad \text{mit} \quad f(r) = e^{-\beta w(r)} - 1 .} \tag{30.11}$$

Zu einer groben Abschätzung der Temperaturabhängigkeit kommt man durch den Ansatz

$$f(r) = \begin{cases} -1 & ; \ r \leq c \\ -\beta w(r) & ; \ r > c \ . \end{cases} \tag{30.12}$$

Dies führt auf

$$b_{kl}(T) = b - \frac{a}{kT} \tag{30.13}$$

mit

$$b = \frac{1}{2} \cdot \frac{4\pi}{3} c^3 \ . \tag{30.14}$$

b ist also das vierfache „Eigenvolumen" der Teilchen, denn ihr „Radius" ist gleich $c/2$. Weiterhin ist

$$a = -\frac{1}{2} \int_c^\infty w(r) d^3 r \ . \tag{30.15}$$

Der genaue Verlauf von $b(T)$ ist etwas verschieden von (30.13). Insbesondere (s. Abb. 30.2) mündet $b(T)$ bei höheren Temperaturen nicht in eine Konstante ein, sondern nimmt langsam ab, da die Abstoßung nicht unendlich hart ist.

Die Virialkoeffizienten bilden ein wichtiges Hilfsmittel zur experimentellen Bestimmung von Potentialkurven $w(r)$. Man geht normalerweise so vor, daß man ein Potential mit einigen freien Parametern ansetzt, die man dann durch Anpassung an die Virialkoeffizienten bestimmt. Oft benutzt wird das sog. 6-12-Potential (auch Lennard-Jones-Potential, siehe Abb. 30.1)

$$w(r) = 4\epsilon \left[\left(\frac{\sigma}{r} \right)^{12} - \left(\frac{\sigma}{r} \right)^{6} \right] \ . \tag{30.16}$$

Unter Einführung der dimensionslosen Größen $r^* = r/\sigma$ und $T^* = kT/\epsilon$ bekommt man damit für $b_{kl}(T)$ nach partieller Integration

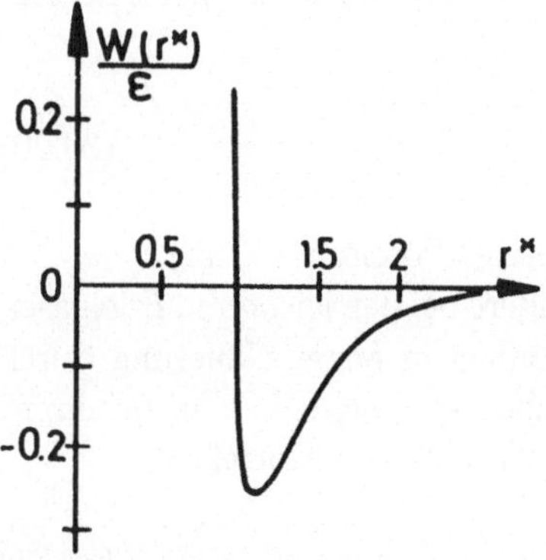

Abb. 30.1. Das Lennard-Jones (6-12)-Potential

$$b_{kl}(T) = \frac{2\pi}{3}\sigma^3 \frac{4}{T^*} \int_0^\infty \left(\frac{12}{r^{*10}} - \frac{6}{r^{*6}}\right) \exp\left[-\frac{4}{T^*}\left(\frac{1}{r^{*12}} - \frac{1}{r^{*6}}\right)\right] dr^* \,. \qquad (30.17)$$

Entwickelt man $\exp[4/(T^* r^{*6})]$ in eine Potenzreihe, so kann man die verbleibende r^*-Integration durch Γ-Funktionen ausdrücken. Nach einigen Zwischenrechnungen, vgl. dazu etwa [30.1] ergibt sich:

$$b_{kl}(T) = \frac{2\pi}{3}\sigma^3 \sum_{j=0}^\infty \frac{2^{j-3/2}}{j!} \Gamma\left(\frac{2j-1}{4}\right) T^{*-(2j+1)/4} \,. \qquad (30.18)$$

Die ersten Terme dieser Entwicklung sind

$$b_{kl}(T) = \frac{2\pi}{3}\sigma^3 \left\{\frac{1{,}73}{T^{*1/4}} - \frac{2{,}56}{T^{*3/4}} - \frac{0{,}87}{T^{*5/4}} - \cdots\right\} \,. \qquad (30.19)$$

Experimente an den Edelgasen Ne, A, Kr, Xe haben sich durch Anpassung der beiden Parameter ϵ und σ gut durch (30.18) darstellen lassen (s. Tabelle 30.1). Die Tabelle zeigt Potentialparameter für Edelgase. Man erkennt das Anwachsen von ϵ und σ mit der Ordnungszahl. Bei sehr hohen Temperaturen ($T^* \gg 100$), die bei He wegen des kleinen ϵ-Wertes leichter als bei anderen Gasen erreichbar sind, zeigt sich ein stärkerer Abfall von $b(T)$ mit T als nach dem Lennard-Jones-Potential zu erwarten wäre. Dies bedeutet eine vergleichsweise weichere Abstoßung.

Tabelle 30.1. Konstanten des 6-12-Potentials aus Virialkoeffizienten [30.1]

Gas	ϵ/k [K]	σ [Å]	$N_m b = N_m \frac{2\pi}{3}\sigma^3 [\mathrm{cm}^3]$
He	10.2	2.56	21
Ne	34.9	2.78	27
A	120	3.4	50
Kr	171	3.6	59
Xe	221	4.1	87

Eine bessere Anpassung an die experimentellen Werte hat sich mit dem sog. exp-6-Potential erreichen lassen

$$w(r) = \epsilon\left[\exp(\alpha\{a - r\}) - \left(\frac{\sigma}{r}\right)^6\right] \,. \qquad (30.20)$$

Für viele Fragen reicht jedoch das zweiparametrige Potential (30.16).

Bei tieferen Temperaturen werden insbesondere bei den leichteren Edelgasen ^{3}He und ^{4}He Quanteneffekte merklich. Sie können in erster Näherung durch Berücksichtigung von Quantenkorrekturen einbezogen werden. Man bekommt dafür unter Benutzung der Überlegungen von Kap. 25 eine Korrektur

$$b_q(T) = \frac{\pi\hbar^2}{6mT^3} \int \left(\frac{dw}{dr}\right) e^{-\beta w} r^2 dr \,. \qquad (30.21)$$

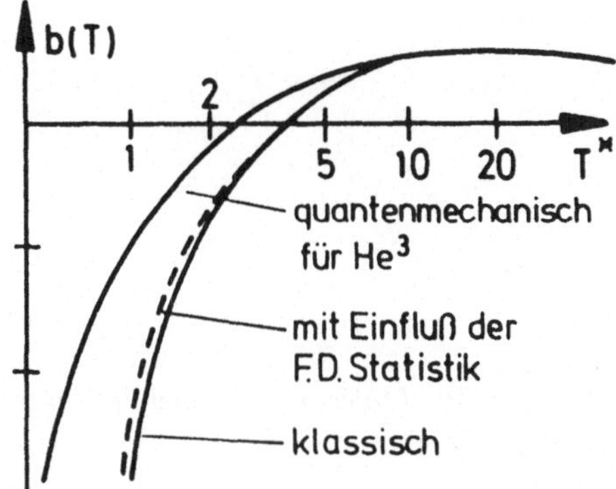

Abb. 30.2. Zweiter Virialkoeffizient $b(T)$ für das 6-12-Potential [30.1]

Abbildung 30.2 zeigt die Größenordnung der verschiedenen Beiträge zu

$$b(T) = b_a(T) + b_{kl}(T) + b_q(T)$$

für He.

Bei sehr tiefen Temperaturen kann man die Quanteneffekte nicht mehr als kleine Korrekturen betrachten, sondern muß direkt die quantenmechanische Zustandssumme $Z(2)$ benutzen. Dies erfordert umfangreiche numerische Rechnungen [30.1], auf die wir hier nicht eingehen wollen.

Aufgaben

1. Man berechne a nach (30.15)

   a) für das 6-12-Potential mit $c = \sigma$.

   b) für das Potential (Abb. 30.3)

$$w(r) = \begin{cases} \infty & (r < \sigma) \\ -\epsilon & (\sigma \leq r < 2\sigma) \\ 0 & (2\sigma \leq r) \,. \end{cases}$$

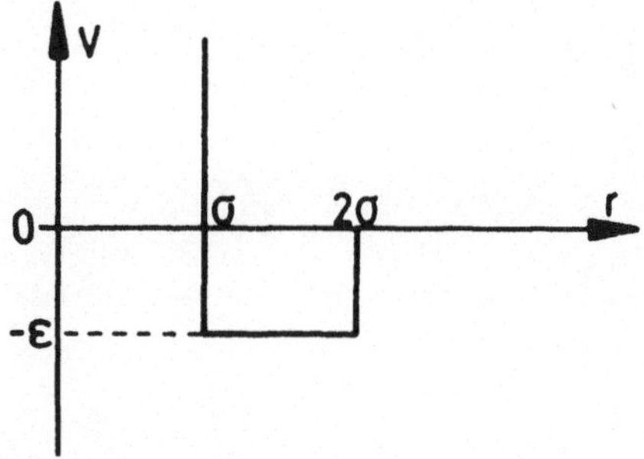

Abb. 30.3. Potential zu Aufgabe 30.1b

2. Man drücke durch die Virialkoeffizienten aus

   a) $\ln Z$,

   b) E und $c_v(T)$,

   c) $c_p(T) - c_v(T)$.

Literatur

30.1 Hirschfelder, J. O., Curtiss, C. F., Bird, R. B.: *Molecular Theory of Gases and Liquids*, (Wiley and Sons, New York 1954)

Ergänzende Literatur

(Zur Quantentheorie der Virialkoeffizienten): Hirschfelder, Curtiss, Bird (s. [30.1], Chap. 6.4); Landau, L. D., Lifschitz, E. M.: *Statistische Physik*, Kap. VII, 77, Lehrbuch der Theoretischen Physik, Bd. V, (Akademieverlag, Berlin 1966)

31. Die van der Waals-Gleichung

Die ursprüngliche Hoffnung, man könnte durch direkte Weiterverfolgung der im vorigen Kapitel besprochenen Näherungen, insbesondere durch Berücksichtigung höherer Terme in der Entwicklung (27.2) bzw. (30.1), zu einer mikroskopischen Theorie dichterer Systeme, des Phasenüberganges vom Gas zur Flüssigkeit und vielleicht auch der Flüssigkeiten selbst, kommen, hat sich nur bedingt erfüllt [31.1].

Es gibt jedoch in der van der Waals-Gleichung [31.2] eine einfache Beziehung, welche wenigstens qualitativ die Existenz eines Phasenüberganges und einer flüssigen Phase beschreibt.[1]

Durch schrittweise Verbesserung dieser und analoger Gleichungen ist es dann schließlich gelungen, auch eine Theorie der sog. kritischen Phänomene bei kontinuierlichen Phasenübergängen zu entwickeln [31.4, 5, 6].

Zur Ableitung der van der Waals-Gleichung gehen wir aus von der Virialentwicklung der freien Energie. Man gewinnt sie am einfachsten durch Integration der Virialentwicklung (30.5) für $P = -\partial F/\partial V$ nach V unter Verwendung der Randbedingung (28.8), d.h. $F = NkT \ln(\lambda^3 N/eV)$ für $V \to \infty$. Man erhält so

$$F = NkT \left(\ln \frac{\lambda^3 N}{eV} + b(T)\frac{N}{V} \right) . \tag{31.1}$$

Selbst diese einfache Näherung bzw. die zugehörige zweite Näherung der Virialentwicklung $P = nkT[1 + b(T)n]$ enthält schon das Anzeichen eines Phasenüberganges in Gestalt einer *Instabilität*: Ein Blick auf (30.13) oder (30.19) oder Abb. 30.2 zeigt, daß unterhalb einer bestimmten Temperatur $b(T)$ negativ wird. Dies wiederum hat zur Folge, daß oberhalb einer bestimmten Dichte die reziproke isotherme Kompressibilität $1/\kappa_T = n(\partial P/\partial n)_T$ *negativ* wird. Dies widerspricht den in Kap. 26 diskutierten Ungleichungen, welche im Gleichgewicht eine positive Kompressibilität zur Folge haben, und entspricht auch anschaulich einer Instabilität: Zunahme der Dichte mit Abnahme des Druckes. Ein weiterer Hinweis auf Instabilität ergibt sich aus (31.1): Im Gleichgewicht besitzt die freie

---

[1]Van der Waals stellte diese Gleichung 1873 im Rahmen seiner Dissertation auf. Ihr Titel war: *„Die Kontinuität von gasförmigem und flüssigem Zustand"*. Gemeint war damit die Tatsache, daß in Gasen und Flüssigkeiten die gleichen Kräfte zwischen den (damals noch völlig hypothetischen) Molekülen wirksam sind. Van der Waals beschreibt, wie ihm diese Idee „wie eine Offenbarung" beim Lesen der Arbeit [24.1] von Clausius (aus dem Jahre 1870) zum Virialtheorem gekommen war. Maxwell besprach dann van der Waals' Resultate 1874 in *Nature* und veröffentlichte in der gleichen Zeitschrift 1875 seine "equal area rule" [31.3].

Energie ein Minimum (s. (10.21)). Bei negativem $b(T)$ geht die freie Energie für $n \to \infty$ gegen $-\infty$.

Natürlich kann man gegen diese Betrachtungen sofort einwenden, daß die ersten Terme der Virialentwicklung nur für kleine n ausreichend sind, während alle erwähnten Instabilitäten gerade für große n auftreten. Man muß also sicher weitere Terme in der Entwicklung berücksichtigen. Zunächst könnte man meinen, daß man tatsächlich überhaupt keine Potenzreihe verwenden kann, um Zustandsdiagramme mit mehreren Phasen zu beschreiben, wie sie etwa in Abb. 20.1 dargestellt sind. Es gibt ja sicher – mathematisch gesprochen – nichtanalytische Bereiche von $P(n)$. Dies ist der Gesichtspunkt, der in [31.1] verfolgt wird.

Es hat sich jedoch gezeigt, daß im Prinzip nur wenige weitere Terme benötigt werden, um zu einer konsistenten Theorie der Phasenübergänge zu kommen. Allerdings kann die entsprechend erweiterte freie Energie nicht mehr direkt für sich allein betrachtet werden, sondern nur als Grundlage einer entsprechend erweiterten Theorie.

Wir wollen diese erweiterte Theorie Schritt für Schritt in diesem und den Kap. 33 und 34 und dann in den Kap. 44 ff. entwickeln. Der erste Schritt besteht in der Ableitung der van der Waals-Gleichung.

Wir wählen als Ausgangspunkt die Gleichung (31.1) und verwenden zur Abschätzung von $b(T)$ die in (30.12, 13, 14) eingeführte Aufteilung in einen Beitrag b als Folge einer harten Abstoßung und einen weiteren $-a/kT$ als Folge der Anziehung der Teilchen. Bei höheren Dichten n wird man eine stabilisierende Wirkung der harten Abstoßung erwarten, die einen beliebig großen Anstieg der Dichte verhindert. Nach van der Waals berücksichtigen wir diese dadurch, daß wir das Volumen V in (30.1) durch $V - V_0$ ersetzen, wobei $V_0 > 0$ ist. Die freie Energie eines Systems von Teilchen mit harter Abstoßung ist ja gegeben als $F_0 = -kT \ln Z_0$ und die Zustandssumme Z_0 ist

$$Z_0 = \frac{1}{\lambda^{3N} N!} \int_{r_{mn} > c} dr^{3N} . \tag{31.2}$$

V_0 ist an sich noch eine Funktion der Dichte. Durch Vergleich mit dem zweiten Virialkoeffizienten sieht man, daß bei kleinen Dichten $V_0 = bN$ sein muß. Bei höheren Dichten wird V_0 etwas kleiner werden, denn bei sehr hohen Dichten wird V_0 in der Nähe des Eigenvolumens der Teilchen, d.h. bei $bN/4$ liegen. Wir sehen mit van der Waals von all diesen Korrekturen ab und setzen allgemein $V_0 = bN$.

Addiert man zu F_0 noch den von der Anziehung herrührenden Anteil der freien Energie, so erhält man insgesamt nach Einführung von $n = N/V$

$$\boxed{F = V \left[nkT \ln \left(\frac{\lambda^3 n}{e(1 - bn)} \right) - an^2 \right] .} \tag{31.3}$$

Durch Differentiation nach V, T und N bekommt man daraus wieder Druck, Entropie und chemisches Potential (vgl. (28.2)):

$$P = \frac{nkT}{1 - bn} - an^2 \,, \tag{31.4}$$

$$S = kN \left[\ln \left(\frac{V - bN}{N\lambda^3} \right) + \frac{5}{2} \right] \,, \tag{31.5}$$

und

$$\mu = kT \left[\ln \left(\frac{\lambda^3 n}{1 - bn} \right) + \frac{bn}{1 - bn} \right] - 2an \,. \tag{31.6}$$

Schließlich ist auch noch die Energie $E = F + TS$ von Interesse:

$$E = \frac{3}{2} NkT - a\frac{N^2}{V} \,. \tag{31.7}$$

Wie man sieht, trägt zur Entropie nur der abstoßende, zur Energie nur der anziehende Teil der Wechselwirkung bei; zum Druck (wie auch natürlich zur freien Energie) tragen beide Anteile bei.

Abbildung 31.1 zeigt die (P, V)-Isothermen nach der van der Waals-Gleichung. Charakteristisch ist das Auftreten zweier Extremwerte unterhalb der sog. kritischen Temperatur, bei der diese Extrema gerade zusammenfallen. Am kritischen Punkt (P_c, T_c, V_c) gilt also:

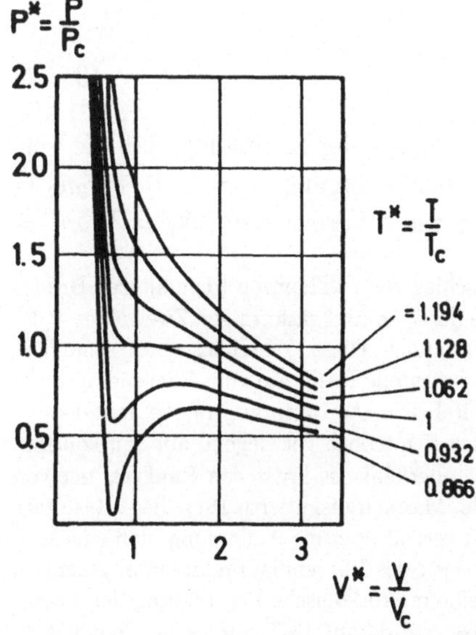

Abb. 31.1. Die Isothermen der van der Waals-Gleichung

$$0 = \left(\frac{\partial P}{\partial V}\right)_{T=T_c, V=V_c} \quad ; \quad 0 = \left(\frac{\partial^2 P}{\partial V^2}\right)_{T=T_c, V=V_c} , \tag{31.8}$$

woraus sich mit (31.4) die Beziehungen ergeben

$$V_c = 3bN \; ; \qquad kT_c = \frac{8a}{27b} \; ; \qquad P_c = \frac{a}{27b} \; . \tag{31.9}$$

Insbesondere gilt

$$\frac{NkT_c}{P_cV_c} = \frac{8}{3} = 2{,}7 \; . \tag{31.10}$$

Die Messungen ergeben durchweg etwas größere Werte (für sphärische Moleküle = 3,4), aber eine genaue Übereinstimmung ist wegen der groben Näherungen auch nicht zu erwarten.

In dem Bereich zwischen den beiden Extrema ist immer noch $(\partial P/\partial V)_T > 0$, d.h. die Kompressibilität ist negativ. Dieser instabile Bereich erstreckt sich jetzt aber nicht mehr, wie bei der zweiten Näherung der Virialentwicklung bis zu beliebig hohen Dichten bzw. bis $V = 0$ herunter, sondern nur bis zu einer endlichen Maximaldichte.[2]

Diese Eigenschaft der van der Waals-Gleichung eröffnet nun aber gerade die Möglichkeit, einen Phasenübergang zu beschreiben. Der erste entscheidende Schritt in dieser Richtung besteht darin, zu berücksichtigen, daß am Phasenübergang mehr Phasen als eine miteinander im Gleichgewicht *koexistieren*. In diesem Falle ist also das System *inhomogen*. Im einfachsten Fall liegen im Koexistenzbereich nur *zwei* verschiedene Phasen (räumlich getrennt) vor, sagen wir, in den Volumina V_1, V_2 mit den Dichten n_1, n_2. Wir führen dazu wie in (18.2) die Dichte ϕ der freien Energie $F = V\phi(T, n)$ ein und verallgemeinern (31.3) zu

$$F = V_1\phi(T, n_1) + V_2\phi(T, n_2) \; . \tag{31.11}$$

Die Werte von n_1 und n_2 ergeben sich dann aus der Bedingung, daß die freie Energie F minimal sein muß unter der Nebenbedingung $N = V_1n_1 + V_2n_2 =$ const. (s. Kap. 10). Dies führt für infinitesimale Variationen $\delta N_1 = V_1\delta n_1 =$

---

[2]Interessanterweise gab es schon 1871 den Vorschlag von J. Thomson (dem älteren Bruder von W. Thomson, dem späteren Lord Kelvin), die flüssigen und gasförmigen Zweige des P, V-Diagramms durch eine kontinuierliche Kurve zu verbinden. Dieser Vorschlag wurde stimuliert durch Arbeiten von Th. Andrews 1869 über experimentelle Resultate zum Phasendiagramm von Kohlendioxid und einen Vortrag mit dem Titel *"On the continuity of the gaseous and liquid states of matter"*. Diese „Kontinuität" bezog sich jedoch vorwiegend auf den kontinuierlichen Übergang zwischen Gas und Flüssigkeit oberhalb des kritischen Punktes, der von Andrews entdeckt und erstmals so genannt wurde. Maxwell diskutierte 1871 diese Resultate und Vorschläge in seinem Buch *"Theory of Heat"*, vertrat aber die Auffassung, daß eine kontinuierliche Verbindung zwischen den beiden Zweigen des Phasendiagramms unphysikalisch ist. Van der Waals glaubte dann gewissermaßen eine mikroskopische Begründung der Thomsonschen These gefunden zu haben. Maxwell reagierte darauf 1875 mit seiner "equal area rule" [31.3].

$-\delta N_2 = -V_2 \delta n_2$ in der Umgebung des Minimums zu der Bedingung (beachte (18.11)):

$$\delta F = (\mu_1 - \mu_2)\delta N_1 = 0 \,, \tag{31.12}$$

wie nicht anders zu erwarten war.

Außer dieser allgemeinen, schon in Abschn. 10.3 abgeleiteten Bedingung, gibt uns die van der Waalssche freie Energie (31.3) eine differenzierbare Funktion $F = V\phi(T, n)$ an die Hand, die zwischen den beiden Gleichgewichtswerten n_1 und n_2 interpoliert. In dem ganzen Bereich gilt dann die Gibbs-Duhem-Relation $\mu = (\partial\phi/\partial n) = (F + PV)/N$ und damit

$$P \cdot (V_2 - V_1) = -(F_2 - F_1) \,. \tag{31.13}$$

Betrachtet man nun wieder V (bei festem N) statt $n = N/V$ als Variable, so kann man für die rechte Seite auch schreiben:

$$F_2 - F_1 = \int_1^2 \left(\frac{\partial F}{\partial V}\right) dV = -\int_1^2 P(V)dV \,. \tag{31.14}$$

Zusammen mit (31.13) ergibt sich also

$$\boxed{P \cdot (V_2 - V_1) = \int_1^2 P(V)dV \,.} \tag{31.15}$$

Dies ist der Inhalt der sog. *Maxwell-Konstruktion*: Die Gleichgewichtswerte der Volumina V_1, V_2 der beiden koexistierenden Phasen 1 und 2 gewinnt man, indem man im $P(V)$-Diagramm (31.4) eine horizontale Gerade einträgt. Die Höhe P der Geraden ist so zu wählen, daß die dadurch von der $P(V)$-Kurve eingeschlossenen Flächenstücke gleich groß sind (s. Abb. 31.2).

Der Übergang von V_1 nach V_2 geschieht dann nicht längs der (instabilen) van der Waals-Kurve (31.4) bzw. (Abb. 31.1), sondern längs dieser Geraden. Dabei wird bei festem Druck (und fester Temperatur) kontinuierlich eine Phase in die andere umgewandelt.

Eine Karikatur der Herleitung der Maxwell-Konstruktion ergibt sich, wenn man einen isothermen Kreisprozeß um den schraffierten Teil in Abb. 31.2 betrachtet. Wendet man darauf die beiden Hauptsätze in der Form

$$T \oint dS = \oint dE - \oint PdV \tag{31.16}$$

an, so verschwinden die beiden ersten Linienintegrale über S und E, da dS und dE vollständige Differentiale sind und die Linie (längs der achtförmigen Kurve in Abb. 31.2) geschlossen ist. Also muß wegen (31.16) auch das Linienintegral $\oint PdV = 0$ sein. Dies ist genau die Vorschrift der Maxwell-Konstruktion.

Der Schönheitsfehler dieser „Herleitung" liegt darin, daß (31.16) zunächst nur gilt, falls in dem Kreisprozeß eine Folge von Gleichgewichtszuständen durchlaufen wird, und dies ist gerade in dem instabilen Bereich nicht der Fall. Erst die Überlegungen, die zu (31.15) führen, geben uns die Erlaubnis, die beiden

Hauptsätze auch auf den instabilen Bereich auszudehnen. Wir betrachten deshalb den Weg über (31.16) nur als heuristisches und mnemotechnisches Hilfsmittel.

Eine andere Möglichkeit, sich die Gleichgewichtsbedingungen (31.13) zu veranschaulichen, besteht in der Umformung

$$-P = \left(\frac{\partial F(V)}{\partial V}\right)_1 = \left(\frac{\partial F(V)}{\partial V}\right)_2 = \frac{F_2 - F_1}{V_2 - V_1} \; . \tag{31.17}$$

Der Druck im Koexistenzbereich der beiden Phasen ist also gleich der (negativen) Steigung der Tangente in den beiden Punkten V_1, V_2 (s. Abb. 31.2). Oberhalb des kritischen Punktes gibt es nur einen Berührungspunkt, unterhalb gibt es tatsächlich nicht nur zwei, sondern sogar drei Berührungspunkte und zwei Tangenten mit der gleichen Steigung. Der mittlere Berührungspunkt liegt jedoch im instabilen Bereich. Am unteren Teil von Abb. 31.2 sieht man besonders gut, daß im ganzen Bereich zwischen V_1 und V_2 die freie Energie für festes v längs der Tangente *unterhalb* der van der Waals-Kurve (31.3) liegt, einschließlich der Bereiche, wo die Kompressibilität noch positiv ist. Diese Bereiche, welche man durch Überhitzen der Flüssigkeit oder Unterkühlen des Dampfes erreichen kann, sind also trotz positiver Kompressibilität instabil.

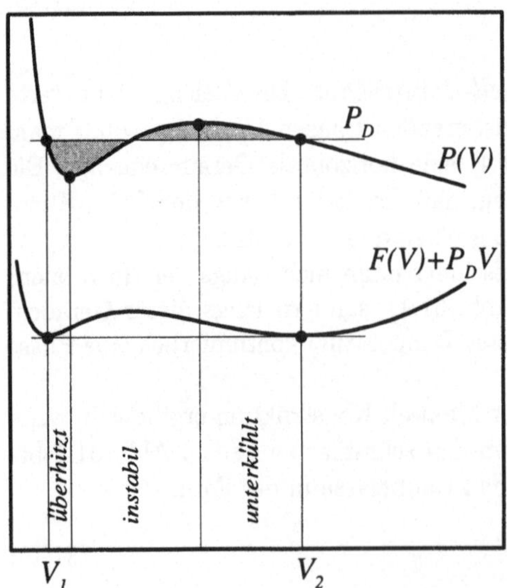

Abb. 31.2. Zur Lage der Dampfdruckkurve bei der van der Waals-Gleichung (Maxwellsche Konstruktion); oben für eine (P,V)-Isotherme, unten für eine (F,V)-Isotherme

Aufgaben

1. Die in diesem Kapitel gewonnenen Resultate für $P(v)$ und $f(v)$ lassen sich in analoger Form für $\mu(n)$ und $\phi(n)$ ableiten. Man diskutiere den Verlauf der Funktion $\mu(n)$ nach van der Waals, insbesondere unterhalb der kritischen Temperatur. Der physikalisch akzeptable Verlauf der Isothermen im instabilen Bereich ist wieder durch eine Maxwell-Konstruktion bestimmt. Wie lautet sie? Hinweis: Man gehe aus von $P_1 = P_2$ und den Beziehungen $P = \phi - \mu n$ und $\mu = (\partial\phi/\partial n)$.

2. Man bestimme $C_p - C_v$ nach der van der Waals-Gleichung.

Literatur

31.1 Lee, T. D., Yang, C. N.: Phys. Rev. **87**, 410 (1952)
31.2 van der Waals, J. D.: Thesis, Leiden (1873); Maxwell, J. C.: Nature **10**, 477 (1874)
31.3 Maxwell, J. C.: Nature **11**, 375 (1875)
31.4 Landau, L. D.: J. exp. theor. Phys. 627 (1937)
31.5 Kadanoff, L. P.: Physics **2**, 263 (1966)
31.6 Wilson, K. G.: Phys. Rev. **B4**, 3174 (1971); Wilson, K. G., Fisher, M. E.: Phys. Rev. Letters **28**, 240 (1972)

Ergänzende Literatur

Hill, T. L.: *An Introduction to Statistical Thermodynamics*, Chaps. 15, 16, (Addison-Wesley, Reading, Mass. 1960)

32. Thermodynamische Ähnlichkeit **

a) *Klassische Näherung*

Eine wichtige Eigenschaft der van der Waals-Gleichung ist, daß sie nur von zwei Parametern a und b abhängt. Bei Einführung geeigneter dimensionsloser Größen, z.B. $T^* = T/T_c$, $P^* = P/P_c$, $V^* = V/V_c$ sollte sich für alle Gase die gleiche universelle Zustandsgleichung $P^* = P^*(V^*, T^*)$ ergeben. Obwohl die van der Waals-Gleichung selbst im einzelnen nicht besonders gut mit dem Experiment übereinstimmt, ist die Existenz einer universellen Zustandsgleichung empirisch sehr gut gesichert.

Diese Tatsache läßt sich natürlich sehr leicht herleiten unter der Voraussetzung, daß $w(r)$ nur zwei Parameter enthält wie in (30.16), nämlich eine Reichweite σ und eine Stärke ϵ:

$$w(r) = \epsilon w^* \left(\frac{r}{\sigma}\right) . \tag{32.1}$$

Dann kann man für die im Zustandsintegral auftretende Größe Q_N in der folgenden Gleichung (32.2) auch schreiben:

$$Q_N = \sigma^{3N} \int e^{-\beta \epsilon W^*(r_1^*, \ldots)} d^{3N}(r_1^* \ldots) = \sigma^{3N} Q_N^* . \tag{32.2}$$

Setzt man also:

$$V^* = \frac{V}{N\sigma^3} ; \qquad T^* = \frac{kT}{\epsilon} , \tag{32.3}$$

so wird

$$P = kT \frac{\partial \ln Q_N}{\partial V} = \frac{\epsilon}{\sigma^3} \frac{\partial \ln Q_N^*}{\partial V^*} , \tag{32.4}$$

wobei

$$Q_N^* = \int e^{-W^*/T^*} d^{3N} r^* \tag{32.5}$$

nur noch eine Funktion von V^* und T^* ist. Unter Einführung von $P^* = P\sigma^3/\epsilon$ bekommt man also eine universelle Funktion $P^*(V^*, T^*)$. Bestimmt man ϵ und σ unter Voraussetzung des 6-12-Potentials aus dem zweiten Virialkoeffizienten, so gelten empirisch die folgenden Beziehungen

$$T_c^* = kT_c/\epsilon \quad\ \ = 1{,}26$$
$$P_c^* = P_c\sigma^3/\epsilon \quad = 0{,}117 \tag{32.6}$$
$$V_c^* = V_c/(N\sigma^3) = 3{,}16 \ .$$

b) *Quantenmechanik*

Wenn das gerade besprochene Gesetz korrespondierender Zustände unbeschränkt gültig wäre, müßten ^{3}He und ^{4}He derselben Zustandsgleichung genügen. Auf Grund der Quantentheorie verhalten sie sich jedoch unterschiedlich.

Der Unterschied liegt einerseits in der verschiedenen Statistik. Diese äußert sich jedoch hauptsächlich in der spezifischen Wärme und auch da nur bei sehr tiefen Temperaturen ($T < 2\,\mathrm{K}$). Der Hauptunterschied liegt in der verschiedenen Masse und damit der verschiedenen Größe der Nullpunktsbewegung. Man kann diese Tatsache berücksichtigen durch Einführung eines weiteren dimensionslosen Parameters in der Zustandsgleichung

$$P^* = T^*\frac{\partial \ln Z}{\partial V^*} \ ; \qquad Z = Sp(e^{-H^*/T^*}) \ , \tag{32.7}$$

wobei jetzt $H^* = H/\epsilon$ selbst bei gleichem Potential $W^* = W/\epsilon$ in der kinetischen Energie verschieden sein kann:

$$H^* = -\frac{\hbar^2}{2m\sigma^2\epsilon}\sum \Delta_n^* + W^* \ . \tag{32.8}$$

Führt man also die dimensionslose Größe

$$\lambda^* = \frac{h}{\sigma\sqrt{m\epsilon}} \tag{32.9}$$

ein, so ist jetzt

$$P^* = P^*(V^*, T^*, \lambda^*) \ . \tag{32.10}$$

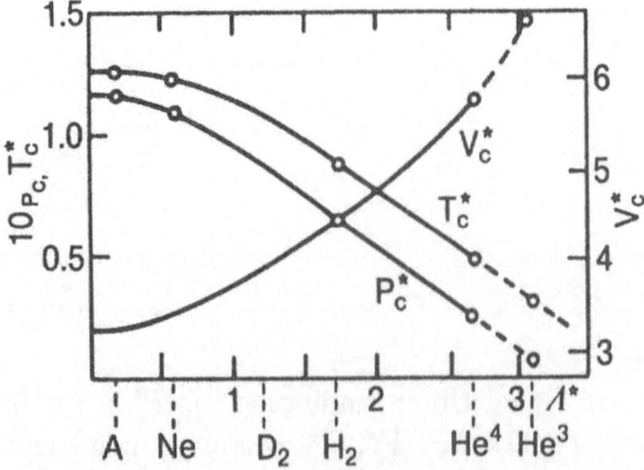

Abb. 32.1. Quantenkorrekturen kritischer Daten

Insbesondere sind die Größen T_c^*, P_c^*, V_c^* noch Funktionen von λ^*. Abbildung 32.1 zeigt diese Funktionen, gewonnen aus Messungen an 5 verschiedenen Substanzen nebst der Extrapolation auf ^{3}He und dem dazugehörigen Meßwert.

Die in Abb. 32.1 vorgeführte Extrapolation der kritischen Daten auf die Werte von ^{3}He war von großem Nutzen zur Gewinnung erster Anhaltspunkte für diese Werte, *bevor* es gelungen war ^{3}He tatsächlich zu verflüssigen [32.1].

Literatur

32.1 Lunbeck, R. J.: Doctoral Dissertation, (Amsterdam 1950)

Ergänzende Literatur

Hirschfelder, J. O., Curtiss, C. F., Bird, R. B.: *Molecular Theory of Gases and Liquids*, Chap. 6.6, (Wiley and Sons, New York 1954)

33. Molekularfeldnäherung für inhomogene Systeme

Wendet man die Formel (30.11) zur Berechnung der Korrekturen zur idealen Gasgleichung auf Teilchen an, die nach dem Coulombschen Gesetz ($w(r) \propto 1/r$) wechselwirken, so ergibt sich ein an der oberen Grenze quadratisch divergentes Integral. Wegen der langen Reichweite der Coulombkräfte ist also die Virialentwicklung in solchen Systemen nicht anwendbar. Beispiele solcher Systeme sind etwa ionisierte Gase (Plasmen), elektrolytische Lösungen und die Leitungselektronen in Metallen.

In solchen Fällen hilft die Näherung des sog. „selbstkonsistenten Feldes" oder auch „mittleren Molekularfeldes" (kurz auch einfach „Molekularfeldnäherung") weiter. Die Idee, molekulare Wechselwirkungen durch ein „mittleres Feld" zu beschreiben, ist historisch ziemlich alt. So versuchte P. Weiss (1907) die Wechselwirkungen zwischen den „Elementarmagneten" in ferromagnetischen Substanzen durch ein mittleres Molekularfeld zu berücksichtigen [33.1]. Debye und Hückel (1923) berechneten thermodynamische Funktionen starker Elektrolyte im Rahmen der Molekularfeldnäherung [33.2]. In neuerer Zeit versuchten Bohm und Pines (1953) die Wechselwirkungen der Metallelektronen im Rahmen der sog. R.P.A. (random phase approximation) zu behandeln. Es stellte sich später heraus, daß auch diese Näherung aufs engste verwandt war mit der schon früher bekannten Hartree-Näherung (1928) des „selbstkonsistenten Feldes" für die Elektronen in Atomen, Molekülen und Festkörpern [33.3].

Auch bei kurzreichweitigen Wechselwirkungen bilden sich interessanterweise in der Nähe des kritischen Punktes langreichweitige Korrelationen aus, wie Ornstein und Zernike (1914) zeigten [33.4]. Diese Effekte sind ebenfalls nicht direkt in der Virialentwicklung (30.1, 2, 3) enthalten.

Man kann jedoch beide langreichweitigen Effekte im Rahmen einer erweiterten Molekularfeldnäherung in inhomogenen äußeren Feldern behandeln, die wir jetzt betrachten wollen.

33.1 Die freie Energie im inhomogenen Feld

Wir gehen aus von einer Situation wie in (19.6) mit einem räumlich variablen (inneren) chemischen Potential $\mu(\boldsymbol{r}) = \mu - u(\boldsymbol{r})$ in einem äußeren Feld $u(\boldsymbol{r})$. Die sich dabei ergebende mittlere Dichte sei $n(\boldsymbol{r})$. Wir versuchen nun den Ausdruck (31.3) für die freie Energie für diese inhomogene Situation zu verallgemeinern.

Eine naheliegende Verallgemeinerung, die auch noch den Fall langreichweitiger Wechselwirkungen (z.B. Coulombwechselwirkungen) mit umfaßt, ist offenbar:

$$F = \int \phi_b[n(\boldsymbol{r}), T]d^3r + \frac{1}{2} \int_{|\boldsymbol{r}-\boldsymbol{r}'|>c} w(\boldsymbol{r} - \boldsymbol{r}')n(\boldsymbol{r})n(\boldsymbol{r}')d^3rd^3r' , \qquad (33.1)$$

wobei

$$\phi_b(n, T) = nkT \ln \frac{\lambda^3 n}{e(1 - bn)} \qquad (33.2)$$

die freie Energiedichte der repulsiven Anteile nach van der Waals ist.

Die Spezialisierung auf Coulombkräfte ($b = c = 0$; $w(r) = e_0^2/r$) liefert dann

$$F = \int \phi_0(n, T)d^3r + \frac{1}{2} \int w(\boldsymbol{r} - \boldsymbol{r}')n(\boldsymbol{r})n(\boldsymbol{r}')d^3rd^3r' . \qquad (33.3)$$

Das zugehörige chemische Potential ergibt sich durch Ableitung der Dichte der freien Energie ϕ nach der Teilchendichte n gemäß $dF = \int \mu(\boldsymbol{r})dn(\boldsymbol{r})d^3r$ zu

$$\mu(\boldsymbol{r}) = \mu_0[n(\boldsymbol{r}), T] + \int w(\boldsymbol{r} - \boldsymbol{r}')n(\boldsymbol{r}') \, d^3r' . \qquad (33.4)$$

Der Zusatzbeitrag zum chemischen Potential $\mu_0 = kT \ln(\lambda^3 n)$ des idealen Gases ist das sog. „Molekularfeld". Im Fall des Coulombpotentials ist es offenbar nichts weiter als das Potential der Ladungsdichte $e_0 n(\boldsymbol{r})$.

Die Auflösung der Gleichung (33.4) nach n läßt sich unter Beachtung von $\mu(\boldsymbol{r}) = \mu - u(\boldsymbol{r})$ und nach Einführung eines „effektiven Feldes"

$$u_{ef}(\boldsymbol{r}) = u(\boldsymbol{r}) + \int w(\boldsymbol{r} - \boldsymbol{r}')n(\boldsymbol{r}') \, d^3r' \qquad (33.5)$$

in der Form

$$n(\boldsymbol{r}) = \frac{1}{\lambda^3} \exp[\beta\{\mu - u_{ef}(\boldsymbol{r})\}] . \qquad (33.6)$$

schreiben. Dies bringt besonders deutlich die Idee des „selbstkonsistenten Feldes" zum Ausdruck: Die Teilchendichte stellt sich „zunächst" im äußeren Felde u gemäß einer Boltzmann-Verteilung ein. Dadurch entsteht eine Dichteänderung und ein effektives Feld (33.5), d.h. ein entsprechend modifiziertes äußeres Feld. In diesem Feld stellt sich eine modifizierte Dichte ein usw. Die endgültige Dichte entspricht der Lösung der nichtlinearen Integralgleichung (33.6) mit (33.5).

Als nächstes besprechen wir eine Umformung von (33.1), die sich für kurzreichweitige Wechselwirkungen als nützlich erwiesen hat. Wir beschränken uns dazu auf räumlich langsame Änderungen der Dichte $n(\boldsymbol{r})$, so daß man innerhalb der Reichweite des Potentials entwickeln kann (wir setzen dazu $\boldsymbol{r} - \boldsymbol{r}' = \boldsymbol{s}$):

$$n(\boldsymbol{r}') = n(\boldsymbol{r}) - \boldsymbol{s} \cdot \nabla n(\boldsymbol{r}) + \frac{1}{2}(\boldsymbol{s} \cdot \nabla)^2 n(\boldsymbol{r}) + \cdots . \qquad (33.7)$$

Bei der Auswertung von (33.1) treten dann Integrale der Form

$$\int_{s>c} w(s)d^3s = -2a \; ; \qquad \int_{s>c} w(s)s_i d^3s = 0 \; ;$$

$$\int_{s>c} w(s)s_i s_k d^3s = -a\ell^2\delta_{ik}$$

(33.8)

auf. Dabei ist berücksichtigt, daß $w(s)$ nur vom Betrage von s abhängt. Eine Größe ℓ von der Dimension einer Länge ist eingeführt worden.

Eingesetzt in (33.1) liefert dies nach partieller Integration gemäß

$$-\int n\Delta n d^3r = \int (\nabla n)^2 d^3r$$

$$\boxed{F = \int \left\{ \phi_w[n(\boldsymbol{r}),T] + \frac{a}{2}\ell^2(\nabla n)^2 \right\} d^3r \; ,}$$

(33.9)

wobei $\phi_w(n,T)$ die Dichte der freien Energie nach van der Waals (s. (31.3)) ist. Das chemische Potential ergibt sich wieder durch Differentiation zu

$$\boxed{\mu(\boldsymbol{r}) = \mu_w(\boldsymbol{r}) - a\ell^2\Delta n(\boldsymbol{r}) \; .}$$

(33.10)

$\mu_w(n,T)$ ist dabei das chemische Potential (31.6) nach van der Waals.

Der Zusatzterm mit dem Quadrat des Dichtegradienten in der freien Energie (33.9) entspricht physikalisch einer „Biegesteifigkeit" gegenüber Dichteänderungen. Er hat eine stabilisierende Wirkung auf langreichweitige Dichtefluktuationen, die wir in den nächsten beiden Abschnitten genauer betrachten wollen.

33.2 Heuristische Herleitung der Dichtefluktuationen im Rahmen der Molekularfeldnäherung *

Sei

$$\hat{n}(\boldsymbol{r}) = \sum \delta(\boldsymbol{r} - \boldsymbol{r}_n) = n(\boldsymbol{r}) + \delta n(\boldsymbol{r})$$

(33.11)

der (Teilchen)-Dichteoperator, $n = \; < \hat{n} >$ sein Mittelwert und δn seine Abweichung von diesem Mittelwert, dann bezeichnet man

$$< \delta n(\boldsymbol{r})\delta n(\boldsymbol{r}') > \; = \; < \hat{n}(\boldsymbol{r})\hat{n}(\boldsymbol{r}') > \; -n(r)n(r')$$

(33.12)

als Dichtekorrelationsfunktion oder auch einfach als „Dichtekorrelation" oder „Dichtefluktuation". Der Mittelwert des Produktes $< \hat{n}(r)\hat{n}(r') >$ geht für große Abstände aus allgemeinen Gründen (s. Kap. 4) in den Mittelwert des Produkts $n(r)n(r')$ über. Für kleine Abstände dominiert dagegen die sog. Selbstkorrelation $n(r)\delta(r - r')$, das Diagonalglied der Doppelsumme im ersten Term auf der rechten Seite von (33.12).

Wir wollen uns nun im folgenden Teil dieses Abschnitts auf homogene Systeme beschränken, dann ist der Mittelwert der Dichte eine von r unabhängige Konstante n und die Korrelationsfunktion hängt nur von der Differenz $r - r'$ ab. Es genügt, sich dann auf $r' = o$ zu beschränken. Bei einem wechselwirkungsfreien System ergibt sich dann exakt

$$< \hat{n}(r)\hat{n}(o) > \, = n\delta(r) + n^2 \, . \tag{33.13}$$

Für ein verdünntes System mit kurzreichweitigen Wechselwirkungen erwartet man eine Änderung des zweiten Terms auf der rechten Seite dieser Gleichung aufgrund der Wechselwirkung $w(r)$ der Teilchen an der Stelle r mit dem an der Stelle o nach Maßgabe eines Boltzmann-Faktors

$$< \hat{n}(r)\hat{n}(o) > \, = n\delta(r) + n^2 e^{-\beta w(r)} \, . \tag{33.14}$$

Speziell bei anziehender Wechselwirkung erwartet man eine Erhöhung der Dichte, bei abstoßender Wechselwirkung eine Erniedrigung.

Für viele Fragen interessiert die triviale „Selbstkorrelation" nicht. Man subtrahiert sie deshalb von der Korrelationsfunktion und betrachtet die Größe

$$s(r - r') = \; < \delta n(r)\delta n(r') >' \; = \; < \delta n(r)\delta n(r') > -n(r)\delta(r - r') \, . \tag{33.15}$$

Zu (33.14) gehört dann die „subtrahierte" Korrelation

$$s(r) = n^2(e^{-\beta w(r)} - 1) \, . \tag{33.16}$$

Wir setzen hier, wie auch später, Drehsymmetrie voraus. Dann kann man an vielen Stellen Vektoren durch ihre Beträge ersetzen (etwa r durch r). Die Größe $n(e^{-\beta w} - 1)$ ist dabei die *Änderung* der homogenen mittleren Dichte n durch die Wechselwirkung $w(r)$ zwischen Teilchen an der Stelle r und o. Die Grundannahme einer heuristischen Herleitung der Molekularfeldnäherung für die Korrelation $s(r)$ besteht nun darin, diese Wechselwirkung in Analogie zu einem „äußeren" Potential $u(r)$ zu betrachten und deshalb das zur Dichteänderung $s(r)$ gehörige selbstkonsistente „effektive Feld" $w_{ef}(r)$ einzuführen in Analogie zu (33.5, 6)

$$\boxed{s(r) = n^2(e^{-\beta w_{ef}(r)} - 1)} \tag{33.17}$$

mit

$$\boxed{w_{ef}(r) = w(r) + \int w(r - r')n(e^{-\beta w_{ef}(r')} - 1)d^3r' \, .} \tag{33.18}$$

Dies stellt eine nichtlineare Integralgleichung für das effektive Potential w_{ef} dar, die i. allg. nur numerisch im Rahmen eines iterativen „Selbstkonsistenzverfahrens" gelöst werden kann, wie im Zusammenhang mit den Gleichungen (33.5, 6) beschrieben. Für hinreichend hohe Temperaturen kann man den Boltzmann-Faktor linearisieren und bekommt damit

$$w_{ef}(r) = w(r) - \beta n \int w(\boldsymbol{r} - \boldsymbol{r}') w_{ef}(r') d^3 r' \,, \tag{33.19}$$

d.h. eine *lineare* Integralgleichung, die durch Fourier-Transformation leicht gelöst werden kann. Im Fall des Coulombpotentials $w(r) = e_0^2/r$ kann (33.18) auch durch Anwendung des Laplace-Operators Δ und Einführung der Debye-Hückel-Abschirmwellenzahl κ in die Laplace-Gleichung

$$(\Delta - \kappa^2) w_{\text{ef}}(r) = 4\pi e_0^2 \delta(\boldsymbol{r}) \text{ mit } \kappa = \sqrt{\frac{4\pi n e_0^2}{kT}} \tag{33.20}$$

transformiert werden mit der Lösung

$$w_{\text{ef}}(r) = \frac{e_0^2 e^{-\kappa r}}{r} \,. \tag{33.21}$$

Innerhalb der „Abschirmlänge" $1/\kappa$ verhält sich das effektive Potential angenähert wie das „nackte" Potential w. Durch die abstoßende Wirkung dieses Potentials werden jedoch in der Umgebung jedes Teilchens die übrigen Teilchen verdrängt. Die entgegengesetzte Hintergrundladung schirmt dann das nackte Potential ab. Das abgeschirmte „effektive" Potential fällt außerhalb der Abschirmlänge sehr rasch (exponentiell) auf Null ab.

Setzt man dieses Resultat in (33.17) ein, so erhält man die zugehörige Korrelationsfunktion $s(r)$. Linearisiert man auch hier wieder die Exponentialfunktion, so wird s proportional zum (negativen) effektiven Potential. Für kleine r ist diese Linearisierung im Prinzip nicht mehr korrekt: Das gemittelte Produkt der Dichten $< n(r)n(0) > = s(r) + n^2$ würde in diesem Fall für kleine r negativ werden. Bei nicht zu großen Dichten ist der entsprechende Bereich von Abständen jedoch klein gegenüber der Abschirmlänge und kann vernachlässigt werden.

Für die lineare Näherung der Korrelationsfunktion gibt es eine andere Herleitung, die etwas systematischer, wenn auch formaler ist. Dieser Ableitung wollen wir uns im nächsten Abschnitt zuwenden.

33.3 Kompressibilität
und langreichweitige Dichteschwankungen

Die Molekularfeldterme in (33.4) und (33.10) liefern wichtige Beiträge zur Kompressibilität in inhomogenen Systemen, die wir als erstes diskutieren wollen. Wir betrachten dazu eine kleine Änderung $\delta\mu(r)$ des chemischen Potentials, z.B. realisiert durch eine entsprechende Änderung des äußeren Potentials $u(r)$. Dadurch wird eine Dichteänderung $\delta n(r)$ induziert. Nach (33.4) ergibt sich dafür

$$\delta\mu(\boldsymbol{r}) = \left(\frac{\partial\mu_0}{\partial n}\right)\delta n(r) + \int w(\boldsymbol{r} - \boldsymbol{r}')\delta n(r') d^3 r' \,. \tag{33.22}$$

Betrachtet man nun speziell kleine Änderungen in der Nähe des (homogenen) Gleichgewichtszustandes, dann ist die Ableitung $(\partial\mu_0/\partial n)$ im Gleichgewicht zu nehmen, d.h. sie ist räumlich konstant. Dann kann man die Integralbeziehung (33.22) erheblich vereinfachen durch Einführung der Fourier-Transformation

$$a(\boldsymbol{k}) = \int_V a(\boldsymbol{r})\, e^{-i\boldsymbol{k}\cdot\boldsymbol{r}} d^3 r \;, \tag{33.23}$$

wobei a für n, μ und w steht.

Die Integralgleichung (33.22) wird dann eine einfache lineare Gleichung für $\delta n(\boldsymbol{k})$:

$$\delta\mu(\boldsymbol{k}) = \left(\frac{\partial\mu_0}{\partial n}\right) \delta n(\boldsymbol{k}) + w(\boldsymbol{k})\delta n(\boldsymbol{k}) \;. \tag{33.24}$$

Statt der in der Überschrift dieses Abschnitts angegebenen Kompressibilität κ betrachten wir nun etwas einfacher die „mechanische Suszeptibilität" $\chi = (\partial n/\partial\mu) = n^2\kappa$ (vgl. (18.13)), genauer die Suszeptibilitäten

$$\chi_0 = \left(\frac{\partial n}{\partial\mu_0}\right) \;; \qquad \chi(\boldsymbol{k}) = \left(\frac{\partial n(\boldsymbol{k})}{\partial\mu(\boldsymbol{k})}\right) \tag{33.25}$$

des idealen Gases bzw. der Molekularfeldnäherung.

Nach Einsetzen dieser Definitionen in (33.24) ergibt sich für die Suszeptibilität $\chi(\boldsymbol{k})$ der Molekularfeldnäherung

$$\boxed{\chi(\boldsymbol{k}) = \frac{\chi_0}{1 + \chi_0 w(\boldsymbol{k})} \;.} \tag{33.26}$$

In analoger Weise erhält man ausgehend von (33.10) eine Beziehung für die Wellenzahlabhängigkeit der Suszeptibilität eines van der Waals-Gases:

$$\boxed{\chi(\boldsymbol{k}) = \frac{\chi_w}{1 + \chi_w \cdot a \cdot (k\ell)^2} \;.} \tag{33.27}$$

Wie man sieht, verhalten sich die Suszeptibilitäten (33.26) für Coulombkräfte (mit $w(k) \propto 1/k^2$) und kurzreichweitige Kräfte (33.27) extrem verschieden. Insbesondere im Grenzfall $k \to 0$ verschwindet die Suszeptibilität eines Systems mit geladenen Teilchen, während die eines Systems mit kurzreichweitigen Wechselwirkungen ein Maximum erreicht.

Die Inkompressibilität eines Systems geladener Teilchen bei homogenen Störungen hat einen einfachen Grund: Damit ein System geladener Teilchen überhaupt bei Abwesenheit von Störungen eine homogene Verteilung annimmt, müssen zur Neutralisierung gleich viele entgegengesetzte Ladungen vorhanden sein, die jedoch in den obigen Gleichungen nicht explizit berücksichtigt worden sind. Man kann sich etwa eine konstante homogene Hintergrundladung von entgegengesetztem Vorzeichen vorstellen, bei Elektronen in Plasmen oder Metallen etwa repräsentiert durch die Hintergrundionen. Bei einer homogenen Kompression der explizit berücksichtigten ersten Teilchensorte würde dann die Ladungsneutralität aufgehoben. Dies führt zu unendlich großen Rückstellkräften und damit verschwindender Kompressibilität.

Die zweite Gleichung von (33.25), d.h. $\delta n(\boldsymbol{k}) = \chi(\boldsymbol{k})\delta\mu(\boldsymbol{k})$, kann auch als Fourier-Transformation einer entsprechenden Gleichung im Ortsraum aufgefaßt werden, nämlich:

$$\delta n(\boldsymbol{r}) = \int \chi(\boldsymbol{r} - \boldsymbol{r}')\delta\mu(\boldsymbol{r}')d^3r' \ . \tag{33.28}$$

$\chi(\boldsymbol{k})$ ist dabei die Fourier-Transformierte der Funktion $\chi(\boldsymbol{r})$.

Wir kommen nun schließlich zu den in der Überschrift dieses Abschnitts angegebenen Dichtefluktuationen. Dazu benötigen wir nur den allgemeinen Zusammenhang (26.17) zwischen Suszeptibilitäten und Schwankungen anzuwenden. In unserem Fall sind nur die Indizes i, k dieser Beziehung durch die kontinuierlichen Variablen $\boldsymbol{r}, \boldsymbol{r}'$ zu ersetzen. Dies führt auf die Gleichung

$$\boxed{\chi(\boldsymbol{r} - \boldsymbol{r}') = \frac{<\delta n(\boldsymbol{r})\delta n(\boldsymbol{r}')>}{kT}} \ . \tag{33.29}$$

Wir haben hier auf der rechten Seite die Klammersymbole von (26.17) durch einfache Produkte ersetzt, da die Größen δn miteinander kommutieren.

Man kann danach die Korrelation $< \delta n(r)\delta n(r') >$ aus der Fourier-Rücktransformation der wellenzahlabhängigen Suszeptibilität $\chi(\boldsymbol{k})$ bestimmen. Dies bemerkenswerte Resultat erweckt vielleicht auf den ersten Blick den Anschein einer Inkonsistenz. Bei dem Ansatz (33.1) für die freie Energie waren ja gerade die Korrelationen der Teilchenzahlfluktuationen vernachlässigt worden. Genauer gesagt: Zerlegt man den Dichteoperator $\hat{n}(\boldsymbol{r})$ gemäß (33.11), so ergibt sich damit eine entsprechende Zerlegung des Wechselwirkungsbeitrages zur freien Energie

$$< W > = \frac{1}{2} \int w(\boldsymbol{r} - \boldsymbol{r}')\{n(\boldsymbol{r})n(\boldsymbol{r}')+ < \delta n(\boldsymbol{r})\delta n(\boldsymbol{r}') >'\}d^3rd^3r' \ . \tag{33.30}$$

Der obere Index „$(< \dots >')$" steht hier wieder als verkürzter Hinweis auf die Tatsache, daß in der Dichtekorrelationsfunktion $< \delta n\delta n' >$ die „Selbstkorrelation" $(= n\delta(\boldsymbol{r} - \boldsymbol{r}'))$ der Teilchen weggelassen werden muß. Sie würde sonst zu einer „Selbstwechselwirkung" der Teilchen mit sich führen, die ja in der Doppelsumme zu W immer weggelassen werden muß. Entsprechend muß in der Fourier-Transformation der Korrelationsfunktion $kT\chi(\boldsymbol{k})$ der asymptotische Wert $kT\chi(\infty)$ subtrahiert werden, um die Selbstkorrelation zu unterdrücken.

Die Molekularfeldnäherung (33.1) entspricht offenbar gerade der Vernachlässigung des zweiten Termes auf der rechten Seite von (33.30), d.h. des Fluktuationsbeitrages. Das Endresultat (33.26, 27) der Überlegungen dieses Kapitels gibt nun aber gerade die Möglichkeit, diese Fluktuationsbeiträge nachträglich als Korrektur zu berücksichtigen.

Die scheinbare Inkonsistenz dieses Ergebnisses klärt sich dadurch auf, daß das effektive Potential (33.5) zwar ein *Einteilchenpotential* ist, daß jedoch der

Molekularfeldbeitrag dazu *dichteabhängig* ist und daß diese Dichteabhängigkeit durch die *Zweiteilchenwechselwirkung* zustande kommt. Diese Wechselwirkung ist aber gerade die Ursache der Korrelation der Dichtefluktuationen. Der Umweg über die inhomogenen Zustände und der Zusammenhang zwischen Suszeptibilitäten und Schwankungen (26.17) liefert offenbar gerade genügend Information über die Fluktuationen im Gleichgewichtszustand des homogenen Systems.

Wir werden (33.29, 30) im nächsten Kapitel verwenden, um die freie Energie eines Systems geladener Teilchen zu berechnen.

Aufgabe

1. Virialentwicklung in inhomogenen Systemen: Man versuche, die Virialentwicklung des homogenen Systems aus Kap. 30 auf inhomogene Systeme zu verallgemeinern, insbesondere durch Verallgemeinerung von (30.3) eine Ableitung der Molekularfeldnäherung für das chemische Potential (33.4) zu gewinnen. Man gehe aus von

$$\ln Y = \frac{1}{\lambda^3} \int e^{\beta\mu(r)} d^3r + \frac{1}{2\lambda^6} \int e^{\beta(\mu(r)+\mu(r'))} f(r-r') d^3r\, d^3r' + \cdots$$

wobei $f(r) = e^{-\beta w(r)} - 1$ die schon in (30.12) definierte Funktion ist.

Für eine differentielle Änderung $d\mu(r)$ ergibt sich dann in Verallgemeinerung von $d\ln Y = \beta N d\mu \to \beta \int n(r) d\mu(r) d^3r$ eine inhomogene Verallgemeinerung von (30.2, 3):

$$n(r) = \frac{1}{\lambda^3} e^{\beta\mu(r)} \left\{ 1 + \int f(r-r') n(r') d^3r' \right\} + \cdots$$

und daraus durch Auflösung nach $\mu(r)$ das gewünschte Resultat.

Literatur

33.1 Weiss, P.: Phys. Z. **9**, 358 (1908)
33.2 Debye, P., Hückel, E.: Phys. Z. **24**, 185 (1923)
33.3 Hartree, D. R.: Proc. Cambr. Phil. Soc. **24**, 89 (1928);
       Bohm, D., Pines, D.: Phys. Rev. **92**, 609 (1953);
       Hubbard, J.: Proc. Roy. Soc. **A243**, 336 (1957);
       Goldstone, G., Gottfried, K.: Nuov. Cim. [X] **13**, 849 (1959)
33.4 Ornstein, L. S., Zernike, F.: Proc. Acad. Sci. Amsterdam **17**, 793 (1914)

34. Systeme mit geladenen Teilchen

Die Resultate des vorigen Kapitels ermöglichen es uns, die Fluktuationsbeiträge der thermodynamischen Funktionen eines Gases aus geladenen Teilchen im Rahmen der Molekularfeldnäherung zu berechnen. Wir leiten dazu zunächst eine Formel ab, welche die freie Energie als ein Integral über die Dichtekorrelation bzw. wegen (33.29) über die Suszeptibilität darstellt.

Zu diesem Zweck betrachten wir wie in Kap. 26 anstelle des Zustandsintegrals zur Hamiltonfunktion $H = T + W$ das etwas allgemeinere Problem mit $H = T + \lambda W$. Die entsprechenden Größen dieses Problems kennzeichnen wir durch einen Index λ. Für $\lambda = 0$ ergeben sich die Größen des wechselwirkungsfreien Systems, für $\lambda = 1$ die des uns interessierenden Systems. So gilt z.B. für die freie Energie (vgl. dazu Kap. 26)

$$F = F_0 + \int_0^1 \left(\frac{\partial F_\lambda}{\partial \lambda} \right) d\lambda \,, \tag{34.1}$$

wobei wir auf der linken Seite den Index $\lambda = 1$ wieder weggelassen haben. Für die auf der rechten Seite auftretende Ableitung nach λ kann man schreiben (s. (26.2)):

$$\frac{\partial F_\lambda}{\partial \lambda} = \; <W>_\lambda \,. \tag{34.2}$$

Für den hier vorkommenden Mittelwert der Wechselwirkungsenergie kann man (33.30) verwenden und schreiben:

$$<W>_\lambda \; = \frac{1}{2} \int w(\boldsymbol{r} - \boldsymbol{r}') <\delta n(\boldsymbol{r})\delta n(\boldsymbol{r}')>'_\lambda \, d^3r d^3r' \,. \tag{34.3}$$

Wir haben hier den ersten Term von (33.30) weggelassen. Er würde bei makroskopisch geladenen Systemen, wie schon am Anfang von Kap. 33 gesagt, divergieren. Außer den hier explizit betrachteten Teilchen müssen jedoch immer noch neutralisierende andere Teilchen vorhanden sein, die wir hier nur in Form einer neutralisierenden, konstanten Hintergrundladung berücksichtigen wollen. Dadurch wird der divergierende erste Term von (33.30) genau kompensiert und es bleibt nur der von den Fluktuationen herrührende zweite Teil. Gleichung (34.3) ist die gewünschte Formel.

Im Rahmen der Debye-Hückel-Näherung ersetzt man nun in dieser Formel $<\delta n(\boldsymbol{r})\delta n(\boldsymbol{r}')>'$ durch die Fourier-Transformation des im vorigen Kapitel hergeleiteten Ausdrucks

$$kT\chi(k)'_\lambda = \left(\frac{kT\chi_0}{1 + \chi_0\lambda w(k)}\right)' = s(k)_\lambda \,. \tag{34.4}$$

Wir haben hier den unteren Index „λ“ durch Multiplikation der Wechselwirkung $w(k)$ mit λ berücksichtigt. Der obere Index „$(')$“ bedeutet, daß von der Suszeptibilität $\chi(k)$ der asymptotische Wert $\chi(\infty)$ subtrahiert werden muß. Bedenkt man noch, daß

$$\chi_0 = \left(\frac{\partial n}{\partial \mu}\right)_0 = \frac{n}{kT} \tag{34.5}$$

und

$$w(k) = \frac{4\pi e_0^2}{k^2} \tag{34.6}$$

ist, so kann man (34.4) in der Form

$$s(k)_\lambda = \frac{n\lambda\kappa^2}{k^2 + \lambda\kappa^2} \tag{34.7}$$

schreiben. Dabei haben wir wieder die Debye-Hückelsche „Abschirmwellenzahl“

$$\kappa = \sqrt{4\pi n e_0^2/kT} \tag{34.8}$$

eingeführt.

Das Integral (34.3) kann nun sowohl im Ortsraum wie auch im $\boldsymbol{k}$-Raum ausgeführt werden. Im Ortsraum würde man mit Hilfe der Funktion $s(\boldsymbol{r})$, deren Fourier-Transformierte $s(\boldsymbol{k})$ in (34.4) eingeführt worden ist, schreiben:

$$< W >_\lambda \; = \frac{1}{2}\int w(\boldsymbol{r} - \boldsymbol{r}')s_\lambda(\boldsymbol{r} - \boldsymbol{r}')d^3r d^3r' \,. \tag{34.9}$$

Die Funktion $w \cdot s$, welche hier als Integrand auftritt, fällt, wie in (33.21) gezeigt, auf der (mikroskopischen) Länge $1/\kappa$ exponentiell ab. Führt man also statt $\boldsymbol{r}$ als neue Integrationsvariable das Argument $\boldsymbol{r} - \boldsymbol{r}'$ der Funktion ws ein, so liefert das restliche $\boldsymbol{r}'$-Integral gerade einen Faktor V:

$$< W >_\lambda \; = \frac{V}{2}\int w(\boldsymbol{r})s_\lambda(r)d^3r \,. \tag{34.10}$$

Dieses Resultat kann man nach Fourier-Transformation auch im $\boldsymbol{k}$-Raum schreiben als

$$< W >_\lambda \; = \frac{V}{2(2\pi)^3}\int w(k)s_\lambda(k)d^3k \,. \tag{34.11}$$

Setzt man hier für w und s die Resultate (34.6, 7) ein, so ergibt sich nach Einführung von Polarkoordinaten im k-Raum mit $N = Vn$

$$< W >_\lambda \; = \frac{N e_0^2 \lambda\kappa^2}{\pi}\int_0^\infty \frac{dk}{k^2 + \lambda\kappa^2} \,. \tag{34.12}$$

Nach Ausführung der k-Integration ergibt sich ein Resultat $\propto \sqrt{\lambda}$. Für die freie Energie erhält man schließlich

$$F = F_0 + \frac{Ne_0^2\kappa}{2} \int \sqrt{\lambda}\, d\lambda\,, \tag{34.13}$$

welches man auch in der Form

$$\boxed{F = F_0 - NkT \cdot \frac{\kappa^3}{12\pi n}} \tag{34.14}$$

schreiben kann.

Durch Differentiation nach T und V erhält man hieraus wieder in üblicher Weise die kalorische und thermische Zustandsgleichung

$$\boxed{E = \frac{3}{2}NkT\left(1 - \frac{\kappa^3}{12\pi n}\right)} \tag{34.15}$$

und

$$\boxed{P = nkT\left(1 - \frac{\kappa^3}{24\pi n}\right)}. \tag{34.16}$$

Diese Gleichungen lassen den Gültigkeitsbereich der Molekularfeldnäherung erkennen: Die Molekularfeldkorrekturen zur idealen Gasgleichung sind nur dann nicht zu groß, falls

$$\kappa^3 \ll 12\pi n \tag{34.17}$$

ist. Definiert man einen mittleren Teilchenabstand r_0 durch $4\pi r_0^3 n/3 = 1$, so muß offenbar $\kappa r_0 \ll 1$ sein. Die Debye-Hückelsche Abschirmlänge $1/\kappa$ (vgl. (34.8)) muß also groß gegenüber dem mittleren Teilchenabstand sein. Gleichung (34.17) erweckt zunächst den Eindruck, als sei die Debye-Hückel-Näherung gut im Grenzfall großer Dichte. Man muß jedoch bedenken, daß κ selbst nach (34.8) proportional $n^{1/2}$ ist. Die Korrekturterme in (34.15, 16) sind also $\propto n^{1/2}$ und werden umso kleiner, je *kleiner* die Dichte ist.

Ohne darauf im Einzelnen weiter einzugehen, sei erwähnt, daß diese Tatbestände sich wesentlich ändern bei tiefen Temperaturen. In diesem Falle ist die charakteristische Temperatur nicht mehr durch T, sondern durch die Fermische Entartungstemperatur T_f (s. Kap. 41) gegeben, welche selbst dichteabhängig ($\propto n^{2/3}$) ist. Es zeigt sich dann, daß die Korrekturterme gerade mit *zunehmender* Dichte kleiner werden, wie in Tabelle 22.1 angegeben.

Gleichung (34.14) kann als erster Schritt eines systematischen Näherungsverfahrens genommen werden, bei dem nach Potenzen von κ^3/n entwickelt wird [34.1].

Es ist instruktiv, die Rechnung im k-Raum, d.h. ausgehend von (34.11), auch im Ortsraum, d.h. ausgehend von (34.10), durchzuführen. Dazu muß man nur $s(k)$ zurücktransformieren. Dies ist am einfachsten möglich durch Fourier-Rücktransformation von (vgl. (34.7))

$$- (k^2 + \lambda\kappa^2)s(k)_\lambda = n\lambda\kappa^2 = n^2\beta 4\pi\lambda e_0^2 \qquad (34.18)$$

in den Ortsraum. Dies liefert offenbar

$$(\Delta - \lambda\kappa^2)s(r)_\lambda = n^2\beta 4\pi\lambda e_0^2\delta(\boldsymbol{r}) \ , \qquad (34.19)$$

also im wesentlichen wieder die in Abschn. 33.2 schon diskutierte Laplace-Gleichung

$$(\Delta - \kappa^2)\frac{e^{-\kappa r}}{r} = -4\pi\delta(\boldsymbol{r}) \ . \qquad (34.20)$$

Die Lösung von (34.19) ist

$$s(r)_\lambda = -n^2\beta\lambda e_0^2\frac{e^{-\sqrt{\lambda}\kappa r}}{r} \ . \qquad (34.21)$$

Setzt man dies in (34.10) ein, so ergibt sich nach kurzer Zwischenrechnung natürlich wieder das gleiche Endresultat wie in (34.13, 14).

Abschließend erwähnen wir noch ein Problem, das auftritt, wenn man die neutralisierende Hintergrundladung nicht nur so pauschal berücksichtigt wie bisher, sondern wenn man explizit eine zweite Sorte Teilchen berücksichtigt, mit denen dann eine *anziehende* Coulombwechselwirkung besteht; etwa zwischen Ionen und Elektronen oder Ionen verschiedener Ladung. Verwendet man für die Korrelationen zwischen solchen entgegengesetzt geladenen Teilchen die Form (33.18) ohne Linearisierung der Exponentialfunktion, so divergieren Integrale über diese Funktion nicht nur an der oberen, sondern auch an der *unteren* Grenze. Das heißt aufgrund der klassischen statistischen Mechanik würden z.B. die Elektronen in die Ionen „hineinstürzen". Dieses Hineinstürzen wird jedoch durch die Quantenmechanik verhindert. Der tiefste Zustand, den ein Elektron im Felde eines Ions erreichen kann, ist der quantenmechanische Grundzustand. Dabei hat das Elektron vom Ion einen mittleren Abstand von der Größenordnung des Bohrschen Radius. Man kann diese Tatsache in grober Näherung dadurch berücksichtigen, daß man die entsprechenden Integrale bei anziehender Coulombwechselwirkung an der unteren Grenze, etwa beim Bohrschen Radius r_B, „abschneidet", d.h. nur von r_B bis $r = \infty$ erstreckt.

Literatur

34.1 Bogoljubov, N. N.: *Studies in Statistical Mechanics*, Vol. I, (North Holland, Amsterdam 1962)

35. Dichteschwankungen und Lichtstreuung **

Thermodynamisch homogene Medien sind nur *im Mittel* homogen. Ihre Dichte führt um den Mittelwert Schwankungen aus. Diese Schwankungen machen sich physikalisch u.a. durch Lichtstreuung bemerkbar, die wir in diesem Kapitel diskutieren wollen. Eine genauere Beschreibung entsprechender Experimente werden wir im zweiten Band, Kap. 9, geben. Hier begnügen wir uns mit einer mehr schematischen Darstellung.

Wir beginnen mit der Diskussion einiger allgemeiner Eigenschaften der schon in den vorigen beiden Kapiteln eingeführten Dichtekorrelation und ihrer Fourier-Transformierten. Zunächst betrachten wir die Fourier-Transformierte $\hat{n}(\boldsymbol{k})$ der Teilchendichte $\hat{n}(\boldsymbol{r}) = \sum \delta(\boldsymbol{r} - \boldsymbol{r}_m)$. Sie ist offenbar gegeben durch

$$\hat{n}(\boldsymbol{k}) = \sum_{m,(\boldsymbol{r}_m \text{ in } V)} e^{-i\boldsymbol{k}\cdot\boldsymbol{r}_m} \, . \tag{35.1}$$

Die mittlere quadratische Streuung ihres Absolutwertes läßt sich dann durch die Fourier-Transformation der Dichtekorrelation ausdrücken:

$$< \delta n(\boldsymbol{k})\delta n(-\boldsymbol{k}) > \, = V \int < \delta n(\boldsymbol{r})\delta n(\boldsymbol{o}) > e^{-i\boldsymbol{k}\cdot\boldsymbol{r}}d^3r \, . \tag{35.2}$$

Auf der linken Seite dieser Gleichung verwenden wir

$$\delta\hat{n}(\boldsymbol{k}) = \hat{n}(\boldsymbol{k}) - n\int_V e^{-i\boldsymbol{k}\cdot\boldsymbol{r}} \tag{35.3}$$

sowie (für hinreichend großes V)

$$\left|\int_V e^{i\boldsymbol{k}\cdot\boldsymbol{r}}d^3r\right|^2 = (2\pi)^3 V\delta(\boldsymbol{k}) \, . \tag{35.4}$$

Auf der rechten Seite von (35.2) beachten wir den Zusammenhang zwischen Dichtefluktuation und Suszeptibilität, Gleichung (33.29) bzw. deren Fourier-Transformation

$$\int < \delta n(\boldsymbol{r})\delta n(\boldsymbol{o}) > e^{-i\boldsymbol{k}\cdot\boldsymbol{r}}d^3r = kT\chi(k) \, . \tag{35.5}$$

Alles zusammengefaßt kann man schreiben:

$$\boxed{< |\hat{n}(\boldsymbol{k})|^2 >_{\boldsymbol{k}\neq\boldsymbol{o}} \, = \, < |\delta n(\boldsymbol{k})|^2 > \, = V kT\chi(\boldsymbol{k}) \, .} \tag{35.6}$$

Der Index auf der linken Seite soll darauf hindeuten, daß das erste Gleichheitszeichen wegen der Unstetigkeit (35.3, 4) nur für $k \neq o$ gilt. Ansonsten aber sind alle Größen in diesen Gleichungen stetig. Insbesondere streben alle für $k \rightarrow 0$ dem Grenzwert

$$kT\chi(0) = kT(\partial n/\partial \mu)_T = kTn^2\kappa_T \tag{35.7}$$

zu. Das Schwankungsquadrat auf der linken Seite der ersten Gleichung in (35.6) ist nun gerade die Größe, welche man bei der Lichtstreuung beobachten kann. Betrachten wir z.B. einen Lichtstrahl, der von der Sonne ausgesandt, an einem Atom der Lufthülle der Erde gestreut und von einem Beobachter auf der Erdoberfläche empfangen wird (Abb. 35.1). Sei etwa r_s der Ausgangspunkt der Welle auf der Sonne, r_m der Ort des Atoms der Lufthülle, r_b der Empfangsort des Beobachters, k_0 der Wellenzahlvektor der Welle von der Sonne zur Lufthülle und k_1 der Wellenzahlvektor der Welle vom Streuatom zum Beobachter. Dann gilt für die Amplitude der von der Sonne kommenden Welle bei r_m:

$$A \propto \exp[ik_0 \cdot (r_m - r_s)] . \tag{35.8}$$

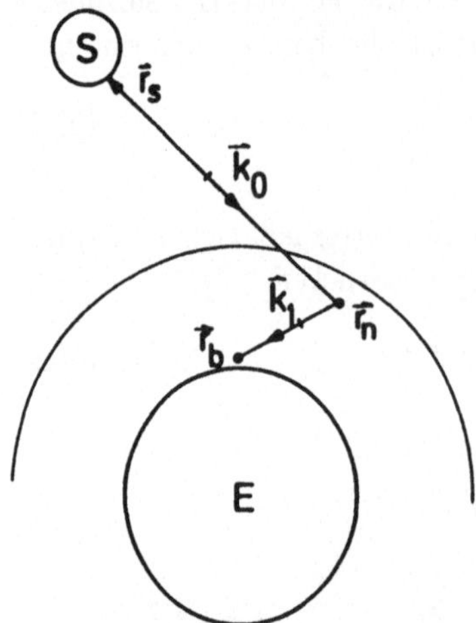

Abb. 35.1. Zur Entstehung des blauen Himmels durch Streuung des Sonnenlichtes

Das elektrische Feld der Welle regt das Atom mit genau dieser Amplitude zu Schwingungen an, und das schwingende Atom sendet seinerseits eine Streuwelle aus, für deren Amplitude bei r_b gilt

$$A' \propto A\exp[ik_1 \cdot (r_b - r_m)] \propto \exp[i(k_0 - k_1) \cdot r_m] . \tag{35.9}$$

Die Gesamtintensität I des Streulichts ergibt sich durch Aufsummation der Beiträge aller Atome zu (35.9) und Bildung des thermischen Mittelwertes des Absolutquadrates der Gesamtamplitude:

$$<I> \; = \; <\left|\sum A'\right|^2> \; \propto \; <|\hat{n}(k_0 - k_1)|^2> . \tag{35.10}$$

Die Gesamtintensität ist also nach (35.6) direkt proportional zu den Teilchenzahlschwankungen mit der Fourier-Komponente $\delta n(k)$ mit $\boldsymbol{k} = \boldsymbol{k}_0 - \boldsymbol{k}_1$. Falls also k hinreichend klein ist – und das ist bei sichtbarem Licht normalerweise der Fall – (s. Aufg. 35.1), läßt sich die Formel für die Teilchenschwankungen (35.6) auf diese Weise nachprüfen. Bei Röntgenstrahlen kann man auf diese Weise die Suszeptibilität bei höheren Wellenzahlen bestimmen.

Aufgabe

1. Man bestimme die Größe $k = |\boldsymbol{k}_0 - \boldsymbol{k}_1|$ für sichtbares Licht bei einem Streuwinkel $\theta = 30°$ und vergleiche sie mit der charakteristischen Größe $2\pi/a$ ($a = 1$ Å), die maßgeblich für die Änderungen von $\chi(k)$ ist (vgl. Abb. 47.1). Wie klein muß $T - T_c$ in der Nähe eines Phasenübergangs ungefähr sein, damit k von der Größenordnung der reziproken Korrelationslänge $1/\xi$ ist?

36. Spinsysteme

Wir untersuchen nun die Eigenschaften eines Systems von magnetischen Momenten in einem äußeren Magnetfeld $\boldsymbol{B} = (0, 0, B)$. Bei Vernachlässigung der Wechselwirkung der Momente untereinander ist der Hamiltonoperator dieses Systems gegeben durch

$$H = -\mu_B g B \sum_n s_z(n) \, . \tag{36.1}$$

Dabei ist $\mu_B = e\hbar/2m_o c$ das Bohrsche Magneton, m_o die Elektronen- bzw. Nukleonenmasse, g der Landésche g-Faktor (für Elektronenspins in der Nähe von 2) und $s_i(n)$ die i-te Komponente des Drehimpulses des Teilchens n, dividiert durch $\hbar$. Die Eigenwerte von $s_z(n)$ sind dann ganz- oder halbzahlige m mit $|m| \leq s$. Die Eigenwerte von H sind also

$$E(m_1, \ldots, m_N) = -b \sum_n m_n \, , \tag{36.2}$$

wobei wir die Abkürzung $b = \mu_B g B$ eingeführt haben.

Bei der Bildung der Zustandssumme kann über die einzelnen Teilchen unabhängig summiert werden. Es wird also

$$\ln Z = N \ln z \, . \tag{36.3}$$

Dabei ist

$$z = \sum_{m=-s}^{s} e^{\beta b m} \tag{36.4}$$

die Zustandssumme eines einzigen Teilchens. Aus $\ln Z$ erhält man durch Differentiation das mittlere magnetische Moment

$$M = \frac{\partial \ln Z}{\partial(\beta B)} = \mu_B g N \sum_m m \frac{e^{\beta b m}}{z} \, . \tag{36.5}$$

Diese Formel ergibt sich auch direkt aus dem Boltzmannschen Wert $w(m) = e^{\beta b m}/z$ für die Wahrscheinlichkeit, die Spinquantenzahl m bei der Temperatur T im Felde B anzutreffen. Die Summe $\sum m w(m) = <m>$, welche in (36.5) auftritt, ist dann gerade der Mittelwert von m. In ähnlicher Weise oder auch direkt aus (36.1) und (36.2) erhält man durch Differentiation nach β die Energie E. Es ergibt sich

$$E = -MB = -Nb < m > \ .$$

(36.6)

Durch Kombination der beiden letzten Gleichungen mit $F = -kT \ln Z = E - TS$ oder durch Differentiation von F nach T bekommt man dann die Entropie

$$S = kN \ln z + \frac{E}{T} \ .$$

(36.7)

Zur Erläuterung betrachten wir zunächst den Fall tiefer Temperaturen ($kT \ll \mu_B g B$). In diesem Falle braucht man nur die beiden größten Glieder $m = s$ und $m = s - 1$ der Zustandssumme zu berücksichtigen. Dann wird

$$\ln z = \beta b s + e^{-\beta b}$$

(36.8)

und

$$M = \mu_B g N (s - e^{-\beta b})$$

(36.9)

sowie

$$S = N k \beta b e^{-\beta b} \ .$$

(36.10)

Die Hochtemperaturentwicklung wird bei Spinsystemen besonders einfach. Für $\mu_B g B \ll kT$ kann man direkt nach Potenzen von $1/T$ entwickeln und erhält unter Verwendung von

$$\sum_{-s}^{s} m^2 = s(s+1)(2s+1)/3 = (2s+1) < m^2 >$$

($< m^2 >$ ist dann der Mittelwert von s_z^2 für unendlich hohe Temperaturen)

$$\ln z = \ln(2s+1) + \frac{(\beta b)^2}{6} s(s+1) + \cdots$$

(36.11)

und durch Differentiation nach βB:

$$M = N \frac{< (\mu_B g m)^2 >}{kT} B = N \frac{\mu_B^2 g^2 s(s+1)}{3kT} B \ .$$

(36.12)

Diese Beziehung enthält das Curie-Gesetz für die Suszeptibilität paramagnetischer Substanzen für kleine Magnetfelder:

$$\chi = \frac{C}{T} \ ; \qquad C = N \frac{\mu_B^2 g^2 s(s+1)}{3k} \ .$$

(36.13)

Für die Entropie ergibt sich in niedrigster Ordnung

$$S = N k \ln(2s+1) \ .$$

(36.14)

Dies ist offenbar ein besonders einfaches Beispiel der Boltzmannschen Beziehung $S = k \ln g$: Bei hohen Temperaturen sind praktisch alle quantenmechanisch möglichen Spineinstellungen gleich wahrscheinlich. Dies ergibt für einen einzelnen Spin s gerade $2s + 1$, für N Spins also gerade $g = (2s + 1)^N$ Möglichkeiten und damit die Gleichung (36.14).

Es sei noch erwähnt, daß die Entwicklung nach fallenden Potenzen von T auch bei wechselwirkenden Spinsystemen möglich ist. Man geht dann direkt von $Z = \sum(1 - \beta E_n + \beta^2 E_n^2/2 + \cdots)$ aus [36.2].

Abbildung 36.1 zeigt das mittlere magnetische Moment in Abhängigkeit von B für verschiedene Werte von s (die sog. Brillouin-Funktionen).

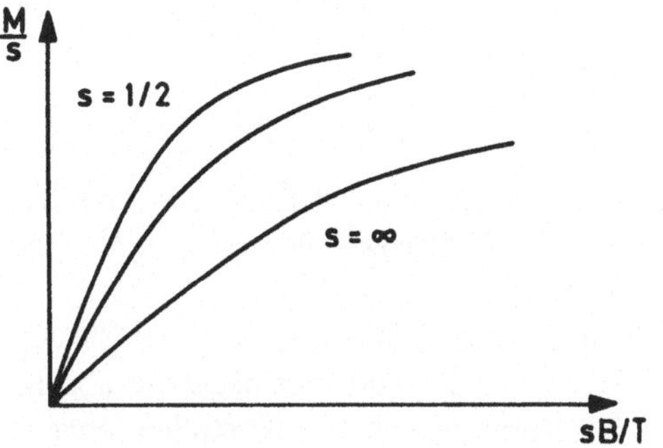

Abb. 36.1. Mittleres magnetisches Moment als Funktion von B/T

Abbildung 36.2 zeigt die Entropie in Abhängigkeit von T für verschiedene Werte von B. Im Grenzfall $B \to 0$ würde sich nach den obigen Formeln eine Rechteckskurve ergeben. Tatsächlich geht bei Berücksichtigung der Wechselwirkungen zwischen den Momenten die Entropie auch im Falle $B = 0$ stetig gegen Null. Man kann an diesem Diagramm das Schema des Verfahrens zur Erzeugung tiefer Temperaturen durch adiabatische Entmagnetisierung ablesen: Man

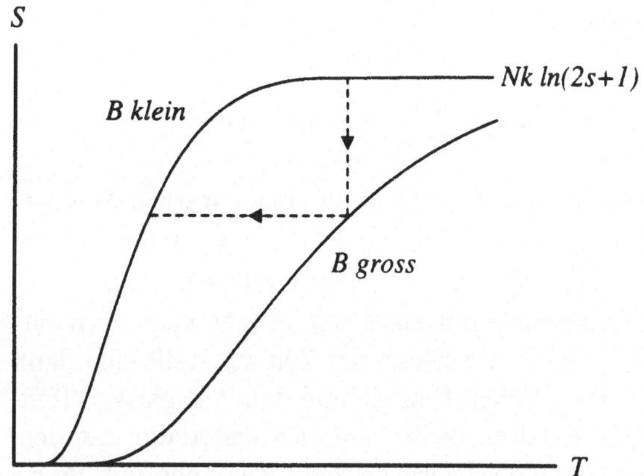

Abb. 36.2. Entropie als Funktion der Temperatur für zwei verschiedene Werte des Magnetfeldes

schaltet zunächst ein Magnetfeld B isotherm ein, durch adiabatisches Abschalten (S = const.) erreicht man dann eine Temperaturerniedrigung, die um so größer ist, je größer das Magnetfeld war.

Die Tatsache, daß die Energie eines Spinsystems nicht nur eine untere, sondern auch eine obere Grenze besitzt, hat zur Folge, daß die Entropie keine monoton wachsende Funktion der Energie ist. Man kann sich davon durch Elimination von T aus den Gleichungen (36.5, 6, 7) und Bestimmung der Funktion $S = S(E, B, N)$ explizit überzeugen. Beschränkt man sich der Einfachheit halber auf den Fall $s = 1/2$, so ergibt sich nach kurzer Zwischenrechnung (s. Aufg. 36.2):

$$S(E, B, N) = Nk \ln Nb$$
$$-\frac{k}{b}\left\{\left(\frac{Nb}{2} - E\right)\ln\left(\frac{Nb}{2} - E\right) + \left(\frac{Nb}{2} + E\right)\ln\left(\frac{Nb}{2} + E\right)\right\} . \qquad (36.15)$$

Auch diese Beziehung läßt sich wieder am einfachsten aus der mikrokanonischen Verteilung und $S = k \ln g$ mit $g = N!/(N_+! N_-!)$ sowie $N = N_+ + N_-$ und $E = -b(N_+ - N_-)$ ableiten (s. Aufg. 36.2).

In Abb. 36.3 ist die Funktion $S(E)$ aufgetragen. Wie man sieht, ist die Ableitung $\partial S/\partial E = 1/T$ für $E > 0$ negativ. Solche Zustände mit negativer absoluter Temperatur können experimentell bei Kernmomenten in Kristallen (etwa in LiF, Purcell und Pound, 1951 [36.1]) realisiert werden, wenn die Relaxationszeit τ_{ss} für Spin-Spin-Wechselwirkungen kurz gegenüber der Relaxationszeit τ_{sg} für Spin-Gitter-Wechselwirkungen ist.

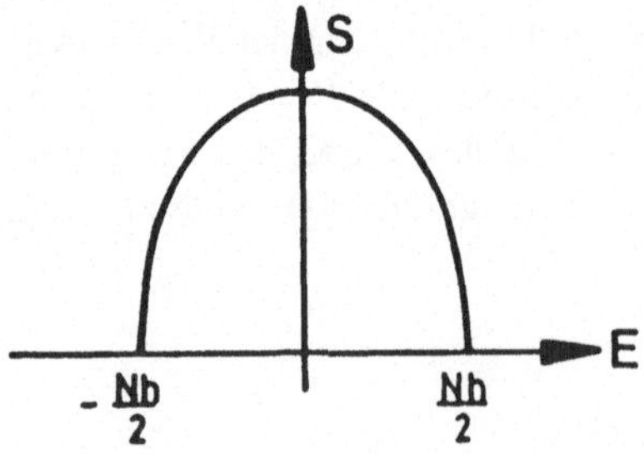

Abb. 36.3. Entropie als Funktion der Energie bei einem Spinsystem

Man magnetisiert die Kernspins dabei zunächst in einem starken Magnetfeld und dreht dann die Richtung dieses Feldes so schnell um, daß die Spins nicht folgen können. Dadurch entsteht aus der ursprünglichen Boltzmann-Verteilung $\rho_n \propto \exp(-E_n/kT)$ eine neue mit einer sog. „Besetzungsinversion" $\rho_n \propto \exp(E_n/kT) = \exp(-E_n/(-kT))$. Innerhalb der Zeit τ_{ss} stellt sich dann ein Gleichgewichtszustand mit der gleichen Energie und damit negativer Temperatur ein, der für die Zeit τ_{sg} erhalten bleibt und sich erst dann mit dem Gitter von positiver Temperatur ins Gleichgewicht setzt. Zustände mit Besetzungsinversion spielen heute auch in der Maser- und Laserphysik eine wichtige Rolle.

Aufgaben

1. Man bestimme die spezifischen Wärmen C_B und C_M bei konstantem Magnetfeld und konstantem magnetischen Moment eines Spinsystems.

2. Man leite die Formel (36.15) ab: einmal durch Bestimmung von β aus (36.6) und einmal direkt aus der mikrokanonischen Verteilung (Kap. 6).

3. Man vergleiche die Eigenschaften eines idealisierten „Polymers" aus N Abschnitten, bestehend aus Molekülen mit beliebig leicht um 180° knickbaren Abschnitten, mit denen eines Spinsystems (s. Abb. 36.4). Welche Größe entspricht der Magnetisierung, welche dem Magnetfeld?

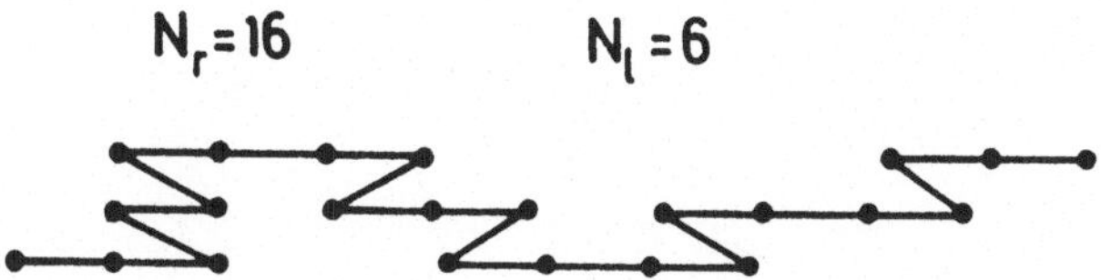

Abb. 36.4. Schematisches Modell eines Polymers mit $N_r (N_l)$ nach rechts (*links*) stehenden Abschnitten

Literatur

36.1 Purcell, E. M., Pound, R. V.: Phys. Rev. **81**, 279 (1951)
36.2 Wortis, M.: in *Phase Transitions and Critical Phenomena* Domb, C., Green, M. S., eds., (Academic, London 1974)

Ergänzende Literatur

Ramsey, N. F.: *Thermodynamics and statistical mechanics at negative absolute Temperature*, Phys. Rev. **103**, 20 (1956)
Klein, M. J.: *Negative absolute Temperature*, Phys. Rev. **104**, 589 (1956)

37. Quasiteilchen

Keine der bisher besprochenen Näherungsmethoden läßt sich auf Systeme bei sehr tiefen Temperaturen anwenden. Bei diesen Temperaturen sind alle Systeme entweder fest oder doch zumindest flüssig. Sie sind daher nicht mehr als verdünnte Systeme zu beschreiben. Ihre Wechselwirkung ist nicht vernachlässigbar und kann auch i. allg. nicht gut durch die niedrigsten Ordnungen einer Störungstheorie behandelt werden. Zur Beschreibung der kondensierten Materie bei tiefen Temperaturen hat sich eine von L. D. Landau eingeführte Begriffsbildung sehr bewährt: die des sog. „Quasiteilchens" [37.1]. Die thermodynamischen Eigenschaften der Materie bei sehr tiefen Temperaturen werden offenbar bestimmt durch die niedrigliegenden Anregungen der Systeme über dem quantenmechanischen Grundzustand. Wir geben zunächst einen Überblick über die wichtigsten dieser elementaren Anregungen.

37.1 Elementare Anregungen in kondensierter Materie **

Die Quantennatur der niedrigliegenden Anregungen hat in vielen Fällen zur Folge, daß sie sich wie Teilchen eines fast idealen Gases verhalten: Sie besitzen einen Impuls (oder Quasiimpuls innerhalb einer Brillouin-Zone) p. Die Energie einer einfachen Anregung ist dann eine eindeutige Funktion dieses Impulses $\epsilon = \epsilon(p)$. Die nächsthöheren Anregungen sind dann Vielfache dieser elementaren Anregungen, die man zählen kann wie normale Teilchen. Es gibt also Teilchenzahloperatoren $n(p)$, die zählen, wieviel Anregungen mit dem Impuls p vorliegen. Viele der quantisierten elementaren Anregungen erhalten deshalb die Endsilbe „on" in Analogie zu den Elementarteilchen. Das vielleicht bekannteste und historisch älteste Quasiteilchen dieser Art ist das Phonon, d.h. das Elementarquantum des Schallfeldes. Die Atome im festen Körper bilden ein System gekoppelter Oszillatoren. Bei hinreichend kleinen Amplituden sind die Schwingungen harmonisch. Seien $p = \hbar k$ die (quasi-) Impulse der Eigenschwingungen, $\omega(k)$ die Eigenfrequenzen, dann sind die Energien des Systems nach der Quantenmechanik gegeben durch $E = \sum \hbar\omega(k)[n(k) + 1/2]$. Die zu den kleinen Frequenzen gehörigen Eigenschwingungen sind elastische Wellen, für die wie bei Lichtquellen $\omega = ck$ gilt, wobei c die Schallgeschwindigkeit ist. Die bei dieser Beschreibung vernachlässigten anharmonischen Effekte bewirken nur eine kleine temperaturabhängige Verschiebung der Eigenfrequenzen sowie eine

Dämpfung der Schallwellen. Bei hinreichend tiefen Temperaturen sind diese Effekte jedoch vernachlässigbar. Das System der stark wechselwirkenden Atome kann damit ersetzt werden durch das System der schwach wechselwirkenden Schallquanten. Tabelle 37.1 gibt eine Übersicht über die wichtigsten Quasiteilchen, wobei wir auch die Anregungen in mikroskopischen Systemen (Atomen, Molekülen, Atomkernen) der Vollständigkeit halber mit aufgeführt haben. Die elementaren Anregungen lassen sich zunächst in zwei große Gruppen aufteilen, je nachdem sie der Fermi-Statistik oder der Bose-Statistik genügen. Die in der Tabelle aufgeführten Fermionen haben alle den Spin 1/2, die Bosonen den Spin 0 oder 1.

In der 2. und 3. Spalte der Tabelle befinden sich die Jahreszahlen der experimentellen bzw. theoretischen Entdeckung der „Teilchen".

Tabelle 37.1. Überblick über die wichtigsten elementaren Anregungen

Teilchen	Exp.	Theor.	Vorkommen
Fermionen			
Elektron (Schalen)	1869	1916	Atomhüllen
Elektron (Bänder)	1934	1928	Feste Körper
Loch (Bänder)	1900	1928	Feste Körper
Elektron (Polaron)	1955	1933	Ionenkristalle
Elektron (Energielücke)	1960	1957	Supraleiter
^{3}He-Atom	1958	1956	Flüssiges ^{3}He
Nukleon	1948	1959	Atomkerne
„Composite" Fermion	1982	1989	Quanten-Hall-Effekt
Bosonen			
Phonon (akustisch)	1912	1912	Feste Körper
Phonon (optisch)	1897	1912	Ionenkristalle
Phonon (0. Schall)	1965	1957	Fl. ^{3}He, Feste Körper
Phonon (1. Schall)	1939	1941	He II
Phonon (2. Schall)	1944	1940	He II
Phonon (2. Schall)	1963	1963	Feste Körper
Roton	1957	1947	He II
Magnon (ferromagn.)	1934	1930	Ferromagneten
Magnon (antiferrom.)	1950	1936	Antiferromagneten
Magnon (paramagn. 1.)	1967	1958	Paramagnet im Magnetfeld
Plasmon (long.)	1930	1953	Metall, Halbleiter
Plasmon (transv.)	1913	1953	Metall, Halbleiter
Helicon	1961	1961	Metall, Halbl. im Magnetf.
Exciton, Polariton	1930	1936	Halbleiter, Isolator
Elektronpaar	1961	1957	Supraleiter
Nukleonpaar	1958	1958	Manche Atomkerne

Die frühesten Zahlen sind 1869, die Entdeckung des periodischen Systems der Elemente (Mendelejeff) und damit, wie wir heute wissen, der Schalenstruktur der Atomhülle sowie 1897, die Entdeckung der Reststrahlen (Rubens). Der Zeitpunkt der Entdeckung eines Quasiteilchens ist nicht immer ohne Willkür festzulegen. Die experimentelle Evidenz für das Vorkommen vieler Anregungen war zunächst nur indirekt und bedurfte der theoretischen Deutung. Ein Beispiel dafür ist etwa die Bohrsche Deutung des periodischen Systems nach dem Schalenmodell, ein anderes etwa die Debyesche Deutung des T^3-Gesetzes der spezifischen Wärme von Isolatoren. Wir haben i. allg. das Auffinden solcher indirekten Evidenzen mit der Entdeckung der zugehörigen Anregungen identifiziert, auch wenn die theoretische Erkenntnis dieser Tatsache erst später hinzutrat oder wenn erst später direkte Experimente die gefundene Deutung erhärteten (etwa, wenn die für die spezifische Wärme postulierten Phononen auch in der inelastischen Neutronenstreuung gefunden wurden).

Betrachten wir nun zunächst die *Fermionen* etwas mehr im einzelnen. Zu ihrer Bezeichnung haben sich i. allg. keine neuen Namen eingebürgert. Das ist auch nicht unbedingt nötig, denn die Quasiteilchen lassen sich den Teilchen zuordnen, aus denen sie aufgebaut sind. Trotzdem muß man zwischen beiden streng unterscheiden. Die Tatsache etwa, daß die Atomhülle aus Elektronen besteht, besagt a priori keineswegs, daß die Anregungsspektren der Hülle sich in guter Näherung als Einteilchenspektren beschreiben lassen. Genau das soll aber gemeint sein, wenn wir sagen, daß in der Atomhülle Quasiteilchen vom elektronischen Typ existieren. Ähnliches gilt für die Nukleonen im Atomkern: Von der Entdeckung des Neutrons (Chadwick, 1932) und damit der Erkenntnis, daß der Atomkern aus Protonen und Neutronen besteht, bis zur Entdeckung der Gültigkeit des Schalenmodells vergingen fast zwei Jahrzehnte. Die Erkenntnis, daß die niederenergetischen Anregungen von flüssigem ^{3}He ebenfalls durch ein Einteilchenmodell wiedergegeben werden, folgte noch später (Landau, 1956) [37.2].

Anschaulich kann man sich die Quasifermionen etwa vorstellen als aufgebaut aus den „nackten" Fermionen, aus denen die Systeme ursprünglich bestehen, zusammen mit einer „Abschirmungswolke" oder „Polarisationswolke", gebildet aus einer Deformation des Grundzustandes in der Umgebung der nackten Teilchen. Mathematisch bedeutet die Quasiteilchenbeschreibung, daß die niedrigliegenden Anregungszustände charakterisiert werden können durch die Besetzungszahlen $n_s(\boldsymbol{p})$, welche die Zahl der Quasiteilchen mit dem Impuls $\boldsymbol{p}$ und der Spinquantenzahl s angeben.

37.2 Quasifermionen

Da die Quasifermionen den ursprünglichen Teilchen eindeutig zugeordnet werden können, stimmen die Gesamtteilchenzahl und die Gesamtquasiteilchenzahl überein

$$N = \sum_{p,s} n_s(p) \, .$$

(37.1)

Eine Ausnahme bilden die Quasiteilchen in Supraleitern (s. Abschn. 41.2).

Bei Vernachlässigung der Wechselwirkung zwischen den Teilchen ergäbe sich eine ähnlich einfache Beziehung für die Energie, nämlich $E = \sum e(p)n(p)$ (die Spinquantenzahlen seien hier und in der folgenden Formel der Einfachheit halber unterdrückt). Tatsächlich besteht jedoch eine Wechselwirkung. Nehmen wir an, diese sei eine Summe von Wechselwirkungen zwischen je zwei Teilchen, und $< pq \mid w \mid rs >$ seien die Matrixelemente dieser Paarwechselwirkung zwischen den Eigenzuständen der freien Teilchen (d.h. den ebenen Wellen mit den Impulsen p, q, r, s), dann lauten die drei ersten Terme der Schrödingerschen Störungsreihe für E:

$$E = \sum e(p)n(p) + \frac{1}{2} \sum < pq \mid w \mid pq > n(p)n(q)$$
$$+ \frac{1}{4} \sum |< pq \mid w \mid rs >|^2 \, \frac{n(p)n(q)[1 - n(r)][1 - n(s)]}{e(p) + e(q) - e(r) - e(s)} + \cdots \, .$$

Es gibt jedoch in der Natur nur ganz wenige Systeme, bei denen die Wechselwirkung so schwach ist, daß die ersten Terme der Störungsreihe eine brauchbare Näherung darstellen. Landau hat (1956) gezeigt, wie man die Zustandssumme für tiefe Temperaturen auswerten kann, ohne diese Näherung zu machen. Man kann dann nur voraussetzen, daß die Energie E eine (i. allg. komplizierte) Funktion der Besetzungszahlen n ist.

Die Berücksichtigung der Bedingung (37.1) geschieht am einfachsten durch Verwendung einer Gesamtheit mit vorgegebenem chemischen Potential, etwa der (T, μ)-Gesamtheit mit dem zugehörigen thermodynamischen Potential J gegeben durch (s. Tabelle 17.1)

$$J = -kT \ln \sum_{n_s(p)} \exp\{-\beta[E(\ldots n_s(p)\ldots) - \mu N]\} \, .$$

(37.2)

Die Auswertung dieser Zustandssumme ist möglich nach Entwicklung der Energie um die Mittelwerte

$$< n_s(p) > \; = \sum_{n_s(q)} n_s(p) e^{-\beta(E - \mu N - J)}$$

(37.3)

in der Form

$$E = E[\ldots < n_s(p) > \ldots] + \sum_{p,s} \epsilon_s(p)\delta n_s(p)$$
$$+ \frac{1}{2} \sum_{p,p',s,s'} f_{s,s'}(p, p')\delta n_s(p)\delta n_{s'}(p') + \cdots$$

(37.4)

mit $\delta n_s(p) = n_s(p) - < n_s(p) >$ und

$$\epsilon_s(p) = \left(\frac{\partial E}{\partial n_s(p)} \right)_{n=<n>}$$

(37.5)

und

$$f_{ss'}(\boldsymbol{p},\boldsymbol{p}') = \left(\frac{\partial^2 E}{\partial n_s(\boldsymbol{p})\partial n_{s'}(\boldsymbol{p}')}\right)_{n=<n>} \tag{37.6}$$

Die Energie selbst ist dabei als extensive Größe proportional zur Teilchenzahl N, ihre erste Ableitung $\epsilon_s(\boldsymbol{p})$ nach $n_s(\boldsymbol{p})$ ist bei kurzreichweitiger Wechselwirkung w nur noch von der Ordnung $V^o = 1$ und die zweite Ableitung $f_{ss'}(\boldsymbol{p},\boldsymbol{p}')$, entsprechend nur noch von der Ordnung $1/V$. Diese Tatsache ist entscheidend für die Auswertung der Zustandssumme. Vernachlässigt man nämlich zunächst in erster Ordnung die Terme mit $f_{ss'}(\boldsymbol{p},\boldsymbol{p}')$, so wird der statistische Operator eine Exponentialfunktion der δn und damit auch der n:

$$\rho = C \exp\left[-\beta \sum \epsilon_s(\boldsymbol{p})n_s(\boldsymbol{p})\right] .$$

Die Normierungskonstante C läßt sich aus der Bedingung $Sp(\rho) = 1$ bestimmen. Unter Beachtung der Tatsache, daß bei Fermionen die $n_s(\boldsymbol{p})$ nur die Werte 0 und 1 annehmen können, ergibt sich schließlich

$$\rho[\ldots n_s(\boldsymbol{p})\ldots] = e^{-\beta(E-\mu N-J)} = \prod_{\boldsymbol{p},s} \rho[\boldsymbol{p}, s, n_s(\boldsymbol{p})] , \tag{37.7}$$

mit

$$\rho(\boldsymbol{p}, s, n) = \frac{\exp\{-\beta[\epsilon_s(\boldsymbol{p}) - \mu]n\}}{1 + \exp\{-\beta[\epsilon_s(\boldsymbol{p}) - \mu]\}} \tag{37.8}$$

und damit

$$\boxed{< n_s(\boldsymbol{p}) > = \sum_n n\rho(\boldsymbol{p}, s, n) = \frac{1}{\exp\{\beta[\epsilon_s(\boldsymbol{p}) - \mu]\} + 1} .} \tag{37.9}$$

Für die Zustandssumme erhält man dann

$$J = <E> -\mu <N> -TS , \tag{37.10}$$

wobei sich für die Entropie S nach kurzer Zwischenrechnung unter Beachtung von (37.9) ergibt:

$$\boxed{\begin{aligned} S &= -k < \ln\rho > \\ &= -k \sum\{< n_s(\boldsymbol{p}) > \ln < n_s(\boldsymbol{p}) > \\ &\quad + (1- < n_s(\boldsymbol{p}) >) \ln(1- < n_s(\boldsymbol{p}) >)\} . \end{aligned}} \tag{37.11}$$

Würde man nun die Terme mit $f_{ss'}(\boldsymbol{p},\boldsymbol{p}')$ störungstheoretisch berücksichtigen, so ergäbe sich ein Korrekturterm

$$\delta J = \frac{1}{2} \sum f_{s,s'}(\boldsymbol{p},\boldsymbol{p}') < \delta n_s(\boldsymbol{p})\delta n_{s'}(\boldsymbol{p}') >_o \tag{37.12}$$

zum thermodynamischen Potential. Da nun wegen (37.7) die $\delta n_s(\boldsymbol{p})$ statistisch unabhängig sind, reduziert sich die Doppelsumme auf der rechten Seite von (37.12) auf die Diagonalglieder $(\boldsymbol{p}, s = \boldsymbol{p}', s')$. Diese sind aber alle von der Ordnung $1/V$, die gesamte Summe also nur von der Ordnung 1. Der Korrekturterm kann also neben dem Hauptterm (37.10) vernachlässigt werden.

37.3 Quasibosonen

Den Anregungen vom Bose-Typ entsprechen meistens keine nackten Teilchen. Eine Ausnahme bilden natürlich normale Gase oder Flüssigkeiten aus Bose-Teilchen, wie etwa ^{4}He. Ansonsten können Bose-Anregungen auch in Fermi-Systemen auftreten (etwa Plasmonen oder Magnonen im Elektronengas). Man hat dann keine Bedingung der Form (37.1) für die Teilchenzahl. Die Einführung des chemischen Potentials erübrigt sich dann. Es genügt, die kanonische Gesamtheit zu betrachten mit der freien Energie als thermodynamisches Potential.

Anstelle von (37.2) betrachten wir also

$$F = -kT \ln \sum_{n_s(\boldsymbol{p})} \exp[-\beta E\{\ldots n_s(\boldsymbol{p}) \ldots\}] \,. \tag{37.13}$$

Die mittleren Besetzungszahlen sind dann an Stelle von (37.3) definiert durch

$$< n_s(\boldsymbol{p}) > \; = \sum_{n_s(\boldsymbol{q})} n_s(\boldsymbol{p}) e^{-\beta(E-F)} \,. \tag{37.14}$$

Die Gleichungen (37.4, 5, 6) bleiben erhalten, bei der Bestimmung des statistischen Operators muß man jedoch bedenken, daß bei Bosonen die Besetzungszahlen die Werte $n_s(\boldsymbol{p}) = 1, \ldots, n, \ldots, \infty$ annehmen können. Der Normierungsfaktor im Nenner von $\rho_s(\boldsymbol{p}, n) \propto \exp[-\beta \epsilon_s(\boldsymbol{p}) n]$ ist also jetzt

$$\sum_{n=0}^{\infty} \exp\left[-\beta \epsilon_s(\boldsymbol{p}) n\right] = (1 - \exp\left[-\beta \epsilon_s(\boldsymbol{p})\right])^{-1} \,, \tag{37.15}$$

und damit wird

$$\rho(\ldots n_s(\boldsymbol{p}) \ldots) = e^{-\beta(E-F)} = \prod_{\boldsymbol{p},s} \frac{\exp\left[-\beta \epsilon_s(\boldsymbol{p})\right]}{(1 - \exp\left[-\beta \epsilon_s(\boldsymbol{p})\right])^{-1}} \,. \tag{37.16}$$

Für die mittlere Besetzungszahl ergibt sich dann wegen

$$< n_s(\boldsymbol{p}) > \; = -\frac{\partial}{\partial \beta \epsilon_s(\boldsymbol{p})} \ln \left\{ \sum_{n=0}^{\infty} \exp\left[-\beta \epsilon_s(\boldsymbol{p}) n\right] \right\}$$

unter Beachtung von (37.15)

$$\boxed{< n > \; = \frac{1}{\exp\left[\beta \epsilon_s(\boldsymbol{p})\right] - 1} \,.} \tag{37.17}$$

Die freie Energie nimmt die gewohnte Form $F = \; < E > \; - TS$ an mit

$$\boxed{\begin{aligned} S = -k \sum_{\boldsymbol{p},s} \{& < n_s(\boldsymbol{p}) > \ln < n_s(\boldsymbol{p}) > \\ & -[1 + < n_s(\boldsymbol{p}) >] \ln[1 + < n_s(\boldsymbol{p}) >] \} \,. \end{aligned}} \tag{37.18}$$

Die Argumente für das Wegfallen der höheren Korrekturterme sind natürlich die gleichen wie bei Fermionen.

37.4 Bose-Kondensation

Verdünnte Gase aus Bosonen zeigen bei tiefen Temperaturen ein Phänomen, welches schon 1924 von S. N. Bose und A. Einstein theoretisch vorhergesagt, aber erst 1995 experimentell gefunden wurde: Die sog. Bose-Einstein Kondensation.

Bei verdünnten Systemen kann man die Wechselwirkung in niedrigster Näherung vernachlässigen. Die Quasibosonen sind dann identisch mit den nackten Teilchen. Für diese gilt dann die Bedingung (37.1) für die Teilchenzahl, die man durch ein chemisches Potential in (37.17) berücksichtigen muß. Man hat dann anstelle von (37.17)

$$< n(\boldsymbol{p}) > \ = \frac{1}{\exp\left[\beta(\epsilon(\boldsymbol{p}) - \mu)\right] - 1} \, , \tag{37.19}$$

wobei wir den Spinindex unterdrückt haben.

Das chemische Potential μ muß dann so bestimmt werden, daß die Teilchenzahl N den vorgegebenen Wert

$$N = \sum_{\boldsymbol{p}} \frac{1}{\exp\left[\beta(\epsilon(\boldsymbol{p}) - \mu)\right] - 1} \tag{37.20}$$

besitzt.

Bei nicht zu tiefen Temperaturen erhält man aus dieser Bedingung wie üblich einen negativen Wert für das chemische Potential. Jede Zahl $< n(\boldsymbol{p}) >$ in der obigen Summe ist dabei von der Größenordnung $1/N$, und die Summe kann bei makroskopischen Systemen in guter Näherung durch ein Integral im $\boldsymbol{p}$-Raum ersetzt werden.

Wenn man den anderen Extremfall $T \to 0$ betrachtet, so ist nur noch der quantenmechanische Grundzustand besetzt. Aufgrund der Bosestatistik ist klar, daß sich dabei alle N Teilchen im energetisch tiefsten Einteilchenzustand befinden müssen. Bei periodischen Randbedingungen in einem Kubus der Kantenlänge L ist dies gerade der Zustand mit $\boldsymbol{p} = 0$, also mit der kinetischen Energie Null. Dies erreicht man dadurch, daß man das chemische Potential in der Nähe von Null wählt. Dann kann man die Exponentialfunktion in (37.19) entwickeln und erhält aus (37.20) $N = -1/(\beta\mu)$, d. h. das chemische Potential ist jetzt von der Ordnung $1/N$. Bei leichter Erhöhung der Temperatur erwartet man eine gewisse Besetzung angeregter Zustände mit nicht verschwindender Energie, aber weiterhin eine makroskopisch große Besetzung des Einteilchengrundzustandes. Das chemische Potential muß dann weiterhin von der Ordnung $1/N \propto 1/L^3$ sein.

Die Energien der Anregungszustände sind bei periodischen Randbedingungen $\propto p^2 \propto 1/L^2$ und damit bei makroskopischen Systemen groß gegenüber einem chemischen Potential $\propto 1/L^3$. Man kann also bei makroskopischer Besetzung des Einteilchengrundzustandes das chemische Potential in (37.20) in den Beiträgen der angeregten Zustände vernachlässigen und die Summe durch das entsprechende Integral ersetzen.

Dann wird aus (37.20) nach Einführung der geeigneten dimensionslosen Variablen $x = \beta p^2/(2m)$

$$N = < n(o)) > + \left(\frac{V}{\lambda^3}\right) \int_0^\infty \frac{\sqrt{x}}{\exp(x) - 1} \, dx \; . \tag{37.21}$$

Dabei ist $\lambda = 2\pi\hbar/\sqrt{2\pi mkT}$ wie üblich die thermische de Broglie-Wellenlänge. $< n(o) > = -1/(\beta\mu)$ ist die mittlere Besetzungszahl des Einteilchengrundzustandes.

Das Integral hat den Wert 2.61.

Wegen der Temperaturabhängigkeit von λ kann man den zweiten Term auf der rechten Seite von (37.21) unter Einführung der charakteristischen Temperatur

$$kT_B = \frac{2\pi}{2.61^{2/3}} \frac{\hbar^2}{m} \left(\frac{N}{V}\right)^{2/3} , \tag{37.22}$$

der sog. Bose-Einstein Kondensationstemperatur in der Form $N(T/T_B)^{3/2}$ ausdrücken.

Schließlich kann man dann für die Zahl der Teilchen im Einteilchengrundzustand schreiben:

$$< n(o) > = N \left(1 - \left(\frac{T}{T_B}\right)^{3/2}\right) . \tag{37.23}$$

Für Temperaturen unterhalb T_B ist also der Einteilchengrundzustand makroskopisch besetzt. Bei der Kondensationstemperatur geht diese Besetzung gegen Null. Bei weitersteigender Temperatur kann man $< n(o) >$ in der Summe (37.20) vernachlässigen, muß aber im verbleibenden Integral (s. (37.21)) das chemische Potential berücksichtigen.

Anschaulich ist die Kondensationstemperatur dadurch gegeben, daß der mittlere Teilchenabstand $a = (V/N)^{1/3}$ von gleicher Größenordnung wie die thermische de Broglie-Wellenlänge ist. Unterhalb dieser Temperatur kondensiert ein makroskopischer Bruchteil aller Teilchen in den energetisch tiefsten Einteilchenzustand. Dies ist das Phänomen der sog. Bose-Einstein Kondensation.

Setzt man für N/V in (37.22) die empirische Dichte des flüssigen Heliums ein, so erhält $T_B = 3.13\,\mathrm{K}$, was in der Größenordnung überraschend gut mit dem sog. Lambdapunkt von Helium bei $2.19\,\mathrm{K}$ übereinstimmt. Leider ist flüssiges Helium kein verdünntes System. Die Wechselwirkungen zwischen den nackten Bosonen sind nicht vernachlässigbar, und die elementaren Anregungen sind sehr verschieden von denen eines idealen Gases. Wir verweisen dazu auf das übernächste Kapitel. Die gerade erwähnte Übereinstimmung muß deshalb eher als ein Zufall betrachtet werden.

Inzwischen ist es jedoch gelungen (s. die Literatur 37.5 am Ende dieses Kapitels), die Bose-Einstein Kondensation im Labor zu realisieren.

Man kühlte dazu eine winzige, extrem verdünnte Gaswolke aus Rubidium-87 Atomen in einer sog. magneto-optischen Falle mit Hilfe der Laserkühlung (s. dazu den Abschn. A.7 im Anhang) bis in den Mikrokelvinbereich ab. Nach Umfüllen der Wolke in eine magnetische Falle erreichte man dann durch eine Kombination von Laserkühlung und Verdunstungskühlung eine Temperatur von etwa 170 Nanokelvin. Die Rubidiumatome haben 87 Nukleonen und 37 Elektronen, insgesamt also eine gerade Anzahl von Fermionen. Wenn man die Elektronenspins in einem starken Magnetfeld ausrichtet, verhalten sich die Atome netto als Bosonen.

Die Randbedingungen im Potential der magnetischen Falle sind zwar verschieden von der oben verwendeten periodischen Randbedingung: Das Potential entspricht eher einem harmonischen Oszillator. Die Kondensationstemperatur kann also nicht direkt aus (37.22) bestimmt werden. Statt der Teilchendichte ist eher die Gesamtteilchenzahl von Bedeutung, wie sich zeigt. Abgesehen von diesen Details kann man jedoch sagen, daß bei dem betrachteten System Bose-Einsteinkondensation beobachtet werden konnte: Man kann optisch die Kontraktion der Gaswolke in den Oszillatorgrundzustand feststellen sowie auch einen Sprung in der spezifischen Wärme.

37.5 Die spezifische Wärme bei tiefen Temperaturen

Die $\epsilon_s(\boldsymbol{p})$ sind nach (37.5) zunächst Funktionen der $< n_s(\boldsymbol{p}) >$ und damit nach (37.9, 17) auch der Temperatur. Sie streben für $T \to 0$ bestimmten Grenzwerten zu, die nur noch von s und $\boldsymbol{p}$ abhängen. Zur Beschreibung des Tieftemperaturverhaltens benötigt man nur diese Funktionen. Sie lassen sich normalerweise durch wenige Parameter (effektive Masse, Energielücke, Schallgeschwindigkeit etc.) charakterisieren, welche als experimentell zu bestimmende Parameter in die Theorie eingehen. Durch diese Parameter sind dann die thermodynamischen Größen bei tiefen Temperaturen festgelegt. Zur Berechnung der spezifischen Wärme kann man in jedem Fall von der Beziehung $C_v = T(\partial S/\partial T)_v = (\partial E/\partial T)_v$ ausgehen, d.h. mit (37.4, 5)

$$\boxed{C_v = \sum_{\boldsymbol{p},s} \epsilon_s(\boldsymbol{p}) \frac{\partial < n_s(\boldsymbol{p}) >}{\partial T}} \tag{37.24}$$

Der Term mit μ bei Fermionen trägt nichts bei, wenn man bei konstanter Teilchenzahl $(\partial N/\partial T) = 0$ arbeitet.

Bei Auswertung dieser Formel muß man i. allg. die Temperaturabhängigkeit der $\epsilon_s(\boldsymbol{p})$ berücksichtigen. Es zeigt sich jedoch, daß die Temperaturabhängigkeit für $T \to 0$ vernachlässigt werden kann, falls man sich nur für den jeweils niedrigsten Term in der Entwicklung der spezifischen Wärme nach Potenzen von T interessiert. Gleichung (37.24) ist dann äquivalent zu $C_v = (\partial E/\partial T)$ mit

$$E = E_o + \sum \epsilon_s(\boldsymbol{p}) < n_s(\boldsymbol{p}) > . \tag{37.25}$$

Wir werden in den folgenden Kapiteln mit dieser einfachen Formel rechnen, da sie direkt die Analogie kondensierter Systeme mit idealen Gasen (von Quasiteilchen) zum Ausdruck bringt. Mit Ausnahme der Phononen in festen Körpern, bei denen die Wechselwirkungen auch bei höheren Temperaturen nur geringe Modifikationen zur Folge haben, müssen wir uns dann auf das Verhalten der spezifischen Wärme bei tiefen Temperaturen beschränken.

Aufgabe

1. Man bestimme aus den im Text angegebenen Termen der Störungsreihe für E die ersten Terme der Störungsreihe für $\epsilon(p)$ nach (37.5) und $f(p, p')$ nach (37.6) und überzeuge sich, daß ϵ von der Ordnung $V^0 = 1$, f von der Ordnung $1/V$ ist.

Literatur

37.1 Landau, L. D.: Zh. Eksp. Teor. Fiz. **11**, 592 (1941); J. Phys. USSR **11**, 91 (1947)

37.2 Landau, L. D.: Sov. Phys. JETP **3**, 920 (1956); **5**, 101 (1957)

37.3 Bose, S. N.: Z. Phys. **26**, 178 (1926)

37.4 Einstein, A.: Sitzungsber. d. kgl. Preuß. Akad. Wiss. **1924**, 261 (1924)

37.5 Petrich, W., Anderson, M. H., Ensher, J.R. und Cornell, E. A.: Phys. Rev Lett. **74**, 3352 (1995); sowie Anderson, M. H., Ensher, J. R., Mathews, M. R., Wieman, C. E. und Cornell, E. A.: Science, **269**, 198 (1995)

38. Photonen im Strahlungshohlraum

Lichtquanten in einem evakuierten Strahlungshohlraum bilden ein ideales Beispiel für die im vorigen Abschnitt besprochenen Verhältnisse. Besonders deshalb, weil bei ihnen die in (37.6) eingeführten Wechselwirkungsparameter $f(\boldsymbol{p}, \boldsymbol{p}')$ zwar theoretisch existieren, aber praktisch unmeßbar klein sind. Für das Lichtquantengas gilt also praktisch exakt:

$$E = \sum_{\boldsymbol{k},s} \epsilon(\boldsymbol{k}) n_s(\boldsymbol{k}) \,, \tag{38.1}$$

und die Photonenenergien

$$\epsilon(\boldsymbol{k}) = \hbar\omega(\boldsymbol{k}) = \hbar c k = c p \tag{38.2}$$

sind unabhängig von der Temperatur. Die Spinquantenzahl s kennzeichnet die Polarisationsverhältnisse. Bekanntlich haben Photonen den Spin 1, aber nur zwei unabhängige Polarisationsrichtungen, da sie rein transversal sind. c ist die Lichtgeschwindigkeit und $k = 2\pi/\lambda$ die Wellenzahl der Lichtquanten. In einem endlichen Volumen V kann $\boldsymbol{k}$ nicht beliebige Werte annehmen, sondern nur eine diskrete Auswahl, die von den Randbedingungen der elektromagnetischen Wellen abhängt. Bei endlichen Temperaturen ist die thermische de Broglie-Wellenlänge $\lambda_T \simeq hc/kT$ klein gegenüber den Ausdehnungen des Strahlungshohlraumes. Die langwelligen Quanten von einer Wellenlänge, vergleichbar mit den Ausdehnungen des Strahlungshohlraumes, fallen statistisch nicht ins Gewicht. Für die kurzen Wellenlängen spielt die spezielle Gestalt des Hohlraumes und die Art der Randbedingungen keine Rolle. Wir betrachten deshalb nur einen Kubus der Kantenlänge L mit zyklischen (periodischen) Randbedingungen. Dann ist

$$\boldsymbol{k} = \frac{2\pi}{L} \boldsymbol{n} \,, \tag{38.3}$$

wobei $\boldsymbol{n} = (n_1, n_2, n_3)$ ein Vektor mit ganzzahligen Komponenten n_i ist. Für die freie Energie gilt nach (37.13, 15):

$$e^{\beta F} = \prod_{\boldsymbol{k}} (1 - e^{-\beta\epsilon(k)})^2 \,, \tag{38.4}$$

oder nach Bilden des Logarithmus

$$F = 2kT \sum_{\boldsymbol{k}} \ln(1 - e^{-\beta\epsilon(k)}) \,. \tag{38.5}$$

Der Vorfaktor 2 in (38.5) bzw. das Quadrat in (38.4) rührt dabei von der Summation über die beiden unabhängigen Polarisationsrichtungen $s = 1, 2$ her. Für Volumina mit $L \gg \lambda_T$ kann man die Summe durch ein Integral ersetzen:

$$F = \frac{2kTV}{(2\pi)^3} \int \ln(1 - e^{-\beta\epsilon(k)}) d^3k \; , \tag{38.6}$$

woraus sich nach Ausführung der Winkelintegration

$$d^3k = 4\pi k^2 dk = \frac{4\pi}{c^3} \omega^2 d\omega \tag{38.7}$$

und Einführung von $x = \beta\hbar\omega$ als Integrationsvariable ergibt:

$$F = \frac{kTV}{\pi^2 c^3} \left(\frac{kT}{\hbar}\right)^3 \int_0^\infty x^2 \ln(1 - e^{-x}) dx \; . \tag{38.8}$$

Das noch verbliebene Integral läßt sich ebenfalls exakt ausführen:

$$\begin{aligned} -\int x^2 \ln(1 - e^{-x}) dx &= \frac{1}{3} \int x^3 e^{-x} (1 - e^{-x})^{-1} dx \\ &= \frac{1}{3} \sum_{n=1}^\infty \int x^3 e^{-nx} dx \\ &= \sum_{n=1}^\infty \frac{2}{n^4} = 2\zeta(4) = \frac{\pi^4}{45} \; . \end{aligned} \tag{38.9}$$

Man erhält also als Endresultat:

$$\boxed{F = -\frac{\pi^2 V}{45 c^3} \frac{(kT)^4}{\hbar^3} \; ,} \tag{38.10}$$

und nach Einführung der Konstanten

$$\sigma = \frac{\pi^2 k^4}{60 \hbar^3 c^2} = 5{,}67 \cdot 10^{-5} \frac{\mathrm{erg}}{\mathrm{cm}^2 \, \mathrm{s} \, \mathrm{K}^4} \tag{38.11}$$

des sog. Stefan-Boltzmannschen Gesetzes folgt

$$F = -\frac{4\sigma}{3c} V T^4 \; . \tag{38.12}$$

Daraus ergeben sich die thermodynamischen Größen

$$\boxed{E = -T^2 \frac{\partial(F/T)}{\partial T} = 4\frac{\sigma}{c} V T^4 \; ,} \tag{38.13}$$

$$\boxed{C_v = \frac{\partial E}{\partial T} = 16\frac{\sigma}{c} V T^3 \; ,} \tag{38.14}$$

$$P = -\frac{\partial F}{\partial V} = \frac{1}{3}\frac{E}{V} \, . \tag{38.15}$$

(Man vergleiche bei der letzten Gleichung den entsprechenden Faktor $2/3$ beim einatomigen idealen Gas, s. Aufg. 7.2). Das Stefan-Boltzmannsche Gesetz besagt, daß die Gesamtintensität I der Strahlung, die aus einer Öffnung vom Querschnitt f des Strahlungshohlraumes im Gleichgewicht pro Zeiteinheit austritt, gegeben ist durch

$$I = fc\frac{E}{4V} = \sigma f T^4 \, . \tag{38.16}$$

Dieses Resultat ergibt sich aus (38.13), wenn man bedenkt, daß auf ein Oberflächenstück f pro Zeiteinheit aus dem Winkelraum $d\Omega = 2\pi \sin\theta d\theta$ in der Umgebung des Einfallswinkels θ (gezählt von der Flächennormalen aus) die Intensität

$$dI = fc\frac{E}{V}\cos\theta\frac{d\Omega}{4\pi} \tag{38.17}$$

auftrifft. Nach Integration über den Halbraum $0 \leq \theta \leq \pi/2$ erhält man dann direkt (38.16).

Unter Verwendung der Ausdrücke

$$< n_s(k) > \; = \frac{1}{e^{\beta\hbar\omega(k)} - 1} \tag{38.18}$$

für die mittleren Besetzungszahlen kann man die Verteilung der Energie auf die verschiedenen Bereiche des Frequenzspektrums berechnen. Durch Summation von (38.18) über eine Kugelschale im k-Raum der Dicke $dk = d\omega/c$ ergibt sich

$$\sum_{dk} \hbar\omega(k) < n_s(k) > \; = \frac{V}{(2\pi)^3}2\frac{4\pi}{c^3}\hbar\omega^3 < n > d\omega \tag{38.19}$$

als Beitrag der Gesamtenergie im Frequenzintervall $d\omega$.

Den Vorfaktor

$$u(\omega) = \frac{\hbar}{\pi^2 c^3}\frac{\omega^3}{e^{\hbar\omega/kT} - 1} \tag{38.20}$$

von $Vd\omega$ in (38.19) nennt man auch spektrale Energiedichte der Strahlungsenergie des Hohlraumes (s. Abb. 38.1).

Für die Gesamtenergie $E = V\int u(\omega)d\omega$ ergibt sich natürlich wieder (38.13), für die Gesamtteilchenzahl gilt

$$\frac{N}{V} = \frac{1}{\pi^2 c^3}\int\frac{\omega^2 d\omega}{e^{\beta\hbar\omega} - 1} = \left(\frac{kT}{\hbar c}\right)^3\frac{2}{\pi^2}\zeta(3) \, ; \qquad \zeta(3) = \sum_1^\infty\frac{1}{n^3} \, . \tag{38.21}$$

Man definiert dann zweckmäßigerweise die thermische de Broglie-Wellenlänge λ_T durch

$$\frac{N}{V} = \frac{1}{\lambda_T^3}$$

(38.22)

und erhält dann eine genaue Festlegung des Vorfaktors in $\lambda_T \simeq \hbar c/kT$:

$$\lambda_T = 1{,}6\frac{\hbar c}{kT} \; .$$

(38.23)

Bei Vergleich der Gleichung (38.22) mit der entsprechenden Gleichung (27.7) eines Gases mit vorgegebener Teilchenzahl sieht man noch einmal explizit, daß das Lichtquantengas dem chemischen Potential $\mu = 0$ entspricht. Die de Broglie-Wellenlänge ist also bei allen Temperaturen etwa gleich groß wie der mittlere Teilchenabstand. Das heißt auf der anderen Seite auch, daß bei allen Temperaturen Quanteneffekte eine wichtige Rolle spielen. Tatsächlich wurde die Quantentheorie ja gerade beim Studium der Hohlraumstrahlung entdeckt [38.1].

Besonders deutlich zeigen sich die Quanteneffekte bei der Betrachtung der spektralen Energieverteilung $u(\omega)$.

Für kleine Frequenzen ergibt sich ein Verlauf $u(\omega) = kT\omega^2/\pi^2 c^3$, wie man ihn für klassische Hohlraumoszillatoren erwarten würde (Rayleigh-Jeans-Gesetz). Ausdehnung dieses Verhaltens auf beliebige Frequenzen führt zu der sog. Ultraviolettkatastrophe der klassischen Statistik. Gleichung (38.20) ist das Plancksche Strahlungsgesetz (Abb. 38.1). Die Quantentheorie liefert bei höheren Frequenzen ein exponentielles Abfallen der spektralen Energiedichte und damit eine endliche Energiedichte. Bei mittleren Frequenzen besitzt $u(\omega)$ ein Maximum bei

$$\hbar\omega_{\mathrm{max}} = 2{,}82 \cdot kT \; .$$

(38.24)

Dies ist das Wiensche Verschiebungsgesetz.

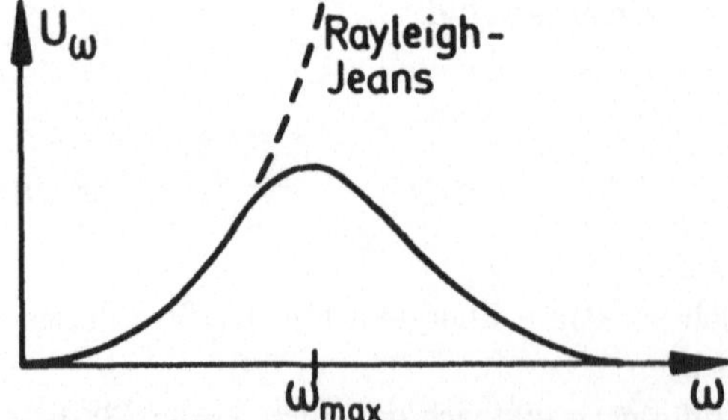

Abb. 38.1. Spektrale Verteilung der Hohlraumstrahlung

Durch Messung der Gesamtintensität I in (38.16) und von ω_{max} kann man nach (38.11) und (38.24) die Werte $k^4/\hbar^3$ und $k/\hbar$ bestimmen. Mit der Gaskonstanten R aus der Zustandsgleichung idealer Gase kann man dann auch die Loschmidt-Zahl $N_m = R/k$ erhalten.

Aufgaben

1. Man leite aus dem Gleichverteilungssatz die spektrale Energiedichte $u(\omega)$ für klassische Hohlraumoszillatoren ab (Rayleigh-Jeans-Gesetz). Bei der Bestimmung der spektralen Dichte der Oszillatoren gehe man wieder von $\omega(k) = ck$ aus und beachte, daß für jeden Wert von k zwei Polarisationsrichtungen möglich sind.

2. Man zeige, daß sich aus der großkanonischen Zustandssumme eines idealen Gases

$$Y = a \prod_k \left\{ \sum_{n(k)} f[n(k)] e^{-\beta[\epsilon(k)-\mu)n(k]} \right\}$$

die Beziehungen

$$< n(k) > \ = -\frac{\partial \ln Y}{\partial \beta \epsilon(k)} \tag{38.25}$$

und

$$< [\Delta n(k)]^2 > \ = \ < n(k)^2 > - < n(k) >^2 \ = \frac{\partial^2 \ln Y}{\partial [\beta \epsilon(k)]^2} \tag{38.26}$$

ergeben.

Es ist

$$\text{für} \left\{ \begin{array}{l} \text{Bose-Teilchen } a = 1, \ f[n(k)] = 1 \\[4pt] \text{Fermi-Teilchen } a = 1, \ f[n(k)] = \begin{cases} 1 & \text{für } n(k) = 0,1 \\ 0 & \text{sonst;} \end{cases} \\[8pt] \text{klassische unterscheidbare (,,Boltzmann``-)} \\ \qquad \text{Teilchen } a = N!, \ f[n(k)] = 1/n(k)!; \\[4pt] \text{klassische Wellen die Summe durch das} \\ \qquad \text{Integral } \exp(-\beta \epsilon n) dn \text{ zu ersetzen.} \end{array} \right.$$

Man berechne $< [\Delta n(k)]^2 >$ für klassische Teilchen und klassische Wellen. Das Lichtquantengas kann für große Energien ($< n(k) > \ll 1$) gut durch Teilchen, für kleine Energien ($< n(k) > \gg 1$) gut durch Wellen beschrieben werden.

Planck setzte daher $< [\Delta n(k)]^2 > \ = \ < n(k) >^2 + < n(k) >$ an. Man leite mit diesem Ansatz unter Verwendung der aus (38.25) und (38.26) folgenden Beziehung

$$< [\Delta n(k)]^2 > \ = -\frac{\partial < n(k) >}{\partial [\beta \epsilon(k)]}$$

die spektrale Energiedichte ab.

3. a) Ein Planet befinde sich im Abstand d von der Sonne (Radius $R_\odot = 0,7 \cdot 10^6$ km, Oberflächentemperatur $T_\odot = 5800$ K). Die Energie des Planeten sei konstant. Aus der daraus resultierenden Energiebilanz berechne man die mittlere Oberflächentemperatur T_P des Planeten unter der Annahme, daß Sonne und Planet schwarze Körper sind und der Planet isotrop abstrahlt. Wie hoch wäre demnach T_P für die Erde ($d = 150 \cdot 10^6$ km) und für den Pluto ($d = 6000 \cdot 10^6$ km)?

b) Wie lautet die Entropiebilanz für die unter a) betrachteten Systeme (Hinweis: Entropiestromdichte $= c \cdot$ Entropiedichte)

Literatur

38.1 Planck, M.: Ann. Phys. **4**, 553 (1901)

39. Phononen in festen Körpern

Die Atome eines festen Körpers können um ihre Gleichgewichtslagen Schwingungen ausführen. Bei nicht zu hohen Temperaturen sind die Amplituden klein, so daß man anharmonische Effekte in erster Näherung vernachlässigen kann. Der feste Körper entspricht dann einem System von $3N$ gekoppelten harmonischen Oszillatoren. Seien ω_i die Eigenfrequenzen dieses Systems, dann kann man die Energie eines durch die Oszillatorquantenzahlen n_i gekennzeichneten Zustandes schreiben als

$$E = \Phi_o(V) + \sum_{i=1}^{3N} \hbar\omega_i \left(n_i + \frac{1}{2} \right) \; . \tag{39.1}$$

Φ_o ist dabei die Energie ohne Oszillatoren. Sie hängt ebenso wie die ω_i an sich nicht nur vom Volumen V ab, wie angegeben, sondern allgemein von den Verzerrungen (Scherungen etc.). Wir wollen hier nur die Volumenabhängigkeit betrachten. Dann wird nach den gleichen Zwischenrechnungen wie bei den Schwingungen zweiatomiger Moleküle oder wie in (37.13, 18)

$$F = -kT \ln Z = \Phi_o + \sum_i \left\{ \frac{\hbar\omega_i}{2} + kT \ln[1 - \exp(-\beta\hbar\omega_i)] \right\} \; . \tag{39.2}$$

Bei Berücksichtigung der Abhängigkeit der ω_i von V bekommt man für die thermische Zustandsgleichung:

$$P = -\frac{\partial F}{\partial V} = -\frac{\partial \phi_o}{\partial V} - \sum_i \epsilon(\omega_i, T)\frac{\partial \ln\omega_i}{\partial V} \; . \tag{39.3}$$

Dabei ist

$$\boxed{\; \epsilon(\omega, T) = \hbar\omega \left(\frac{1}{2} + <n(\omega)> \right) = \hbar\omega \left(\frac{1}{2} + \frac{1}{e^{\beta\hbar\omega} - 1} \right) \;} \tag{39.4}$$

die mittlere Energie eines Oszillators. Die Größen $\partial \ln\omega_i/\partial \ln V$ (auch Grüneisen-Parameter genannt) sind erfahrungsgemäß in recht guter Näherung unabhängig von ω_i. Setzt man dementsprechend

$$\Gamma = -\frac{\partial <\ln\omega_i>}{\partial \ln V} \; , \tag{39.5}$$

so wird

$$P = -\frac{\partial \phi_o}{\partial V} + \Gamma \frac{E}{V} \, . \qquad (39.6)$$

Der temperaturabhängige Teil des Druckes ist also wie beim Lichtquantengas proportional zur Energiedichte. Trotz dieser Analogie und vieler anderer Parallelen zwischen Photonen- und Phononengas bestehen wichtige Unterschiede. Zunächst einmal fehlt bei den Photonen der Beitrag Φ_o, außerdem haben wir die Nullpunktsenergie

$$E_o(V) = \sum_i \frac{\hbar \omega_i}{2} \qquad (39.7)$$

weggelassen. Sie enthält zunächst einen (divergenten) „Vakuumanteil", welcher auf beiden Seiten der Wände des Strahlungshohlraums wirkt und sich weghebt sowie einen (endlichen) Anteil, der zu den van der Waals-Kräften zwischen den Wänden des Hohlraums Veranlassung gibt und der nur bei sehr kleinen Volumina bemerkbar wird.

Sodann gilt für die elektromagnetischen Eigenschwingungen in einem Periodizitätskubus der Kantenlänge L:

$$\omega = \frac{2\pi c}{L}(n_1^2 + n_2^2 + n_3^2)^{1/2} \, . \qquad (39.8)$$

Dabei sind n_i vom Volumen unabhängige ganze Zahlen. Da auch die Lichtgeschwindigkeit c vom Volumen nicht abhängt und $V = L^3$ ist, gilt für Lichtquanten

$$\Gamma_{\text{Photon}} = -\frac{\partial \ln \omega}{\partial \ln V} = \frac{1}{3} \, . \qquad (39.9)$$

Bei Phononen gilt zwar für kleine ω_i auch eine Relation der Art (39.8), in harmonischer Näherung ist jedoch ω_i unabhängig von V (d.h. die Schallgeschwindigkeit $c \propto L$) und erst bei Berücksichtigung anharmonischer Effekte wird $\Gamma \neq 0$. Empirisch liegt Γ für praktisch alle Stoffe zwischen 1 und 2:

$$\Gamma_{\text{Phonon}} \simeq 2 \, . \qquad (39.10)$$

Durch Differentiation von (39.6) erhält man einen Zusammenhang zwischen thermischer Ausdehnung, Kompressibilität und spezifischer Wärme, der zuerst von Grüneisen angegeben wurde:

$$\left(\frac{\partial P}{\partial T}\right)_V = -\frac{(\partial V/\partial T)_P}{(\partial V/\partial P)_T} = \Gamma \frac{C_v(T)}{V} \, . \qquad (39.11)$$

Durch Differentiation von (39.2) nach der Temperatur erhält man in üblicher Weise die kalorische Zustandsgleichung

$$E = \Phi_o + E_o + \sum_i \frac{\hbar \omega_i}{\exp(\beta \hbar \omega_i) - 1} \, . \qquad (39.12)$$

Bei makroskopischen Körpern liegen die ω_i außerordentlich dicht. Es ist deshalb zweckmäßig, eine spektrale Verteilung $z(\omega)$ einzuführen, derart, daß $3Nz(\omega)d\omega$ die Anzahl der Eigenfrequenzen zwischen ω und $\omega + d\omega$ ist. Da es insgesamt gerade $3N$ unabhängige Oszillatoren gibt, muß gelten

$$\int z(\omega)d\omega = 1 \ . \tag{39.13}$$

Für die Energie (39.12) ergibt sich dann

$$E = \Phi_o + E_o + 3N \int \frac{\hbar\omega z(\omega)}{e^{\beta\hbar\omega} - 1} d\omega \ . \tag{39.14}$$

Für $\beta\hbar\omega \gg 1$ kann man die 1 im Nenner des Integranden neben der Exponentialfunktion vernachlässigen. Wegen des starken Abfalls der Exponentialfunktion mit ω tragen nur die niederfrequenten Anteile des Spektrums wesentlich zum Integral bei. Die niederfrequenten Schwingungen entsprechen den langwelligen elastischen Schwingungen. Für diese gilt ähnlich wie bei den Lichtquanten

$$\omega(k) = c_{l,t}k \tag{39.15}$$

mit dem Index l für longitudinale, t für transversale Wellen. Für die Energie bekommt man dann in völliger Analogie zum Strahlungshohlraum

$$E = \phi_o + E_o + \frac{\hbar}{2\pi^3} \left(\frac{1}{c_l^3} + \frac{2}{c_t^3} \right) \int_o^\infty \frac{\omega^3}{e^{\beta\hbar\omega} - 1} d\omega \ . \tag{39.16}$$

Die Grenze des Integrals ist dabei der Einfachheit halber gleich nach unendlich verschoben worden, was wiederum wegen des schnellen Abfalls der Exponentialfunktion bei tiefen Temperaturen gerechtfertigt ist. Außerdem ist zu beachten, daß es zwei unabhängige transversale Wellen nebst einer longitudinalen gibt. Die Auswertung des Integrals liefert wie beim Lichtquantengas:

$$E = \Phi_o + E_o + \frac{V\pi^2 k^4}{30\hbar^3} \left(\frac{1}{c_l^3} + \frac{2}{c_t^3} \right) T^4 \ . \tag{39.17}$$

Das Spektrum ist für kleine Frequenzen ω gegeben durch

$$z(\omega) = \frac{V}{N} \frac{\omega^2}{6\pi^2} \left(\frac{1}{c_l^3} + \frac{2}{c_t^3} \right) \ . \tag{39.18}$$

Zu einer angenäherten Bestimmung der spezifischen Wärme bei höheren Temperaturen nahm Debye an, daß dieses Spektrum auch für größere ω gilt, bis herauf zu einer Maximalfrequenz ω_D, die bestimmt ist durch (39.13). Das heißt

$$z(\omega) = \begin{cases} 3\omega^2/\omega_D^3; & \omega \leq \omega_D \\ 0; & \omega > \omega_D \ . \end{cases} \tag{39.19}$$

Aus dem Vergleich mit (39.18) ergibt sich dann

$$\frac{1}{\omega_D^3} = \frac{V}{18\pi^2 N}\left(\frac{1}{c_l^3} + \frac{2}{c_t^3}\right) . \tag{39.20}$$

Damit wird

$$E = \Phi_o + E_o + 3NkTD\left(\frac{\theta_D}{T}\right) = E_D(T,\theta_D) \tag{39.21}$$

mit $\hbar\omega_D = k\theta_D$ und

$$D(x) = \frac{3}{x^3}\int_o^x \frac{y^3}{e^y - 1}dy . \tag{39.22}$$

Tatsächlich stellt das Debyesche Spektrum eine starke Vereinfachung der wirklichen Verhältnisse dar. Bei höheren Frequenzen spielt die atomistische Struktur der Kristallgitter eine wesentliche Rolle. Sie führt zu mehr oder weniger starken Abweichungen vom Debye-Spektrum. Man kann diese Spektren mit Hilfe der Gittertheorie der Kristalle berechnen und auch durch inelastische Streuung von thermischen Neutronen experimentell bestimmen. Bei einatomigen Gittern ergibt sich qualitative Übereinstimmung mit der Debyeschen Näherung, bei mehratomigen Gittern treten zu den akustischen Schwingungen noch sog. optische Zweige hinzu, deren Frequenzen in den meisten Fällen merklich oberhalb ω_D liegen (s. Abb. 39.1 und 39.2).

Die spezifische Wärme hängt jedoch von diesen Details des Spektrums nicht sehr empfindlich ab. Sie wird deshalb durch die Debyesche Näherung meist recht gut wiedergegeben. Man trägt deshalb häufig die experimentellen Werte von $C_v(T)$ in der Form $\theta_D(T)$ auf, wobei $\theta_D(T)$ diejenige Temperatur ist, die nach

$$C_v(T) = C_D[T,\theta_D(T)] \tag{39.23}$$

die gemessenen Werte ergibt. Bei Gültigkeit der Debyeschen Näherung wäre also $\theta_D(T) = $ const. (vgl. Abb. 39.3).

Wir geben zum Schluß noch die Entwicklung der spezifischen Wärme für tiefe und hohe Temperaturen an:

$$\boxed{C_v(T) = \frac{12\pi^4}{5}Nk\left(\frac{T}{\theta_D}\right)^3 ; \qquad T \ll \theta_D} \tag{39.24}$$

und

$$\boxed{C_v(T) = 3Nk\left\{1 - \frac{1}{12}\left(\frac{\hbar}{kT}\right)^2\int \omega^2 z(\omega)d\omega\right\} ; \qquad T > \theta_D .} \tag{39.25}$$

Der Ausdruck für hohe Temperaturen ist noch allgemein. Bei Verwendung des Debyeschen Spektrums ergibt sich insbesondere

$$C_v(T) = 3Nk\left[1 - \frac{1}{20}\left(\frac{\theta_D(T)}{T}\right)^2 + \cdots\right] ; \qquad T > \theta_D . \tag{39.26}$$

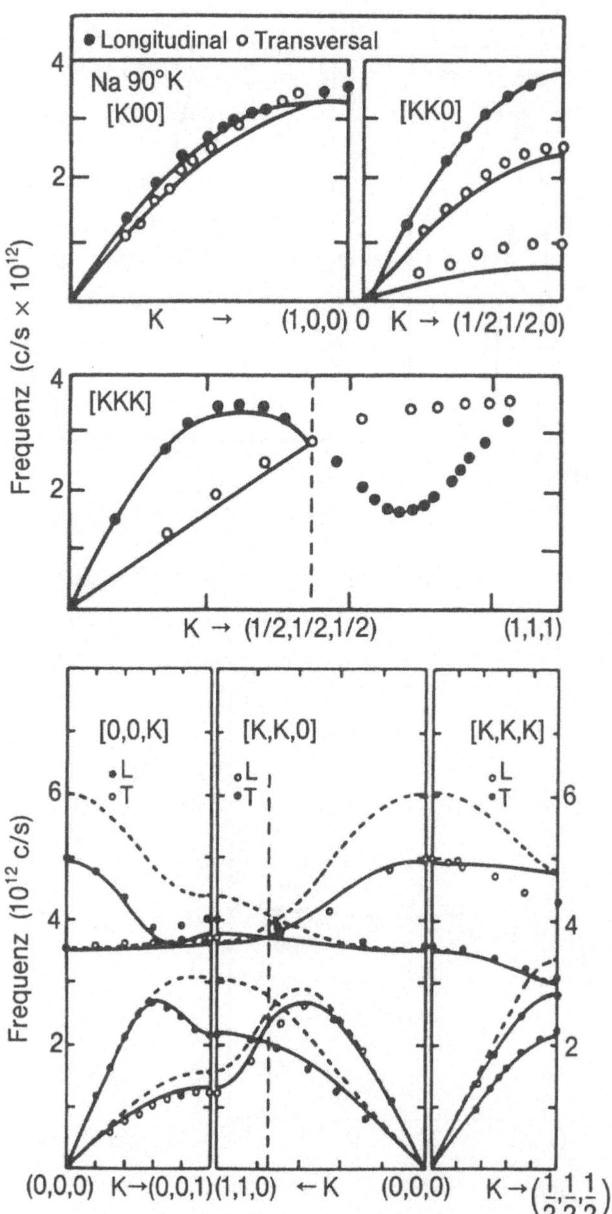

Abb. 39.1. Dispersionskurven für Na und KBr

Bei Temperaturen in der Gegend der Debye-Temperatur und darüber muß man allerdings normalerweise schon die Temperaturabhängigkeit der $\epsilon_s(\boldsymbol{k})$ berücksichtigen. Dafür erhält man nach (37.4, 5, 6) (zunächst in vereinfachter Form unter Weglassung der Indizes) $\partial\epsilon/\partial T = \sum f(\partial <n> /\partial T)$. Da nun für hohe

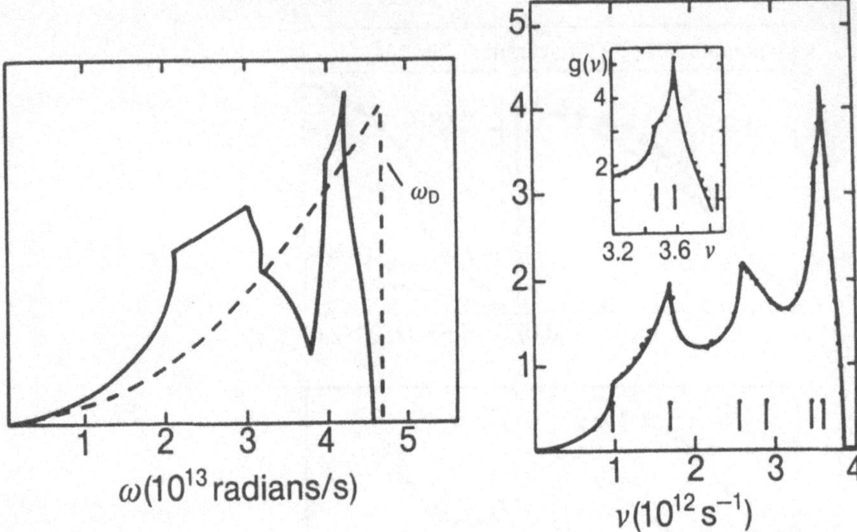

Abb. 39.2. Gittertheoretische Spektren für Cu und Na. Bei Cu zum Vergleich das Debyesche Spektrum

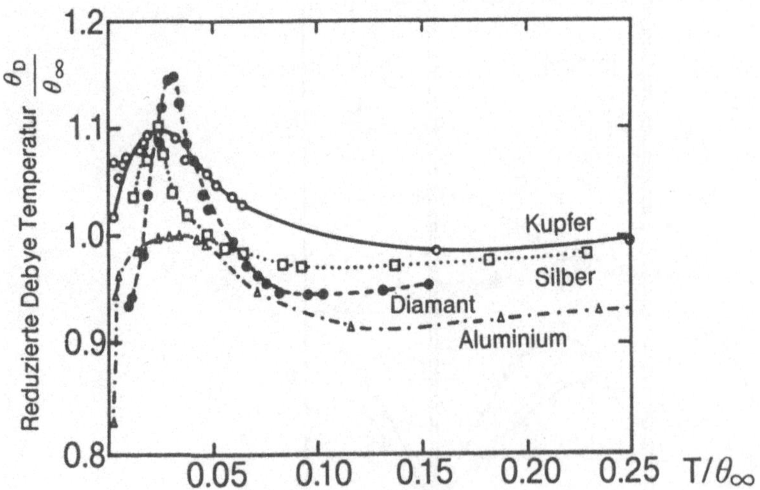

Abb. 39.3. $\theta_D(T)$ für einige Substanzen

Temperaturen $< n > = kT/\epsilon$ ist (und ϵ darf hier in nullter Näherung als unabhängig von T angenommen werden), sieht man, daß in erster Näherung die Energien *linear* mit T gehen:

$$\epsilon_s(\boldsymbol{k}) = \hbar\omega_s(\boldsymbol{k}) + \alpha_s(\boldsymbol{k})T + \cdots , \tag{39.27}$$

wobei $\hbar\omega_s(\boldsymbol{k})$ der temperaturabhängige Teil ist. In der gleichen Näherung ergibt sich ein Korrekturterm zum Dulong-Petit-Gesetz von der Form

$$C_v = k \sum_{k,s} \epsilon_s(\boldsymbol{k}) \frac{\partial[T/\epsilon_s(\boldsymbol{k})]}{\partial T} = 3Nk - kT \sum_{k,s} \frac{\alpha_s(\boldsymbol{k})}{\hbar \omega_s(\boldsymbol{k})} \ . \tag{39.28}$$

Aufgaben

1. Man berechne die spezifische Wärme eines zweiatomigen Ionenkristalls für hohe und tiefe Temperaturen. Die akustischen Schwingungen nähere man durch ein Debye-Spektrum, die optischen durch einen „Einstein-Term" bei der doppelten Debye-Frequenz an ($z_{\text{Einstein}}(\omega) \propto \delta(\omega - \omega_E); \omega_E = 2\omega_D$). Für hohe Temperaturen berechne man auch die ersten Abweichungen vom Dulong-Petit-Gesetz nach (39.25).

   Man beachte bei der Berechnung der Debye-Frequenz, daß von den $3N$ Eigenschwingungen ($N/2$ Atome jeder Sorte) nur die Hälfte auf das Debye-Spektrum entfällt.

2. Zur Berechnung der spezifischen Wärme für nicht zu tiefe Temperaturen setze man für die Termdichte einen Einstein-Term an:

$$z(\omega) = \delta(\omega - \omega_E) \ .$$

   Man berechne die Einstein-Frequenz ω_E aus der Kompressibilität für das Modell eines kubisch primitiven Gitters, zwischen dessen benachbarten Atomen Federkräfte wirken. ω_E ist die Frequenz eines Atoms, dessen Nachbarn festgehalten werden (s. Abb. 39.4).

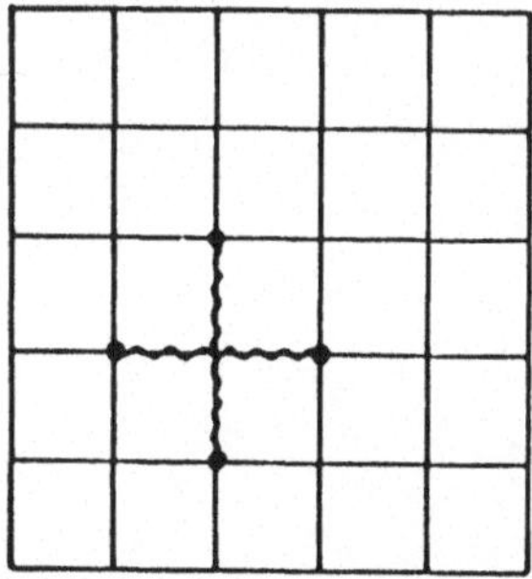

Abb. 39.4. Das Einstein-Modell für die Schwingungen eines festen Körpers

3. Man berechne aus den elastischen Konstanten die longitudinale und transversale Schallgeschwindigkeit, die Debye-Temperatur und die Debye-Frequenz für Kupfer.

   Kompressibilität: $\kappa = 0{,}72 \cdot 10^{-12}$ cm s^2/g
   Elastizitätsmodul: $E = 1{,}25 \cdot 10^{12}$ g/cm s^2 .

40. Phononen und Rotonen im flüssigen He II

Unterhalb 2,186 K geht flüssiges ^{4}He in einen Zustand über, der aufgrund seiner merkwürdigen Eigenschaften von seinem Entdecker Keesom [40.1] Helium II genannt wurde zur Unterscheidung vom normalen Helium oder He I. Die auffälligste Eigenschaft ist vielleicht die der sog. Suprafluidität: He II kann offenbar durch engste Kapillaren mit einem Durchmesser von etwa 0.1μ ohne die geringsten Anzeichen von Reibung hindurchfließen. Diese und andere hydrodynamische Merkwürdigkeiten werden sehr gut beschrieben durch ein Zweiflüssigkeitsmodell. Nach diesem Modell ist He II ein Gemisch zweier „Phasen", einer suprafluiden und einer normalen Phase. Die suprafluide Phase besitzt keine Entropie und strömt reibungs- und wirbelfrei, während die normale eine nicht verschwindende Zähigkeit zeigt. Abbildung 40.5 am Ende des Abschnitts zeigt das Phasendiagramm von ^{4}He bei niedrigen Temperaturen und Drucken.

Eine mikroskopische Herleitung dieses Modells gelang Landau [37.1] unter der Annahme einer Dispersionskurve für die Quasiteilchenenergie wie in Abb. 40.1 gezeigt. Eine qualitativ ähnliche Dispersionskurve wurde von Landau aus hydrodynamischen Überlegungen gewonnen und in ihrer endgültigen etwas modifizierten Form zur Erklärung der gemessenen spezifischen Wärme postuliert. Etwa zehn Jahre später war man in der Lage, die auf diese Weise gewonnene Dispersionskurve durch inelastische Neutronenstreuung direkt experimentell zu verifizieren.

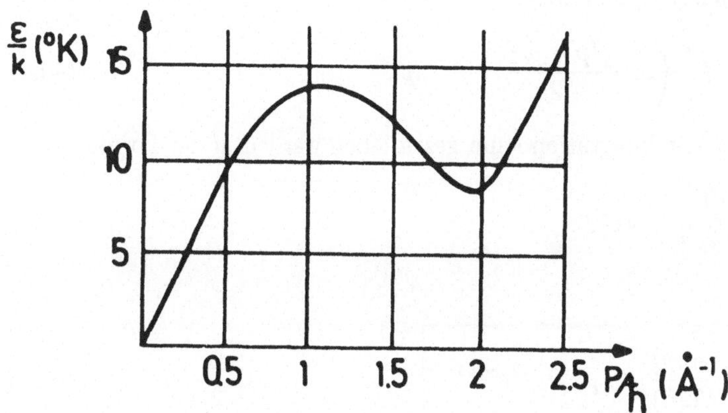

Abb. 40.1. Dispersionskurve $\epsilon(p)$ in He, bestimmt durch inelastische Neutronenstreuung

a) Wir beginnen mit der Berechnung der *spezifischen Wärme*.

Die niedrigliegenden Anregungen sind wiederum Phononen. Im Gegensatz zum festen Körper fallen natürlich die Transversalwellen wegen der fehlenden Quersteifigkeit weg. Für tiefe Temperaturen liefern die longitudinalen Phononen den Hauptbeitrag zur spezifischen Wärme C_v

$$C_{\text{phon}}(T) = V\frac{2\pi^2 k^4}{15(\hbar c_l)^3}T^3 \; . \tag{40.1}$$

c_l, die Geschwindigkeit der longitudinalen Phononen, wurde zu 240 m/s gemessen.

Bei Erhöhung der Temperatur werden auch die höheren Teile des Spektrums angeregt. Da nun die Termdichte $z(\epsilon) \propto p^2 dp/d\epsilon$ in der Umgebung des Minimums der Dispersionskurve von Abb. 40.1 wegen $d\epsilon/dp \to 0$ gegen unendlich geht, kommen die Zusatzbeiträge zu (40.1) hauptsächlich von der Umgebung des Minimums der Dispersionskurve, welche dann gut approximiert werden kann durch

$$\epsilon(p) = \Delta + \frac{(p - p_o)^2}{2\mu} \; . \tag{40.2}$$

In dieser Näherung kann das gesamte Spektrum also dargestellt werden durch zwei „Zweige", einen Phononenzweig mit $\epsilon = cp$ und einen Zweig mit der Dispersion (40.2). Aufgrund eines von Landau vermuteten Zusammenhangs der zu diesem Zweig gehörigen Quasiteilchen mit quantisierten Wirbelbewegungen wurden sie von ihm Rotonen genannt. Wegen der großen Energielücke Δ ist für die Rotonen $(e^{\beta\epsilon} - 1)^{-1} \simeq e^{-\beta\epsilon}$ und damit ihr Beitrag zur Energie:

$$E = \frac{V}{(2\pi\hbar)^3} \int \epsilon(p)e^{-\beta\epsilon(p)}d^3p \; . \tag{40.3}$$

Da im ganzen Temperaturbereich unterhalb etwa 2 K $\beta p_o^2/2\mu \gg 1$ ist, kann man in guter Näherung schreiben:

$$E = \frac{4\pi p_o^2 V}{(2\pi\hbar)^3} \int_0^\infty \left(\Delta + \frac{(p - p_o)^2}{2\mu}\right) e^{-\beta\epsilon}dp \; . \tag{40.4}$$

Das Resultat der Integration kann geschrieben werden in der Form

$$E = \left(\Delta + \frac{kT}{2}\right) N_{\text{rot}}(T) \tag{40.5}$$

mit

$$N_{\text{rot}}(T) = \frac{4\pi p_o^2}{(2\pi\hbar)^3}(2\pi\mu kT)^{1/2}e^{-\beta\Delta} \; . \tag{40.6}$$

Zur spezifischen Wärme ergibt sich damit der Beitrag

$$C_{\text{rot}} = \left[\frac{3}{4} + \frac{\Delta}{kT} + \left(\frac{\Delta}{kT}\right)^2\right] N_{\text{rot}}(T)k \ . \tag{40.7}$$

Die gesamte spezifische Wärme ist dann die Summe aus dem Phononen- und dem Rotonenbeitrag $C_v = C_{\text{phon}} + C_{\text{rot}}$. Wegen des schnellen exponentiellen Anstiegs des Rotonenbeitrages dominiert unterhalb von etwa 0,7 K C_{phon} und oberhalb entsprechend C_{rot}, vgl. Abb. 40.2.

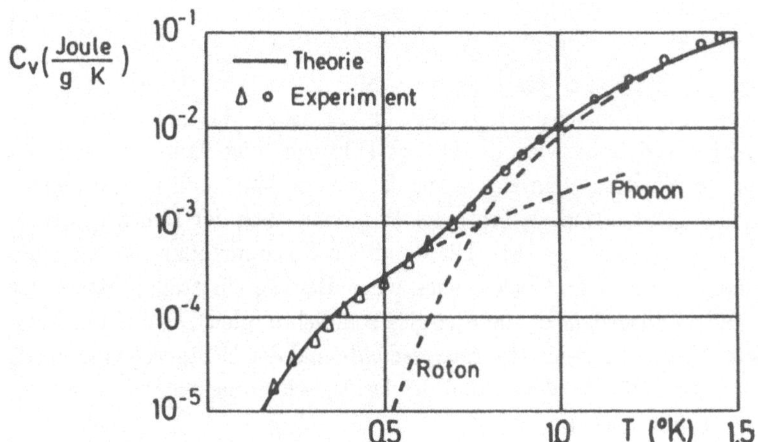

Abb. 40.2. Spezifische Wärme von He II

b) *Die Dichte der Normalphase*

Die Quasiteilchen haben untereinander und mit den Gefäßwänden eine Wechselwirkung wie normale Teilchen in einem Gas. Sie setzen sich daher untereinander und mit den Gefäßwänden ins Gleichgewicht, so wie man es von der normalen Phase des Zweiflüssigkeitsmodells erwartet. Landau identifizierte deshalb das Quasiteilchengas mit der normalen Phase.

Zur Berechnung der trägen Masse dieses Gases betrachtet man eine Situation, bei der das Quasiteilchengas im thermischen Gleichgewicht mit der mittleren Driftgeschwindigkeit v gegenüber dem ruhenden suprafluiden „Kondensat" bewegt ist. Die Verteilungsfunktion hat dann die Form (vgl. Aufg. 40.1)

$$< n_v(\boldsymbol{p}) > \ = \ < n[\epsilon(p) - \boldsymbol{p} \cdot \boldsymbol{v}] > \ , \tag{40.8}$$

wenn $< n[\epsilon(p)] >$ die Verteilungsfunktion des ruhenden Gases ist. Für kleine Geschwindigkeiten kann man sich auf das lineare Glied in der Entwicklung nach v beschränken und bekommt für den mittleren Impuls

$$< \boldsymbol{p} > \ = -\sum_p \boldsymbol{p}(\boldsymbol{p} \cdot \boldsymbol{v})\frac{\partial < n[\epsilon(p)] >}{\partial \epsilon(p)} = -\frac{\boldsymbol{v}}{3}\sum_p p^2 \frac{\partial < n[\epsilon(p)] >}{\partial \epsilon(p)} \ . \tag{40.9}$$

Schreibt man diesen Ausdruck in der Form $< \boldsymbol{p} > = M_n \boldsymbol{v}$, so erhält man für die Massendichte $\rho_n = M_n/V$:

$$\rho_n = -\frac{1}{3(2\pi\hbar)^3} \int p^2 \frac{\partial <n>}{\partial \epsilon(p)} d^3 p \, . \tag{40.10}$$

Für den Phononenbeitrag erhält man unter Benutzung von $\epsilon = c_l p$ nach einer partiellen Integration

$$\boxed{\rho_{\text{phon}} = \frac{4}{3}\frac{E_{\text{phon}}}{Vc^2} = \frac{2\pi^2}{45}\frac{(kT)^4}{\hbar^3 c^5} \, .} \tag{40.11}$$

Man kann die gleichen Überlegungen wie hier natürlich auch auf den Strahlungshohlraum anwenden und erhält dann für die träge Masse des Photonengases die gleiche Beziehung wie (40.11). Der Faktor 4/3 ist dann scheinbar im Widerspruch zur Einsteinschen Beziehung $E = Mc^2$. Man muß jedoch bedenken, daß mit steigender Energiedichte der Photonen auch der Druck des Photonengases zunimmt (vgl. (38.15)). Die damit im Zusammenhang auftretende Spannungsenergie $PV = E/3$ liefert auch einen Beitrag zur trägen Masse der Strahlung. Anders ausgedrückt, die Energiestromdichte (gleich c^2 mal der Massenstromdichte) ist nicht gleich der *Energiedichte* mal der Driftgeschwindigkeit, sondern gleich der *Enthalpiedichte* mal der Driftgeschwindigkeit, wie schon im Zusammenhang mit (15.17) erläutert.

Für die Rotonen ergibt sich

$$\boxed{\rho_{\text{rot}} = \frac{p_o^2}{3kT}\frac{N_{\text{rot}}}{V} \, .} \tag{40.12}$$

Die Größe $\rho_n = \rho_{\text{phon}} + \rho_{\text{rot}}$ kann man nach Andronikaschvilli [40.2] direkt messen, indem man eine Reihe von Scheiben an einem Torsionspendel in Helium II rotieren läßt (s. Abb. 40.3, 4). Bei hinreichend dichter Packung der Scheiben wird das Quasiteilchengas bei der Rotation mitgeführt, während die suprafluide Phase in Ruhe bleibt. Die Trägheit der Quasiteilchen macht sich dann als Vergrößerung des Trägheitsmomentes des Torsionspendels bemerkbar und kann durch Messung der Eigenfrequenz des Pendels direkt bestimmt werden. Bei sehr tiefen Temperaturen wird ρ_n allerdings so klein, daß man zu anderen Verfahren greifen muß. Abbildung 40.5 zeigt das Phasendiagramm von ^{4}He in dem Bereich, wo die oben besprochenen Phänomene auftreten.

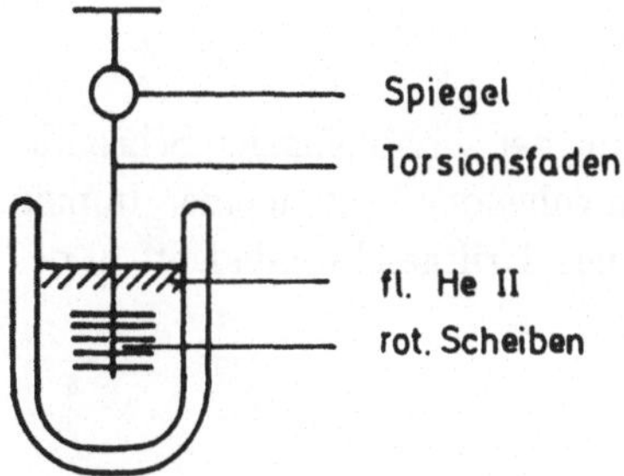

Abb. 40.3. Versuchsanordnung zur Messung von $\rho_n(T)$

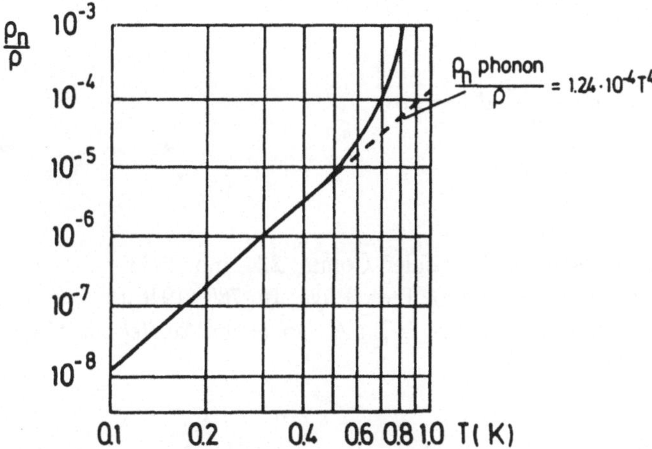

Abb. 40.4. ρ_n als Funktion der Temperatur

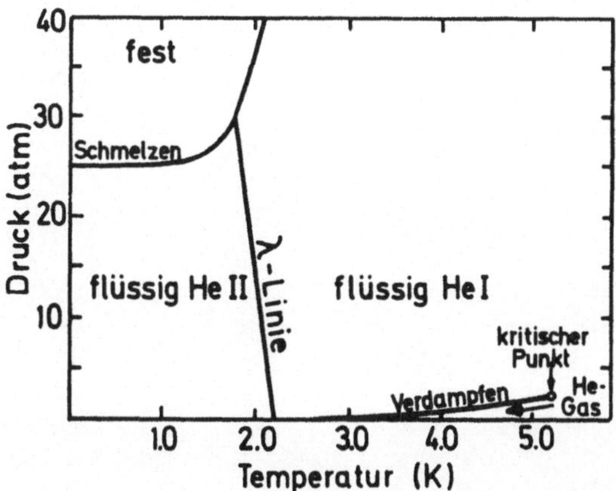

Abb. 40.5. Phasendiagramm von ^{4}He im Bereich niedriger Temperaturen und Drucke

Aufgaben

1. Man zeige, ausgehend von ebenen Wellenlösung der zeitabhängigen Schrödinger-Gleichung, daß ein Quasiteilchen, das im ruhenden System einen Impuls p und eine Energie $\epsilon(p)$ hat, in einem mit der „Driftgeschwindigkeit" v bewegten System die Energie

$$\epsilon_v(p) = \epsilon(p) - p \cdot v$$

besitzt.

2. Man verifiziere für das ideale Gas ($\epsilon = p^2/2m$) mit Gleichung (40.10) das naheliegende Resultat

$$\rho = -\frac{1}{3(2\pi\hbar)^3} \int p^2 \frac{\partial <n>}{\partial \epsilon} d^3p = mn \ .$$

Literatur

40.1 Keesom, W. H., Keesom, A. P.: Leiden Comm. **224**, d,e (1933)
40.2 Andronikaschvilli, E. L.: Zh. Eksp. Teor. Phys. **16**, 780 (1946);
      Lifschitz, E. M., Andronikaschvilli, E. L.: *A Supplement to Helium*, (Consultants Bureau Inc., 1959)

Ergänzende Literatur

Wilks, J.: *The Properties of Liquid and Solid Helium*, (Clarendon Press, Oxford 1967)

41. Fermionen bei tiefen Temperaturen

Die Hauptanwendungsgebiete der Fermi-Statistik liegen bei den Metallelektronen und beim flüssigen ^{3}He, beide zusammengefaßt als sog. „Fermi-Flüssigkeiten". In beiden Fällen hat man noch zwischen Normalleitern und Supraleitern (bzw. Supraflüssigkeit) zu unterscheiden. Abbildung 41.4 am Ende des Kapitels zeigt das Phasendiagramm von ^{3}He bei tiefen Temperaturen. Wir beschäftigen uns zunächst mit normalen und dann mit supraleitenden Systemen.

41.1 Normale Fermi-Flüssigkeiten

Ausgangspunkt für die Berechnung der spezifischen Wärme bilden die Gleichungen (37.1, 19). Zur Vereinfachung der Bezeichnung in den folgenden Gleichungen lassen wir bei den Größen $< n_s(p) >$ die Klammern $<, >$ weg. Beim Ausdifferenzieren dieser Größen nach T muß man natürlich auch die Temperaturableitungen von $\epsilon(p) - \mu$ berücksichtigen. Wir bezeichnen sie mit $\alpha(p)$. Der Einfachheit halber beschränken wir uns auf isotrope Systeme, dann kann man überall statt der Vektoren p die Beträge p verwenden. Bei anisotropen Systemen treten nur an einigen Stellen entsprechende Winkelintegrationen hinzu. (37.1, 19) liefert dann die beiden Gleichungen

$$\frac{\partial N}{\partial T} = \sum \frac{\partial n_s(p)}{\partial T} = \sum \frac{\partial n_s(p)}{\partial \epsilon(p)} \left\{ -\frac{\epsilon(p) - \mu}{T} + \alpha(p) \right\} = 0 \tag{41.1}$$

$$\frac{\partial E}{\partial T} = \sum [\epsilon(p) - \mu] \frac{\partial n_s(p)}{\partial T} = \sum [\epsilon(p) - \mu] \frac{\partial n_s(p)}{\partial \epsilon(p)} \left\{ -\frac{\epsilon(p) - \mu}{T} + \alpha(p) \right\} \tag{41.2}$$

mit der mittleren Besetzungszahl

$$n_s(p) = \frac{1}{e^{\beta[\epsilon(p) - \mu]} + 1} . \tag{41.3}$$

Zur Auswertung dieser Gleichungen führt man zweckmäßigerweise wieder eine Termdichte $z(\epsilon)$ ein, derart, daß $Nz(\epsilon)d\epsilon$ die Zahl der Zustände ist mit $p = 2\pi\hbar n/L$ und $\epsilon < \epsilon(p) < \epsilon + d\epsilon$. Dann wird

$$0 = \int z(\epsilon) \frac{\partial n}{\partial T} \left\{ -\frac{\epsilon - \mu}{T} + \alpha(\epsilon) \right\} d\epsilon \tag{41.4}$$

$$C_v = N \int (\epsilon - \mu) z(\epsilon) \frac{\partial n}{\partial \epsilon} \left\{ -\frac{\epsilon - \mu}{T} + \alpha(\epsilon) \right\} \tag{41.5}$$

mit

$$n(\epsilon) = \frac{1}{e^{\beta(\epsilon - \mu)} + 1} \,. \tag{41.6}$$

Da die Energien $\epsilon(p)$ von der Temperatur abhängen, ist $z(\epsilon)$ im Prinzip auch eine Funktion der Temperatur: $z = z(\epsilon, T)$. Wir benötigen jedoch, wie wir sehen werden, für die spezifische Wärme bei tiefen Temperaturen nur den Grenzwert $z(\epsilon, 0)$.

Das Verhalten der Integrale (41.4, 5) für tiefe Temperaturen wird bestimmt durch die Tatsache, daß die Funktion $n(\epsilon)$ für $T \to 0$ gegen eine Stufenfunktion, $(\partial n / \partial T)$ also gegen eine δ-Funktion konvergiert:

$$n(\epsilon) \to \theta(\mu - \epsilon) \,; \qquad \frac{\partial n}{\partial \epsilon} \to -\delta(\epsilon - \mu) \,. \tag{41.7}$$

Bei nichtverschwindender aber niedriger Temperatur wird die scharfe Kante bei $\epsilon = \mu$ etwas „aufgeweicht". Wie man in Abb. 41.1 sieht, ist die Aufweichung der Fermi-Kante durch die Temperaturbewegung proportional zu T. Der Rest der Teilchen am Grunde des Fermi-Sees trägt nicht zur spezifischen Wärme bei. Man erwartet deshalb einen linearen Anstieg der spezifischen Wärme bei tiefen Temperaturen.

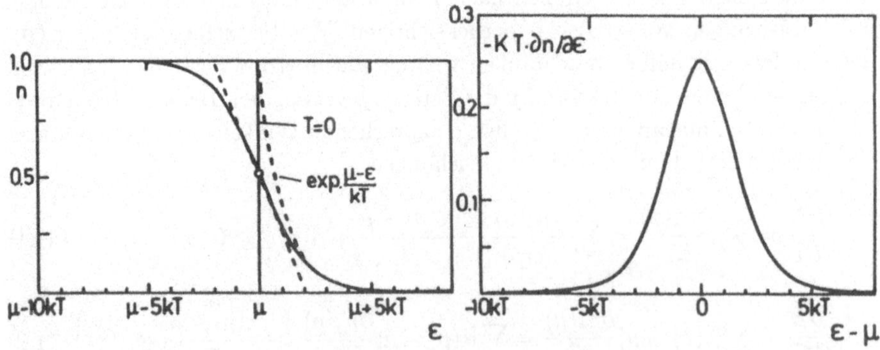

Abb. 41.1. Mittlere Besetzungszahlen eines Fermi-Gases bei tiefen Temperaturen

Die quantitative Auswertung der Integrale (41.4, 5) gelingt mit einer von Sommerfeld [41.1] entwickelten Technik. Man entwickelt dabei die Integranden ·mit Ausnahme von $n(\epsilon)$ nach Potenzen von $\epsilon - \mu$ nach dem Schema:

$$\int f(\epsilon) \frac{\partial n}{\partial \epsilon} d\epsilon = f(\mu) \int \frac{\partial n}{\partial \epsilon} d\epsilon + \frac{f''(\mu)}{2} \int (\epsilon - \mu)^2 \frac{\partial n}{\partial \epsilon} d\epsilon + \cdots \,. \tag{41.8}$$

Wegen des exponentiellen Abfalls der Funktion $(\partial n / \partial \epsilon)$ für $|\epsilon - \mu| \to \infty$, kann man die Integrale für tiefe Temperaturen wieder von $-\infty$ bis ∞ erstrecken.

Da außerdem $(\partial n/\partial\epsilon)$ eine gerade Funktion in $\epsilon - \mu$ ist, verschwinden alle ungeraden Potenzen bei der Integration. Die noch verbleibenden Integrale kann man unter Verwendung von

$$\int \frac{\partial n}{\partial\epsilon}\,d\epsilon = -1 \tag{41.9}$$

und

$$-\frac{1}{2}\int (\epsilon - \mu)^2\frac{\partial n}{\partial\epsilon}\,d\epsilon = 2(kT)^2\int_0^\infty \frac{x\,dx}{e^x + 1} = \frac{(\pi kT)^2}{6} \tag{41.10}$$

ausführen. Damit wird dann

$$-\int f(\epsilon)\frac{\partial n}{\partial\epsilon}\,d\epsilon = f(\mu) + \frac{(\pi kT)^2}{6}f''(\mu) + \cdots . \tag{41.11}$$

Wendet man dieses Resultat auf $f(\epsilon) = z(\epsilon)\{(\mu - \epsilon)/T + \alpha\}$ und $f(\epsilon) = (\epsilon - \mu)z(\epsilon)\{(\mu - \epsilon)/T + \alpha\}$ an, so ergibt sich

$$0 = \frac{(\pi k)^2 T}{3}z'(\mu) - \alpha z(\mu) \tag{41.12}$$

und

$$C_v = N\frac{(\pi kT)^2}{3}\left\{\frac{z(\mu)}{T} - \alpha z'(\mu)\right\} . \tag{41.13}$$

Aus (41.12) folgt, daß für tiefe Temperaturen $\alpha \propto T$, und damit aufgrund der Bedeutung von α $(\epsilon - \mu) - (\epsilon - \mu)_{T=0} \propto T^2$. Der führende Term der spezifischen Wärme im limes $T \to 0$ ist offenbar gegeben durch

$$\boxed{C_v(T) = Nk^2\frac{\pi^2}{3}z_o(\mu)T .} \tag{41.14}$$

Dabei ist zur Abkürzung $z_o(\mu) = z[\mu(T = 0), T = 0]$ eingeführt worden.

Wie eingangs schon erwähnt, liefert die Temperaturabhängigkeit von $z(\mu, T)$ und auch $\mu(T)$ nur Korrekturterme höherer Ordnung in T. Die spezifische Wärme hat also den schon im Zusammenhang mit Abb. 41.1 vermuteten linearen Anstieg mit T.

Bei isotropen Systemen kann man z_o durch $\epsilon(p)$ bzw. durch seine Ableitung nach p ausdrücken. Zunächst einmal gilt ja allgemein

$$Nz(\epsilon)d\epsilon = \frac{V}{(2\pi\hbar)^3}4\pi p^2\frac{dp}{d\epsilon}d\epsilon . \tag{41.15}$$

Führt man nun den sog. Fermi-Impuls p_f ein durch $\epsilon(p_f) = \mu(T = 0)$, so kann man wegen

$$N\int_{-\infty}^{\mu_o} z(\epsilon)d\epsilon = \frac{V}{(2\pi\hbar)^3}\frac{4\pi}{3}p_f^3 = N \tag{41.16}$$

auch schreiben

$$z(\epsilon) = \left[\frac{3p^2}{p_f^3} \cdot \frac{dp}{d\epsilon}\right]_{\epsilon(p)=\epsilon} ,$$

(41.17)

oder nach Einführung der effektiven Masse m^* durch

$$\left[\frac{d\epsilon(p)}{dp}\right]_{p_f} = \frac{p_f}{m^*}$$

(41.18)

$$z_o(\mu) = \frac{3m^*}{p_f^2} .$$

(41.19)

Man beachte, daß die so eingeführte Masse (englisch: "density of states mass") i. allg. verschieden ist von der in anderen Fällen benutzten sog. „Beschleunigungsmasse" m_{eff}, definiert durch $d^2\epsilon/dp^2 = 1/m_{\text{eff}}$.

Nur im Falle von exakt quadratischer Impulsabhängigkeit $\epsilon(p) = \epsilon_o + p^2/2m^*$ stimmen beide Massen überein.

Beim Vergleich mit der Erfahrung muß man bei Metallelektronen im Prinzip den Phononenanteil der spezifischen Wärme berücksichtigen. Dieser verschwindet jedoch bei tiefen Temperaturen ebenso wie die höheren Korrekturen zu (41.14) mit einer höheren Potenz in T. Gleichung (41.14) gibt also das asymptotische Verhalten der spezifischen Wärme von Metallen wie auch von flüssigem ^{3}He bei tiefen Temperaturen wieder.

Entscheidend für das gesamte Verfahren ist die Eigenschaft (41.7) der Quasiteilchenbesetzungszahlen. Aufgrund dieser Eigenschaft läßt sich das Tieftemperaturverhalten der spezifischen Wärme durch die effektive Masse m^* der Quasiteilchen an der „Fermi-Kante" $p = p_f$ allein ausdrücken. Der einzige Unterschied zwischen dem wechselwirkenden Quasiteilchengas und einem wechselwirkungsfreien (idealen) Fermi-Gas drückt sich im Auftreten dieser effektiven Masse anstelle der „nackten" Masse m aus.

Weitere thermodynamische Größen, bei denen nur die Verhältnisse an der Fermi-Kante eine Rolle spielen, sind die Kompressibilität und die magnetische Suszeptibilität. Abbildung 41.2 zeigt zum Vergleich die Veränderungen der mittleren Besetzungszahlen $n_s(p)$ bei $T = 0$, beim Erwärmen, Komprimieren und Magnetisieren. In allen drei Fällen geschehen die Änderungen vorwiegend nur in der Nähe der Fermi-Kante.

Zur Berechnung der Kompressibilität geht man am besten aus von der Relation

$$n\kappa_T = \frac{1}{N}\frac{\partial N}{\partial \mu} = \frac{1}{N}\sum \frac{\partial n_s(p)}{\partial \epsilon(p)} \cdot \frac{\partial[\epsilon(p) - \mu]}{\partial \mu} .$$

(41.20)

Für die hier vorkommende Ableitung von $\epsilon_s(p) - \mu$ führen wir wieder eine neue Bezeichnung $\partial[\epsilon_s(p) - \mu]/\partial\mu = -\gamma_s(p)$ ein. Diese Ableitung enthält neben dem trivialen Term $\partial\mu/\partial\mu = 1$ auch noch die Ableitung von ϵ dadurch, daß $\epsilon(p)$ gemäß (37.5) eine Funktion aller Besetzungszahlen $n_r(q)$ ist:

$$\gamma_s(p) = 1 + \sum f_{s,r}(\boldsymbol{p}, \boldsymbol{q})\frac{\partial n_r(q)}{\partial \epsilon(q)} \cdot \gamma_r(q) .$$

(41.21)

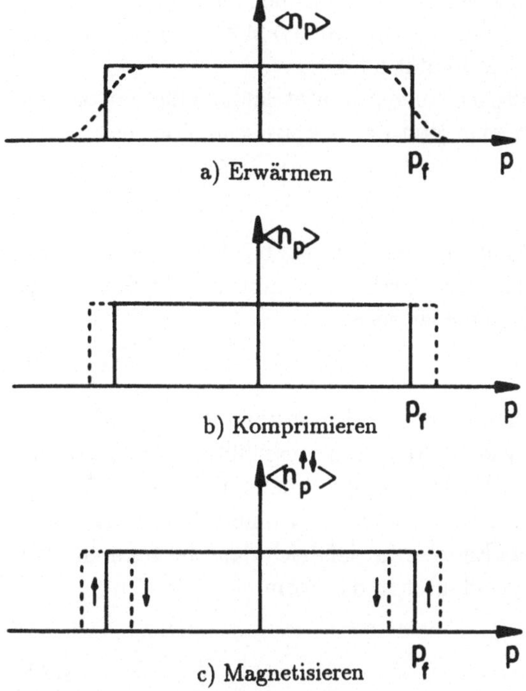

Abb. 41.2. Änderung der Fermi-Verteilung beim Erwärmen, Komprimieren und Magnetisieren

Für $T \to 0$ kann man wieder $-(\partial n/\partial \epsilon) = \delta(\epsilon - \mu)$ setzen und erhält mit der Abkürzung

$$f_o = - \left[\sum f_{s,r}(\boldsymbol{p}, \boldsymbol{q}) \frac{\partial n_r(q)}{\partial \epsilon_r(q)} \right]_{p=p_f} \tag{41.22}$$

aus (41.20, 21) die Gleichungen (Spin-Indizes wieder weglassen)

$$\frac{1}{N} \frac{\partial N}{\partial \mu} = \gamma(p_f) z_o(\mu) \tag{41.23}$$

und

$$\gamma(p_f) = 1 - f_o \gamma(p_f) \tag{41.24}$$

mit der Auflösung

$$\boxed{\frac{\partial n}{\partial \mu} = \frac{n z_o(\mu)}{1 + f_o}} \cdot \tag{41.25}$$

Die Kompressibilität geht also mit $T \to 0$ gegen einen konstanten Wert, der sich von dem des idealen Fermi-Gases durch das Auftreten der effektiven Masse in z_o und einen zusätzlichen Faktor $1/(1 + f_o)$ unterscheidet.

Bei Anwendung dieser Formel auf Metallelektronen muß man wiederum beachten, daß zum Elektronenanteil noch ein „Gitteranteil", d.h. ein Beitrag von den Atomrümpfen zur Kompressibilität auftritt.

Die Berechnung der magnetischen Suszeptibilität läuft völlig analog. Anstelle der Teilchenzahl betrachtet man jetzt das magnetische Moment

$$M = \mu_m \sum_p [n_+(p) - n_-(p)] \, , \qquad (41.26)$$

wobei μ_m das magnetische Moment pro Teilchen ist, bei Elektronen also das Bohrsche Moment μ_B, bei ^{3}He das magnetische Kernmoment. Die Besetzungszahlen hängen jetzt gemäß (41.6), genauer nach

$$n_\pm(p) = n[\epsilon(p) \mp \mu_m B - \mu] \qquad (41.27)$$

vom Magnetfeld B ab. Die Rechnung für die Suszeptibilität $\chi_m = (\partial M/\partial B)$ läuft, wie schon gesagt, genau wie bei der Kompressibilität. Nur muß man jetzt die Spinabhängigkeit der Wechselwirkungsparameter $f_{sr}(p, q)$ berücksichtigen. Anstelle der Größen (41.22) treten jetzt die Kombinationen $J(p, q) = [f_{++}(p, q) - f_{--}(p, q)]/2$ auf. Das Endresultat läßt sich dann nach kurzer Zwischenrechnung analog zur Kompressibilität in der Form

$$\boxed{\frac{\partial M}{\partial B} = N \mu_m^2 \frac{z_o(\mu)}{1 + J_o}} \qquad (41.28)$$

schreiben, wobei J_o völlig analog f_o, s. (41.22), gebildet ist.

Die Suszeptibilität geht also mit $T \to 0$ ebenso wie die Kompressibilität gegen einen konstanten Wert. Dieses Resultat wurde zuerst von Pauli [41.2] für das ideale Fermi-Gas hergeleitet. Für die Temperaturabhängigkeit der Pauli-Suszeptibilität gibt es ähnlich wie bei der spezifischen Wärme ein Plausibilitätsargument: Bei der Temperatur T sind nur etwa $NkTz_o$ Teilchen thermisch angeregt. Wenn jedes dieser Teilchen einen Beitrag μ_m^2/kT nach dem Curie-Gesetz für freie Spins liefert, so ergibt sich insgesamt ungefähr gerade das Pauli-Gesetz.

Zusammengefaßt kann man sagen: Die thermischen und kalorischen Eigenschaften von normalen Fermionen stimmen in ihrer Temperaturabhängigkeit mit denen eines idealen Fermi-Gases überein, nur die konstanten Vorfaktoren der verschiedenen Potenzgesetze werden durch die Wechselwirkung verändert.

41.2 Supraleiter

Auf Einzelheiten aus der Theorie der Supraleitung können wir hier nicht eingehen. Wir wollen nur die Konsequenzen des von der Theorie gelieferten Quasiteilchenspektrums untersuchen. Es hat sich gezeigt, daß man die Anregungsenergien in guter Näherung beschreiben kann durch

$$\epsilon(p) = \left\{ \left(\frac{p^2 - p_f^2}{2m^*} \right)^2 + \Delta^2 \right\}^{1/2} . \qquad (41.29)$$

Das Charakteristische an dieser Dispersionskurve ist das Auftreten einer Energielücke Δ über dem Grundzustand (s. Abb. 41.3). Die Existenz dieser Lücke ist in vielen anderen Experimenten nachgewiesen (Lichtabsorption, Ultraschallabsorption, Tunnelstrom u.a.). Sie hängt mit der Existenz von gebundenen Elektronenpaaren zusammen, die man aufbrechen muß, um den Supraleiter anzuregen und die entscheidend wichtig sind für das Phänomen der Supraleitung.

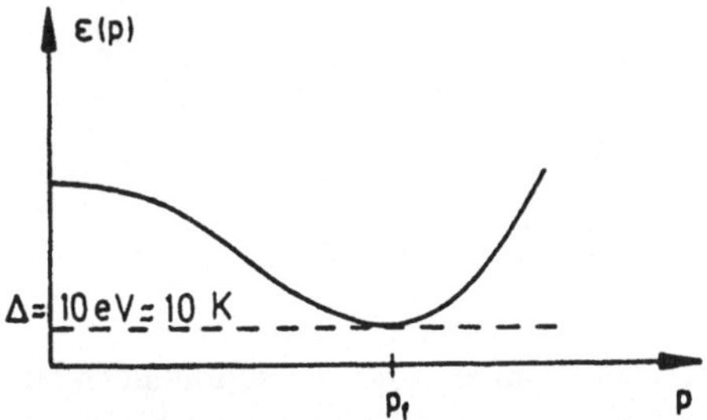

Abb. 41.3. Dispersionskurve eines Supraleiters (schematisch)

Interessiert man sich nur für den Grenzfall tiefer Temperaturen, so ist die aus (41.29) folgende spezifische Wärme leicht zu bestimmen.

Die Behandlung läuft völlig analog zum Rotonenbeitrag beim He II, man muß nur den Ausdruck für $\epsilon(p)$ durch die entsprechende Entwicklung in der Umgebung des Minimums von (41.29) ersetzen:

$$\epsilon(p) = \Delta + \frac{(p - p_f)^2}{2m^*} \frac{p_f^2}{m^*\Delta} + \cdots . \tag{41.30}$$

Bei Temperaturen, die genügend klein gegenüber Δ/k sind, spielt der Unterschied zwischen Bose- und Fermi-Statistik keine Rolle: In beiden Fällen gilt wie auch schon bei (40.3) angenähert die Boltzmann-Statistik. In Analogie zu (40.2, 3, 7) ergibt sich, wenn man nur den für tiefe Temperaturen wichtigsten dritten Term von (40.7) nimmt (s. auch Abb. 41.4):

$$C_v(T) = 3Nk \left(\frac{\pi}{2}\right)^{1/2} \frac{2m^*\Delta}{p_f^2} \left(\frac{\Delta}{kT}\right)^{3/2} e^{-\beta\Delta} ; \qquad \beta\Delta \gg 1 . \tag{41.31}$$

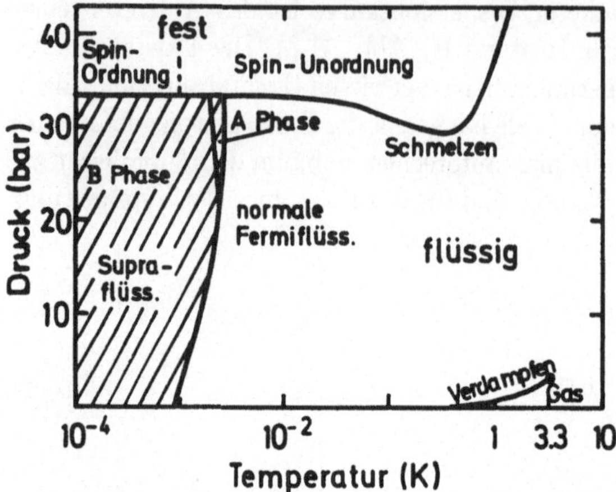

Abb. 41.4. Phasendiagramm von ^{3}He bei tiefen Temperaturen. Im suprafluiden Bereich (*schraffiert*) gibt es zwei verschiedene Phasen (A und B) mit unterschiedlichen magnetischen Eigenschaften, s. etwa [41.3]

Aufgaben

1. Man berechne den aus einer Metalloberfläche austretenden Elektronenstrom, wenn man annimmt, daß die Elektronen eine Potentialdifferenz δ überwinden müssen (s. Abb. 41.5), um aus dem Metall auszutreten. Es sei $\mu_o \gg kT$ und $\delta - \mu_o \gg kT$.

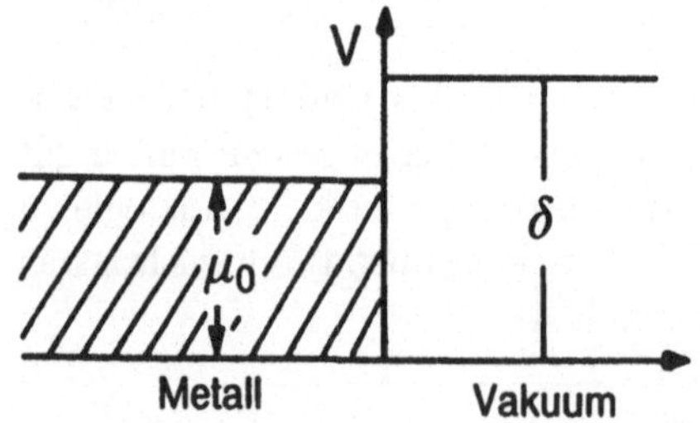

Abb. 41.5. Potentialverhältnisse am Metallrand

2. Man berechne den Elektronenanteil der spezifischen Wärme von Natrium ($\mu_o = 3{,}12$ eV; $m^* \simeq m$). Wie groß ist der Anteil der Elektronen an der gesamten spezifischen Wärme bei 300 K und bei welcher Temperatur ist er gleich dem Anteil der Gitterschwingungen ($\theta_D = 172$ K)?

3. Man berechne die Termdichte der Anregungszustände eines Kerns für Anregungsenergien $E_a = E - E_o$, die kleiner sind als die „Ionisierungsenergie" ϵ_i eines Nukleons. Den Kern betrachte man als Kugel vom Radius $R = R_o A^{1/3}$, in der sich Z Protonen und $A - Z$ Neutronen als freie Fermionen befinden.

Anleitung: Man berechne die Fermi-Energie μ_o für Neutronen und Protonen, aus (41.16, 19) die Temperatur $T(E_a)$ des Kerns in Abhängigkeit von der Anregungsenergie $E_a = E_{a,p} + E_{a,n}$. Man vergleiche $T(E_a)$ mit den Entartungstemperaturen μ_o/k, berechne die Entropie $S(E_a)$ nach (37.11) und hieraus die Termdichte $\Omega(E_a)$.

Zahlen: $R_o = 1{,}1 \cdot 10^{-13}$ cm; $\epsilon_i = 8$ MeV .

Für $^{88}_{44}$Ru ist $1/\Omega(0) = 100$ keV.

Literatur

41.1 Sommerfeld, A.: Z. Phys. **47**, 1 (1928)
41.2 Pauli, W.: Z. Phys. **41**, 81 (1927)
41.3 Wölfle, P.: Rep. Prog. Phys. **42**, 269 (1979)

Ergänzende Literatur

Pines, D., Nozières, P.: *The Theory of Quantum Liquids*, Vol. I, (Benjamin, New York 1966)
Baym, G., Pethik, C.: *Landau Fermi Liquid Theory and Low Temperature Properties of Liquid* ^{3}He, in "The Physics of Liquid and Solid Helium", Vol. XXIX, Part II, Eds. Bennemann, K. H. und Ketterson, J. B., (Wiley and Sons, New York 1978)

42. Ferromagnetische Magnonen bei tiefen Temperaturen

Bei einem ferromagnetischen Kristall liegt am absoluten Nullpunkt durch spontane Ausrichtung eines endlichen Bruchteiles der atomaren magnetischen Momente eine bestimmte sog. spontane Magnetisierung $M_s(0)$ vor. Es gibt nun Anregungen dieses ferromagnetischen Grundzustandes, bei denen die atomaren magnetischen Dipole um die Richtung der spontanen Magnetisierung mit bestimmten räumlichen Phasenbeziehungen präzedieren. Man nennt diese Anregungen Spinwellen. Die Spinwellenamplituden erfüllen genau wie Schallwellenamplituden Quantenbedingungen. Die Quanten des Spinwellenfeldes genügen wie die Phononen der Bose-Statistik. Sie heißen Magnonen.

Für die Energie der Magnonen gilt wieder

$$E = \sum_p \epsilon(p)n(p) \ . \tag{42.1}$$

Die Dispersionskurve $\epsilon = \epsilon(p)$ kann aus verschiedenen Experimenten (Spinwellenresonanz, inelastische Neutronenstreuung, Magnon-Phononstreuung u.a.) sowie einfachen Modellen bestimmt werden (s. Abb. 42.1). Wir begnügen uns in diesem Zusammenhang mit einem Verweis auf Lehrbücher über Festkörperphysik [42.1] und geben nur das Resultat an. Es ergibt sich für kleine p ein Verlauf

$$\epsilon(p) = \frac{p^2}{2m^*} \ , \tag{42.2}$$

wobei die effektive Masse m^* größenordnungsmäßig etwa 10 Elektronenmassen beträgt. Abbildung 42.1 zeigt experimentelle Dispersionskurven.

Da bei der Präzession der Momente die mittlere Magnetisierung reduziert wird, erwartet man einen Beitrag der Spinwellen zur Magnetisierung. Es ergibt sich

$$M_s(T) = M_s(0) - \frac{\mu_m}{V} \sum n(p) \ , \tag{42.3}$$

wobei μ_m von der Größenordnung eines Bohrschen Magnetons ist. Wir wollen nun die thermodynamischen Konsequenzen von (42.1) und (42.3) untersuchen. Dazu gehen wir wieder aus von

$$E(T) = \sum_p \epsilon(p)n(p) \tag{42.4}$$

und

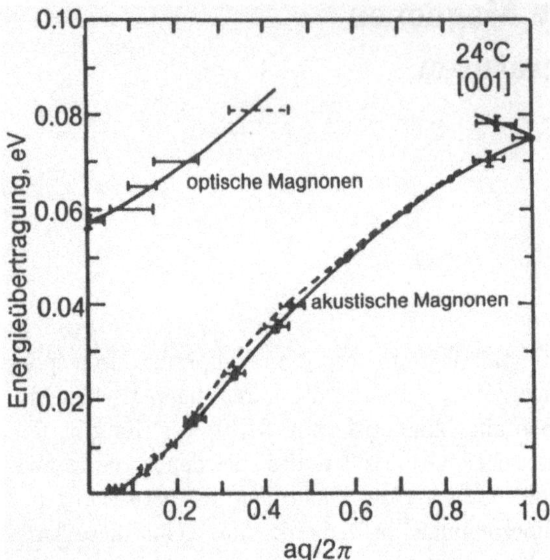

Abb. 42.1. Dispersionskurve von akustischen und optischen Magnonen

$$[M_s(0) - M_s(T)]V = \mu_m \sum n(p) \,, \tag{42.5}$$

wobei $n(p)$ wieder durch die Bose-Verteilungsfunktion

$$n(p) = \frac{1}{e^{\beta\epsilon(p)} - 1} \tag{42.6}$$

gegeben ist.

Ersetzt man die Summen wieder durch die entsprechenden Integrale, so kann man die oberen Integrationsgrenzen für tiefe Temperaturen wieder gegen unendlich gehen lassen und erhält dann mit (42.2)

$$E(T) = \frac{(kT)^{5/2}(2m^*)^{3/2}}{4\pi^2\hbar^3}V\int_0^\infty \frac{x^{3/2}}{e^x - 1}dx \tag{42.7}$$

und

$$M_s(0) - M_s(T) = \frac{\mu_m(2m^*kT)^{3/2}}{(2\pi\hbar)^2}\int_0^\infty \frac{x^{1/2}}{e^x - 1}dx \,, \tag{42.8}$$

die verbleibenden Integrale sind

$$\int_0^\infty \frac{x^{3/2}}{e^x - 1}dx = \frac{3\sqrt{\pi}}{4}\zeta\left(\frac{5}{2}\right) \,; \qquad \int_0^\infty \frac{x^{1/2}}{e^x - 1}dx = \frac{\sqrt{\pi}}{2}\zeta\left(\frac{3}{2}\right) \,. \tag{42.9}$$

Es ergibt sich dann mit $\zeta(5/2) = 1{,}34$; $\zeta(3/2) = 2{,}61$ und $C_v = \partial E/\partial T$ (s. auch Abb. 42.2):

$$\boxed{C_v(T) = 0{,}114 \cdot k \cdot \left(\frac{2m^*kT}{\hbar^2}\right)^{3/2} V} \tag{42.10}$$

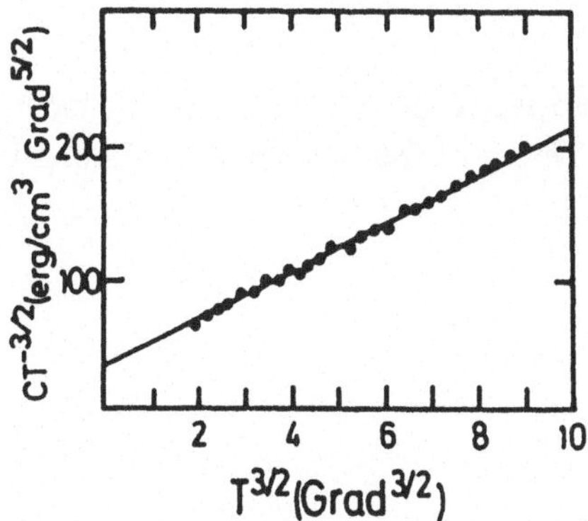

Abb. 42.2. Spezifische Wärme von Ytterbium-Eisen-Granat

und

$$M_s(T) = M_s(0) - 0{,}06 \cdot \mu_m \cdot \left(\frac{2m^* kT}{\hbar^2}\right)^{3/2} \tag{42.11}$$

Experimentelle Resultate zur spezifischen Wärme zeigen wir in Abb. 42.2.

Aufgabe

1. Halbklassische Behandlung der Spinwellen. Die Wechselwirkung der magnetischen Momente m_i der Atome eines Kristallgitters läßt sich z.B. beschreiben durch die Drehimpulsbilanz

$$\frac{dm_i}{dt} = J \sum_{j=nn} m_j \times m_i \,,$$

wobei sich die Summe über die nächsten Nachbarn j von i erstreckt. Im ferromagnetischen Grenzfall linearisiere man durch

$$m_i = m + \delta m_i \,; \qquad |\delta m_i| \ll |m| \,.$$

Die Momente m_i präzedieren dann um die Magnetisierungsrichtung m, die wir in z-Richtung legen: $m = m e_z$ und

$$\delta m_i = \delta m_i (e_x \pm e_y) e^{i\omega t} \,.$$

Die Lösungen der linearisierten Bewegungsgleichung sind dann Spinwellen mit

$$\delta m_i = e^{i k \cdot r_i} \, \delta m \,.$$

Man zeige für kubische Gitter, daß im Grenzfall kleiner k ein Dispersionsgesetz der Form (42.2), d.h. $\epsilon(k) = \hbar\omega = \hbar^2 k^2 / 2m^*$, gilt und bestimme m^*.

Ergänzende Literatur

42.1 Kittel, C.: *Einführung in die Festkörperphysik*, 2. Aufl., (Oldenbourg 1969) sowie vom gleichen Autor: *Quantum Theory of Solids*, Chap. 4, (Wiley and Sons, New York 1963)

43. Phasenübergänge

Die folgende Tabelle gibt einen Überblick über die wichtigsten in der Natur vorkommenden Aggregatzustände und Phasen.

Tabelle 43.1. In der Natur vorkommende Phasen

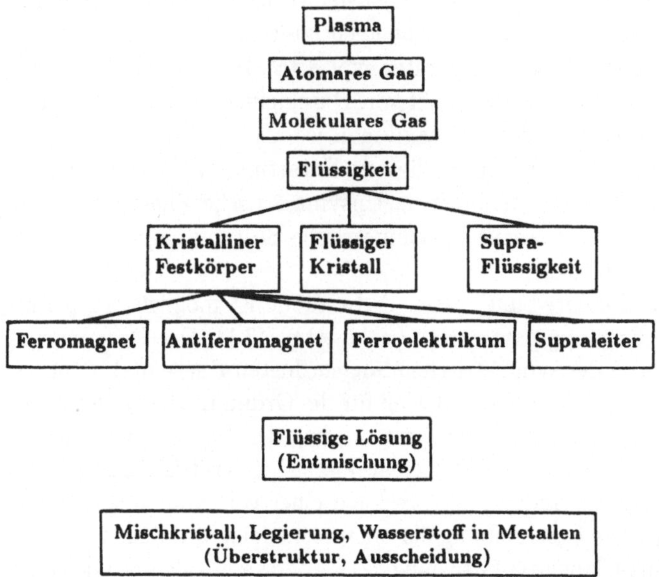

Bei hinreichend hohen Temperaturen und nicht zu hohen Drucken sind praktisch alle Atome ionisiert. Atome, Ionen und Elektronen befinden sich im gasförmigen Zustand in einem chemischen Gleichgewicht, welches stark zugunsten der Ionen und Elektronen verschoben ist. Dies ist der Plasmazustand. Mit sinkender Temperatur verschiebt sich das chemische Gleichgewicht zugunsten der neutralen Atome. Bei noch tieferen Temperaturen erhält man gegebenenfalls eine weitere Verschiebung in Richtung auf mehratomige Moleküle. Senkt man die Temperatur unter den kritischen Punkt, so erhält man je nach der Größe des Druckes Dampf oder Flüssigkeit. Bei weiterer Temperatursenkung oder Drucksteigerung erreicht man normalerweise den festen Zustand. Bei manchen organischen Substanzen wird noch die Zwischenstufe des flüssigen Kristalls durchlaufen. Bei $T = 0$ sind praktisch alle Substanzen bei beliebigen

Drucken fest. Eine Ausnahme bilden ^{3}He und ^{4}He, welche erst bei Drucken von etwa $2 \cdot 10^6$ Pa fest werden. Innerhalb des festen Zustandes gibt es weitere Phasenübergänge, z.B. zwischen zwei verschiedenen Kristallarten der gleichen Substanz, zwischen ferromagnetischen und unmagnetischen Zuständen. Schließlich gibt es noch ferroelektrische, antiferromagnetische, supraleitende und suprafluide Phasen. In Mehrstoffsystemen (festen oder flüssigen Lösungen) kann man noch weitere Phasen unterscheiden, zwischen denen Übergänge durch Entmischung (in Legierungen Ausscheidung) möglich sind. In Legierungen gibt es weiterhin die Bildung von geordneten Überstrukturen.

Verschiedene Phasen unterscheiden sich durch verschiedene Symmetrieeigenschaften. In den meisten Fällen ist die bei tieferen Temperaturen stabile Phase die weniger symmetrische. Zum Beispiel geht beim Übergang gasförmig-kristallin die Translationssymmetrie verloren, beim Übergang paramagnetisch-ferromagnetisch die Drehsymmetrie im Spinraum.

Übt man an einem unsymmetrischen Gleichgewichtszustand eine Symmetrieoperation aus, so geht er in einen gleichberechtigten anderen Zustand über. In dem symmetrischen statistischen Operator $\exp(-\beta H)$ kommen alle diese verschiedenen Zustände mit gleichem Gewicht vor. Durch einen beliebig schwachen unsymmetrischen Zusatzterm H' zu H kann man jedoch einen dieser Zustände aussondern. Man hat somit Verhältnisse, die dem Entartungsfall des quantenmechanischen Eigenwertproblems entsprechen. Unsymmetrische Phasen sind entartet. Durch eine beliebig schwache unsymmetrische Störung kann jedoch die Entartung aufgehoben werden.

Eine quantitative Beschreibung dieser Tatbestände ist möglich durch Einführung geeigneter „Ordnungsparameter" (siehe Abb. 43.1). Der Ordnungsparameter verschwindet in der symmetrischen, ungeordneten Phase und ist in der unsymmetrischen, geordneten Phase ein Maß für die Ordnung, die zu der beobachteten Verringerung der Entropie bei Erniedrigung der Temperatur führt.

Im allgemeinen wird sich der Ordnungsparameter bei der Temperatur T des Phasenüberganges unstetig ändern, entsprechend einer von Null verschiedenen Umwandlungswärme. Die Beschreibung der entsprechenden Vorgänge geschieht mit Hilfe der Clausius-Clapeyron-Gleichung (21.5) oder äquivalenter Gleichungen.

Bei vielen Phasenübergängen existiert jedoch ein sog. kritischer Punkt. Beim Durchlaufen des kritischen Punktes T_c ändert sich der Ordnungsparameter stetig, wenn auch mit unstetiger Temperaturableitung. In der Umgebung solcher kritischer Punkte wird die spezifische Wärme in den meisten Fällen unendlich groß, ohne daß jedoch eine Phasenumwandlungswärme auftritt. Man spricht in diesem Fall von einem Phasenübergang höherer Ordnung oder auch von einem kontinuierlichen Phasenübergang. Völlig kontinuierliche Änderungen des Ordnungsparameters einschließlich seiner höheren Ableitungen kommen bei Phasenumwandlungen in amorphen Substanzen (z.B. Gläsern, biologischen Substanzen), dünnen Filmen u.a. vor. In diesen Fällen kann die Phasenumwandlungstemperatur nicht mehr exakt definiert werden.

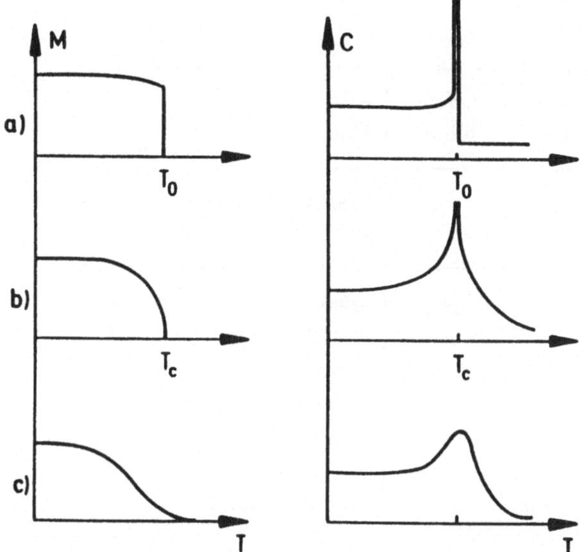

Abb. 43.1. Ordnungsparameter M und spezifische Wärme bei Phasenumwandlungen: (a) 1. Ordnung; (b) Kontinuierlich; (c) Unscharf

Unter den verschiedenen Phasenübergängen sind in den letzten Jahren die kontinuierlichen theoretisch wie experimentell besonders gründlich untersucht worden. Bei ihnen führt die Annäherung an die Übergangstemperatur T_c und die damit verbundene Verringerung der Stabilität der Phasen zu großen Fluktuationen von verschiedenen thermodynamischen Größen, die die Ursache sind für alle „kritischen Phänomene". In der unmittelbaren Umgebung von T_c, dem sog. kritischen Temperaturbereich, in dem das Temperaturverhalten des Systems völlig von den Singularitäten verschiedener Größen wie Suszeptibilität, spezifischer Wärme usw. dominiert wird, hat sich dabei eine weitgehende Universalität herausgestellt, derart, daß sich bei ganz verschiedenartigen Phasenübergängen analoge Größen finden lassen, zwischen denen im kritischen Bereich die gleichen Beziehungen gelten.

Für statische Eigenschaften gilt diese Universalität anscheinend selbst für Systeme und Phasen mit verschiedenen Symmetrien und Erhaltungssätzen. Sie hat ihren Ausdruck gefunden in den statischen Skalengesetzen (s. Kap. 47, 48). Die dynamischen Eigenschaften werden in hohem Maße durch das singuläre Anwachsen der Suszeptibilität bestimmt. Anregungen, bei denen diese Suszeptibilitäten als „Rückstellkräfte" wirken, werden „weich" (englisch "soft modes"), d.h. ihre charakteristischen Frequenzen gehen am kritischen Punkt gegen Null.

In Tabelle 43.2 sind für einige typische Phasenübergänge Ordnungsparameter, konjugiertes thermodynamisches Feld (welches die Entartung aufhebt), zugehörige Suszeptibilität und kritische (d.h. weiche) Anregung angegeben.

Tabelle 43.2. Thermodynamische Größen bei einigen Substanzen mit kontinuierlichen Phasenübergängen

Substanz	Ordnungs-parameter	Konj. Feld	Suszepti-bilität	Kritische Mode	
Ferroelek-trikum	P	E	χ_{el}	Transv. optisches Phonon	
Ferro-magnet	M	B	χ_{mg}	Magnon Spindiffusion	$T < T_c$ $T > T_c$
Supraflüss. Supraleiter	$<\psi>$	ϕ	$\frac{\partial <\psi>}{\partial \phi}$	2. Schall Wärmediffus.	$T < T_c$ $T > T_c$
Flüssigkeit-Gas	$n - n_c$	$\mu - \mu_c$	κ	Dichtefluktuation	

44. Feldtheorie kritischer Phänomene

Kritische Phänomene werden in hohem Maße dominiert von langreichweitigen Fluktuationen. Vorgänge auf atomaren Längenskalen spielen keine entscheidende Rolle. Es hat sich gezeigt, daß alle diese Vorgänge beschrieben werden können im Rahmen einer kontinuierlichen Feldtheorie, die wir in diesem Kapitel herleiten wollen. Ein günstiger Ausgangspunkt dazu ist die Molekularfeldtheorie des van der Waals-Gases, die wir in Kap. 33 diskutiert haben. Wir rekapitulieren zunächst die wichtigsten Resultate und stellen dann eine weitere Molekularfeldtheorie vor: Die Weisssche Theorie des Ferromagnetismus.

44.1 Molekularfeldtheorie homogener Systeme *

Wir beginnen mit dem chemischen Potential des van der Waals-Gases (31.6)

$$\mu = kT \left[\ln \left(\frac{\lambda^3 n}{1 - bn} \right) + \frac{bn}{1 - bn} \right] - 2an \ . \tag{44.1}$$

Für ein wechselwirkendes Spinsystem gibt es eine analoge Molekularfeldtheorie von P. Weiss [44.1], die man leicht im Anschluß an (36.5) für das mittlere magnetische Moment eines Spinsystems formulieren kann. Diese Gleichung reduziert sich zunächst für Spin $s = 1/2$ auf $M = \mu_B n \operatorname{artanh}(\beta \mu_B B)$ für die mittlere Magnetisierung im Felde B. Die Berücksichtigung der Spin-Spin-Wechselwirkung im Rahmen der Molekularfeldnäherung besteht darin, das äußere Feld B durch ein effektives Feld $B_{\text{eff}} = B + WM$ zu ersetzen, welches neben dem äußeren Feld noch ein „inneres" Feld WM enthält, welches seinerseits proportional zur Magnetisierung M ist. Für die mittlere Magnetisierung erhält man dann die Gleichung

$$M = \mu_B n \tanh[\beta \mu_B (B + WM)] \ . \tag{44.2}$$

Auflösung nach B ergibt dann die (44.1) analoge Gleichung

$$B = \frac{kT}{\mu_B} \operatorname{artanh} \left(\frac{M}{\mu_B n} \right) - WM \ . \tag{44.3}$$

Abbildung 44.1 zeigt die Isothermen der van der Waalsschen und Weissschen Theorie. Sie sind qualitativ sehr ähnlich: In beiden Fällen hat man einen kritischen Punkt T_c, für den

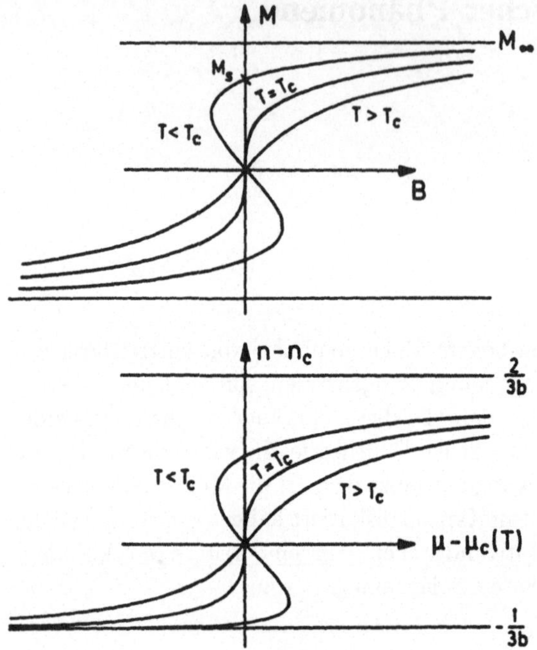

Abb. 44.1. Die Isothermen nach der Weissschen und van der Waalsschen Theorie

$$\left(\frac{\partial \mu}{\partial n}\right) = 0 \; ; \qquad \left(\frac{\partial^2 \mu}{\partial n^2}\right) = 0 \; , \tag{44.4}$$

bzw.

$$\left(\frac{\partial B}{\partial M}\right) = 0 \; ; \qquad \left(\frac{\partial^2 B}{\partial M^2}\right) = 0 \tag{44.5}$$

gilt. Im van der Waals-Gas hat man (vgl. (31.9)) $n_c = 1/(3b)$, $kT_c = 8a/(27b)$, nach der Weissschen Theorie ist $kT_c = \mu_B^2 nW$, $M_c = 0$.

Eine Entwicklung der Isothermen in der Umgebung des kritischen Punktes nach den kleinen Größen $\tau = T/T_c - 1$ und $n - n_c$ bzw. M ergibt

$$\mu - \mu_c(T) = 2a\tau \cdot (n - n_c) + \frac{9}{2}ab^2(n - n_c)^3 \tag{44.6}$$

mit

$$\mu_c(T) = kT\left[\ln\left(\frac{\lambda^3}{2b}\right) + \frac{1}{2}\right] - \frac{2a}{3b} \tag{44.7}$$

und

$$B = W\tau M + \frac{W}{3(n\mu_B)^2}M^3 \; . \tag{44.8}$$

Wir haben hier in den beiden kubischen Termen $(n - n_c)^3$ bzw. M^3 jeweils den Faktor kT durch kT_c ersetzt und dafür die entsprechenden Werte eingesetzt.

44.2 Die freie Energie im kritischen Bereich

Entsprechend den Entwicklungen (44.6, 8) kann man auch die Dichte der freien Energie in der Umgebung des kritischen Punktes entwickeln. Beim van der Waals-Gas kann man direkt von (31.3) ausgehen. Man kann aber auch in beiden Fällen die thermodynamischen Relationen

$$\mu = \frac{\partial \phi(n,T)}{\partial n} \; ; \qquad B = \frac{\partial \phi(M,T)}{\partial M} \tag{44.9}$$

nach n bzw. M integrieren und erhält dann

$$\phi = \phi_o + \mu_c(T)(n - n_c) + a\tau \cdot (n - n_c)^2 + \frac{9}{8}ab^2(n - n_c)^4 \tag{44.10}$$

und

$$\phi = \phi_o + \frac{W}{2}\tau M^2 + \frac{W}{12(\mu_B n)^2}M^4 \; . \tag{44.11}$$

$\phi_o(T)$ ist dabei die freie Energiedichte für $n = n_c$ bzw. $M = 0$. Wir nehmen an, daß sie und ihre Ableitungen in der Umgebung von $T = T_c$ nicht singulär werden.

Die Gleichungen (44.10, 11) zeigen wiederum völlige Analogie. Der einzige Unterschied besteht im Auftreten eines linearen Termes in $n - n_c$ bei der freien Energie nach van der Waals und entsprechend eines konstanten Termes $\mu_c(T)$ beim chemischen Potential. Man betrachtet deshalb zweckmäßigerweise $\mu - \mu_c$ als äußeres Feld in Analogie zum äußeren Feld B. Die Analogie wird noch enger, wenn man zur (verallgemeinerten) großkanonischen Gesamtheit übergeht, d.h. anstelle der freien Energie entweder $\phi - \mu n$ mit $\mu = \mu_c + u$ (u das äußere Potential) bzw. $\phi - BM$ betrachtet. Dann erhält man in beiden Fällen einen linearen Term $-un$ bzw. $-BM$.

Im inhomogenen Fall gibt es noch einen Zusatzterm $a\ell^2(\nabla n)^2/2$ zur Dichte der freien Energie des van der Waals-Gases. Aufgrund der endlichen Reichweite der Spin-Spin-Wechselwirkungen in magnetischen Systemen ergibt sich ein völlig analoger Term $\ell^2 W(\nabla M)^2/2$ zur freien Energiedichte, vgl. Aufg. 44.1.

Um die Analogie der bisher betrachteten beiden Systeme explizit zum Ausdruck zu bringen, führen wir neue Feldgrößen $\varphi(\mathbf{r})$ ein durch $a\ell^2(n-n_c)^2/kT_c = \varphi^2$ bzw. $W\ell^2 M^2/kT_c = \varphi^2$, nennen das äußere Feld, in dem sich das System befindet, jetzt $h(\mathbf{r})$, den Vorfaktor des Wechselwirkungsterms 4. Ordnung in der freien Energie $g/4$ und führen eine Korrelationslänge ξ sowie ihr Inverses ein durch

$$\kappa^2 = \frac{\tau}{\ell^2} \; ; \qquad \xi = \frac{\ell}{|\tau|^{1/2}} \; . \tag{44.12}$$

Dann läßt sich die freie Energie (bzw. das verallgemeinerte großkanonische Potential) in der Form schreiben (vgl. Abb. 44.2):

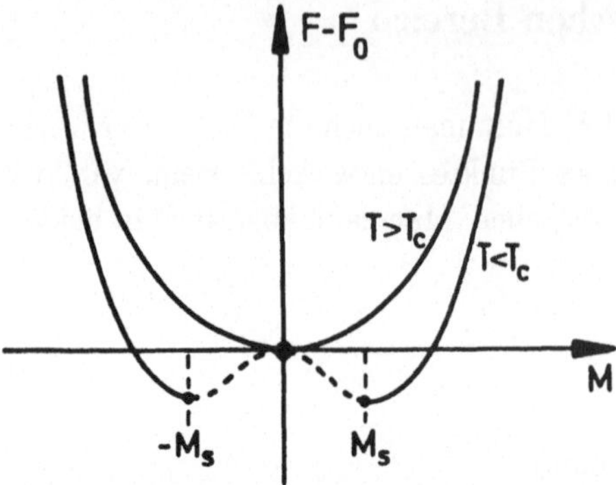

Abb. 44.2. Freie Energie eines Ferromagneten und ihre stabilen Minima oberhalb und unterhalb des kritischen Punktes

$$F - F_o = kT_c \int \left\{ \frac{1}{2}(\nabla\varphi)^2 + \frac{\kappa^2}{2}\varphi^2 + \frac{g}{4}\varphi^4 - h\varphi \right\} d^3r \ . \tag{44.13}$$

Für die Berechnung der spezifischen Wärme ist es noch nützlich, die Entropie $S = -(\partial F/\partial T)$ zu kennen. Bei der Differentiation ist zu beachten, daß T nur in dem Term $\kappa^2 = [(T/T_c) - 1]/\ell^2$ vorkommt. Man erhält also

$$S - S_o = -\frac{k}{2\ell^2} \int \varphi^2 d^3r \ . \tag{44.14}$$

44.3 Molekularfeldtheorie kritischer Phänomene

Im Rahmen der Molekularfeldnäherung bestimmt sich der Zusammenhang zwischen dem Ordnungsparameterfeld $\varphi(r)$ und dem äußeren Feld $h(r)$ aus der Extremalbedingung der freien Energie $\delta F = 0$ bei Variationen $\delta\varphi(r)$ des Ordnungsparameterfeldes. Es ergibt sich dafür nach einer partiellen Integration des Termes mit $(\nabla\varphi)^2$:

$$h(r) = (\kappa^2 - \Delta) <\varphi(r)> +g <\varphi(r)>^3 \ . \tag{44.15}$$

Wir haben hier nachträglich wieder eingeführt, was wir vorübergehend in der Bezeichnung unterdrückt hatten: Daß nämlich in der Molekularfeldnäherung das Feld φ durch seinen Mittelwert ersetzt und Mittelwerte von Produkten durch Produkte von Mittelwerten approximiert wurden.

Gleichung (44.15) beschreibt eine Reihe von Erscheinungen, die unter der Bezeichnung kritische Phänomene zusammengefaßt werden und die wir nun diskutieren wollen.

a) *Spontane Symmetriebrechung*

Wir betrachten homogene Systeme mit $h = 0$. Dann reduziert sich (44.15) auf

$$0 = \kappa^2 <\varphi> + g <\varphi>^3 \ . \tag{44.16}$$

Diese kubische Gleichung hat zunächst die triviale Lösung $<\varphi> = 0$. Für $T > T_c$, d.h. $\kappa^2 > 0$, ist dies die einzige relle Lösung. Für $T < T_c$, d.h. $\kappa^2 < 0$, ist die triviale Lösung instabil: Die freie Energie hat für $<\varphi> = 0$ ein *Maximum* und die Suszeptibilität ist *negativ*, wie wir im Zusammenhang mit der van der Waals-Gleichung (vgl. Abb. 31.2) gesehen haben. Die stabilen Lösungen für $T < T_c$ sind gegeben durch

$$\boxed{<\varphi> = \pm \frac{|\tau|^{1/2}}{\ell g^{1/2}} \ .} \tag{44.17}$$

Das Auftreten von zwei Lösungen mit von Null verschiedenem Ordnungsparameter nennt man auch *spontane Symmetriebrechung*. Die freie Energie ist ja für verschwindendes äußeres Feld h symmetrisch gegenüber Vertauschung von $+\varphi$ mit $-\varphi$. Die stabilen Lösungen (44.17) sind dies jedoch nicht.

Eine direkte Konsequenz der spontanen Symmetriebrechung ist:

b) *Der Sprung in der spezifischen Wärme*

Setzt man (44.17) in den Ausdruck für die Entropie (44.14) ein, so ergibt sich

$$S - S_o = -\frac{kV}{2\ell^4 g}|\tau| \ ; \qquad T < T_c \ . \tag{44.18}$$

Oberhalb $T = T_c$ ist $S = S_o$. Die spezifische Wärme hat also am kritischen Punkt eine Unstetigkeit von der Größe

$$\boxed{\Delta C = \frac{kV}{2\ell^4 g} \ .} \tag{44.19}$$

c) *Die „kritische Isotherme"*

Wir betrachten nun Situationen mit von Null verschiedenem Feld h, beschränken uns aber zunächst auf den homogenen Fall bei $T = T_c$, d.h. $\kappa^2 = 0$ (s. Abb. 44.3). Dann reduziert sich (44.15) auf

$$\boxed{h = g <\varphi>^3 \ .} \tag{44.20}$$

Die Isotherme bei der kritischen Temperatur hat also einen nichtlinearen (kubischen) Verlauf. Die Suszeptibilität $\chi = (\partial <\varphi> /\partial h)$ divergiert für $h \to 0 \propto 1/h^{2/3}$.

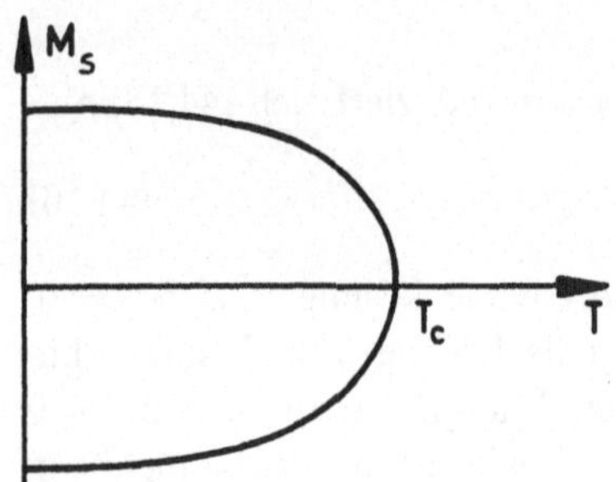

Abb. 44.3. Ordnungsparameter als Funktion der Temperatur

d) *Suszeptibilität und kritische Fluktuationen*

Zur Bestimmung der Suszeptibilität betrachten wir wie in Abschn. 33.3 die von einem differentiell kleinen Feld mit den Fourier-Komponenten $\delta h(\mathbf{k})$ induzierte Abweichung $\delta\varphi(\mathbf{k})$ von seinem homogenen Gleichgewichtswert $<\varphi>$ (gegeben durch 0 für $T < T_c$ und $g <\varphi>^2 = -\kappa^2$ für $T < T_c$). Dann ergibt sich nach Linearisierung und Fourier-Transformation von (44.15):

$$\delta h(\mathbf{k}) = (k^2 + \kappa^2 + 3g <\varphi>^2)\delta\varphi(\mathbf{k})\,, \tag{44.21}$$

also die Suszeptibilität

$$\chi(\mathbf{k}) = \begin{cases} \dfrac{1}{k^2 + \kappa^2}\;; & T > T_c \\[2ex] \dfrac{1}{k^2 + 2|\kappa^2|}\;; & T < T_c\,. \end{cases} \tag{44.22}$$

Diese Gleichungen enthalten mehrere kritische Phänomene: Zunächst einmal genügt die Suszeptibilität im homogenen Fall $\mathbf{k} = 0$ dem Curie-Weiss-Gesetz $\chi \propto \ell^2 T_c/|T - T_c|$.

Für $k \neq 0$ fällt die Suszeptibilität von ihrem Curie-Weiss-Wert her ab. Die Abfallskonstante ist die charakteristische Wellenzahl $|\kappa| = |\tau|^{1/2}/\ell = 1/\xi$. Die Fourier-Rücktransformation in den Ortsraum fällt entsprechend mit der Abfallslänge $\xi = \ell/|\tau|^{1/2}$ ab, welche für $T \to T_c$ gegen unendlich geht.

Dies sind die wichtigsten Aussagen der Theorie von Ornstein und Zernike [44.2].

Das starke Anwachsen der Suszeptibilität mit kleiner werdendem k und $|\tau|$ führt zum Anwachsen der Streuintensität, vgl. Kap. 35 (von Licht oder auch Neutronen), der sog. kritischen Opaleszenz bei Annäherung an den kritischen Punkt.

Abbildung 44.4 gibt einen Überblick über wichtige kritische Phänomene.

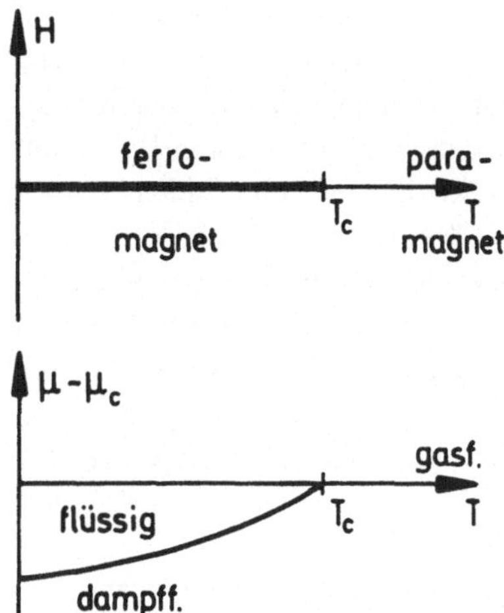

Abb. 44.4. Phasendiagramme am kritischen Punkt

44.4 Mehrkomponentige Felder

Eine naheliegende Verallgemeinerung von Gleichung (44.13) besteht darin, mehrkomponentige Felder mit den Komponenten φ_i, $(i = 1, \ldots, n)$ zuzulassen. Landau [44.3] hat derartige Verallgemeinerungen systematisch untersucht.

Eine wichtige Variante ist z.B. eine zweikomponentige Theorie, bei der die beiden Komponenten φ_1, φ_2 zu einer komplexen Größe $\varphi = \varphi_1 + i\varphi_2$ zusammengefaßt sind. Eine derartige Theorie wurde von Ginsburg und Landau [44.4] zur Beschreibung der Phänomene in Supraleitern und Supraflüssigkeiten vorgeschlagen. Isomorph zu diesem Modell ist das sog. (isotrope) XY-Modell, bei dem direkt mit den beiden reellen Komponenten eines zweikomponentigen Vektorfeldes gerechnet wird.

Eine dreikomponentige Theorie mit einem Vektorfeld $(\varphi_1, \varphi_2, \varphi_3)$ wird benötigt zur Beschreibung von dreidimensionalen Ferromagneten.

In all diesen Fällen hat die freie Energie eine (44.13) analoge Form. Insbesondere fehlt in der Entwicklung um den kritischen Punkt das kubische Glied in den Feldern. Dies ist eine Folge der Symmetrie: In den beiden Beispielen Supraleitung und Ferromagnetismus ist das Feld φ zwar entweder komplex oder ein Vektor. Die freie Energie dagegen ist eine reelle, skalare Größe. Im Beispiel des Überganges Gas–Flüssigkeit ist der Ordnungsparameter einkomponentig, und das kubische Glied läßt sich beseitigen durch Entwicklung nach $n - n_c$. Jede andere Entwicklung, etwa direkt nach n, würde nichtverschwindende kubische Terme enthalten. Der Punkt T_c entspricht dann einem Phasenübergang erster Ordnung. Bei mehrkomponentigen Größen ohne einschränkende Symmetriebedingungen läßt sich das simultane Verschwinden aller quadratischen und kubischen Terme i. allg. nicht mehr erreichen. Ein solcher Fall liegt z.B. vor beim Übergang flüssig–fest. Als Ordnungsparameter des festen Zustandes kann man etwa die Fourier-Komponenten $n(Q)$ der Dichte an den reziproken Gittervektoren Q verwenden. Das simultane Verschwinden aller kubischen Terme am Phasenübergangspunkt ist hier i. allg. nicht mehr zu erreichen. Der Phasenübergang flüssig–fest sollte deshalb normalerweise erster Ordnung sein. Tatsächlich hat man bei diesem Phasenübergang selbst, unter den dafür günstigsten Bedingungen (Helium unter sehr hohen Drucken), keinen kritischen Punkt finden können.

Der Vollständigkeit halber sei erwähnt, daß statt mit Vektorfeldern auch mit Tensorfeldern gerechnet wird, z.B. bei der Theorie der flüssigen Kristalle. Schließlich betrachtet man (durch Extrapolation von nichtverschwindenden n her) auch den Grenzfall $n = 0$, mit dem man gewisse Züge von Polymeren beschreiben kann.

Die folgende Tabelle 44.1 gibt eine grobe Übersicht über einige typische Anwendungsbeispiele.

Tabelle 44.1. Überblick über Systeme mit kontinuierlichen Phasenübergängen in verschiedenen sog. „Universalitätsklassen" (d.h. Dimensionen d und Komponentenzahlen n)

Klasse		Theoretisches Modell	Physikalisches System	Ordnungs-parameter
$d = 2$	$n = 1$	2-d-Ising-Modell	adsorbierte Schicht	Oberflächendichte
	$n = 2$	Ginsburg-Landau- oder XY-Modell	Superfluider oder supraleit. Film	Amplitude der superfl. Phase
	$n = 3$	2-d-Heisenberg-Modell	Magnetischer Film	Magnetisierung
$d = 3$	$n = 0$	Modell disjunktiver Zufallswege	Konformation langer Kettenmoleküle	Dichte der Kettenenden
	$n = 1$	3-d-Ising-Modell	Uniaxialer Magnet	Magnetisierung
			Flüssigkeit am kritischen Punkt	Dichtedifferenz beider Phasen
			Flüssigkeitsmischung am Mischungspunkt	Konzentrations-differenz
			Legierung am Entmischungspunkt	Konzentrations-differenz
	$n = 2$	Ginsburg-Landau-Modell	Superfluides He Supraleiter	Amplitude der superfl. Phase
		3-d-XY-Modell	Ebener Magnet	Magnetisierung
	$n = 3$	3-d-Heisenberg-Modell	Isotroper Magnet	Magnetisierung

Aufgaben

1. Das Ising-Modell eines Ferromagneten ist definiert durch den Hamiltonoperator [44.5]

$$H = - \sum_{i=nn(j)} J(i-j)s(i)s(j) - \sum B(i)s(i) \ .$$

Die Doppelsumme läuft dabei nur über die nächsten Nachbarn. Der Spin $s(i)$ am Gitterplatz i kann die Werte $\pm 1/2$ annehmen. Man bestimme die Konstanten W und ℓ der freien Energie (44.11) und (44.13). Die Gitterplätze mögen ein kubisch primitives Gitter mit der Gitterkonstanten a bilden.

2. Das sog. Gittergasmodell ist definiert durch einen Hamiltonoperator, der sich aus dem des Ising-Modells durch Ersetzen der Spinvariablen durch die Besetzungszahlen $n(i) = 0, 1$ und von $B(i)$ durch das chemische Potential $\mu(i)$ ergibt. Man bilde das Gittergasmodell auf das Ising-Modell ab und bestimme den Zusammenhang zwischen B und μ.

Literatur

44.1 Weiss, P.: Phys. Z. **9**, 358 (1908)
44.2 Ornstein, L. S., Zernike, F.: Proc. Acad. Sci. Amsterdam **17**, 793 (1914)
44.3 Landau, L. D.: Phys. Z. Sov. Un. **11**, 26 (1937)
44.4 Ginsburg, V. L., Landau, L. D.: Zhur. Eksp. Teor. Fiz. **20**, 1064 (1950)
44.5 Ising, E.: Z. Phys. **31**, 253 (1915)

45. Fluktuationen des Ordnungsparameterfeldes

Eine Grundannahme der Molekularfeldnäherung ist die „Faktorisierung" der Mittelwerte von Produkten in Produkte von Mittelwerten. Anders ausgedrückt: In der Zerlegung

$$\varphi = <\varphi> + \delta\varphi \tag{45.1}$$

und

$$<\varphi^2> = <\varphi>^2 + <(\delta\varphi)^2> \tag{45.2}$$

sowie

$$<\varphi^3> = <\varphi>^3 + 3<\varphi><(\delta\varphi)^2> \tag{45.3}$$

wird jeweils der zweite Term auf der rechten Seite, der Fluktuationsbeitrag, vernachlässigt. Hier sind Mittelwerte von ungeraden Potenzen von $\delta\varphi$ unter der Annahme einer um Null symmetrischen Verteilung weggelassen worden.

Wir haben nun im vorigen Kapitel gesehen, daß *im Rahmen der Molekularfeldnäherung* die Suszeptibilität χ und damit die Fluktuationen $<(\delta\varphi)^2> = \chi$ in der Nähe von $T = T_c$ divergieren. Diese Tatsache ermöglicht es, die Grenzen der Gültigkeit dieser Näherung im Rahmen einer Konsistenzbetrachtung anzugeben, ohne die Näherungen höherer Ordnung explizit zu betrachten [45.1, 2]. Wir gehen dazu aus von den Gleichungen (35.5, 6), die in unseren neuen Variablen jetzt lauten:

$$<[\delta\varphi(0)]^2> = \frac{1}{(2\pi)^d} \int \chi(k) d^d k \ . \tag{45.4}$$

Da wir uns speziell für die Umgebung von $T = T_c$ interessieren, haben wir hier einen Faktor T_c/T gleich 1 gesetzt. Die Resultate hängen stark von der Dimension d des Raumes ab, in dem die Phänomene auftreten. Wir haben deshalb die Abhängigkeit von d explizit angegeben. Nach (44.22) muß man bei $\chi(k)$ zwischen Temperaturen oberhalb und unterhalb der kritischen Temperatur unterscheiden. Da es uns hier nur auf eine Abschätzung der Größenordnung ankommt, rechnen wir der Einfachheit halber in jedem Fall mit $\chi(k) = 1/(k^2 + |\kappa|^2)$.

Das Integral auf der rechten Seite von (45.4) divergiert für $d > 2$ an der oberen Grenze. Man muß jedoch bedenken, daß die kontinuierliche Feldtheorie, die wir im vorigen Kapitel hergeleitet haben, nur für räumlich langsam veränderliche Felder gültig ist. Kurzwellige Vorgänge mit Wellenlängen kleiner als atomare Dimensionen dürfen in den Feldern $\varphi(r)$ nicht auftreten. Man berücksichtigt dies am einfachsten dadurch, daß man in der Fourier-Transformation $\varphi(k)$ nur Fourier-Komponenten unterhalb einer *oberen Grenzwellenzahl* (oder „Abschneidewellenzahl", englisch "cut-off wavenumber") Q (häufig auch Λ genannt) zuläßt. Dann lautet (45.4):

$$< [\delta\varphi(0)]^2 > = \frac{1}{(2\pi)^d} \int_0^Q \frac{d^d k}{k^2 + |\kappa|^2} \tag{45.5}$$

Wir benutzen dieses Kapitel, um einen Begriff einzuführen, der aus der relativistischen Feldtheorie stammt, aber auch bei kritischen Phänomenen eine wichtige Rolle spielt: den der *Renormierung*. Es stellt sich heraus, daß die Fluktuationsbeiträge berücksichtigt werden können in Form einer sog. Renormierung der Parameter der freien Energie der Molekularfeldnäherung. Diese Parameter sind z.B. κ^2 und g. Der Renormierung von κ entspricht in der relativistischen Feldtheorie die Renormierung der Comptonwellenzahl $mc/\hbar$, d.h. der sog. *Massenrenormierung*. Die Renormierung von g entspricht in gewissem Sinne der *Ladungsrenormierung*. In den nächsten beiden Abschnitten werden wir einfache Näherungen für diese beiden Renormierungen vorstellen.

45.1 Fluktuationsbeiträge zur Suszeptibilität

Wir beginnen mit einer heuristischen Betrachtung von Fluktuationsbeiträgen zum molekularen Feld und zur Suszeptibilität. Ausgangspunkt ist die Gleichung (41.15), welche im homogenen Fall die Form

$$h = \kappa_m^2 < \varphi > + g < \varphi >^3 \tag{45.6}$$

annimmt. Wir haben hier einen Index „m" an die Größe $\kappa_m^2 = [(T/T_{\mathrm{cm}}) - 1]/\ell^2$ gehängt, um anzudeuten, daß es sich um die Molekularfeldnäherung handelt. Es ist plausibel und wir werden es im übernächsten Kapitel genauer begründen, daß bei Berücksichtigung der Fluktuationsbeiträge der zweite Term auf der rechten Seite zu ersetzen ist durch $g < \varphi^3 >$. Setzt man dies unter Verwendung von (45.3) in (45.6) ein, so ergibt sich eine Gleichung der selben Form, nur mit einem abgeänderten, „renormierten" κ:

$$\kappa^2 = \kappa_m^2 + 3g < [\delta\varphi(0)]^2 > . \tag{45.7}$$

Für den zweiten Term auf der rechten Seite kann man nun (45.5) verwenden, wobei das κ im Nenner das gleiche ist wie auf der linken Seite in (45.7). Diese Gleichung beschreibt nun zunächst eine *Verschiebung von* T_c. Die verschobene kritische Temperatur ist jetzt durch die Bedingung $\kappa = 0$ gegeben, d.h.

$$\boxed{\frac{T_c}{T_{cm}} = 1 - \frac{3g\ell^2}{(2\pi)^d} \int_o^Q \frac{d^d k}{k^2} .} \tag{45.8}$$

Die kritische Temperatur wird also durch die Fluktuationsterme zu tieferen Werten hin verschoben.

Es liegt nun nahe, eine geänderte Größe $\tau = (T/T_c) - 1$ einzuführen sowie

$$\kappa_o^2 = (T/T_{cm} - T_c/T_{cm})/\ell^2 \simeq \tau/\ell^2 \ . \tag{45.9}$$

Dann kann man (45.7) in der Form

$$\kappa^2 = \kappa_o^2 + \frac{3g}{(2\pi)^d} \int_o^Q \left\{ \frac{1}{k^2 + \kappa^2} - \frac{1}{k^2} \right\} d^d k \tag{45.10}$$

schreiben.

Der Subtraktionsterm auf der rechten Seite läßt sich durch Differentiation dieser Gleichung nach τ beseitigen. Am einfachsten betrachtet man

$$\boxed{\frac{\partial \kappa_o^2}{\partial \kappa^2} = 1 + \frac{3g}{(2\pi)^d} \int \frac{d^d k}{(k^2 + \kappa^2)^2} \ .} \tag{45.11}$$

Das Integral auf der rechten Seite konvergiert jetzt für $d < 4$ an der oberen Grenze, selbst wenn man Q gegen unendlich gehen läßt. Es ergibt sich dann

$$\frac{\partial \kappa_o^2}{\partial \kappa^2} = 1 + 3g\kappa^{d-4} I_d \tag{45.12}$$

mit

$$I_d = \frac{1}{(2\pi)^d} \int_o^\infty \frac{d^d x}{(1 + x^2)^2} \ . \tag{45.13}$$

Dabei ist die neue Integrationsvariable $\boldsymbol{x} = \boldsymbol{k}/\kappa$ eingeführt worden.

Für Dimensionen $d \geq 4$ läßt sich eine grobe Abschätzung des Integrals angeben, wenn man den Integrationsbereich von k aufteilt in $0 < |\kappa| < Q$. Im ersten Bereich kann man den Nenner näherungsweise durch $|\kappa|^2$, im zweiten Bereich durch k^2 ersetzen. Dann ergibt sich näherungsweise

$$\int \chi(k)^2 d^d k \simeq \Omega_d \left(\frac{\kappa^{d-4}}{d} + \frac{(Q^{d-4} - \kappa^{d-4})}{d - 4} \right) \ . \tag{45.14}$$

Dabei ist Ω_d die Oberfläche der Einheitskugel in d Dimensionen. In der Nähe des kritischen Punktes, d.h. für $\kappa \to 0$, verschwinden für $d > 4$ die temperaturabhängigen Terme. Es bleibt der konstante Term $\propto Q^{d-4}$, den man in einer Änderung von ℓ absorbieren kann. Für Dimensionen oberhalb $d = 4$ gehen also mit Annäherung an den kritischen Punkt die Fluktuationsterme gegen Null und die Molekularfeldtheorie gilt zunehmend besser. Bei $d = 4$ bleibt ein logarithmischer Term $\propto \ln(Q/\kappa)$ als Korrektur zur Molekularfeldnäherung übrig. Für $d < 4$ divergieren die Fluktuationsterme zur $(d-4)$-ten Potenz in κ. Selbst bei beliebig kleiner Kopplung g bricht die Molekularfeldnäherung zusammen, falls die Bedingung

$$3g\kappa^{d-4} I_d < 1 \tag{45.15}$$

verletzt ist.

Die zunächst unbestimmte Kopplungskonstante g kann hier unter Verwendung von (44.19) durch den Sprung $\Delta c = \Delta C/V$ der spezifischen Wärme und die Länge ℓ ausgedrückt werden. Ersetzt man noch κ^2 durch seine nullte Näherung τ/ℓ^2, so erhält man die Bedingung

$$\boxed{|\tau|^{4-d} > \left[\frac{3kI_d}{2(\Delta c\ell)^d}\right]^2 .}$$

(45.16)

In praktisch allen Fällen mit Ausnahme der Supraleiter steht auf der rechten Seite dieser Ungleichung für $d = 3$ ein Ausdruck von der Größenordnung 1. Das heißt schon in ziemlich weiter Umgebung des kritischen Punktes sollte man Abweichungen von der Molekularfeldnäherung feststellen. In Supraleitern dagegen ist die Reichweite ℓ der gebundenen Elektronenpaare ziemlich groß (ca. 100 bis 10^5 Å), allerdings Δc meist um 10^{-2} kleiner als bei normalen Substanzen. Die rechte Seite von (45.7) wird damit außerordentlich klein (Größenordnung 10^{-3} bis 10^{-9}). Bei den meisten Supraleitern (mit Ausnahme der „neuen" Supraleiter mit großem T_c) findet man tatsächlich die Aussagen der Molekularfeldnäherung bestätigt, z.B. den vorausgesagten Sprung in der spezifischen Wärme.

45.2 Fluktuationsbeiträge zur spezifischen Wärme

Die Diskussion des Sprungs der spezifischen Wärme gibt einen ersten Hinweis auf die Existenz einer Renormierung von g. Wir knüpfen an die Gleichung (44.14) für die Entropie an. Bis auf den Faktor $k/2\ell^2$ ist die Dichte σ der Entropie in der Molekularfeldnäherung danach gegeben durch $< \varphi^2 >$. Es ist plausibel, daß die Fluktuationsbeiträge dazu gerade gleich $< (\delta\varphi)^2 >$ sind, d.h.

$$2\ell^2\sigma/k = - < \varphi >^2 - < (\delta\varphi)^2 > .$$

(45.17)

Setzt man nun unterhalb T_c für den ersten Term den aus (44.16) folgenden Wert $|\kappa|^2/g$ ein und differenziert nach κ^2, so ergibt sich für die spezifische Wärme

$$2\ell^4\Delta c/k \simeq \frac{1}{g} + \frac{1}{(2\pi)^d} \int \chi(k)^2 d^d k .$$

(45.18)

Anstelle des Gleichheitszeichens haben wir ein „$\simeq$" eingeführt und den Unterschied zwischen der Suszeptibilität unterhalb und oberhalb T_c nicht berücksichtigt (vgl. (44.22)). Der Sprung in der spezifischen Wärme ($\propto 1/g$) wird also durch die Fluktuationsbeiträge ähnlich renormiert wie die linke Seite von (45.11). Es liegt nahe, die rechte Seite von (45.18) in der Form $1/g + \delta(1/g) = 1/\Gamma$ zu schreiben mit einer renormierten Kopplungskonstanten, Γ gegeben durch

$$\frac{1}{\Gamma} \simeq \frac{1}{g} + \frac{1}{(2\pi)^d} \int \chi(k)^2 d^d k .$$

(45.19)

Eine systematischere Diskussion von höheren Näherungen oberhalb T_c liefert, wie wir im übernächsten Kapitel zeigen werden, eine Gleichung von genau der Form (45.19). Als einzige Änderung ergibt sich ein Faktor 9 vor dem Integral auf der rechten Seite. Entscheidend ist, daß die Fluktuationsbeiträge zur spezifischen Wärme für $d < 4$ und $T \to T_c$ divergieren. Anders ausgedrückt: Die renormierte Kopplung Γ *verschwindet* am kritischen Punkt.

In allen Fällen führt die Singularität in der Temperaturabhängigkeit der Fluktuationsterme zu Singularitäten in den thermodynamischen Funktionen. Allerdings sind diese Singularitäten experimentell nicht von der Form, wie man sie nach der Temperaturabhängigkeit der rechten Seite von (45.11) bzw. (45.19) erwarten würde. Demnach wäre z.B. die spezifische Wärme der Fluktuationsbeiträge $\propto |\tau|^{d/2-2}$. Vielmehr findet man $C \propto |\tau|^{-\alpha}$ mit kleineren Exponenten α, in vielen Fällen sogar nur eine logarithmische Singularität, die man im gewissen Sinne als Grenzfall von $(|\tau|^{-\alpha} - 1)/\alpha \to -\ln|\tau|$ für $\alpha \to 0$ betrachten kann (s. Abb. 45.2). Logarithmische Singularitäten in der spezifischen Wärme wurden erstmals von Onsager [41.3] bei der theoretischen Behandlung des zweidimensionalen Ising-Modells für Ferromagneten gefunden. Diese Resultate gaben den Anstoß zu vielen weiteren Untersuchungen über kritische Phänomene.

Wir beschließen dieses Kapitel mit einer Bemerkung zur T_c-Verschiebung. Wie man sieht, divergiert das Integral auf der rechten Seite von (45.8) an der *unteren* Grenze für $d \leq 2$. Diese Divergenz der T_c-Verschiebung ist das Anzeichen eines mehr oder weniger vollständigen Zusammenbruchs der Landau-Theorie der Phasenübergänge für $d \leq 2$ unter dem Einfluß der Fluktuationen. Es stellt sich heraus, daß für isotrope Vektorfelder φ_i kein Phasenübergang mit nichtverschwindendem T_c möglich ist [45.4]. Ein Vektorfeld hat sowohl Längen- wie Richtungsfluktuationen. Die Richtungsfluktuationen besitzen keine Rückstellkräfte und verschieben den kritischen Punkt bis herunter nach $T = 0$ [45.5]. Für $n = 1$, d.h. für das bisher betrachtete skalare Feld, ist zwar ein Phasenübergang mit $T_c > 0$ noch möglich, die Fluktuationen des Feldes sind aber so groß, daß die Entwicklung (44.13) der freien Energie bis zur vierten Potenz in φ nicht ausreicht. Alle höheren Potenzen im Feld sind von gleicher Größenordnung. Im Sinne der Feldtheorie hat man es mit einer „nichtrenormierbaren" Theorie zu tun. Man kann jedoch eine Reihe von Resultaten aus der renormierbaren Theorie für $d > 2$ nach $d = 2$ hin extrapolieren (z.B. die später abgeleiteten Resultate für die kritischen Exponenten).

Aufgaben

1. α-Eisen geht bei 906 °C über in γ-Eisen und bei 1400 °C in α-Eisen zurück (s. Abb. 45.1). Zwischen diesen beiden Temperaturen wächst die spezifische Wärme C_p linear von 0,16 cal/gK auf 0,169 cal/gK an. Unter der Annahme, daß α-Eisen, wenn es zwischen 906 °C und 1400 °C stabil wäre, die konstante spezifische Wärme $C_p = 0,185$ cal/gK hätte, berechne man die latente Wärme für beide Übergänge und vergleiche mit dem experimentellen Wert von 3,86 cal/g für den Übergang bei 906 °C. (Zur spezifischen Wärme von He II s. Abb. 45.2)

2. Man berechne das Integral I_d in (45.12).

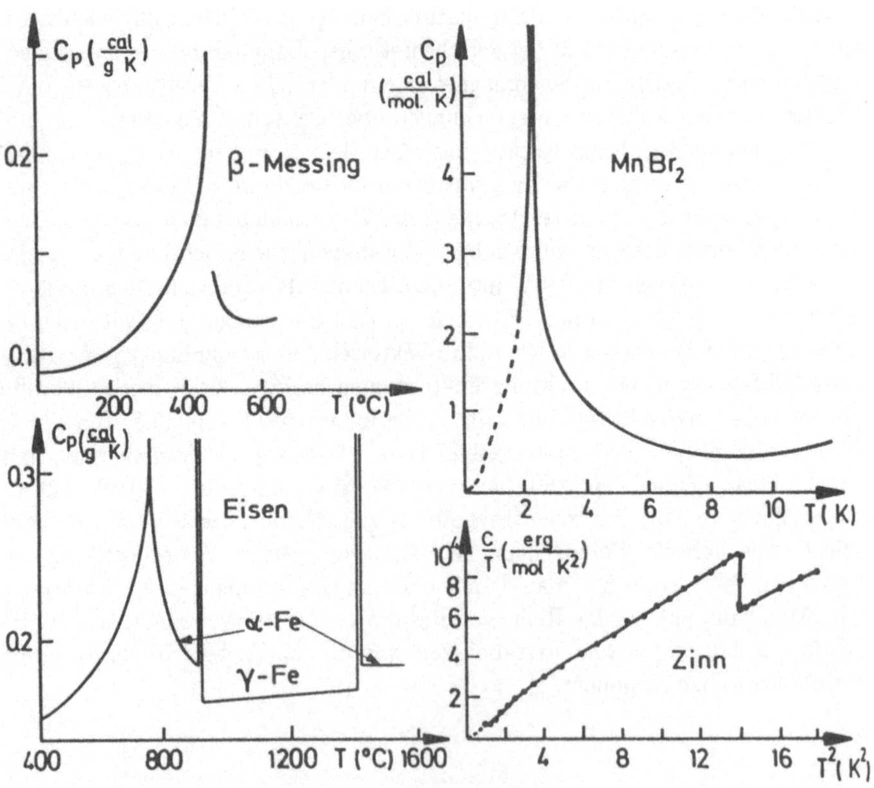

Abb. 45.1. Spezifische Wärme von β-Messing (Überstruktur), MnBr$_2$ (Antiferromagnetismus), Fe (Ferromagnetismus), Sn (Supraleitung)

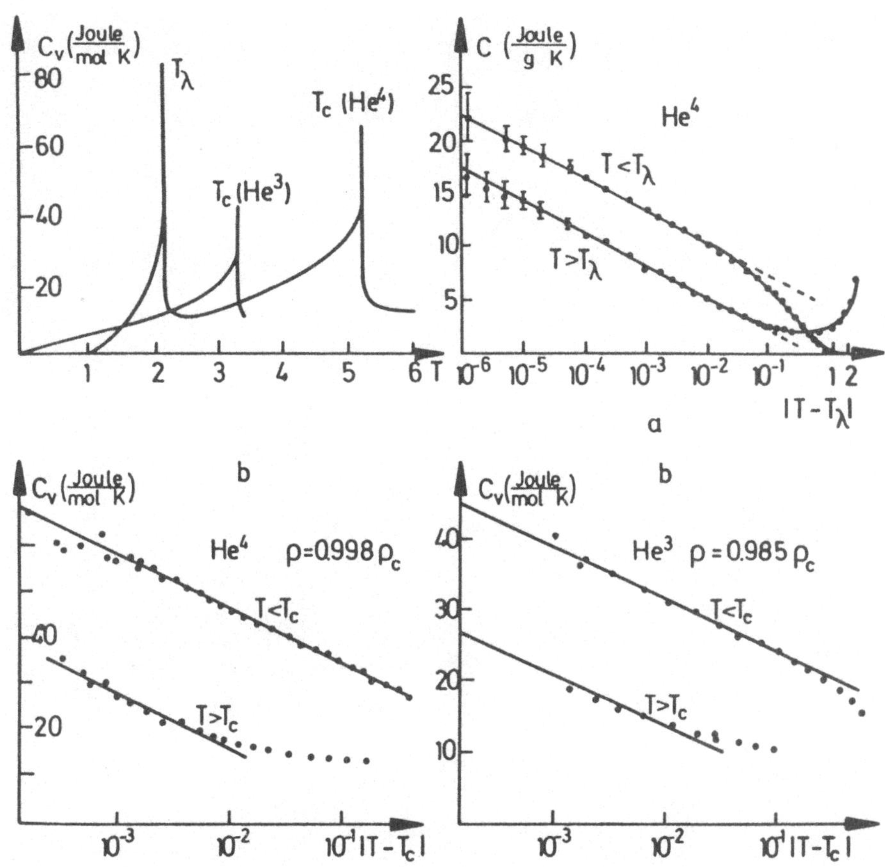

Abb. 45.2. Spezifische Wärme am λ-Punkt: (**a**) Supraflüssiges He II, (**b**) am kritischen Punkt (Gas-Flüssigkeit)

Literatur

45.1 Levanyuk, A. P.: Sovj. Phys., J. Exp. Theor. Phys. **36**, 571 (1959)
45.2 Ginsburg, V. L.: Sovj. Phys., Sol. State **2**, 1824 (1960)
45.3 Onsager, L.: Phys. Rev. **65**, 117 (1944)
45.4 Mermin, N. D., Wagner, H.: Phys. Rev. Lett. **17**, 1133 (1966)
45.5 Ma, S.: *Modern Theory of Critical Phenomena*, S. 96, Frontiers in Physics, (Benjamin, Reading, Mass. 1976)

Ergänzende Literatur

Amit, D.: *Field Theory, the Renormalization Group, and Critical Phenomena*, Chap. 6, 2. Aufl., (World Scientific, Singapore 1984)

46. Skaleninvarianz und kritische Exponenten

Die Ornstein-Zernike-Formel für die kritischen Fluktuationen (44.22), speziell
z.B. für $T > T_c$

$$\chi(k) = \int \chi(r)e^{-i\boldsymbol{k}\cdot\boldsymbol{r}}d^d r = \frac{1}{k^2 + \kappa^2} \,, \tag{46.1}$$

hat die allgemeine Gestalt

$$\chi(k) = k^{-2}s\left(\frac{\kappa}{k}\right) = \kappa^{-2}s\left(\frac{k}{\kappa}\right) \tag{46.2}$$

mit

$$\kappa = \frac{\tau^{1/2}}{\ell} \,. \tag{46.3}$$

Das heißt $\chi(k,\tau)$ hängt von der Temperatur τ nur über die „Korrelationslänge"
$\xi = \ell/\sqrt{\tau}$ ab. Von k hängt χ dann nur in Form der dimensionslosen Kombination
k/κ ab. Das heißt für $\tau \neq 0$ existiert nur *eine* ausgezeichnete Länge, nämlich
die Korrelationslänge. Für $\tau \to 0$ divergiert diese Länge und bei $\tau = 0$ existiert
überhaupt keine ausgezeichnete Länge mehr. $\chi(k,0)$ genügt einem *Potenzgesetz*
$\chi \propto k^{-2}$. Ein solches Gesetz ist, wie man sagt, skaleninvariant: Wenn man
die Skala von Wellenzahlen k umeicht in der Form $k \to k/b$, entsprechend die
Koordinaten r in br, so kann man diese Umeichung durch eine entsprechende
Umeichung des Ordnungsparameters $\varphi \to b^{1-d/2}\varphi$ kompensieren, derart, daß χ
invariant bleibt.

Die sog. Skalengesetze der kritischen Phänomene [46.1–4] haben sich aus
der Vorstellung ergeben, daß mit Annäherung an den kritischen Punkt zwar
die Molekularfeldnäherung ungültig wird, daß jedoch die gerade formulierten
Invarianzen in etwas verallgemeinerter Form bestehen bleiben. Genauer gesagt,
man setzt in Verallgemeinerung von (46.2) an:

$$\chi(k) = k^{-2+\eta}s\left(\frac{\kappa}{k}\right) = \kappa^{-2+\eta}\tilde{s}\left(\frac{k}{\kappa}\right) \,. \tag{46.4}$$

Eine Temperaturabhängigkeit soll dabei wieder nur über die Korrelati-
onslänge $1/\kappa(\tau)$ existieren. Von der Funktion $\kappa(\tau)$ wollen wir zunächst nur verlangen, daß weiterhin $\kappa(0) = 0$ ist. Die beiden Funktionen $s(x)$ und $\tilde{s}(x)$ sollen
beide für verschwindendes Argument x einem nichtverschwindenden Grenzwert
$s(0)$ bzw. $\tilde{s}(0)$ zustreben.

a) *Das Skalenverhalten am kritischen Punkt*

Das Skalenverhalten der thermodynamischen Funktionen am kritischen Punkt $\kappa = \tau = 0$ wird nach (46.4) durch den *einen* sog. „*kritischen Exponenten*" η beschrieben. Am einfachsten gewinnt man die entsprechenden Beziehungen durch *Dimensionsbetrachtungen.* Bezeichnet man die Dimension einer physikalischen Größe A wie üblich durch eine Klammer: Dimension$(A) = [A]$, so kann man zunächst (46.4) schreiben als

$$[\chi(k)] = [k]^{-2+\eta} . \tag{46.5}$$

Zurücktransformation in den Ortsraum liefert wegen (46.1) und $[d^d r] = [k]^{-d}$:

$$[\chi(r)] = [k]^{d-2+\eta} . \tag{46.6}$$

Etwas expliziter heißt dies: $\chi(r)$ genügt einem Potenzgesetz (wegen $[k] = [1/r]$) der Form

$$\chi(r) = \ < \delta\varphi(\boldsymbol{r})\delta\varphi(0) > \ = \frac{s(0)}{r^{d-2+\eta}} . \tag{46.7}$$

Aus der allgemein gültigen ersten Hälfte dieser Gleichung läßt sich dann auch die Dimension des Ordnungsparameters $[\varphi]$ ablesen, nämlich

$$[\varphi] = [k]^{(d-2+\eta)/2} . \tag{46.8}$$

Die Skalenhypothese (46.4) hat also die merkwürdige Konsequenz einer, wie man sagt, „anomalen" oder „nicht kanonischen" Dimension (46.8) des Feldes φ. Die kanonische Dimension ergibt sich am einfachsten aus der Molekularfeldtheorie, bei der $\eta = 0$ ist, d.h.

$$[\varphi]_{\text{kan}} = [k]^{(d-2)/2} . \tag{46.9}$$

Der kritische Exponent η ist zwar klein (von der Größenordnung einige Prozent), aber doch (auch experimentell) eindeutig von Null verschieden.

Aus dem Zusammenhang zwischen Ordnungsparameter, Suszeptibilität und dem äußeren Feld h ergibt sich die Beziehung

$$[\varphi] = [\chi(k)] \cdot [h] . \tag{46.10}$$

Daraus folgt dann eine entsprechende (anomale) Dimension des Feldes h

$$[h] = [k]^{(d+2-\eta)/2} . \tag{46.11}$$

Durch Vergleich mit (46.8) ergibt sich ein wichtiger Zusammenhang der Dimensionen von φ und h:

$$[h] = [\varphi]^{\frac{d+2-\eta}{d-2+\eta}} . \tag{46.12}$$

Die kanonische Dimension von h ergibt sich wieder für $\eta = 0$. Für die kritische Isotherme ergibt sich damit ein Potenzgesetz

$$h \propto \varphi^{\delta} \tag{46.13}$$

mit einem kritischen Exponenten

$$\boxed{\delta = \frac{d + 2 - \eta}{d - 2 + \eta} \,.} \tag{46.14}$$

b) *Skalenverhalten in der Nähe des kritischen Punktes*

Wir interessieren uns nun für die Temperaturabhängigkeit speziell von thermodynamischen Größen im homogenen Fall ($k = 0$). Eine Verallgemeinerung von (46.3), bei der keine neue Längenskala oder charakteristische Temperatur ins Spiel gebracht wird, ist wiederum ein Potenzgesetz:

$$\boxed{\kappa = \bar{\kappa} \cdot \tau^{\nu} \,.} \tag{46.15}$$

Dadurch wird ein zweiter unabhängiger kritischer Exponent ν eingeführt. Durch ihn lassen sich dann die gesuchten Temperaturabhängigkeiten wegen der Dimensionsbeziehung

$$[k] = [\kappa] \tag{46.16}$$

mit Hilfe der im vorigen Teil gewonnenen Resultate leicht gewinnen. Wir beginnen mit der Temperaturabhängigkeit der homogenen Suszeptibilität. Sie hat nach (46.5, 16) die Dimension $[\chi(k = 0)] = [\kappa]^{-2+\eta}$ und damit eine Temperaturabhängigkeit

$$\chi(k = 0) = \frac{\chi_o}{\tau^{\gamma}} \tag{46.17}$$

mit dem Exponenten

$$\boxed{\gamma = (2 - \eta)\nu \,.} \tag{46.18}$$

Als nächstes rechnen wir die Dimension des Ordnungsparameters $[\varphi] = [\kappa]^{(d-2+\eta)/2}$ in eine Temperaturabhängigkeit der „spontanen" Größe $< \varphi >_s$ unterhalb der kritischen Temperatur um. Wir nehmen dazu explizit an, daß die kritischen Exponenten unterhalb und oberhalb T_c übereinstimmen. Dann muß man für die Temperaturabhängigkeit nur τ durch seinen Absolutwert $|\tau|$ ersetzen. Man erhält damit eine Temperaturabhängigkeit

$$< \varphi >_s \, \propto |\tau|^{\beta} \tag{46.19}$$

mit dem Exponenten

$$\boxed{\beta = \frac{\nu}{2}(d - 2 + \eta) \,.} \tag{46.20}$$

Wir interessieren uns schließlich noch für die Temperaturabhängigkeit der spezifischen Wärme. Dazu muß man nur beachten, daß die spezifische Wärme pro Volumeneinheit gegeben ist durch die zweite Ableitung der freien Energie pro Volumeneinheit nach der Temperatur. Zunächst schreiben wir also für die freie Energie in Verallgemeinerung von (44.13):

$$F = F_o + kT_c \int \phi(\varphi)\, d^d r \; . \tag{46.21}$$

Da F die Dimension von kT_c hat, muß das Integral dimensionslos sein. Für den Integranden ϕ ergibt sich damit wegen $[d^d r] = [\kappa]^{-d}$ die Dimension

$$[\phi(\varphi)] = [\kappa]^d \tag{46.22}$$

und damit die Temperaturabhängigkeit

$$\phi \propto \tau^{d\nu} \; . \tag{46.23}$$

Die Temperaturabhängigkeit der spezifischen Wärme ergibt sich daraus durch zweimalige Ableitung nach τ zu

$$C \propto \tau^{-\alpha} \tag{46.24}$$

mit

$$\boxed{\alpha = 2 - d\nu \; .} \tag{46.25}$$

Die Relationen (46.25, 20, 18, 14), welche die Temperaturpotenzen α, β, γ von C, $<\varphi>_s$ und χ sowie die Potenz δ der kritischen Isotherme mit den anhand der Suszeptibilität definierten beiden unabhängigen Exponenten η und ν verknüpfen, heißen auch *Skalenrelationen*. Sie waren zunächst nur als Hypothesen eingeführt, lassen sich aber im Rahmen der Renormierungsgruppentheorie beweisen und haben sich bei der Ordnung von experimentellen Daten sehr bewährt.

Die Verhältnisse im k-Raum sind in Abb. 46.1 dargestellt. Im Ortsraum entsprechen kleinen k-Werten grob gesprochen große r-Werte. Innerhalb der Korrelationslänge $\xi = 1/\kappa$ herrschen praktisch schon die Verhältnisse der kritischen Kurve, außerhalb die Verhältnisse des sog. „homogenen Falles" $k = 0$. Da die Korrelationslänge für $\tau \to 0$ divergiert, breiten sich die kritischen Korrelationen schließlich über das gesamte Volumen aus. Dies ist die Wurzel der Schwierigkeiten einer mikroskopischen Behandlung der kritischen Phänomene: Im Gegensatz zu nahezu allen anderen Problemen der statistischen Physik handelt es sich um ein Problem mit starker Kopplung zwischen vielen Freiheitsgraden, welches nicht in einfacher Weise durch Einführung geeigneter neuer Freiheitsgrade „entkoppelt" werden kann.

Die folgenden Abbildungen 46.2–6 zeigen einige typische experimentelle Kurven zur Bestimmung kritischer Exponenten.

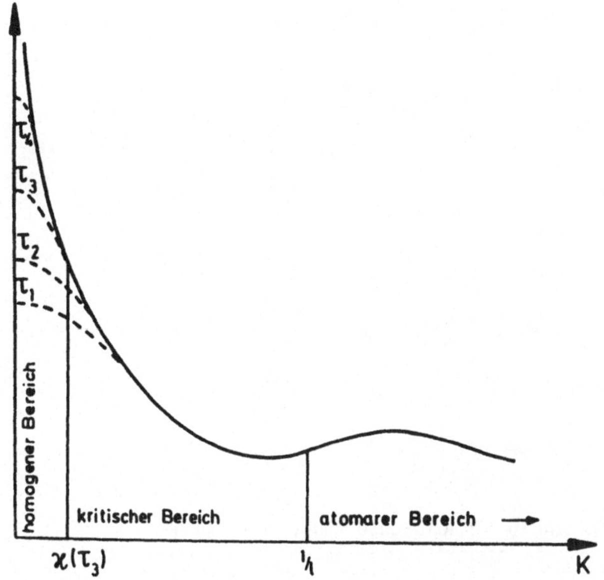

Abb. 46.1. Verhalten der Korrelationsfunktion der Ordnungsparameterfluktuationen $\chi(k)$ in der Nähe des kritischen Punktes für verschiedene Werte von τ. Die „kritische Kurve" $\chi(k,0) = k^{-2+\eta}s(0)$ erscheint als Grenzkurve für $\tau \to 0$ (schematisch). Bei $k = 0$ kann man die Temperaturabhängigkeit von $\chi(0,\tau)$ ablesen

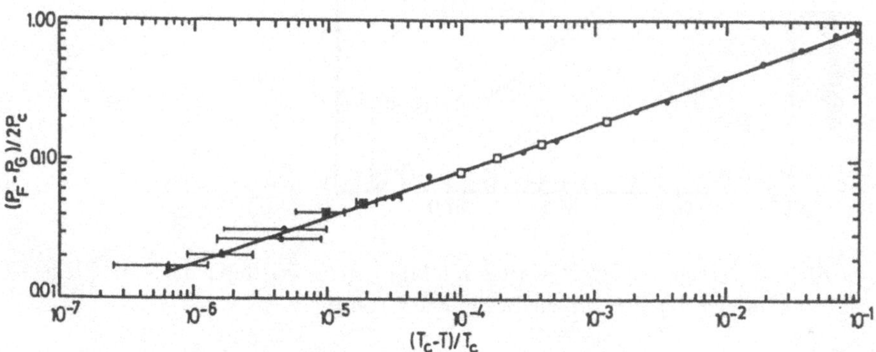

Abb. 46.2. Koexistenzkurve $(\rho_{\text{flüssig}} - \rho_{\text{gas}})$ als Funktion von τ für CO_2 zur Bestimmung des kritischen Exponenten β

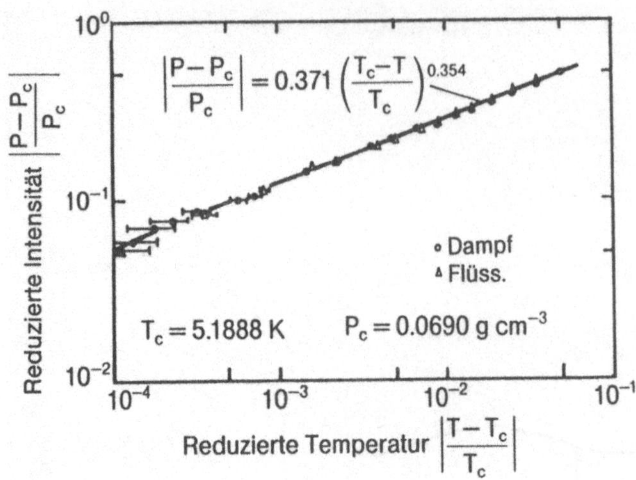

Abb. 46.3. Koexistenzkurve von He am kritischen Punkt, $\beta = 0{,}354$

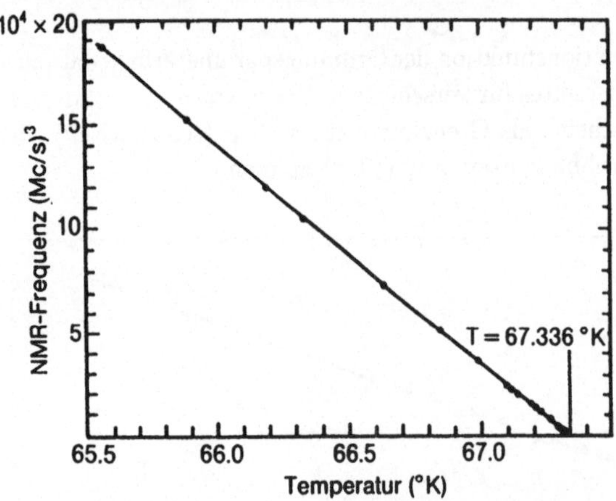

Abb. 46.4. Sättigungsmagnetisierung von MnF$_2$, gemessen durch die NMR-Frequenz als Funktion der Temperatur zur Bestimmung von β

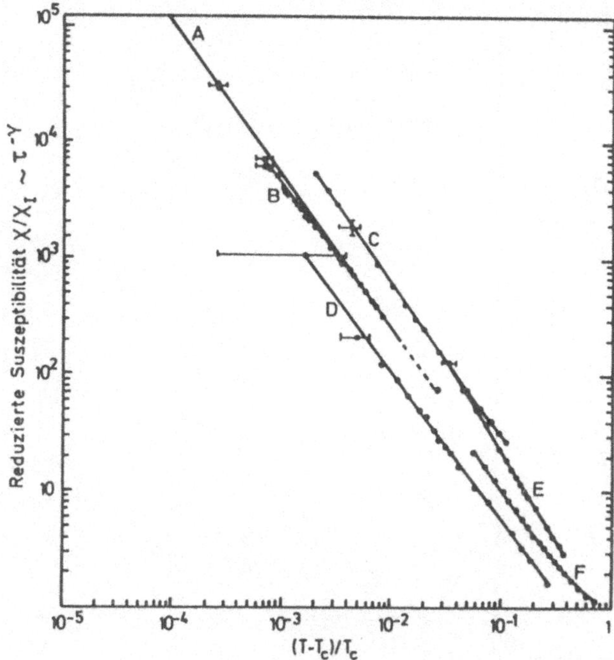

Abb. 46.5. Reduzierte Suszeptibilität von 6 Ferromagneten oberhalb T_c. A: Eisen, B: Cobalt, C: Nickel, D: Gadolinium, E: CrO_2, F: $Cu(NH_4)_2$

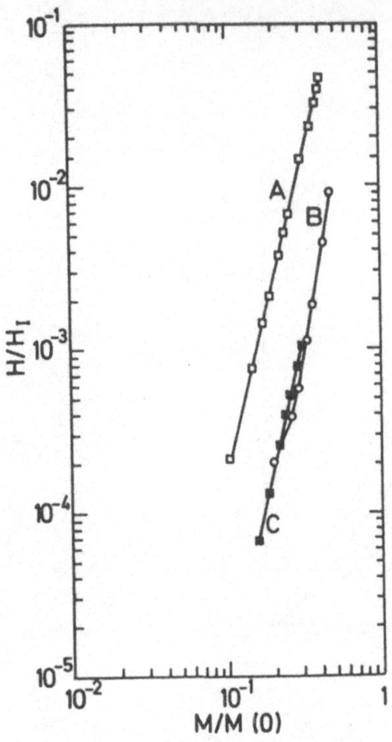

Abb. 46.6. Normierte kritische Isotherme von 3 Ferromagneten. A: Gadolinium, B: CrO_2, C: Nickel

Literatur

46.1 Widom, B.: J. Chem. Phys. **43**, 3892 (1965)
46.2 Pataschinski, A. Z., Pokrovski, V. L.: Zh. Eksp. Teor. Fiz. **50**, 439 (1966)
46.3 Kadanoff, L. P.: Rev. mod. Phys. **39**, 395 (1967)
46.4 Fisher, M. E.: Rep. Progr. Phys. **30**, 615 (1967)

47. Fluktuationsbeiträge zur freien Energie

Die im Kap. 45 diskutierten Fluktuationen des Ordnungsparameters haben zur
Folge, daß die freie Energie (44.13) ebenfalls fluktuiert. Gleichung (44.13) beschreibt in diesem Sinne nur die freie Energie eines partiellen Gleichgewichts,
bei dem der Feldoperator φ_{op} den Mittelwert $\varphi(r)$ besitzt. Die freie Energie des totalen Gleichgewichtszustandes bekommt man dann durch Bildung
der Zustandssumme über die möglichen Werte des Feldes mit dem Gewicht
$\exp[-\beta k T_c \int \phi(\varphi)d^d r]$. In der Nähe des kritischen Punktes kann man wieder
$\beta k T_c = 1$ setzen und bekommt dann für die Zustandssumme

$$Z = Sp\left(\exp\left\{-\int \phi d^d r\right\}\right) \tag{47.1}$$

mit (Bezeichnung wie in Kap. 45)

$$\phi = \frac{1}{2}(\nabla\varphi)^2 + \frac{\kappa_m^2}{2}\varphi^2 + \frac{g}{4}\varphi^4 - h\varphi \ . \tag{47.2}$$

Die freie Energie (genauer gesagt: freie *Enthalpie* für $h \neq 0$) ist dann gegeben
durch $F = - kT_c \ln Z$.

Die in (47.1) angegebene Spur ist mathematisch ein Integral über das Feld
$\varphi(r)$, ein sog. Funktionalintegral. Es läßt sich z.B. auswerten durch Einführung
der Fourier-Komponenten

$$\varphi(k) = \int_{L^d} \varphi(r)e^{-ik\cdot r}d^d r \ . \tag{47.3}$$

Bei periodischen Randbedingungen in einem Kubus der Kantenlänge L wird
$k = 2\pi n/L$ (n ein Vektor mit ganzzahligen Komponenten), und das Integral
über die Felder wird ein Integral über die diskreten Fourier-Komponenten des
Feldes. Dieses Integral läßt sich z.B. für $g = 0$ leicht ausführen. In diesem Fall
läßt sich $\phi_o = \phi(g = 0)$ durch die Fourier-Komponenten darstellen als

$$\int \phi_o d^d r = \frac{1}{L^d}\sum\left\{\frac{1}{2}(k^2 + \kappa_m^2)\varphi(k)\varphi(-k) - h(k)\varphi(-k)\right\} \ . \tag{47.4}$$

Nach Einführung der quadratischen Ergänzung $h(k)\chi(k)h(-k)/2V$ mit

$$\chi(k) = \frac{1}{k^2 + \kappa_m^2} = \frac{1}{V} < \delta\varphi(k)\delta\varphi(-k) > \tag{47.5}$$

und

$$\delta\varphi = \varphi - <\varphi> \tag{47.6}$$

sowie

$$<\varphi(\boldsymbol{k})> = \chi(k)h(\boldsymbol{k}) \tag{47.7}$$

wird die Zustandssumme ein Produkt einfacher Gaußscher Integrale. Die freie
Energie enthält dann einen h-unabhängigen Teil und einen in h quadratischen
Teil $\propto \sum \chi h^2$. Für die weiteren Überlegungen ist es zweckmäßig, diesen Teil
unter Verwendung von (47.7) in eine Form analog zu (44.13) zu bringen und
schließlich zu schreiben

$$\boxed{\begin{aligned} F_o &= \frac{1}{2}\sum \ln(k^2 + \kappa_m^2) + \frac{1}{2}(k^2 + \kappa_m^2)<\varphi(\boldsymbol{k})><\varphi(-\boldsymbol{k})> \\ &\quad - \sum h(\boldsymbol{k})<\varphi(-\boldsymbol{k})> . \end{aligned}} \tag{47.8}$$

Dabei haben wir eine von κ_m^2 und h unabhängige Konstante weggelassen.

Die Berücksichtigung der Wechselwirkung $\propto g$ macht wieder die üblichen
Schwierigkeiten. Wir beschränken uns für im folgenden auf die Störungstheorie
bis zur zweiten Ordnung in g. Dann ergibt sich nach Kap. 26

$$F = F_o + \frac{g}{4}\int <\varphi^4(\boldsymbol{x})> d^d x - \frac{1}{2}\left(\frac{g}{4}\right)^2 \int <\delta\varphi^4(\boldsymbol{x})\delta\varphi^4(\boldsymbol{y})> d^d x d^d y . \tag{47.9}$$

Der Integrand des dritten Terms auf der rechten Seite kann dabei auch in
der Form

$$D = <\varphi^4(\boldsymbol{x})\varphi^4(\boldsymbol{y})> - <\varphi^4(\boldsymbol{x})><\varphi^4(\boldsymbol{y})> \tag{47.10}$$

geschrieben werden.

Die beiden Wechselwirkungsterme auf der rechten Seite von (47.9) können
ausgewertet werden, indem man die Zerlegung $\varphi = <\varphi> + \delta\varphi$ einsetzt und
das Resultat nach Potenzen von $<\varphi>$ ordnet. Da die Verteilung der $\delta\varphi$ symmetrisch um $\delta\varphi = 0$ ist, verschwinden bei der Mittelbildung alle ungeraden
Potenzen von $\delta\varphi$ und damit auch von $<\varphi>$. Bei dem Term erster Ordnung
in g bleiben also drei Typen von Beträgen übrig: Solche mit $<\varphi>$ zur vierten, zweiten und nullten Potenz. Sie sind jeweils mit $<(\delta\varphi)^2>$ zur nullten,
ersten oder zweiten Potenz multipliziert. Letzteres sieht man am einfachsten
im Fourier-Raum, indem man zur Abkürzung $<\delta\varphi(\boldsymbol{k}_1)\cdots\delta\varphi(\boldsymbol{k}_n)> = S_{1,\ldots,n}$
setzt und sich von

$$S_{1,\ldots,n} = S_{1,2}S_{3,\ldots,n} + S_{1,3}S_{2,4,\ldots,n} + \cdots S_{1,n}S_{1,\ldots,n-1} \tag{47.11}$$

überzeugt.

47.1 Die Terme erster Ordnung

Wir beginnen mit den Beiträgen erster Ordnung in g. Am einfachsten ist der Term der vierten Potenz in $< \varphi >$,

$$F_{14} = \frac{g}{4} \int < \varphi(\boldsymbol{x}) >^4 d^d x \, , \qquad (47.12)$$

bekannt aus der Molekularfeldnäherung.

Von den quadratischen Termen gibt es sechs äquivalente (=Anzahl der Möglichkeiten, ein Paar aus vier Elementen herauszugreifen), insgesamt also einen Beitrag

$$F_{12} = \frac{3g}{2} < [\delta\varphi(0)]^2 > \int < \varphi(\boldsymbol{x}) >^2 d^d x \, . \qquad (47.13)$$

Dieser läßt sich, wie schon in (45.7) gezeigt, als Renormierung von κ_m^2 betrachten. Es ergibt sich offenbar, einschließlich aller Faktoren, die dort aus heuristischen Überlegungen gewonnene Beziehung. Man kann also alle in Kap. 45 im Anschluß an diese Gleichung gewonnenen Resultate hier übernehmen, insbesondere Gleichung (45.11).

Von den Termen nullter Potenz gibt es wegen (47.11) drei äquivalente, insgesamt also

$$F_{10} = L^d \frac{3g}{4} < [\delta\varphi(0)]^2 > \, . \qquad (47.14)$$

Man kann die Resultate in Form von Diagrammen darstellen, die analog den Feynman-Diagrammen der zeitabhängigen Quantenfeldtheorie gebildet werden (s. Abb. 47.1). In unserem Fall heißt dies: Jeder Faktor $< \varphi >$ wird als freies Ende eines Diagramms dargestellt, jeder Faktor g als ein Punkt, jeder Faktor $< (\delta\varphi)^2 >$ bzw. χ als eine innere Linie (von Punkt zu Punkt). Die drei Terme F_{1n} haben also jeweils einen Punkt, n freie Enden und $2 - n/2$ innere Linien.

Wir haben in Kap. 45 schon darauf hingewiesen, daß mit einer Renormierung von κ^2 (in Abb. 47.1 dargestellt durch das Selbstenergiediagramm) auch die Suszeptibilität renormiert wird. Dies ist im Rahmen der Molekularfeldbeschreibung unmittelbar einzusehen. Hier im Rahmen der systematischen Störungstheorie zeigen sich die entsprechenden Renormierungen Schritt für Schritt bei der Betrachtung der höheren Näherungen. Wegen (47.7) gehen mit einer Renormierung der Suszeptibilität natürlich auch entsprechende Renormierungen der Mittelwerte $< \varphi >$ einher. Auch diese Terme ergeben sich Schritt für Schritt in den höheren Näherungen.

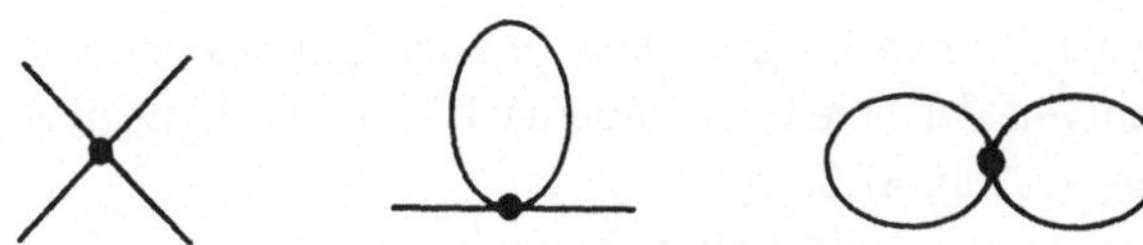

Abb. 47.1. Diagramme für störungstheoretische Beiträge erster Ordnung zur freien Energie. Links: Vier freie Enden (sog. Vertexteil); Mitte: Zwei freie Enden (sog. Selbstenergieteil); Rechts: Keine freien Enden (in der relativistischen Feldtheorie sog. Vakuumdiagramm, hier: Gleichgewichtsdiagramm für $h = 0$)

47.2 Die Terme zweiter Ordnung

Zur Auswertung des dritten Terms in (47.9) verwendet man am besten die unter dieser Gleichung stehende Zerlegung (47.10). Setzt man hierin wieder für φ die Summe aus Mittelwert und Abweichung ein, so ergeben sich eine Vielzahl von Termen, von denen jedoch nur zwei von Bedeutung sind, wie wir sehen werden. Zur besseren Übersicht bei ihrer Herleitung betrachten wir ein Liniendiagramm, bei dem die vier Felder $\varphi(\boldsymbol{x})$ und die vier $\varphi(\boldsymbol{y})$ mit jeweils vier Punkten auf einer Linie identifiziert werden. Fluktuationsanteile dieser Felder, die immer in gerader Anzahl auftreten müssen, werden durch jeweils eine innere Linie zwischen zwei Punkten für jedes Paar dargestellt.

Wir ordnen das Resultat wieder in der Form F_{2n} nach der Zahl n der äußeren Enden im Feynman-Diagramm. Zunächst sieht man sofort, daß $F_{28} = 0$ ist, weil die Beiträge der beiden Terme in der Zerlegung D (47.10) sich gegeneinander wegheben.

Bei F_{26} heben sich desgleichen alle Beiträge gegeneinander weg, die den Diagrammen entsprechen, wo also die Fluktuationslinien ganz auf einer Seite des Liniendiagramms liegen. Die entsprechenden Feynman-Diagramme nennt man auch *nichtverbunden* (s. Abb. 47.2).

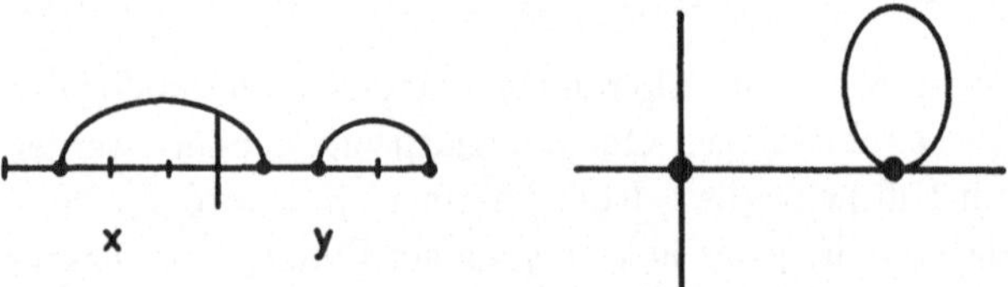

Abb. 47.2. Nichtverbundene Diagramme zu F_{26}

Das einzige nichtverschwindende (verbundene) Diagramm, welches einen Beitrag zu F_{26} liefern würde, entspräche einem Diagramm mit einer inneren Linie zwischen der linken und rechten Hälfte des Liniendiagramms. Wir überlassen dem Leser, das zugehörige Feynman-Diagramm anzugeben (s. Aufg. 47.1). Wir wollen jedoch alle F_{mn} mit $n > 4$ außer acht lassen, da wir uns nur für kleine Felder h interessieren und wegen (47.7) $<\varphi> \propto h$ ist.

Bei F_{24} gibt es wieder eine Reihe nichtverbundener Feynman-Diagramme, bei denen im Liniendiagramm die beiden Fluktuationslinien ganz in einer Hälfte des Diagramms liegen und die sich deswegen wieder wegheben. Es bleiben dann zwei Typen von verbundenen Feynman-Diagrammen, je nachdem, ob von den zwei Fluktuationslinen beide von der einen zur anderen Hälfte des Liniendiagramms laufen oder nur eine, s. Abb. 47.3.

Falls nur eine Linie zur anderen Hälfte läuft, entsteht ein sog. *reduzibles* Feynman-Diagramm. Man kann es erhalten durch „Einsetzen" eines Selbstenergiediagramms in eine äußere (oder auch innere) Linie. Solche Diagramme liefern gerade die oben besprochenen störungstheoretischen Beiträge zur Renormierung der φ und χ-Linien. Man sieht, daß man von den zugehörigen

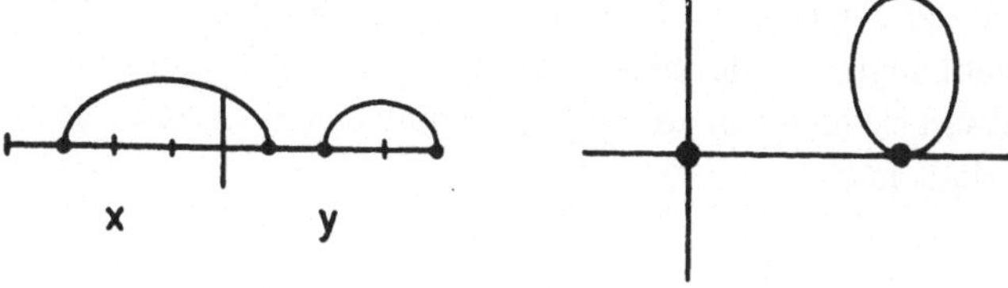

Abb. 47.3. Liniendiagramm und Feynman-Graph für ein sog. reduzibles Vertex-Diagramm

Beiträgen Faktoren abspalten kann, die durch Renormierungen von κ^2 ersetzt werden können (s. Aufg. 47.2).

Wir verzichten hier auf die entsprechende Kontrolle aller Faktoren und nehmen an, daß alle reduziblen Diagramme durch die entsprechenden Renormierungen von κ^2 ersetzt werden können. Es bleiben dann nur noch die zusammenhängenden irreduziblen Diagramme (s. Abb. 47.4).

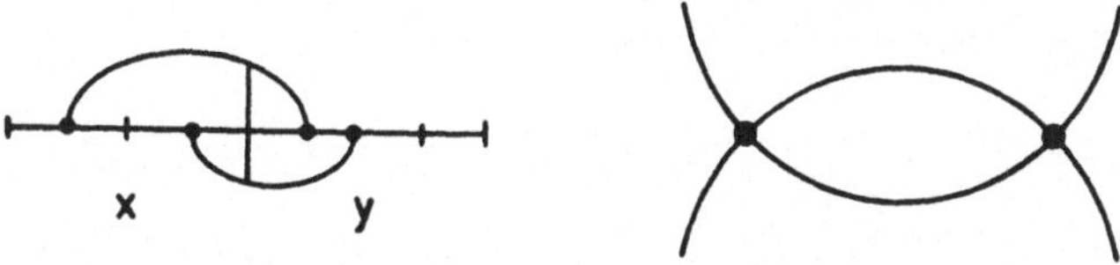

Abb. 47.4. Irreduzible, zusammenhängende Linien- und Feynman-Diagramme zu F_{24}

Die Anzahl der Terme läßt sich am einfachsten am Liniendiagramm ablesen: Man hat zunächst die Anzahl der Möglichkeiten, je ein Paar aus den vier Punkten der linken Hälfte und der rechten Hälfte zu wählen ($= (4!/2!2!)^2$), multipliziert mit der Zahl der Möglichkeiten, die Paare mit inneren Linien zu verbinden ($= 2$, s. Abb. 47.4). Das macht insgesamt $2 \cdot 6^2$ Terme. Das Resultat muß noch mit dem Faktor $1/2 \cdot 4^2$ von (47.9) multipliziert werden. Das ergibt im homogenen Fall ($< \varphi > =$ const.) den Beitrag (Index „v" für „Vertex")

$$F_{24v} = -\frac{9g^2}{4} \int < \varphi >^4 \chi^2(\boldsymbol{x} - \boldsymbol{y})d^d x d^d y \ . \tag{47.15}$$

Insgesamt kann man dann die Terme vierter Potenz in $< \varphi >$ nach Einführung des renormierten Vertex Γ in der Form $\int \Gamma < \varphi >^4 d^d x d^d y / 4$ zusammenfassen mit

$$\Gamma = g - 9g^2 \int \chi^2(\boldsymbol{x})d^d x \ . \tag{47.16}$$

Nach Einführung der Bezeichnung (45.13) kann man das Resultat auch schreiben als

$$\Gamma = g - 9g^2 \kappa^{d-4} I_d \ . \tag{47.17}$$

Die Fluktuationsbeiträge zu Γ divergieren also für $d < 4$ wieder am kritischen Punkt $\propto \kappa^{d-4}$.

Bei der Behandlung der Fluktuationsbeiträge zur spezifischen Wärme hatten wir in Kap. 45 (unabhängig von der Störungstheorie) ein analoges Resultat für $1/\Gamma$ gewonnen. Entwickelt man gemäß (45.18) ebenfalls die reziproke renormierte Kopplung, so erhält man

$$\boxed{\frac{1}{\Gamma} = \frac{1}{g} + 9\kappa^{d-4}I_d \, .}$$

(47.18)

Wir betrachten diese Gleichung als diejenige, die in der Nähe des kritischen Punktes das qualitativ richtige Verhalten der renormierten Kopplung beschreibt, und (47.18) als die ersten beiden Terme einer Reihenentwicklung dieses Resultates nach Potenzen von g, so wie sie sich im Rahmen einer systematischen Störungstheorie ergeben. Es ist tatsächlich nicht schwer, diejenigen Beiträge der höheren Näherungen anzugeben, welche zu (47.17) zusätzlich berücksichtigt werden müssen, um (47.18) zu ergeben.

Setzt man $\Gamma = \lambda\kappa^{4-d}$, so strebt nach (47.18) λ am kritischen Punkt gegen die temperaturunabhängige Konstante

$$\lambda_c = \frac{1}{9I_d} \, .$$

(47.19)

Am kritischen Punkt versagt offenbar die direkte Störungstheorie wegen der divergenten Beiträge der Fluktuationsterme. Stattdessen hat sich jedoch die sog. *renormierte Störungstheorie* bewährt, welche anstelle der Entwicklung nach Potenzen von g solche nach Potenzen von λ verwendet. Die Herleitung der entsprechenden Terme geschieht durch *Umordnung* der Reihen nach g in solche nach λ unter Verwendung von (47.19). Bis zur zweiten Ordnung in λ heißt dies

$$g = \kappa^{4-d}(\lambda + 9I_d \cdot \lambda^2 + \cdots) \, .$$

(47.20)

Wir verwenden die Idee der renormierten Störungstheorie ähnlich wie die Skalenhypothese des vorigen Kapitels als eine plausible Hypothese. Beide Hypothesen lassen sich jedoch beweisen [47.1, 2, 3].

Es bleibt noch die Bestimmung der Terme zu F_{22} und F_{20}. Die Überlegungen laufen völlig analog zu den bisherigen. Abbildung 47.5 zeigt gleich die drei Typen verbundener Feynman-Diagramme. Die ersten beiden davon sind reduzibel. Sie entsprechen Selbstenergieeinsetzungen in äußeren oder inneren Linien. Das dritte Diagramm ist der zweite relevante Beitrag zu F_2, den wir angekündigt hatten. Es gibt davon $4^2 \cdot 3!$ äquivalente Terme (Zahl der Möglichkeiten, freie Punkte in der linken und rechten Hälfte des Liniendiagramms auszuwählen, mal der Zahl der möglichen Permutationen der drei inneren Linien). Insgesamt ergibt sich ein Beitrag (Index „s" für „Selbstenergie"):

$$F_{22s} = -6g^2 2 \int \, <\varphi(\boldsymbol{x})> \chi^3(\boldsymbol{x}-\boldsymbol{y}) <\varphi(\boldsymbol{y})> d^d x d^d y \, .$$

(47.21)

Zusammengefaßt mit den anderen Termen der zweiten Potenz in $<\varphi>$ ergibt sich ein Ausdruck der Form

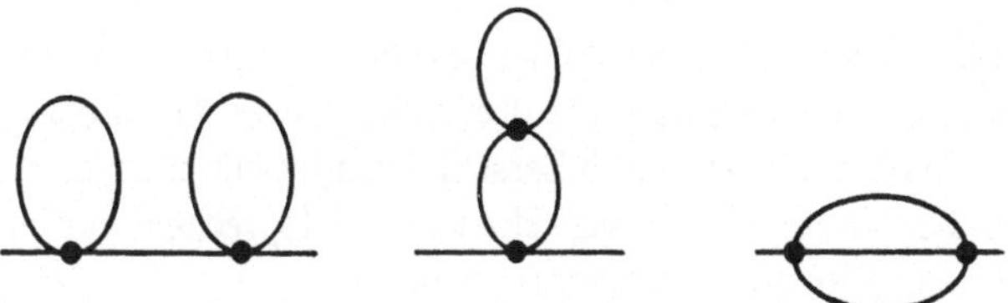

Abb. 47.5. Verbundene Feynman-Diagramme zweiter Ordnung. Die ersten beiden Diagramme sind reduzibel, das dritte ist irreduzibel

$$F_s = \frac{1}{2V} \sum\, < \varphi(\boldsymbol{k}) > < \varphi(-\boldsymbol{k}) > [k^2 + \kappa_1^2 + \Sigma_2(k^2)] \,. \tag{47.22}$$

Dabei ist κ_1^2 die Zusammenfassung der Selbstenergiebeiträge bis zur ersten Ordnung und

$$\Sigma_2(k^2) = -6g^2 \int \chi^3(\boldsymbol{x}) e^{i\boldsymbol{k}\cdot\boldsymbol{x}} d^d x \tag{47.23}$$

der gerade eingeführte Beitrag zweiter Ordnung.

Im homogenen Fall könnte man hier wieder $\boldsymbol{k} = 0$ setzen. Man benötigt jedoch bei den Selbstenergiebeiträgen noch die Terme der Ordnung k^2 in der Entwicklung nach Potenzen von k, damit der Koeffizient von k^2 richtig erfaßt wird. Man entwickelt dementsprechend

$$\Sigma_2(k^2) = \Sigma_2(0) + \Sigma_2'(0)k^2 + \cdots \tag{47.24}$$

und schreibt für alle Selbstenergiebeiträge schließlich

$$[k^2 + \kappa_1^2 + \Sigma_2(k^2)] = [1 + \Sigma_2'(0)](k^2 + \kappa^2) = \frac{1}{\chi(k)} \,. \tag{47.25}$$

Der Vergleich mit (46.4) zeigt dann, daß nach Berücksichtigung der entsprechenden Renormierungen nach der Skalenhypothese eine Beziehung der Form

$$1 + \Sigma_2'(0) \propto \kappa^{-\eta} \tag{47.26}$$

zu erwarten ist.

Schließlich gibt es noch Gleichgewichtsbeiträge F_{20} zur freien Energie, (Aufg. 47.3), die wir aber nicht diskutieren wollen, da wir sie nicht zur Berechnung der Suszeptibilität und der kritischen Exponenten im nächsten Kapitel benötigen.

Aufgaben

1. Man gebe das (einzige) verbundene Feynman-Diagramm zu F_{26} an.

2. Man bestimme den Ausdruck für den reduziblen Vertexteil (Abb. 47.3) und überzeuge sich, daß er durch eine Renormierung der äußeren Linien gemäß $< \varphi > = \chi h = (1 - \delta\kappa^2\chi_o)\chi_o h$ berücksichtigt werden kann.

3. Man gebe die beiden (einzigen) verbundenen Gleichgewichtsdiagramme zweiter Ordnung an. Man überzeuge sich, daß die drei verbundenen Selbstenergiediagramme erhalten werden können durch Zerschneiden jeweils einer Linie in diesen Diagrammen. Die Vertexdiagramme erhält man entsprechend durch Zerschneiden einer Linie in Selbstenergiediagrammen.

Literatur

47.1 Amit, D. J.: *Field Theory, the Renormalization Group, and Critical Phenomena*, (World Scientific, Singapore 1984)
47.2 Parisi, G.: *Statistical Field Theory*, in: Frontiers in Physics, (Addison-Wesley, New York 1988)
47.3 Itzykson, C., Drouffe, J. M.: *Statistical Field Theory*, Vol. 1, (Cambridge University Press, Cambridge 1989)

48. Berechnung kritischer Exponenten

In diesem Kapitel beschreiben wir einen Weg zur Berechnung kritischer Exponenten, der eng an die störungstheoretischen Überlegungen des vorigen Kapitels anschließt. Er geht aus von den Termen der freien Energie, die von zweiter Ordnung in $< \varphi >$ sind und die im Fourier-Raum die Form

$$F_s = \frac{1}{2V} \sum < \varphi(\boldsymbol{k}) > [k^2 + \kappa_o^2 + \Sigma(k^2)] < \varphi(-\boldsymbol{k}) > \tag{48.1}$$

annehmen.

Hierbei ist κ_o^2 eine Größe, die die in Kap. 45 besprochenen T_c-Verschiebungen (und auch solche in höherer Ordnung) enthält und dementsprechend die Temperaturabhängigkeit

$$\kappa_o^2 \propto \tau \tag{48.2}$$

besitzt.

$\Sigma(k^2)$ ist die Zusammenfassung aller Selbstenergieterme, d.h. von κ_1^2, $\Sigma_2(k^2)$ (und allen weiteren Termen höherer Ordnung).

Für kleine k (und $\tau > 0$) nehmen wir eine Entwicklung

$$k^2 + \kappa_o^2 + \Sigma(k^2) = [1 + \Sigma'(0)](k^2 + \kappa^2) \tag{48.3}$$

an, identifizieren die rechte Seite mit der reziproken Suszeptibilität und wenden die Skalenhypothese (46.15) an. Dann wird mit (48.2)

$$\kappa^2 \propto \kappa_o^{4\nu} . \tag{48.4}$$

Statt dieser Relation verwenden wir eine äquivalente für die Größe $\partial \kappa_o^2 / \partial \kappa^2$, welche wir in (45.11) eingeführt hatten, um einen Ausdruck unabhängig von der oberen Grenzwellenzahl Q zu erhalten. Man erhält dafür offenbar

$$\frac{\partial \kappa_o^2}{\partial \kappa^2} \propto \kappa^{(1/\nu)-2} . \tag{48.5}$$

Die Skalenhypothese (46.4) liefert auf der anderen Seite

$$1 + \Sigma_o' \propto \kappa^{-\eta} . \tag{48.6}$$

48.1 Der Exponent ν

Aus (48.5) ergibt sich sofort eine Gleichung für den kritischen Exponenten ν:

$$\frac{1}{\nu} - 2 = \kappa \frac{\partial}{\partial \kappa} \ln\left(\frac{\partial \kappa_o^2}{\partial \kappa^2}\right) . \tag{48.7}$$

Der erste Schritt einer störungstheoretischen Berechnung besteht nun darin, die rechte Seite dieser Gleichung im Rahmen der Entwicklung von Kap. 45 bzw. Kap. 47 auszuwerten. Das heißt man setzt nach (45.12) (in Übereinstimmung mit den Termen erster Ordnung von Kap. 47)

$$\frac{\partial \kappa_o^2}{\partial \kappa^2} = 1 + 3g\kappa^{d-4}I_d . \tag{48.8}$$

Unter Beachtung von (48.7) ergibt sich daraus

$$\frac{1}{\nu} - 2 = 3(d-4)g\kappa^{d-4}I_d . \tag{48.9}$$

Dieser Ausdruck würde für $d < 4$ am kritischen Punkt zu einer Divergenz führen, im Widerspruch zur Skalenhypothese. Dieser Widerspruch kommt daher, daß am kritischen Punkt, wie im vorigen Kapitel diskutiert, die Störungsreihe nach der „nackten" Kopplungskonstante g divergiert. Eine konvergente Entwicklung ergibt sich, wenn man die Entwicklung nach g umordnet in eine nach λ gemäß (47.21), d.h. bis zur ersten Ordnung in λ

$$\frac{1}{\nu} - 2 = -3(4-d)\lambda I_d . \tag{48.10}$$

Am kritischen Punkt nimmt nun λ nach (47.20) den Wert $\lambda_c = 1/(9I_d)$ an und damit wird

$$\nu = \frac{1}{2 - (4-d)/3 + \cdots} . \tag{48.11}$$

Für $d = 3$ ergibt sich der Wert $\nu = 0{,}6$, der zu vergleichen ist mit dem korrekten Wert $0{,}629$ (erhalten aus höheren Näherungen und anderen Verfahren). Für $d = 2$ ist nach (48.11) $\nu = 0{,}75$, zu vergleichen mit dem korrekten Wert 1.

Die hier verwandte Näherung ist um so besser, je kleiner der Wert $\epsilon = 4 - d$ ist. Man sieht dies auch daran (s. Aufg. 45.2), daß $I_d \propto \Gamma(2 - d/2)$ ist und deswegen $\propto 1/\epsilon$. λ_c ist deshalb $\propto \epsilon$. Die störungstheoretische Reihe nach Potenzen von g geht also nach Umordnung im wesentlichen über in eine Reihe nach Potenzen von ϵ.

Der Vollständigkeit halber geben wir noch ohne Beweis das Resultat erster Ordnung in ϵ für ein n-komponentiges Vektorfeld an:

$$\nu = \frac{1}{2 - (4-d)(n+2)/(n+8) + \cdots} . \tag{48.12}$$

Dieses Resultat geht für $n \to \infty$ in $\nu = 1/(d-2)$ über. Es stellt sich heraus, daß diese Beziehung im Grenzfall unendlicher n tatsächlich exakt wird und als Startpunkt einer anderen Entwicklung nach Potenzen von $1/n$ benutzt werden kann.

48.2 Der Exponent η

Eine Relation für den Exponenten η ergibt sich durch logarithmische Ableitung von (48.6):

$$\boxed{\eta = -\kappa \frac{\partial}{\partial \kappa} \ln[1 + \Sigma'(0)] \, .}$$

(48.13)

Setzt man hier auf der rechten Seite für Σ die zweite Näherung (47.24) ein (die erste Näherung κ_1^2 ist unabhängig von k), d.h.

$$\Sigma_2(k^2) = -6g^2 \int \chi^3(r) e^{i\mathbf{k}\cdot\mathbf{r}} d^d r \, ,$$

(48.14)

so wird bis einschließlich zur zweiten Ordnung in g

$$\ln[1 + \Sigma'(0)] = g^2 \int r^2 \chi^3(r) d^d r \, .$$

(48.15)

Wir beschränken uns der Einfachheit halber zunächst auf den Fall $d = 3$, dann wird

$$\chi(r) = \frac{e^{-\kappa r}}{4\pi r} \, .$$

(48.16)

Nach kurzer Zwischenrechnung ergibt sich damit

$$\ln[1 + \Sigma'(0)] = \left(\frac{g}{12\pi\kappa}\right)^2 + \cdots \, .$$

(48.17)

Eingesetzt in (48.13) erhält man schließlich

$$\eta = 2 \left(\frac{g}{12\pi\kappa}\right)^2 \, .$$

(48.18)

Auch hier wird der zunächst am kritischen Punkt divergente Ausdruck konvergent, wenn man (für $d = 3$) $g/\kappa = \lambda_c$ setzt. Außerdem wird jetzt

$$\lambda_c = \frac{1}{9I_3}$$

(48.19)

mit

$$I_3 = \frac{1}{(2\pi)^3} \int \chi^2(k) d^3 k = \frac{1}{8\pi} \, .$$

(48.20)

Alles eingesetzt ergibt sich damit

$$\eta = \frac{8}{9^3} \, . \tag{48.21}$$

Auf analoge Weise behandelt man die Fälle $d = 2, 4$. Das Resultat läßt sich schreiben als

$$\boxed{\eta = \frac{3}{2 \cdot 9^2}(4 - d)^2 h(d) + \cdots \, .} \tag{48.22}$$

Dabei ist $h(4) = 1$, $h(3) \simeq 0{,}59$, $h(2) \simeq 0{,}46$. Im Sinne einer konsequenten Entwicklung nach ϵ ist offenbar $h(d) = 1 + O(\epsilon)$.

Der Vollständigkeit halber zitieren wir auch wieder das Resultat für ein n-komponentiges Vektorfeld

$$\eta = \frac{(n + 2)(4 - d)^2}{2(n + 8)^2} + O(\epsilon^3) \, . \tag{48.23}$$

Für $d = 3$ liefert (48.23) den Wert $\eta = 0{,}019$, verglichen mit dem korrekten Wert von $0{,}031$, für $d = 2$ liefert (48.23) $\eta = 0{,}074$, verglichen mit dem exakten Wert $0{,}25$. Offenbar konvergiert die Reihe für η merklich schlechter als die für ν. Abbildung 48.1 zeigt die Kurven für konstantes α und η in der (d, n)-Ebene.

Wir konnten in diesem Kapitel nur eine erste Idee einer Methode zur Berechnung kritischer Exponenten geben, die einerseits auf der Skalenhypothese und andererseits auf der Renormierungshypothese aufbaut, ohne diese beiden Hypothesen wirklich zu beweisen. Es gibt eine ausgedehnte Literatur über Reihenentwicklungen und andere Methoden. Wir begnügen uns für das weitere damit, einige Originalarbeiten [48.1, 2, 3] sowie einige Übersichtsartikel [48.4, 5, 6] zu zitieren. Außerdem verweisen wir auf die schon im vorigen Kapitel angegebenen drei Bücher [47.1, 2, 3] und noch auf ein weiteres [48.7], in dem auch eine Vielzahl von Methoden und Resultaten diskutiert wird.

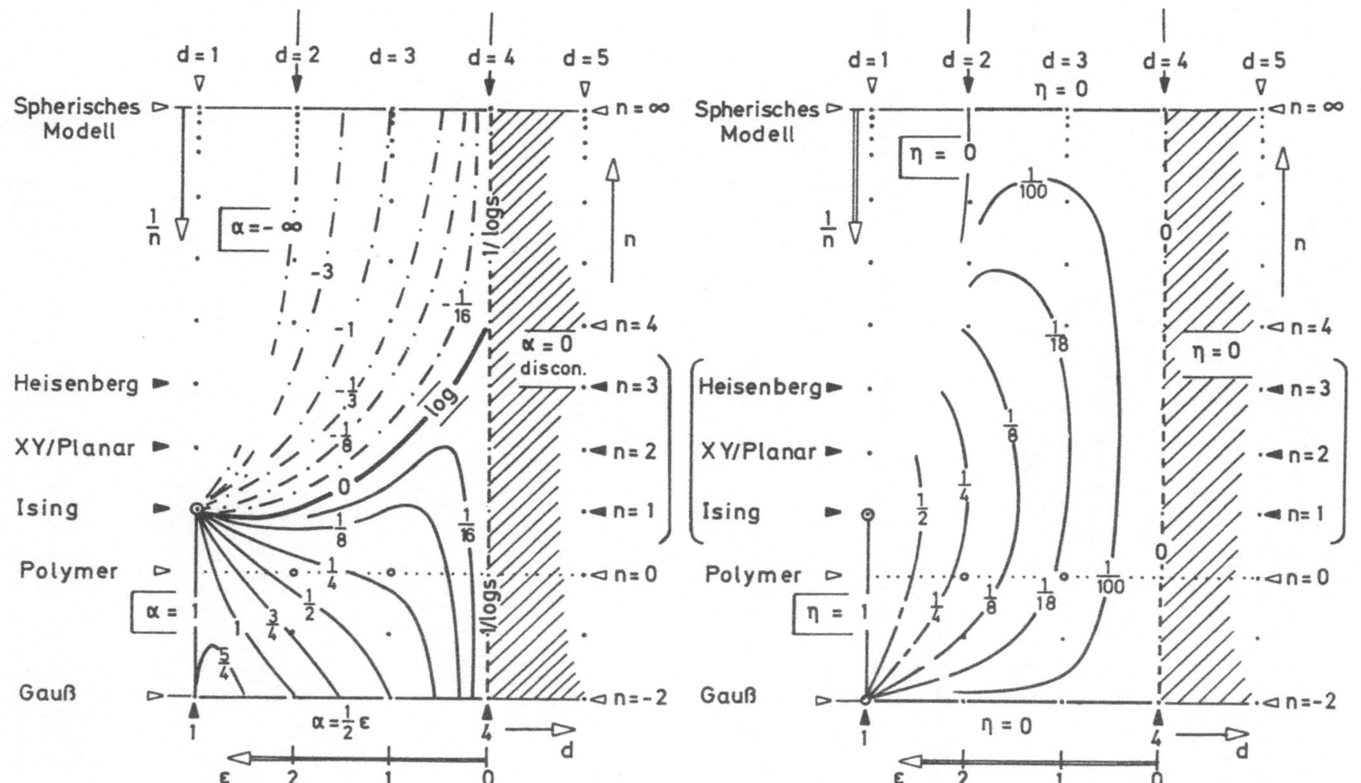

Abb. 48.1. Die Kurven $\alpha = 2 - d\nu = $ const. und $\eta = $ const. in der (d, n) −Ebene

Literatur

48.1 Di Castro, C., Jona-Lasinio, G.: Phys. Lett. **29A**, 322 (1969)

48.2 Wilson, K. G., Fisher, M. E.: Phys. Rev. Lett. **28**, 240 (1972)

48.3 Wilson, K. G.: Phys. Rev. Lett. **28**, 548 (1972)

48.4 Wilson, K. G., Kogut, J.: Phys. Report **12C**, 75 (1974)

48.5 Parisi, G.: J. Stat. Phys. **23**, 49 (1980), (Report on a contribution to the 1973 Cargèse School)

48.6 Wilson, K. G.: Rev. Mod. Phys. **47**, 773 (1975)

48.7 Ma, S. K.: *Modern Theory of Critical Phenomena* in "Frontiers in Physics", (Benjamin, Reading, Mass. 1976)

Ergänzende Literatur

Die drei in [47.1, 2, 3] zitierten Bücher von Amit, Parisi und Itzykson, Drouffe.

49. Die Renormierungsgruppe

Die störungstheoretischen Verfahren zur Berechnung von kritischen Exponenten sind im Prinzip erfolgreich, insbesondere wenn sie zu höheren Näherungen hin ausgedehnt werden. Im Rahmen unserer bisherigen Darstellung beruhen sie jedoch sehr stark auf (unbewiesenen) Hypothesen (Skalenhypothese, Renormierungshypothese). Zudem erscheinen die mathematischen Methoden der Umordnung divergenter Reihen in solche, die wenigstens in niedrigen Näherungen keine Divergenzen am kritischen Punkt mehr zeigen, auf den ersten Blick bedenklich.

Der grundsätzliche Durchbruch in der Theorie der kritischen Phänomene kam denn auch aus einer anderen Richtung [49.1, 2, 3], die wir in diesem Kapitel beschreiben wollen.

Wir knüpfen an Abb. 46.1, Gl. (44.13) sowie den Anfang von Kap. 47 an. Die feldtheoretische Beschreibung der kritischen Phänomene ergibt sich aus einer „vergröberten" oder gemittelten (engl. "coarse grained") Beschreibung, bei der nur noch Mittelwerte der ursprünglichen Dichte $n(\boldsymbol{r})$ oder Magnetisierung $M(\boldsymbol{r})$ über räumliche Bereiche der Ausdehnung $\ell \simeq 1/Q$ vorkommen, im Fourier-Raum also nur noch Fourier-Komponenten mit Wellenzahlen $k < Q$. Die Einzelheiten der atomaren Wechselwirkungen spielen auf dieser Ebene keine Rolle mehr. Sie spiegeln sich nur in den Parametern ℓ bzw. Q, T_c und g des feldtheoretischen Modells wieder.

In der Nähe von kritischen Punkten spielen die Wechselwirkungen der langwelligen Komponenten, im Ortsraum ausgedrückt, die langreichweitigen Korrelationen eine entscheidende Rolle. Man versucht diese nun Schritt für Schritt durch weitere Vergröberung oder Elimination von Fourier-Komponenten mit großer Wellenzahl zu berücksichtigen. Nach einem solchen Eliminationsschritt erhält man eine neue freie Energie der allgemeinen Form (44.13), allerdings mit geänderten Parametern κ, g und eventuell auch h sowie einer verkleinerten Grenzwellenzahl Q.

Das verkleinerte Q kann wieder zu seinem ursprünglichen Wert zurück gebracht werden durch eine Änderung der Längenskalen. Dies führt zur Definition der sog. Renormierungsgruppe. Sie stellt eine Gruppe von Transformationen dar, die jeweils aus zwei Schritten bestehen:

a) Einer Änderung von Längenskalen um den Faktor $e^{-\alpha}$ in allen linearen Dimensionen $r \to e^{-\alpha}r$, $Q \to e^{\alpha}Q$ etc.

b) Einer Elimination von Freiheitsgraden mit Wellenzahlen zwischen Q und $e^\alpha Q$.

Genauer gesagt bilden diese Transformationen eine sog. *Halbgruppe*, da die Eliminationstransformation kein Inverses besitzt.

Die freie Energie $F = -kT_c \ln Z$ bleibt bei diesen Transformationen invariant. Die Dichte $\phi = F/L^d$ im Volumen L^d wird transformiert mit dem Faktor $e^{-d\alpha}$. Insgesamt hat man also

$$\phi(\alpha = 0) = e^{-d\alpha}\phi(\alpha) \; . \tag{49.1}$$

Obwohl die kritischen Phänomene im Rahmen der klassischen Physik studiert werden können, benutzen wir im folgenden eine quantenmechanische Sprechweise mit Operatoren $\varphi(\boldsymbol{r})$, Hamiltonoperatoren $kT_c H$ etc. Nach jedem Transformationsschritt ergibt sich dann ein effektiver (dimensionsloser) Hamiltonoperator $H(\alpha)$, für den gilt: $F = Sp\{\exp[-H(\alpha)]\}$. Dabei haben wir wieder $\beta kT_c = 1$ gesetzt.

Die Hamiltonoperatoren lassen sich aus dem ursprünglichen Operator $H(0)$ berechnen: $H(\alpha) = R_\alpha[H(0)]$. Es gilt also

$$\phi[H(0)] = e^{-d\alpha}\phi[H(\alpha)] \; ; \qquad H(\alpha) = R_\alpha[H(0)] \; . \tag{49.2}$$

Im Ortsraum geht man normalerweise bei den Eliminationen in diskreten Schritten α voran: Man bildet jeweils entweder „Blöcke" oder auch „Untergitter" von ursprünglichen Spins oder Gitterzellen, die jeweils eine ganze Zahl von Teilchen enthalten, und summiert über die Freiheitsgrade innerhalb der Blöcke oder Untergitter. Besonders übersichtlich werden die Verhältnisse im Impulsraum, wenn man die Transformation differentiell wählt:

$$H(\alpha + d\alpha) = R_{d\alpha}[H(\alpha)] \; . \tag{49.3}$$

Setzt man noch $R_{d\alpha} = 1 + Gd\alpha$, dann wird

$$\frac{dH(\alpha)}{d\alpha} = G[H(\alpha)] \; . \tag{49.4}$$

G ist dann der sog. „Generator" der Transformationen R_α. $G(H)$ ist eine i. allg. nichtlineare Funktion. Man kann sie im Rahmen eines vollständigen Satzes von Operatoren darstellen (etwa durch die Felder φ und ihre Produkte). Dann ist H durch einen Satz von Parametern (κ^2, g, h etc.) eindeutig festgelegt. Gleichung (49.4) kann dann dargestellt werden durch eine nichtlineare Differentialgleichung erster Ordnung im Raum dieser Parameter. Die Differentialgleichung kann durch ein sog. „Flußdiagramm" der Parameter in diesem Raum veranschaulicht werden. Wir werden im nächsten Kapitel ein einfaches Beispiel einer solchen Differentialgleichung diskutieren.

Ein typisches Phänomen bei nichtlinearen Differentialgleichungen erster Ordnung ist das Auftreten von sog. *Fixpunkten* H^*, bei denen $G(H^*) = 0$ ist. Abbildung 49.1 zeigt ein Flußdiagramm in einem zweidimensionalen Parameterraum mit verschiedenen Typen von Fixpunkten.

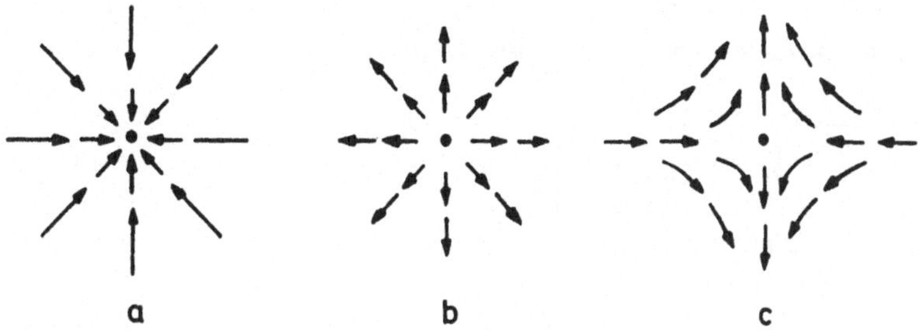

Abb. 49.1a–c. Typische Flußdiagramme mit Beispielen von Fixpunkten. (a) attraktiv, (b) repulsiv, (c) gemischt

Eine Skaleninvarianz bedeutet offenbar gerade das Vorliegen eines Fixpunktes. Wir ersetzen jetzt also die Skalenhypothese am kritischen Punkt durch die Annahme der Existenz eines Fixpunktes der Transformationen der Renormierungsgruppe, d.h. eines Operators H^* mit $G(H^*) = 0$.

Zur Diskussion des Flußdiagramms in der Umgebung des Fixpunktes linearisiert man die Differentialgleichung gemäß

$$G(H^* + \Delta H) = L \cdot \Delta H + O[(\Delta H)^2] \,. \tag{49.5}$$

wobei jetzt L eine lineare Operation darstellt.

Wir definieren Eigenoperatoren O_i durch die Eigenwertgleichung

$$L \cdot O_i = y_i O_i \tag{49.6}$$

und nehmen an, daß die O_i einen vollständigen Satz von Operatoren bilden, so daß $H(0)$ dargestellt werden kann als

$$H(0) = H^* + \sum h_i O_i \,. \tag{49.7}$$

Dann kann die Differentialgleichung (49.4) sofort integriert werden als

$$H(\alpha) = H^* + \sum h_i e^{y_i \alpha} O_i + O(h_i^2) \,. \tag{49.8}$$

Je nach Vorzeichen von y_i unterscheidet man *relevante Operatoren* O_i ($y_i > 0$) und *irrelevante Operatoren* ($y_i < 0$). Die Beiträge von irrelevanten Operatoren verschwinden bei Annäherung an den kritischen Punkt unabhängig von den Entwicklungskoeffizienten h_i. Bei relevanten Operatoren wachsen die Beiträge bei Annäherung an den kritischen Punkt exponentiell an, es sei denn, die Koeffizienten h_i verschwinden. In manchen Fällen gibt es auch noch sog. *marginale Operatoren* mit $y_i = 0$. Dann entscheiden die nichtlinearen Terme über das Verhalten am kritischen Punkt.

Wir wissen schon, daß zwei Parameter veschwinden müssen, damit der kritische Punkt erreicht wird: Die Temperaturdifferenz τ und das Magnetfeld h. Wir erwarten deshalb mindestens zwei relevante Operatoren, sagen wir O_τ und O_h, und eine Entwicklung gemäß (49.8)

$$H(\alpha) = H^* + \tau e^{y_\tau \alpha} + h e^{y_h \alpha} + \cdots \,. \tag{49.9}$$

Wir nehmen an (und werden im nächsten Kapitel näher begründen), daß es keine weiteren relevanten Operatoren gibt. Dann liefert (49.9) nach Einsetzen in (49.1)

$$\boxed{\phi(\tau, h) = e^{-d\alpha}\phi(\tau e^{y_\tau \alpha}, h e^{y_h \alpha})\ .}$$

(49.10)

Diese Gleichung gilt für beliebige α. Wir setzen nun speziell einmal $h = 0$ und $\tau \exp(y_\tau \alpha) = 1$. Dann wird

$$\phi(\tau, 0) = \tau^{d/y_\tau}\phi(1, 0)\ .$$

(49.11)

Der Vergleich mit dem Skalengesetz (46.23) ergibt den Zusammenhang

$$y_\tau = 1/\nu\ .$$

(49.12)

Die entsprechenden Überlegungen für $\tau = 0$ liefern

$$\phi(0, h) = h^{d/y_h}\phi(0, 1)$$

(49.13)

und nach Vergleich mit (46.11)

$$2y_h = d + 2 - \eta\ .$$

(49.14)

Damit haben wir nicht nur eine Begründung der Skalengesetze gewonnen, sondern auch eine neue Möglichkeit, kritische Exponenten über die Renormierungsgruppengleichungen (49.4) und (49.6) explizit zu berechnen. In den folgenden beiden Kapiteln wollen wir Beispiele für diese Möglichkeit diskutieren.

Aufgabe

1. Man berücksichtige neben den beiden relevanten Operatoren O_τ und O_h noch einen weiteren, irrelevanten O_i mit dem Eigenwert y_i. Man zeige, daß die Dichte ϕ für $h = 0$ neben (49.10) einen zusätzlichen Term

$$h_i \tau^{(d-y_i)/y_\tau}\phi_i$$

erhält. Solche Terme können durchaus in der Nähe von T_c neben den relevanten Termen eine Rolle spielen, bevor in der unmittelbaren Umgebung von T_c die relevanten Terme alles dominieren [49.4].

Literatur

49.1 Kadanoff, L. P.: Physics **2**, 263 (1966)
49.2 Wilson, K. G.: Phys. Rev. **B4**, 3174, 3184 (1971)
49.3 Wegner, F.: Phys. Rev. **B5**, 4529 (1972)
49.4 Ahlers, G.: Phys. Rev. **A8**, 530 (1973)

Ergänzende Literatur

Ma, S. K.: *Modern Theory of Critical Phenomena*, Chap. V. in "Frontiers in Physics", (Benjamin, Reading, Mass. 1976)

50. Renormierungsgruppen-Transformation im Impulsraum

Zur Illustration der allgemeinen Überlegungen des vorigen Kapitels wollen wir nun ein Verfahren beschreiben, bei dem man die Elimination der kurzwelligen Freiheitsgrade im Impulsraum durchführt. Wir setzen für den effektiven Hamiltonoperator $kT_cH(\alpha)$ an:

$$H = \int \left\{ \frac{1}{2}[(\nabla\varphi)^2 + \kappa^2\varphi^2] + \frac{g}{4}\varphi^4 - h\varphi \right\} d^d r \ . \tag{50.1}$$

Wir wollen nun untersuchen, wie sich die Parameter $\kappa(\alpha)$, $g(\alpha)$, $h(\alpha)$ bei einer differentiellen Renormierungsgruppen-Transformation ändern. Zunächst werden aus diesen „alten" Größen bei einer Änderung der Längenskalen die neuen κe^α, $ge^{(4-d)\alpha}$, $he^{(d/2+1)\alpha}$ gebildet. Für eine differentielle Änderung $d\alpha$ erhält man also die differentiellen Änderungen (d_s für „Skalenänderung"):

$$d_s\kappa^2 = 2\kappa^2 d\alpha \ ; \qquad d_s g = (4-d)g d\alpha \ ; \qquad d_s h = \left(\frac{d}{2}+1\right) h d\alpha \ . \tag{50.2}$$

Gleichzeitig wird die Grenzwellenzahl Q geändert um $dQ = Qd\alpha$. Um wieder zum alten Q zurückzukommen, muß man die Freiheitsgrade in der Kugelschale dQ durch Spurbildung eliminieren. Auf diese Weise werden die kurzwelligen Freiheitsgrade Schritt für Schritt im Impulsraum „abgeschält".

Um das Wesentliche dieser Elimination so einfach wie möglich darzustellen, beschränken wir uns auf räumlich konstantes h und machen eine weitere Approximation [50.1]: Wir vernachlässigen im langwelligen Teil $k < Q$ alle Fourier-Komponenten $\varphi(\boldsymbol{k})$ außer der nullten und setzen dementsprechend an:

$$\varphi(\boldsymbol{r}) = \frac{1}{V}\left[\varphi(\boldsymbol{k}=0) + \sum_{dQ} \varphi(\boldsymbol{k})e^{i\boldsymbol{k}\cdot\boldsymbol{r}}\right] \ . \tag{50.3}$$

Dabei haben wir das Volumen $V = L^d$ eingeführt.

Dann wird bis zur Ordnung $d\alpha$:

$$\int \varphi^4 d^d r = \frac{1}{V^3}\left[\varphi(0) + 6\varphi(0)^2 \sum_{dQ} \varphi(\boldsymbol{k})\varphi(-\boldsymbol{k})\right] \ . \tag{50.4}$$

Wir fassen nun diese Terme mit den anderen in $\varphi(\boldsymbol{k})$ quadratischen Beiträgen zusammen und betrachten die daraus folgende Änderung des effektiven Hamiltonoperators (d_e für „Elimination"):

$$d_e H = \ln Sp \left[\exp\left\{ -\frac{1}{V} \sum_{dQ} (k^2 + \kappa^2 + \frac{3g}{V^2}\varphi^2(0) \right\} \varphi(\boldsymbol{k})\varphi(-k) \right] . \tag{50.5}$$

Die Spurbildung entspricht einem Gaußschen Integral wie in (47.8) mit dem entsprechenden Resultat

$$d_e H = \frac{1}{2} \sum_{dQ} \ln \left[k^2 + \kappa^2 + \frac{3g}{V^2}\varphi^2(0) \right] . \tag{50.6}$$

Ausführung der k-Summe liefert

$$d_e H = \frac{Vc}{2} \ln \left[Q^2 + \kappa^2 + \frac{3g}{V^2}\varphi^2(0) \right] d\alpha , \tag{50.7}$$

wobei c eine Konstante ist, deren Zahlenwert für das Weitere keine Rolle spielt.

Man kann nun $d_e\kappa^2/2$ als Koeffizient von $\varphi^2(0)$ in der Entwicklung von (50.7) identifizieren bzw. $d_e g/4$ als Koeffizient von $\varphi^4(0)$. Dies liefert

$$d_e\kappa^2 = \frac{3gc}{Q^2 + \kappa^2}d\alpha ; \qquad d_e g = -\frac{9g^2 c}{(Q^2 + \kappa^2)^4}d\alpha , \tag{50.8}$$

zusammengefaßt mit (50.2) also die Differentialgleichungen

$$\frac{d\kappa^2}{d\alpha} = 2\kappa^2 + \frac{3gc}{Q^2 + \kappa^2} , \tag{50.9}$$

$$\frac{dg}{d\alpha} = (4-d)g - \frac{9g^2 c}{(Q^2 + \kappa^2)^2} , \tag{50.10}$$

$$\frac{dh}{d\alpha} = \left(\frac{d}{2} + 1 \right) h . \tag{50.11}$$

Abbildung 50.1 zeigt das Flußdiagramm zu diesen Differentialgleichungen.

Aufgrund unserer Approximationen wird die letzte Gleichung nicht durch die Wechselwirkung renormiert. Wir betrachten deshalb zunächst nur noch die ersten beiden Gleichungen. In der Umgebung des kritischen Punktes erwarten wir $\kappa^2 \ll Q^2$ und entwickeln dementsprechend

$$\frac{d\kappa^2}{d\alpha} = 2\kappa^2 + \frac{3gc}{Q^2} - \frac{3gc}{Q^4}\kappa^2 \tag{50.12}$$

und

$$\frac{dg}{d\alpha} = \epsilon g - \frac{9g^2 c}{Q^4} . \tag{50.13}$$

Dabei haben wir die Größe

$$\epsilon = 4 - d \tag{50.14}$$

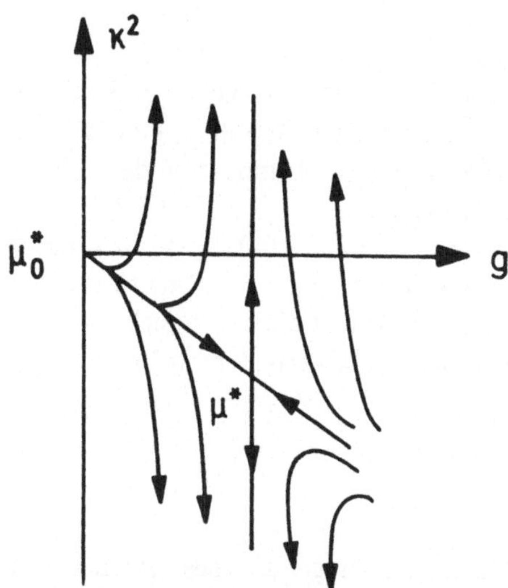

Abb. 50.1. Flußdiagramm zu den Differentialgleichungen (50.9), (50.10) in der (g, κ^2)-Ebene mit dem trivialen Fixpunkt μ_0^* und dem nichttrivialen μ^*

eingeführt, welche als Entwicklungsparameter bei kritischen Phänomenen eine wichtige Rolle spielt. [1]

Fixpunkte der Gleichungen (50.9, 10, 11) bekommt man durch Nullsetzen der linken Seite. Dann erhält man neben der „trivialen" Lösung $\kappa^* = 0$, $g^* = 0$, $h^* = 0$ den nichttrivialen Fixpunkt:

$$\kappa^{*2} = -\frac{\epsilon}{6}Q^2 + O(\epsilon^2) \,, \qquad g^* = \frac{\epsilon}{9c}Q^4 \,, \qquad h^* = 0 \,. \tag{50.15}$$

Linearisierung der Differentialgleichungen um diesen Fixpunkt liefert mit der Bezeichnung $\Delta a = a - a^*$:

$$\frac{d\Delta\kappa^2}{d\alpha} = y_\tau \Delta\kappa^2 + \cdots \Delta g \,, \tag{50.16}$$

$$\frac{d\Delta g}{d\alpha} = y_g \Delta g \,, \tag{50.17}$$

$$\frac{d\Delta h}{d\alpha} = y_h \Delta h \tag{50.18}$$

mit den Skalenexponenten (beachte $d/2 + 1 = 3 - \epsilon/2$)

$$y_\tau = 2 - \frac{\epsilon}{3} \,, \qquad y_g = -\epsilon \,, \qquad y_h = 3 - \frac{\epsilon}{2} \,. \tag{50.19}$$

Offenbar gehört y_g zu einem irrelevanten Operator, dessen Beitrag am kritischen Punkt „von selbst" verschwindet. Deshalb muß man auf der rechten Seite

---

[1] Diese Tatsache wird besonders prägnant im Titel der entsprechenden Arbeit [50.2] von Wilson und Fisher zum Ausdruck gebracht: *Critical Phenomena in 3.99 Dimensions*.

von (50.16) den Term $\propto \Delta g$ auch nicht berücksichtigen. Man beachte, daß die rechte Seite von (50.17) gegenüber dem ersten Term auf der rechten Seite von (50.10) das Vorzeichen gewechselt hat. Dies hat seine Parallele in der Störungstheorie, wo die ersten Korrekturen zur unrenormierten Kopplung g (47.17) wie κ^{d-4} divergieren, die renormierte Kopplung Γ nach Aufsummation der höheren Näherungen jedoch wie κ^{4-d} verschwindet (47.18).

Rechnet man die beiden anderen Exponenten nach (49.12, 14) in ν und η um, so ergeben sich bis zur ersten Ordnung in ϵ die gleichen Resultate wie in Kap. 48, insbesondere (48.11). Terme zweiter Ordnung ergeben sich aufgrund unserer Näherungsannahmen nicht mehr richtig. Insbesondere ist im Rahmen der Näherungen dieses Kapitels $\eta = 0$.

Aufgabe

1. Man bestimme die Skalenexponenten in der Umgebung des trivialen Fixpunktes $\kappa^* = g^* = h^* = 0$.

   Sie beschreiben sog. „trikritisches Verhalten" [50.3].

Literatur

50.1 Wegner, F.: *Lecture Notes in Physics*, **54**, 1 (1976)
50.2 Wilson, K. G., Fisher, M. E.: Phys. Rev. Letters **28**, 240 (1972)
50.3 Riedel, E., Wegner, F.: Phys. Rev. Letters **29**, 349 (1972)

Ergänzende Literatur

Ma, S. K.: *Modern Theory of Critical Phenomena*, Chap. VIII, in: "Frontiers in Physics", (Benjamin, Reading, Mass. 1976)

51. Renormierungsgruppen-Transformation im Ortsraum *

Zum Abschluß unserer Betrachtungen zur Renormierungsgruppe beschreiben wir eine einfache und anschauliche Näherungsmethode für das zweidimensionale Ising-Modell (s. Aufg. 44.1), die ohne viel Formalismus auskommt und direkt im Ortsraum operiert.

Wir wollen das ferromagnetische Ising-Modell mit nächster Nachbarwechselwirkung J und ohne Magnetfeld B untersuchen. Verwendet man noch die Bezeichnung $K = \beta J$, so wird die Zustandssume

$$Z = \sum \exp\left[K\sum{}' s(i)s(j)\right] , \tag{51.1}$$

wobei der obere Index „$(')$" an dem zweiten Summenzeichen andeuten soll, daß nur über nächste Nachbarn summiert werden soll.

Die Eliminationstransformation der Renormierungsgruppe soll nun aus einer sog. „Spindezimierung" oder „Verdünnung" bestehen, indem jeweils eine Partialsumme der Zustandssumme über ein *Untergitter* ausgeführt wird [51.1]. Abbildung 51.1a illustriert die Verhältnisse in einem quadratischen Gitter. Nach Ausführung der Summe über das Untergitter, bestehend aus den Punkten, verbleibt nur noch eine Summe über das Restgitter aus den Kreisen. Dieses ist wiederum quadratisch mit einer um einen Faktor $\sqrt{2}$ größeren Gitterkonstante.

Die Restsumme wird i. allg. kompliziertere effektive Kopplungen enthalten. Es wird sich insbesondere zeigen, daß auch übernächste Nachbarn im Restgitter gekoppelt sind. Die Näherung besteht nun darin, alle weiteren Kopplungen wegzulassen. Man versucht dann, das Restgitter völlig analog weiter zu dezimieren.

Der n-te Schritt dieses Verfahrens ist in der Abb. 51.1b angedeutet. Wären nur nächste Nachbarkopplungen vorhanden, so wäre ein typischer Anteil der Zustandssumme, bei dem über den Spin s des Untergitters summiert wird

$$\sum_s \exp[Ks(s_1 + s_2 + s_3 + s_4)] = 2\cosh[K(s_1 + s_2 + s_3 + s_4)] . \tag{51.2}$$

Die Näherung besteht nun im wesentlichen in der Entwicklung des cosh bis zum quadratischen Glied: $\cosh x = 1 + x^2/2 + \cdots \simeq \exp(x^2/2)$. Kombiniert man dies mit (51.2), so ergibt sich ein Ausdruck

$$\sum_s = A\exp\left[K^2 \sum_{1 \leq i < j \leq 4} s_i s_j\right] . \tag{51.3}$$

Dies ist wieder ein Beitrag zu einem Ising-Modell im dezimierten Gitter, in dem aber neben den Wechselwirkungen zwischen nächsten Nachbarn (in Abb.

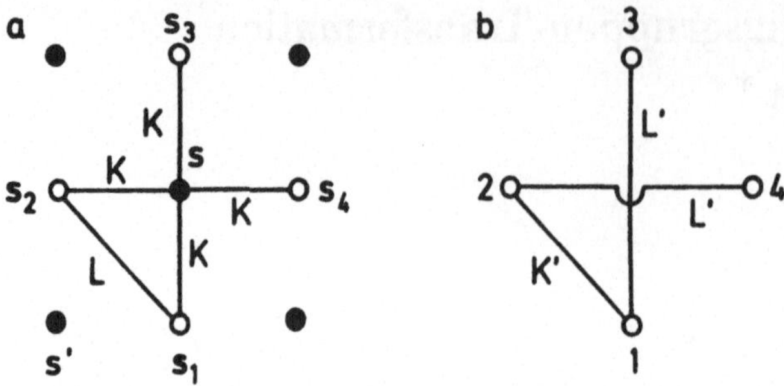

Abb. 51.1. (a) Kopplungskonstanten im Ausgangsgitter. Die Spins im Gitter mit den vollen Kreisen werden eliminiert. (b) Kopplungskonstanten im dezimierten (Rest-) Gitter (leere Kreise)

51.1b z.B. zwischen s_1 und s_2) auch solche zwischen übernächsten Nachbarn (z.B. zwischen s_1 und s_3) vorkommen. Zwischen übernächsten Nachbarn (1–3, 2–4) kommen die einzigen Beiträge von der Summe über s in (51.2). Die nächsten Nachbarn erhalten aber auch noch Beiträge von anderen Punkten außer s. Zum Beispiel 1–2 erhält noch einen Beitrag von s' in Abb. 51.1b etc. Die Kopplungskonstante im dezimierten Gitter ist also $K' = 2K^2$ zwischen nächsten Nachbarn und $L' = K^2$ zwischen übernächsten Nachbarn. Wenn der hier beschriebene Schritt der n-te $(n > 1)$ Zwischenschritt der Renormierungsgruppe ist, muß man noch berücksichtigen, daß auch der vorige Schritt schon Kopplungen zwischen übernächsten Nachbarn enthielt (in Abb. 51.1a z.B. L). Diese werden dann im dezimierten Gitter Kopplungen zwischen nächsten Nachbarn. Die genäherten Transformationsgleichungen nehmen danach die einfache Form

$$K_{n+1} = 2K_n^2 + L_n \; ; \qquad L_{n+1} = K_n^2 \tag{51.4}$$

an. Man sieht sofort, daß der nichttriviale Fixpunkt gegeben ist durch

$$K^* = 1/3 \; ; \qquad L^* = 1/9 \; . \tag{51.5}$$

Linearisierung um diesen Fixpunkt

$$K_n = K^* + k_n \; ; \qquad L_n = L^* + l_n \tag{51.6}$$

liefert die Gleichung

$$k_{n+1} = \frac{4}{3}k_n + l_n \; ; \qquad l_{n+1} = \frac{2}{3}k_n \tag{51.7}$$

mit den beiden Eigenwerten

$$\lambda_r = (2 + \sqrt{10})/3 \; ; \qquad \lambda_i = (2 - \sqrt{10})/3 \; . \tag{51.8}$$

Der einzige relevante Eigenwert ist offenbar der erste.

Zur Bestimmung des kritischen Exponenten ν benötigt man die diskretisierte Version der Gleichung (49.10). Dazu ist zu bedenken, daß pro Dezimierungsschritt die Längenskala sich jeweils um einen Faktor $\sqrt{2}$ vergrößert. Nach dem n-ten Schritt hat man also für die Dichte der freien Energie in $d = 2$ Dimensionen:

$$\phi = (\sqrt{2})^{-nd}\phi(\tau\lambda^n) \, . \tag{51.9}$$

Wählt man n speziell so, daß $\tau\lambda^n = 1$ ist, so ergibt sich ein Potenzgesetz $\phi \propto \tau^{d\nu}$ mit dem kritischen Exponenten

$$\nu = \frac{\ln\sqrt{2}}{\ln\lambda} = 0{,}638\ldots \, . \tag{51.10}$$

Dieser Wert ist zu vergleichen mit der ersten Näherung der ϵ-Entwicklung $\nu = 1/[2 - (4 - d)/3] = 0{,}75$ und dem aus der Onsagerschen Lösung des zweidimensionalen Ising-Modells folgenden Wert $\nu = 1$ [51.2].

An der Herleitung der Transformationsgleichung (51.4) ändert sich offenbar nichts, wenn man annimmt, daß die ursprüngliche Hamiltonfunktion schon Wechselwirkungen zwischen übernächsten Nachbarn enthält. In diesem Sinne ist der kritische Exponent (51.10) „universell".

Was sich allerdings ändert, ist der Wert K_c dieser Hamiltonfunktion, für den die Iteration der Gleichung (51.4) für $n \to \infty$ zum Fixpunkt K^* führt. Wenn man diese Gleichung mit der Anfangsbedingung $K_o = K_c$ und $L_o = 0$ iteriert, so ergibt sich, wie wir ohne Beweis angeben: $K_c = 0{,}392..$ (zu vergleichen mit dem exakten Onsagerschen Wert $0{,}441..$) [51.2]. Dieser Wert ändert sich selbstverständlich, wenn man $L_o \neq 0$ wählt.

Aufgabe

1. Man kann die partielle Zustandssumme (51.2) auch exakt, ohne die Näherung (51.3), in einen Beitrag zu einem Ising-Modell im dezimierten Gitter transformieren. Wenn man beachtet, daß die s_i nur die Werte ± 1 annehmen können, d.h. $\exp(Ks) = \cosh K + s \sinh K$, kann man (51.2) in der Form $\sum_s = A\exp[K'\sum s_i s_j + U s_1 s_2 s_3 s_4]$ schreiben. Man bestimme A, K' und U. Man sieht, daß man schnell zu sehr komplizierten Kopplungen kommt, wenn man für weitere Dezimierungen mit dieser exakten Formel und nicht der Näherung (51.3) rechnet. Wilson [51.1] hat auf diese Weise bis zu 200 (!) verschiedene Kopplungen eingeführt.

Literatur

51.1 Wilson, K. G.: Rev. Mod. Phys. **47**, 773 (1975)
51.2 Onsager, L.: Phys. Rev. **65**, 117 (1944)

Ergänzende Literatur

Thompson, C. J.: *Classical Equilibrium Statistical Mechanics*, Chap. 7, (Clarendon Press, Oxford 1988)
Niemeijer, Th., van Leeuwen, J.M.J: in *Phase Transitions and Critical Phenomena*, Domb, C., Green, M. S. eds., (Academic Press, London 1975)

A. Erzeugung tiefer Temperaturen

Wir haben viele Effekte beschrieben, die bei sehr tiefen Temperaturen auftreten und wollen deshalb kurz das Prinzip ihrer Herstellung besprechen. Wir behandeln zunächst die Verfahren zur Gasverflüssigung, mit denen man Temperaturen von der Größenordnung 1 K erreichen kann, dann die adiabatischen Entmagnetisierungsverfahren, mit denen man die Größenordnung von 0,01 K (bei Benutzung der Kernspins sogar $= 10^{-6}$ K) erreichen kann, und schließlich zwei weitere Verfahren, die ebenfalls zu sehr tiefen Temperaturen führen.

Im Zusammenhang mit der Gasverflüssigung sind in der Hauptsache drei Verfahren zu nennen: Die adiabatische Entspannung, die gedrosselte Entspannung und das Gegenstromprinzip.

A.1 Adiabatische Entspannung

Bei einer differentiellen adiabatischen ($dS = 0$) Druckänderung dP ändert sich die Temperatur um

$$dT = (\partial T/\partial P)_S dP \,. \tag{A.1}$$

Aus $d(E + PV) = TdS + VdP$ folgt nun $(\partial T/\partial P)_S = (\partial V/\partial)_P$ und unter Einführung von T statt S als neue Variable:

$$\left(\frac{\partial T}{\partial P}\right)_S = \frac{(\partial V/\partial T)_P}{(\partial S/\partial T)_P} = \frac{T}{C_P}\left(\frac{\partial V}{\partial T}\right)_P \,. \tag{A.2}$$

Für ideale Gase läßt sich diese differentielle Beziehung leicht integrieren. Es gilt wegen $PV = (C_P - C_V)T$:

$$T(\partial V/\partial T)_P = V = T(C_P - C_V)/P \,, \tag{A.3}$$

also mit (A.1)

$$d\ln T = (1 - C_V/C_P)d\ln P \,, \tag{A.4}$$

und damit

$$T = T_0\left(\frac{P}{P_0}\right)^{(1-C_V/C_P)} \,. \tag{A.5}$$

Daraus läßt sich die zu jeder endlichen Druckänderung gehörige Temperaturänderung ablesen. Etwa für ^{4}He mit $T_0 = 20$ K, $P_0 = 10^7$ Pa, $P = 10^5$ Pa ergibt sich $T = 4$ K. Unter diesen Bedingungen würde also das He im Endzustand flüssig sein. Das Schema der praktischen Ausführung ist in Abb. A.1 angegeben. Im Hochdruckgefäß, verschlossen durch das Ventil V, befindet sich das zu verflüssigende He. Durch ein umgebendes Austauschgas (H_2) wird es auf die Temperatur des Kühlbades (flüssiges H_2) gebracht. Der thermische Kontakt wird durch Auspumpen des Kontaktgases mit der Pumpe P aufgehoben und das He durch Ventil V adiabatisch möglichst langsam (reversibel) entspannt.

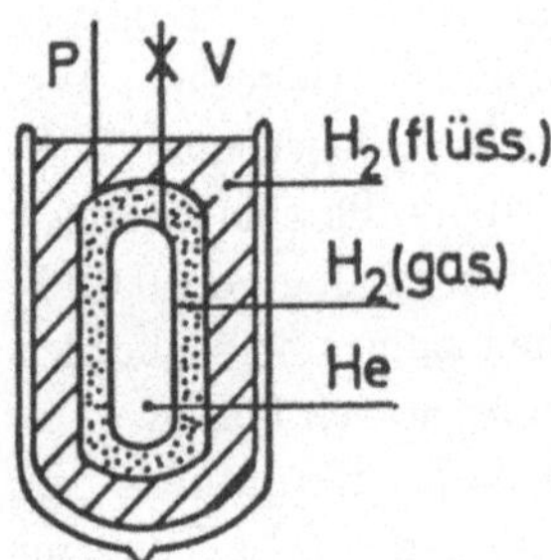

Abb. A.1. Zur adiabatischen Entspannung

Der Erfolg dieses Verfahrens hängt davon ab, daß die spezifische Wärme des dickwandigen Hochdruckgefäßes genügend klein ist, damit es das abgekühlte He nicht wieder aufwärmt. Dies ist nur bei genügend tiefen Ausgangstemperaturen der Fall.

Will man mit kleineren Druckdifferenzen und höheren Anfangstemperaturen arbeiten, so muß man die adiabatische Entspannung mehrmals wiederholen. Um hierbei eine kontinuierlich arbeitende Maschine zu erhalten, benutzt man das Gegenstromprinzip (s. Abb. A.2). Das entspannte, abgekühlte Gas wird zur Vorkühlung des ankommenden Hochdruckgases benutzt.

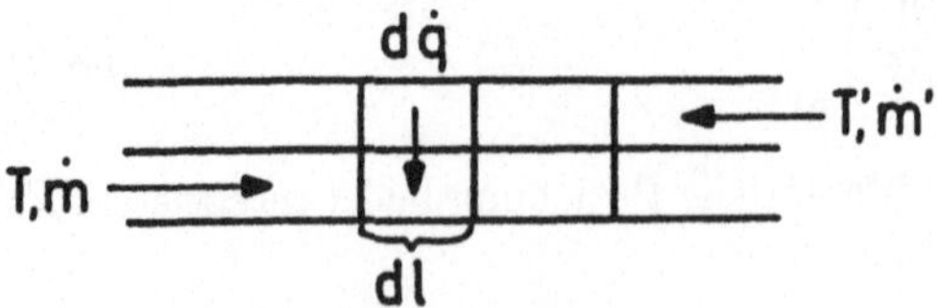

Abb. A.2. Zum Gegenstromprinzip

A.2 Das Gegenstromprinzip

Wir wollen die Temperaturverteilung im Gegenströmer unter einfachen Voraussetzungen herleiten. $\dot{m}$ sei die pro Zeiteinheit nach rechts fließende Niederdruckgasmenge der Temperatur T, $\dot{m}'$ und T' die entsprechenden Größen des nach links fließenden, wärmeren Hochdruckgases, $d\dot{q}$ die pro Zeiteinheit vom warmen zum kalten Gas auf der Strecke dl übergehende Wärmemenge.

Wir nehmen für den Wärmeübergang Proportionalität mit $T' - T$ an:

$$d\dot{q} = \kappa(T - T')dl \ . \tag{A.6}$$

Für die Temperaturänderung längs der Strecke dl gilt dann:

$$d\dot{q} = C_P \dot{m} dT = C_P' \dot{m}' dT' \ . \tag{A.7}$$

Beschränkt man sich auf den Fall $\dot{m} = \dot{m}'$ und vernachlässigt die Temperaturabhängigkeit der spezifischen Wärmen ($C_P = C_P'$), so ist $d(T' - T) = 0$, d.h.: Die Temperaturdifferenz ist längs des Gegenströmers konstant, und T nimmt von links nach rechts linear mit l zu. Abbildung A.3 zeigt das (T, S)-Diagramm eines stationär arbeitenden Verflüssigers mit drei aufeinander folgenden adiabatischen Entspannungen und Gegenströmern. Es möge pro Zeiteinheit die Menge x verflüssigt werden, dann muß im stationären Betrieb die gleiche Menge bei 0 zugeführt werden. $\dot{m}$ sei die Menge, die von 1 nach 0 zurückfließt, dann wird von 0 nach 1' die Menge $\dot{m} + \dot{x}$ isotherm komprimiert.

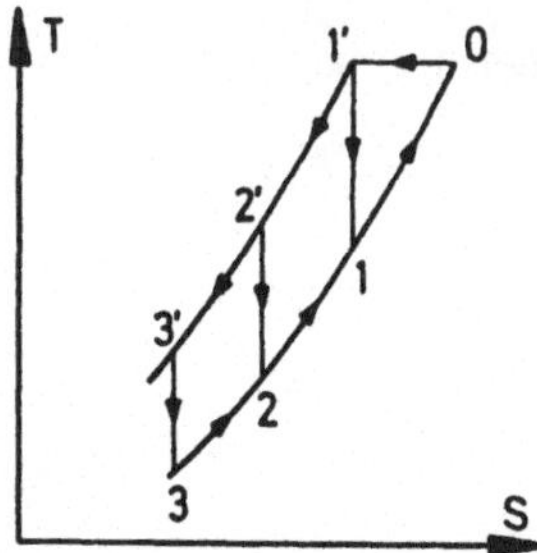

Abb. A.3. Drei Zyklen eines Gegenströmers

Wenn im Gegenströmer von 1' nach 2' auch die Menge $\dot{m}$ fließen soll, muß gerade der Anteil $\dot{x}$ durch die Entspannung von 1' nach 1 laufen. Von 2 nach 1 läuft dann nur noch der Anteil $\dot{m} - \dot{x}$. Also muß man auch bei 2' den Anteil x zur Entspannung abzweigen etc. Abbildung A.4 zeigt das Schema der Ausführung der Stufe $0 - 1 - 1' - 2'$.

Um die Verflüssigung nicht direkt im letzten Entspannungszyklus geschehen zu lassen, läßt man den letzten Schritt des Zyklus mit Hilfe der gedrosselten Entspannung ablaufen (s. Abb. A.5).

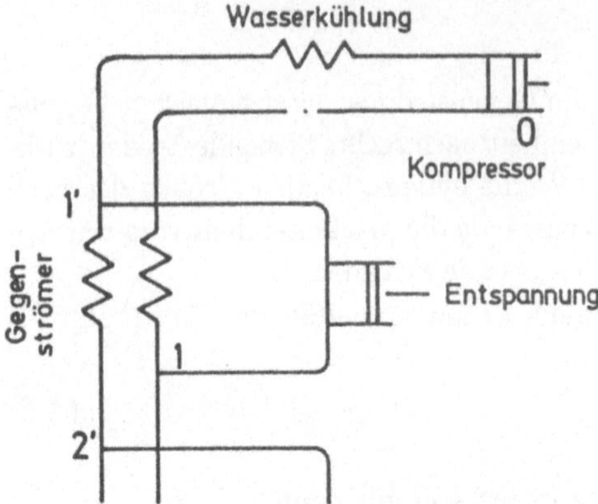

Abb. A.4. Schema einer Gasverflüssigungsanlage

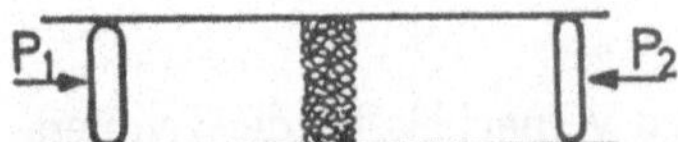

Abb. A.5. Zur gedrosselten Entspannung

A.3 Gedrosselte Entspannung (Joule-Thomson-Effekt)

Entspannt man ein Gasvolumen V_1 durch ein Drosselventil vom Druck P_1 auf P_2 und ein Volumen V_2, so ist die äußere Nettoarbeitsleistung:

$$\Delta A = P_1 V_1 - P_2 V_2 \,.$$

Geschieht die Entspannung unter thermischer Isolierung, so muß die Arbeitsleistung gleich der Energieänderung sein:

$$\Delta E = E_1 - E_2 = \Delta A \,.$$

Führt man also die Enthalpie

$$I = E + PV \tag{A.8}$$

ein, so ist bei der gedrosselten Entspannung $I_1 = I_2$. Mit dieser Entspannung ist normalerweise eine Temperaturänderung verbunden (Joule-Thomson-Effekt) von der Größe

$$dT = (\partial T/\partial P)_I dP = -\frac{(\partial I/\partial P)_T}{(\partial I/\partial T)_P} \,. \tag{A.9}$$

Da nun (vgl. Gleichung (17.8)) $C_P = (\partial I/\partial T)_P$ und (vgl. Tabelle 17.2) $(\partial I/\partial P)_T = V + T(\partial S/\partial T)_P$ (vgl. Gleichung (17.12)) ergibt sich

$$\left(\frac{\partial T}{\partial P}\right)_I = \left[T\left(\frac{\partial V}{\partial T}\right)_P - V\right]/C_P \,. \tag{A.10}$$

Nach (A.2), (A.10) ist das isenthalpe Entspannungsverhältnis um den Term $-V/C_P$ kleiner als das adiabatische. Insbesondere ist bei idealen Gasen

$$(\partial T/\partial P)_I = 0 \,.$$

Bei tiefen Temperaturen können jedoch die Abweichungen vom idealen Verhalten groß genug werden, so daß der technische Wirkungsgrad der gedrosselten Entspannung vergleichbar wird mit dem der adiabatischen Entspannung, insbesondere auch, da die gedrosselte Enspannung technisch leichter zu realisieren ist. Es gibt jedoch Bereiche, in denen der Joule-Thomson-Effekt zu einer Erwärmung statt Abkühlung führt (s. Aufgabe A.1). Man muß also durch die Vorkühlung oder adiabatische Entspannung zunächst in den richtigen Bereich kommen, in dem die isenthalpe Entspannung zur Abkühlung führt.

Hat man dann erst einmal genügend Flüssigkeit erzeugt, so kann man weitere Kühlung erreichen durch kräftiges Abpumpen des Dampfes über der Flüssigkeit. Die Flüssigkeit fängt dabei zu sieden an und gibt ihre Wärme in Form von Verdampfungswärme ab. Durch Abpumpen von He kann man so Temperaturen von etwa 1 K erreichen.

Aufgabe

A.1. Man bestimme für die van der Waals-Gleichung

$$(P + a/V^2)(V - b) = RT$$

die sog. Inversionskurve $P_i = P_i(T)$, bei der $(\partial T/\partial P)_I = 0$ ist.

A.4 Adiabatische Entmagnetisierung

Debye und (unabhängig davon) Giauque schlugen 1926 die Erzeugung sehr tiefer Temperaturen durch adiabatische Entmagnetisierung von paramagnetischen Salzen vor. Giauque und MacDougal gelang es 1933 erstmalig, die damit verbundenen experimentellen Schwierigkeiten zu meistern und Temperaturen erheblich unter 1 K zu erreichen. Die thermodynamischen Prinzipien der Herstellung und Messung tiefer Temperaturen durch adiabatische Entmagnetisierung wurden in den Abschn. 16 und 36 besprochen. Wir gehen hier nur noch auf einige experimentelle Details ein. Abbildung A.6 zeigt das Schema der Anordnung. Ein Bad mit flüssigem Helium wird durch starkes Abpumpen auf etwa 1 K abgekühlt. Seine Temperatur wird einem paramagnetischen Salz durch ein Wärmeaustauschgas mitgeteilt. Durch Abpumpen dieses Austauschgases kann man das Salz von der Umgebung thermisch isolieren. Typische Salze, welche man verwendet, sind z.B. $Gd_2(SO_4) \cdot 8H_2O$ oder $FeNH_4(SO_4) \cdot 12H_2O$. Die paramagnetischen Zentren sind Gd bzw. Fe. Man verwendet Salze, in denen diese Zentren in großer Verdünnung vorkommen, damit sie räumlich weit getrennt sind und deshalb wenig wechselwirken. Andernfalls würden sie schon bei relativ hohen Temperaturen in einen ferromagnetischen Ordnungszustand übergehen,

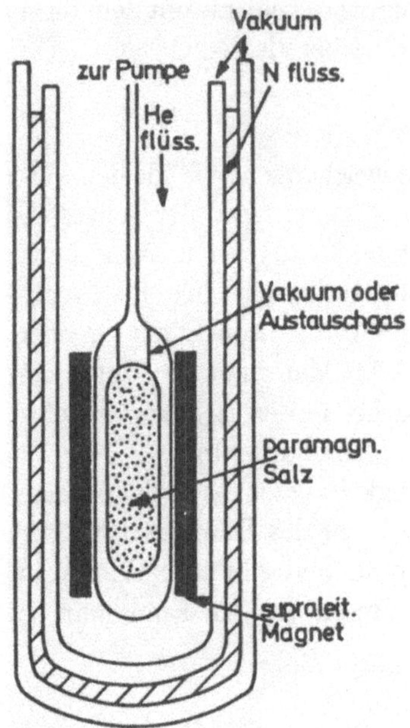

Abb. A.6. Schema einer Anordnung zur adiabatischen Entmagnetisierung

der für die Kühlung nicht mehr gut geeignet ist. Temperaturen, die man auf diese Weise erreicht, liegen bei etwa 0,002 K.

Noch tiefere Temperaturen lassen sich erreichen unter Verwendung von magnetischen Kernmomenten. Diese sind etwa 2000 mal kleiner als elektronische Momente und haben deshalb entsprechend geringere Wechselwirkung. Temperaturen von der Größenordnung 10^{-6} K sind theoretisch möglich. Allerdings ist auch die Wechselwirkung mit dem äußeren Feld entsprechend gering. Man benötigt also möglichst große Vorkühlung, um die Größe $\mu B/kT$ möglichst groß zu machen. Um beim Entmagnetisieren nicht nur das Spinsystem abzukühlen, sondern auch andere Systeme, muß man für hinreichend starke Kopplung zwischen den Kernspins und den anderen Systemen sorgen. Dies ist praktisch nur mit Leitungselektronen in Metallen zu erreichen. Ein oft verwendetes Metall ist z.B. Kupfer. Beim Abkühlen der Leitungselektronen erwärmen sich die Kernspins natürlich wieder. Über längere Zeiten kann man deshalb allenfalls Temperaturen von etwa 10^{-5} K erreichen.

A.5 ^{3}He/^{4}He-Mischung

Der Vorschlag, ^{3}He/^{4}He-Lösungen zur Kühlung zu benutzen, geht zurück auf London, Clark und Mendoza (1962) und wurde etwa drei Jahre später verwirklicht. Um das Prinzip des Verfahrens zu erläutern, betrachten wir zunächst in Abb. A.7 das Phasendiagramm von ^{3}He/^{4}He-Lösungen in der (T, c)-Ebene, wobei c die Konzentration von ^{3}He ist.

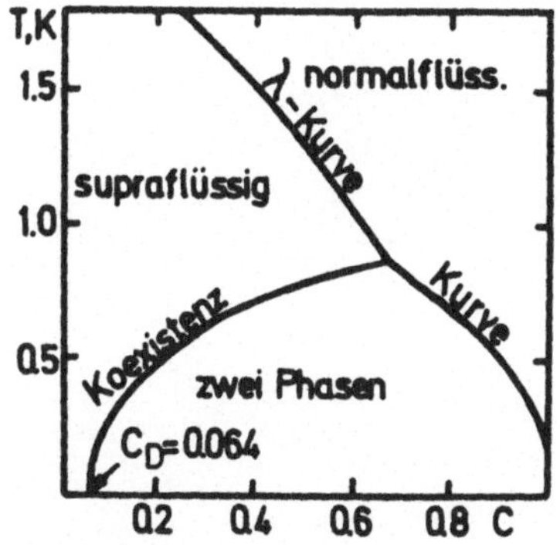

Abb. A.7. Das Phasendiagramm von ^{3}He/^{4}He-Lösungen. c ist die Konzentration von ^{3}He

Bei Temperaturen unterhalb der Koexistenzkurve zerfällt die Lösung spontan in zwei Komponenten: Eine ^{3}He-reiche und eine ^{4}He-reiche.

Wegen ihrer geringeren Dichte schwimmt die ^{3}He-reiche Phase mit einer Phasentrennungslinie oberhalb der ^{4}He-reichen Phase. Für die Möglichkeit der Kühlung durch Mischung ist entscheidend, daß die Gleichgewichtskonzentration von ^{3}He in der ^{4}He-reichen Phase selbst bei $T = 0$ K nicht verschwindet, sondern den relativ hohen Wert von 6,4% hat.

Die Kühlwirkung des Verfahrens kann in Analogie zur ^{3}He-Verdampfung gesehen werden: Das ^{4}He in der ^{4}He-reichen Phase ist unterhalb 0,5 K thermodynamisch und hydrodynamisch inaktiv. Es wirkt gewissermaßen nur als „Trägermedium" für die 6,4% ^{3}He. Die Auflösung von ^{3}He aus der ^{3}He-reichen Phase in der ^{4}He-reichen Phase ist dann analog zur Verdampfung von ^{3}He zu sehen (s. Abb. A.8). Die Lösungswärme entspricht der Verdampfungswärme. Die Auflösung wird erzwungen durch Abpumpen des im Dampfraum über der Lösung vorwiegend vorhanden ^{3}He.

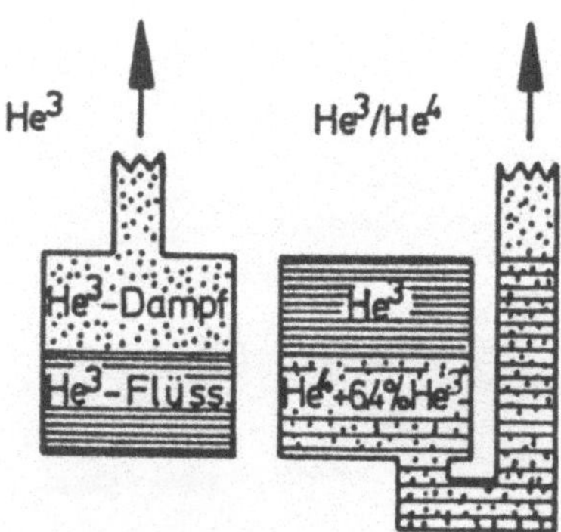

Abb. A.8. Schematischer Vergleich zwischen Kühlung durch ^{3}He-Verdampfung und ^{3}He-Auflösung

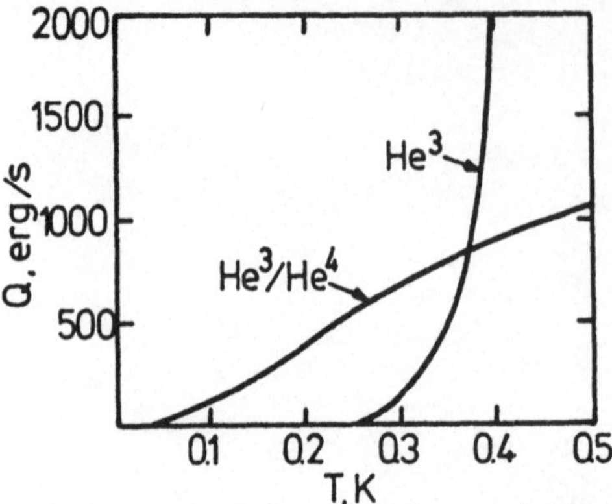

Abb. A.9. Vergleich der Kühlleistung der ^{3}He-^{4}He-Mischung und der ^{3}He-Verdampfung

Der Hauptgewinn des Verfahrens gegenüber der reinen ^{3}He-Verdampfung besteht in der unterhalb etwa 0,4 K erheblich größeren Kühlleistung (s. Abb. A.9).

A.6 ^{3}He-Kompression (Pomerantschuk-Effekt)

Pomerantschuk wies (1950) darauf hin, daß die Schmelzkurve von ^{3}He bei tiefen Temperaturen (etwa 0,3 K) möglicherweise ein Minimum besitzt, und daß die adiabatische Kompression einer Mischung aus flüssigem und festem Helium bei Temperaturen unterhalb dieses Minimums zur Kühlung führen würde. Technische Schwierigkeiten, insbesondere die bei der Kompression erzeugte Reibungswärme, verhinderten jedoch eine experimentelle Verwirklichung dieses Vorschlages bis 1965.

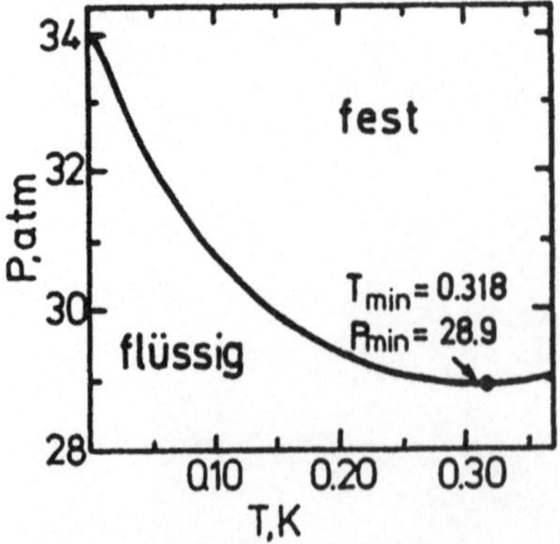

Abb. A.10. Phasendiagramm von ^{3}He bei tiefen Temperaturen in der Nähe der Schmelzkurve

Das Prinzip des Verfahrens läßt sich leicht an Hand des Phasendiagramms von ^{3}He erläutern (s. Abb. A.10). Da die Steigung der Schmelzkurve unterhalb 0.318 K das Vorzeichen wechselt, die Differenz $V_{\text{flüss}} - V_{\text{fest}}$ jedoch weiterhin positiv bleibt, ergibt sich aus der Clausius-Clapeyron-Gleichung $dP/dT = (S_{\text{flüss}} - S_{\text{fest}})/(V_{\text{flüss}} - V_{\text{fest}})$, daß unterhalb 0,318 K auch die Schmelzwärme ihr Vorzeichen wechselt. Führt man also durch Kompression ^{3}He vom flüssigen in den festen Zustand über, so wird nicht – wie üblich – Wärme frei, sondern es wird Wärme verbraucht. Tatsächlich ist die thermodynamische Kühlleistung des Verfahrens besser als die der ^{3}He-^{4}He-Mischung. Inzwischen kann man mit diesem Verfahren Temperaturen von etwa 2 mK erreichen.

A.7 Laserkühlung

Die sog. Laserkühlung verwendet den Strahlungsdruck und den Dopplereffekt von Photonen in Wechselwirkung mit Atomen zur Abkühlung. Die dabei verwendbaren Teichenzahlen sind nicht sehr groß, aber die erreichbaren Temperaturen können extrem niedrig werden.

Das Prinzip der Methode läßt sich wie folgt beschreiben: Atome, die durch Lichtstreuung (quantenmechanisch: Absorption und Reemission) eine Impulsänderung erfahren, verspüren einerseits bei der Absorption eine systematische Kraft (entsprechend dem Strahlungsdruck) in Richtung des ankommenden Lichtquants

$$\frac{dp}{dt} = \frac{p}{\tau}\,\pi_a(\omega)\,, \tag{A.11}$$

andererseits bei der Reemission eine fluktuierende Kraft in entgegengesetzter Richtung, wie die jeweils emittierten Quanten.

$\tau = 1/\gamma$ ist dabei die Lebensdauer des angeregten Zustandes und

$$\pi_a(\omega) \simeq \frac{\gamma^2}{(\omega - \omega_0)^2 + \gamma^2} \tag{A.12}$$

die Absorptionswahrscheinlichkeit bei der Frequenz ω, γ die Linienbreite des angeregten Zustandes. Die Kräfte, die dabei auftreten, sind beträchtlich, ca. gleich dem 10^5-fachen der Erdanziehung der Atome.

Bewegen sich die Atome mit der Geschwindigkeit $v \ll c$ in Richtung des ankommenden Quants, so wird die Frequenz ω durch Dopplereffekt verschoben nach $\omega - vk$ und nach $\omega + vk$ in der Gegenrichtung.

Verwendet man also zwei Laser, die in entgegengesetzter Richtung auf die Atome einstrahlen, so ergibt sich netto eine systematische Kraft

$$\frac{dp}{dt} = \frac{\hbar}{\tau}\left(\pi_a(\omega + vk) - \frac{p}{\tau}\pi_a(\omega - vk)\right)\,. \tag{A.13}$$

Falls die Dopplerverschiebung klein gegenüber der Linienbreite ist, kann man entwickeln und erhält

$$\frac{dp}{dt} = \frac{\hbar}{\tau} \left(\frac{\partial \pi_a(\omega)}{\partial \omega} \right) v k \; . \tag{A.14}$$

Wählt man also eine Frequenz ω *unterhalb* der Resonanzfrequenz ω_0, so ergibt sich eine Kraft entgegengesetzt zur Geschwindigkeit, die zu einer Abbremsung der Atome führt. Das Maximum dieser Kraft ergibt sich gerade bei $\omega = \omega_0 - \gamma/2$. Es ist von der Größenordnung

$$\frac{dp}{dt} = -\hbar k^2 v \; . \tag{A.15}$$

Danach ergibt sich eine systematische Abnahme der kinetischen Energie $p^2/2m$ der Größenordnung

$$\frac{p}{m}\frac{dp}{dt} = -\hbar k^2 \left(\frac{p}{m} \right)^2 \; . \tag{A.16}$$

Auf der anderen Seite ergibt sich bei der Reemission durch den Rückstoß der emittierten Quanten eine Zunahme der kinetischen Energie der Atome der Größenordnung

$$\frac{1}{2m}\frac{dp^2}{dt} = \frac{1}{2m}(\hbar k)^2 \gamma \; . \tag{A.17}$$

Im stationären Fall erwartet man eine mittlere kinetische Energie, bei der sich die rechten Seiten der letzten beiden Gleichungen gerade kompensieren. Identifiziert man die so erhaltene mittlere kinetische Energie mit einer effektiven thermischen Energie $k_B T$ so erhält man eine minimale Temperatur der Größenordnung

$$kT_B \simeq \hbar\gamma \; . \tag{A.18}$$

Die so erreichbaren Temperaturen liegen in der Gegend von 10 bis 100 Mikrokelvin. Ausgehend von dieser Temperatur ist es durch weitere Kühlung, z.B. durch Verdampfung, gelungen, bis in die Gegend von 10 bis 100 Nanokelvin vorzustoßen (s. Abschn. 37.4 über Bose-Kondensation).

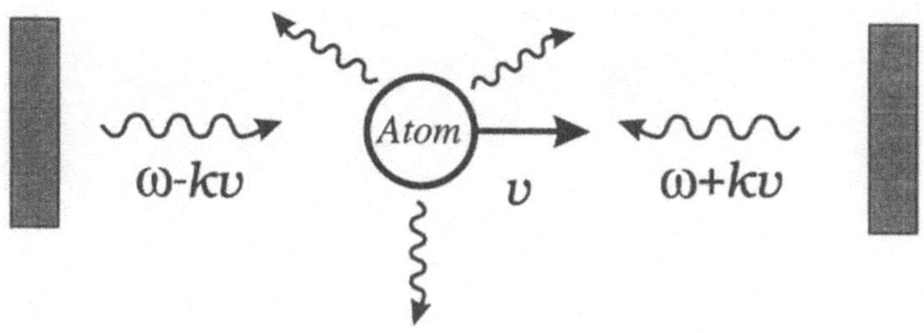

Abb. A.11. Zur Laserkühlung: Zwei entgegengesetzt gerichtete Laserstrahlen der Frequenz ω fallen auf ein Atom, das sich mit der Geschwindigkeit v bewegt. Es ergibt sich netto eine Kraft proportional zur Geschwindigkeit. Bei der Reemission des Lichts ergeben sich statistisch fluktuierende Kräfte

Literatur

A.1   Hänsch, T. und Schawlow, A.: Opt. Commun. **13**, 68 (1975)
A.2   Dalibard, J. und Cohen-Tannoudji, C.: J. Opt. Soc. Am **B6**, 2023 (1989)
A.3   Cohen-Tannoudji, C.: Phys. Blätter **51**, 91 (1995)

Sachverzeichnis

Springer-Verlag und Umwelt

Als internationaler wissenschaftlicher Verlag sind wir uns unserer besonderen Verpflichtung der Umwelt gegenüber bewußt und beziehen umweltorientierte Grundsätze in Unternehmensentscheidungen mit ein.

Von unseren Geschäftspartnern (Druckereien, Papierfabriken, Verpackungsherstellern usw.) verlangen wir, daß sie sowohl beim Herstellungsprozeß selbst als auch beim Einsatz der zur Verwendung kommenden Materialien ökologische Gesichtspunkte berücksichtigen.

Das für dieses Buch verwendete Papier ist aus chlorfrei bzw. chlorarm hergestelltem Zellstoff gefertigt und im pH-Wert neutral.